CorelDRAW 操作答疑与设计技法

叶　华 编著

"解疑难，跟随做，自己做"三跳合一，直达高手境地

提供在线技术支持、作品点评

科学出版社
www.sciencep.com

北京希望电子出版社
Beijing Hope Electronic Press
www.bhp.com.cn

内 容 简 介

本书采取理论与实际应用相结合的方式，用通俗易懂的语言，详细地讲解了如何利用 CorelDRAW X4 的各种功能来实现图形和图像的处理，从而进一步创作出具有完整性的平面设计作品。编者从该软件的各种功能入手，全面、系统地将 CorelDRAW X4 强大的平面创意设计功能展示出来，使读者在掌握了软件的各种操作方法和技巧之后，能够在将来的实际工作中，灵活运用软件中的不同功能来创作设计作品。

本书配套光盘内容为书中实例的部分源文件与素材文件。

需要本书或技术支持的读者，请与北京清河 6 号信箱（邮编：100085）发行部联系，电话：010-62978181（总机）010-82702660，传真：010-82702698，E-mail：tbd@bhp.com.cn。

图书在版编目（CIP）数据

CorelDRAW 操作答疑与设计技法跳跳跳 / 叶华编著.
— 北京：科学出版社，2010. 1
ISBN 978-7-03-026425-1

I. ①C… II. ①叶… III. ①图形软件，CorelDRAW
IV. ①TP391.41

中国版本图书馆 CIP 数据核字（2010）第 009843 号

责任编辑：秦　甲　　/责任校对：周　玉
责任印刷：天　时　　/封面设计：K. X，DESIGN

科学出版社 出版
北京东黄城根北街 16 号
邮政编码：100717
http://www.sciencep.com

北京市天时彩色印刷有限公司

科学出版社发行　各地新华书店经销

*

2010 年 1 月第 1 版　　开本：787×1092 1/16
2010 年 1 月第 1 次印刷　　印张：23（6 面彩插）
印数：1-3000 册　　字数：519 千字

定价：55.50 元（配 1 张光盘）

精彩案例赏析

立体字效

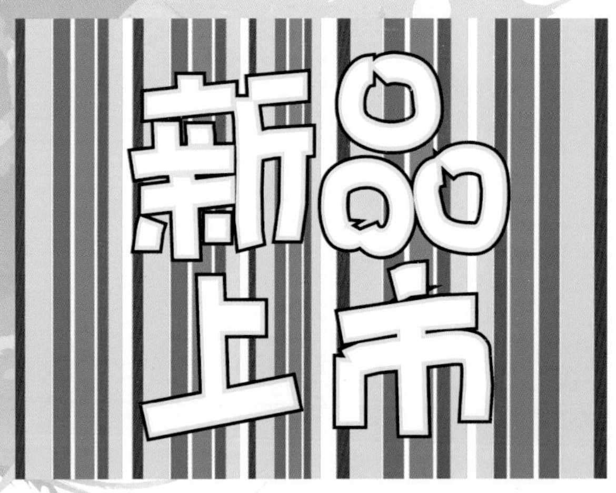

POP广告

卡通图形

楼书设计01

彩虹

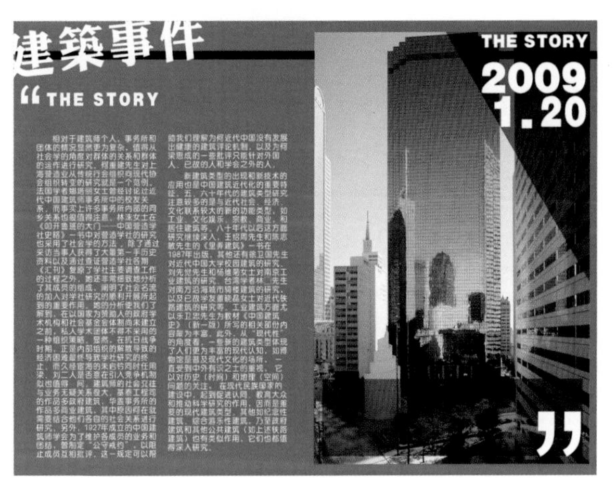

创建多栏排版

精彩案例赏析

图框精确剪裁

添加卷页效果图

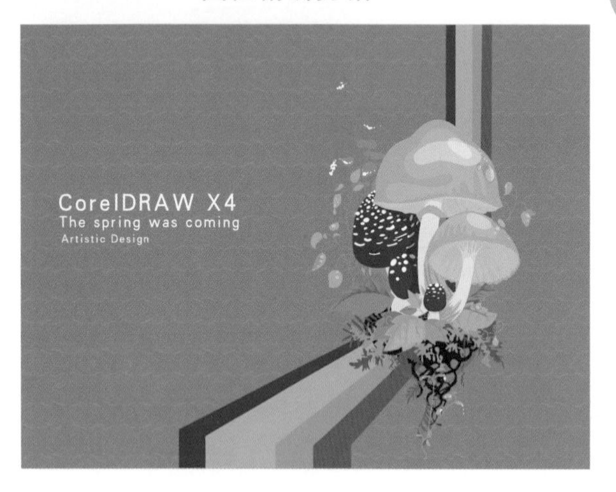

插画

导入文本

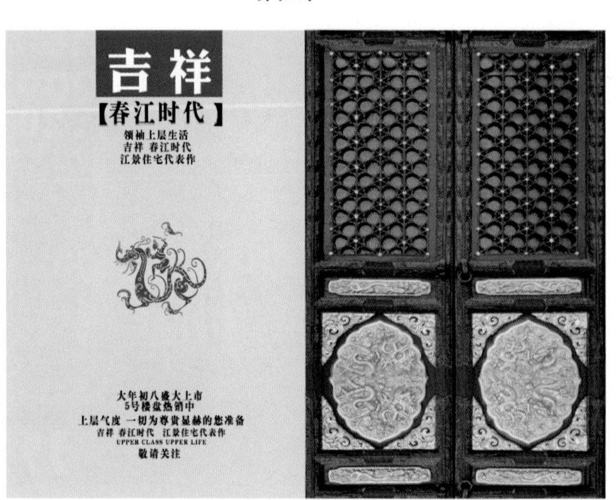

楼书设计02

改变文本颜色

精彩案例赏析

插画设计

调整图形颜色

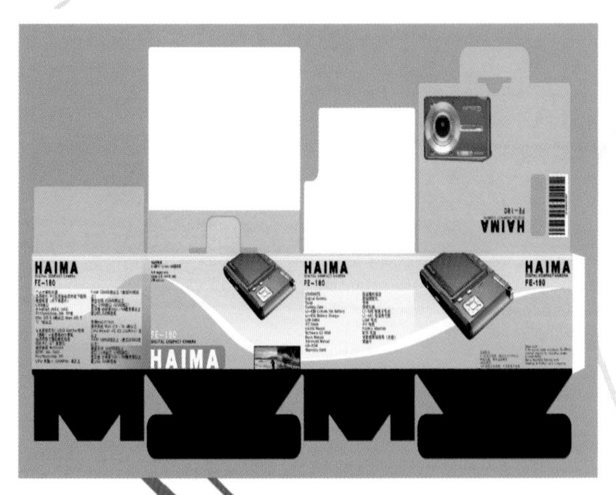

数码相机包装设计

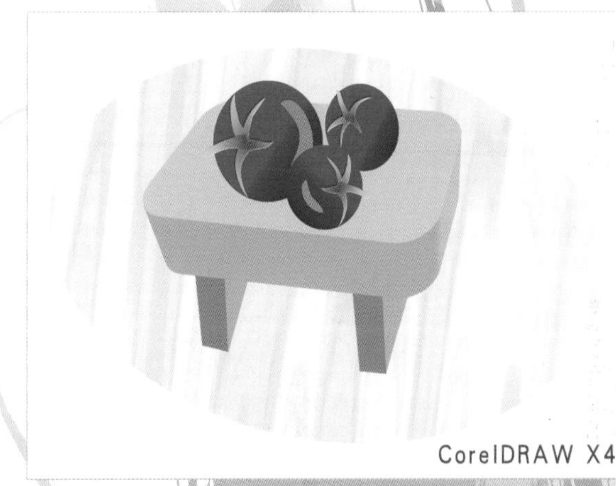

添加透视效果

添加模糊效果

卡通娃娃

精彩案例赏析

创建透明效果

复制和克隆效果

楼书设计03

创建立体化文字

小女孩

儿童书封面设计

精彩案例赏析

啤酒

机器人

金属字

楼书设计04

宣传页设计02

创建段落文本

精彩案例赏析

CorelDRAW
Artistic Design

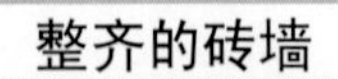
整齐的砖墙

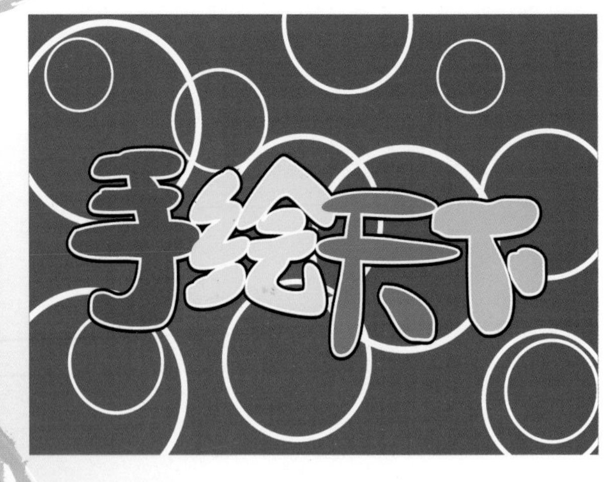

手绘字体

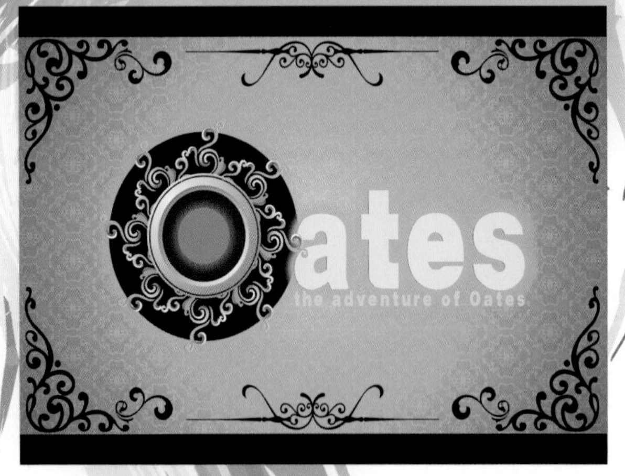

文字特效

手动调整文字大小

设置字符属性

楼书设计05

前　言

☆ 想了解软件在行业中的应用吗?

☆ 想了解商业成品的制作流程吗?

☆ 想解决技术疑难，提高操作效率吗?

☆ 想运用软件独立完成作品的设计制作吗?

☆ 想知道自己的作品设计的怎样吗?

本书将逐步解决上面提到的每一个问题。

很多人往往只掌握了软件的一些理论知识，实际操作能力却很有限，如编程、设计、动画影视制作等，对实际操作要求很高。以常用的各种计算机应用软件来说，并非只知道其中的工具、命令就能制作出满意的作品，而是要如何根据任务的实际需要，灵活、熟练运用软件完成作品。鉴于此，我们特意寻求到在行业中从业多年，对软件应用独具匠心的设计师编写了本书。本书分为三跳，从“知道”到“跟随制作”，从“跟随制作”到“独立创作”，逐步帮助读者解决知、会、用的问题，最终能熟练应用软件独立设计、制作作品。

本书内容及特色

1. 本书内容

以CorelDRAW X4中文版软件为设计平台，详细地讲解了如何应用CorelDRAW X4的各种功能来绘制和编辑图形，并引导读者进行平面创意和设计；案例均来自于实际工作中的应用，既突出基础性学习，又重视实践性应用。具体包括软件使用的常见疑难问答、跟随制作各种成熟作品、独立在线设计制作三部分。读者通过对本书的学习，可以在矢量绘图和平面设计制作领域更上一层楼！

第一跳　“疑难解惑——技能融汇”

本跳帮助读者解决使用CorelDRAW X4矢量绘图软件中的常见疑难问题，掌握一些实用操作经验和技巧，从而提高对软件的进一步认知程度和熟练驾驭软件的能力。

第二跳　“成品制作——跟随实战”

本跳主要带领读者模仿完成一些经典的平面设计综合案例。首先引导读者了解设计项目的设计理念、印前制作等相关知识，然后在制作每个综合案例时，先介绍案例设计思路和制作要点等知识，通过具体操作步骤熟知设计工作流程，深入掌握CorelDRAW X4软件的重要功能和应用技巧。

第三跳　“在线设计——独立创作”

本跳带领读者进入实际作业环境中进行自我启发作业。读者根据设定的任务进行独立设计、制作。如遇到困难，可以通过本书提供的邮箱、QQ群获得本书作者的在线指导。

2. 本书特色

"解疑难、跟随做、自己做"三跳合一，直达高手境地。

书中将读者需要解决的"知"、"会"、"用"采用三跳布局，每跳解决相应问题，实现"解疑难、跟随做、自己做"三跳合一。通过对本书的学习，读者的能力可以快速跃升，直达高手境地。

介绍行业背景，作品设计制作知识。

在制作每个综合案例前，相应介绍了行业背景或作品的设计制作知识，使读者对软件的应用行业、不同作品设计有更直观的了解。

提供在线技术支持、作品点评和交流。

本书提供在线支持服务。通过提供的邮箱、QQ群，读者既可以向作者寻求技术帮助，又可以及时取得作者对自己作品的点评，还可以与其他读者共同交流、探讨。

本书光盘说明

本书案例最终效果及制作实例时所用到的素材文件等，收录在随书附带的CD光盘中，光盘内容主要有以下两部分。

1. "\效果图\"目录：书中案例的最终效果图按章收录在此文件夹下，读者可随时查阅。

2. "\素材文件\"目录：书中案例使用到的素材文件收录在此文件夹下，以供读者随时调用。

本书由叶华主编，参与编写的还有叶瑶、尚锋、郭红。

在线服务邮箱：yeruijun@163.com。

在线服务QQ群：41150009。

编者

目　录

第1跳　疑难解惑——技能融汇

第2跳 成品制作——跟随实战

第3跳 在线设计——独立创作

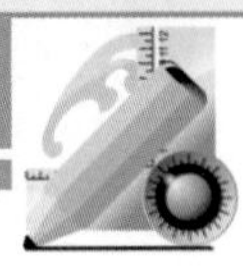

CorelDRAW
操作答疑与设计技法跳跳跳

JUMP

第1跳 疑难解惑——技能融汇

- “CorelDRAW X4基础”常见问题
- “基本图形绘制”常见问题
- “绘制、编辑自由曲线”常见问题
- “对象基本操作”常见问题
- “轮廓线编辑和颜色填充”常见问题
- “编辑文本”常见问题
- “创建交互式效果”常见问题
- “使用效果”常见问题
- “编辑位图”常见问题
- “打印文件”常见问题

NO.1

第1章

“CorelDRAW X4基础”常见问题

CorelDRAW是由加拿大Corel公司出品的优秀的矢量绘图软件。推出十多年来，以其功能强大、操作简便等诸多优点吸引了世界各地的专业和非专业设计人员，在全球拥有数量庞大的用户。目前该软件已居矢量绘图领域的重要地位，在计算机平面设计领域发挥着重要的作用，成为矢量绘图软件的典范。

CorelDRAW X4为时下的最新版本，增加了更多的实用功能，使用户操作更为方便、快捷。作为本书的第1章，将介绍在使用CorelDRAW X4中会遇到的一些常见问题。

问题1：CorelDRAW X4里调色板与默认颜色不符怎么办？
问题2：CorelDRAW X4最常用的文件格式有哪些？
问题3：低版本软件能打开CorelDRAW X4创建的文件吗？
问题4：CorelDRAW X4工具栏、属性栏不见了怎么办？
问题5：如何保存当前工作区域设置？
问题6：如何将CorelDRAW X4文件置入Photoshop中且保留图层？
问题7：CorelDRAW X4多页文件如何批量导出为其他格式？
问题8：在CorelDRAW X4中想要合并多个文档怎么办？
问题9：在编辑大文件时反应变慢或出现错误怎么办？
问题10：CorelDRAW X4文件与其他矢量软件如何交互？
问题11：使用标尺的技巧有哪些？
问题12：如何使用网格？
问题13：如何创建倾斜的辅助线？
问题14：如何添加、删除或重命名页面？
问题15：如果原文件损坏，如何利用备份文件恢复？

问题1：CorelDRAW X4里调色板与默认颜色不符怎么办？

疑难解答

当用户第一次打开CorelDRAW X4时，视图中所显示的是CMYK调色板。如果对默认调色板进行了不当操作，打乱了调色板中颜色的顺序或者对颜色值重新进行了编辑，都会

导致与默认设置不符。遇到这种情况，可使其恢复默认设置，相应的命令位于【调色板】命令的子菜单中。执行【窗口】|【调色板】|【调色板编辑器】命令，打开【调色板编辑器】对话框，如图1-1所示。单击该对话框中的【重置调色板】按钮，会打开一个确认对话框，如图1-2所示。

图1-1 【调色板编辑器】对话框

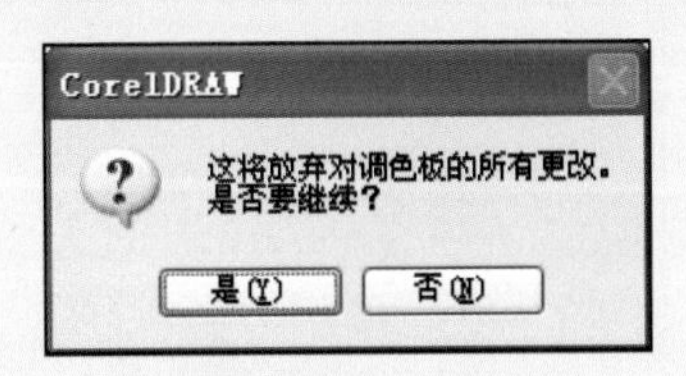

图1-2 确认对话框

单击其中的【是】按钮，即可恢复系统默认的调色板颜色值与排列顺序，如图1-3所示。单击【否】按钮，则可在【调色板编辑器】对话框中继续编辑调色板。

图1-3 恢复默认CMYK调色板

知识链接

通过执行【窗口】|【调色板】|【调色板浏览器】或【窗口】|【泊坞窗】|【调色板浏览器】命令，都可以打开【调色板浏览器】泊坞窗，如图1-4所示。单击其中的【打开调色板编辑器】按钮，即可打开【调色板编辑器】对话框，用户可在其中进行颜色模式的相关设置。

图1-4 【调色板浏览器】泊坞窗

问题2：CorelDRAW X4最常用的文件格式有哪些？

疑难解答

基于版本的不断提高，CorelDRAW X4在原有的兼容文件格式的基础上又有所增加。CorelDRAW X4自身的文件格式为.cdr，它与其他矢量绘图软件的默认文件格式之间可以互相转换。另外，CorelDRAW X4还可以导入电子阅读物文件（PDF）、纯文本文件（TXT）、图形图像文件（TIF、JPEG）等各种图片文件格式，如图1-5所示。

图1-5　电子杂志

知识链接

此外，CorelDRAW X4还增加了对众多软件和新文件格式的支持。包括Microsoft Office Publisher、Illustrator、Photoshop、AutoCAD、PDF、DXF/DWG、Painter等。

问题3：低版本软件能打开CorelDRAW X4创建的文件吗？

老版本的CorelDRAW软件不能打开CorelDRAW X4版本的文件。但是，在CorelDRAW X4中可以通过将文件保存为相应的老版本文件格式来实现此功能。执行【文件】|【保存】或【文件】|【保存为】命令，打开【保存绘图】对话框，在其中的【版本】下拉列表中，提供了多种老版本CorelDRAW版本选项，如图1-6所示。用户可根据实际需要进行版本的选择，将文件保存后，即可在相应的老版本CorelDRAW软件中打开文件。

图1-6 【保存绘图】对话框

问题4：CorelDRAW X4工具栏、属性栏不见了怎么办？

如果用户在CorelDRAW X4中操作时，误关闭了工具栏或属性栏，只需执行【窗口】|【工具栏】命令，在弹出的级联菜单中列出了相应的工具组件，只要选择其中的某项，即可在界面中显示相应的工具栏，如图1-7所示。

图1-7 【工具栏】命令级联菜单

问题5：如何保存当前工作区域设置？

疑难解答

在CorelDRAW X4中，大部分设置只应用于当前操作中激活的工作区，所以可将习惯使用的工作区设置保存为默认工作区。执行【工具】|【另存为默认设置】命令进行保

存。保存后，下次启动程序时，就可以使用自己创建的工作区了。

知识链接

如果工作区中只有一部分设置是想保留的，也可以只保存其中的一部分，以方便在将来的新绘图中使用。执行【工具】|【选项】命令，打开【选项】对话框，在其中单击【文档】选项，在对话框右侧选择【将选项保存为新文档的默认值】复选框，此时，下面的复选框将被激活，可以根据自己的需要进行选择，选择完毕后单击【确定】按钮关闭对话框，如图1-8所示。

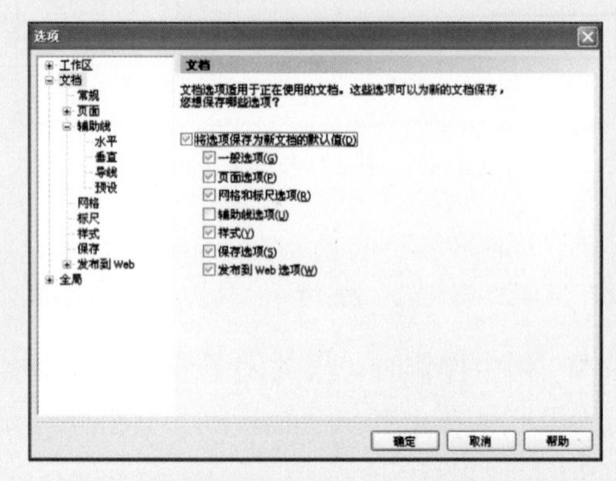

图1-8　将部分工作区保存为默认设置

问题6：如何将CorelDRAW X4文件置入Photoshop中且保留图层？

如果想要将CorelDRAW X4文件转到Photoshop中编辑且要保留相应图层，就必须在导出CorelDRAW X4文件时，将文件格式设置为与Photoshop相匹配的文件格式，即PSD格式。执行【文件】|【导出】命令，打开如图1-9所示的【导出】对话框。单击【导出】按钮，可打开【转换为位图】对话框，在其中选择【保持图层】复选框，如图1-10所示。

图1-9　【导出】对话框

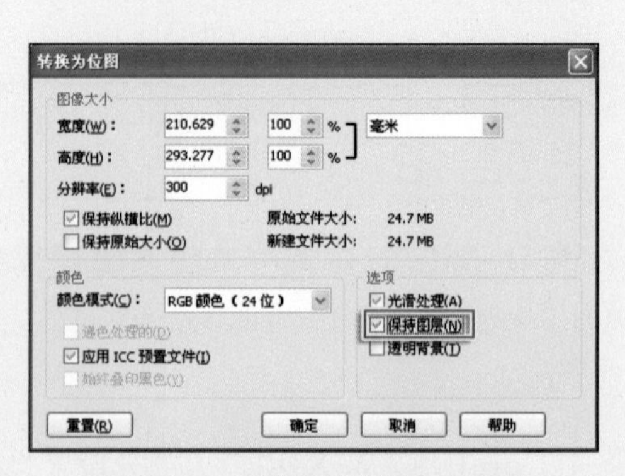

图1-10　【转换为位图】对话框

设置完毕后，单击【确定】按钮，即可将CorelDRAW X4文件导出为，可在Photoshop中打开的且保留了相应图层的文件，并保留了相应的图层。

问题7：CorelDRAW X4多页文件如何批量导出为其他格式？

疑难解答

如果需要导出多页CorelDRAW X4文档，只需执行【工具】|【Visual Basic】|【播放】命令，打开【用于应用程序宏的CorelDRAW X4 Visual Basic】对话框，在【宏的位置】下拉列表中，选择【FileConverter (FileConverter.gms)】选项，如图1-11所示。单击该对话框中的【运行】按钮，可打开File Converter对话框，在其中可设置文件的来源、目标路径、导出的文件格式，如图1-12所示。

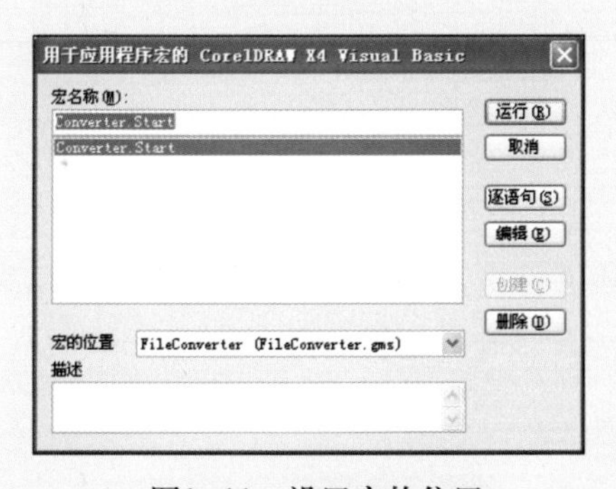

图1-11 设置宏的位置

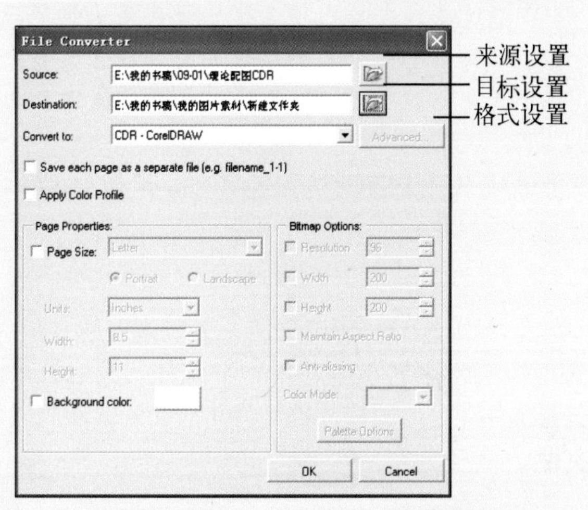

图1-12 设置文件来源、目标路径、导出格式

问题8：在CorelDRAW X4中想要合并多个文档怎么办？

疑难解答

如果需要在CorelDRAW X4中合并多个文档，只需在CorelDRAW X4中打开一个文件，插入空白页，然后导入另外一个文件并在空白页上单击，系统便会自动根据新文件的页数自动插入到当前文件中，也就实现了文档的合并。

知识链接

通过单击的方式插入文件，并不会自动对齐页面。选择要合并的文档后，直接按Enter键即可自动延后并对齐页面。

问题9：在编辑大文件时反应变慢或出现错误怎么办？

在使用CorelDRAW X4编辑大文件时如果经常出现反应变慢或出现错误的情况，主要可能由以下3个原因造成。

- 计算机配置较低：这是容易出现此类问题的第一个，也是最根本的原因。随着软件版本的升级，功能越来越多样化，对于计算机的配置要求也越来越高。如果读者的计算机在使用较高版本的软件编辑大文件时出现问题，可以采取升级计算机配置，或是改用版本较低的软件来编辑，以解决该问题。
- 使用了过多的交互式效果：在绘制图形的过程中，如果使用了大量的交互式效果，也会发生软件运行速度变慢甚至死机的情况。这就需要根据计算机的运行速度，适当的使用交互式效果，如果运行速度变慢，就要尽量避免再添加交互式效果了。
- 文档页数过多：很多设计师使用CorelDRAW进行排版工作，如果编辑的文档包含的页数过多，也会出现运行变慢甚至出错的现象。原因很简单，该软件毕竟不是专门用来排版的，如果要编辑的文件包含大量的文字和图片，并且有几十页之多，就需要考虑使用专门的排版软件来进行编辑了。

问题10：CorelDRAW X4文件与其他矢量软件如何交互？

疑难解答

CorelDRAW X4中提供了多种文件保存格式，其中也包括多种其他矢量软件的文件格式，如果需要将CorelDRAW X4文件与其他矢量软件进行交互，只需将其保存为其他格式的矢量文件即可。同样，也可将其他矢量软件的文件导入，进行编辑后保存为CorelDRAW X4文件。

知识链接

导入其他矢量软件文件的操作非常简单，执行【文件】|【导入】命令，或单击工具栏中的【导入】按钮，都可以打开【导入】对话框，如图1-13所示。

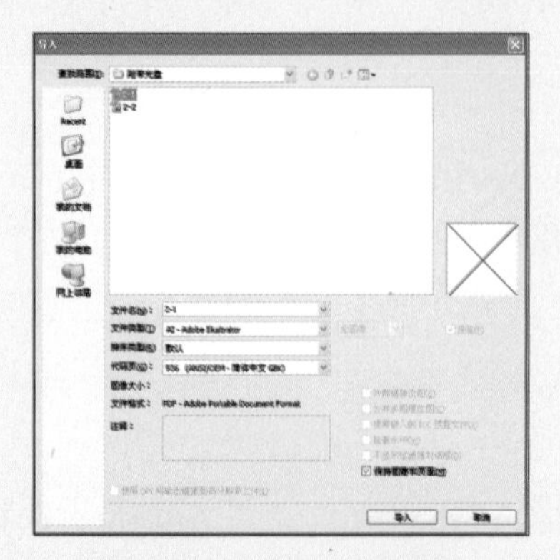

图1-13　【导入】对话框

在【查找范围】下拉列表中选择需要导入文件的保存位置，在【文件类型】下拉列表中选择需要导入文件的格式，在出现的文件列表中选择想要导入的文件，单击【导入】按钮关闭【导入】对话框。这时鼠标指针在绘图窗口中会变为导入标记，在绘图页面内单击或拖动鼠标，即可导入该文件。

问题11：使用标尺的技巧有哪些？

标尺在默认设置下是处于显示状态的。水平标尺位于绘图窗口的顶端，垂直标尺位于绘图窗口的左侧，标尺上显示默认单位的刻度。标尺可以为对象的绘制、缩放或排列提供方便。也可以根据需要改变标尺的原点、位置等默认设置。

通过执行【视图】|【标尺】命令，用户可以在绘图窗口中打开或关闭标尺。如果需要移动标尺，可按住Shift键的同时单击并拖动标尺，将其移到合适的位置上松开鼠标即可，移动前后的效果如图1-14所示。

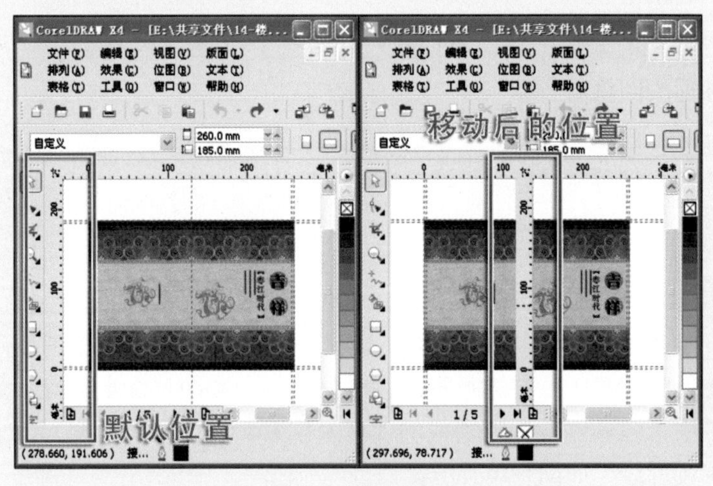

图1-14　移动标尺

当需要将标尺恢复到默认位置时，可以按住Shift键，然后在标尺上或其相交处双击。

如果想要改变原点的位置，只需要单击水平标尺和垂直标尺左上角相交处的坐标原点并拖动到需要的位置即可。释放鼠标后，该处即成为新的坐标原点，使用鼠标双击该坐标原点，可以将原点位置恢复为默认设置。

问题12：如何使用网格？

疑难解答

网格是一种常用的辅助绘图工具，它由一连串的水平和垂直的点组成网格。在默认情况下不显示网格，可以通过执行【视图】|【网格】命令，实现网格的打开或关闭。

如果想对网格的各项参数进行具体的设置，可以执行【工具】|【选项】命令，打开

【选项】对话框，选择【文档】中的【网格】选项，对其进行设置，如图1-15所示。

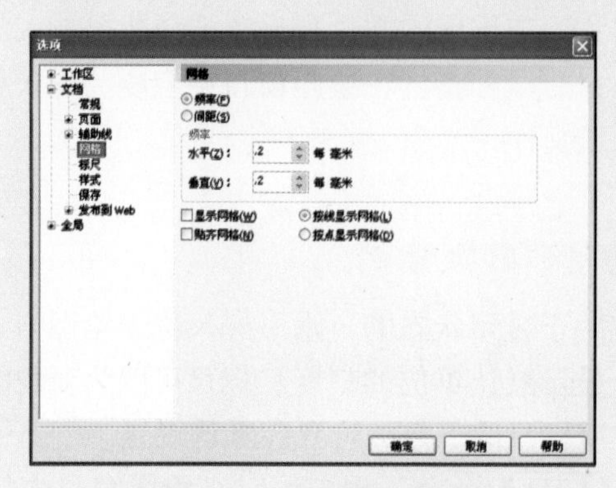

图1-15　设置网格选项

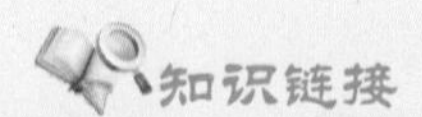

知识链接

如果希望在绘图时对齐网格，可以执行【视图】|【贴齐网格】命令，此后系统会自动将图形与其邻近的网格对齐。

问题13：如何创建倾斜的辅助线？

疑难解答

如果在绘图时需要用到倾斜的辅助线，可以单击辅助线，这时辅助线两端会出现双向箭头，将鼠标指针移到箭头处并进行拖动，辅助线的角度即可发生改变。另外，添加辅助线后在其属性栏中可以具体设置辅助线的【对象位置】、【旋转角度】、【旋转中心的位置】来精确设置辅助线，如图1-16所示。

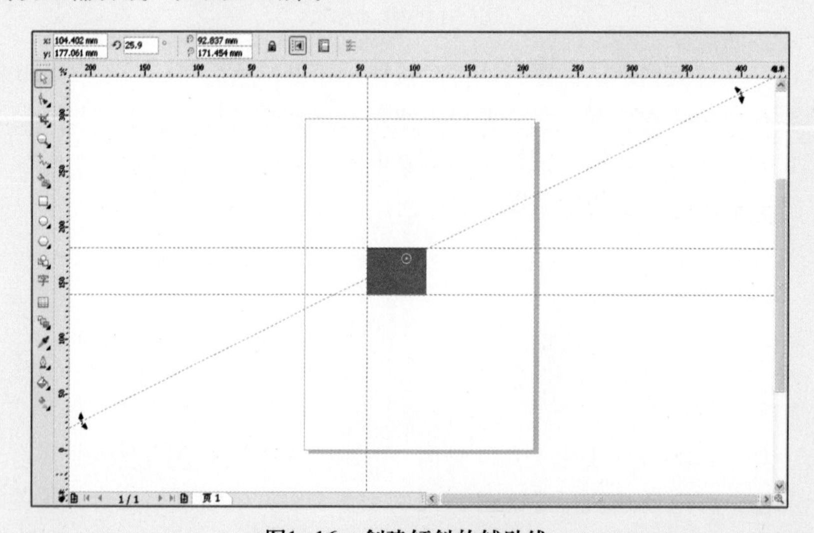

图1-16　创建倾斜的辅助线

技巧提示

在旋转辅助线时，也可以更改旋转的中心点，只要将辅助线中间的⊙标记拖动到合适的位置即可。

知识链接

默认设置下，在绘图窗口中将会显示创建的所有辅助线，保存时，辅助线会随文件一起保存，但不会被打印出来。如果需要用到水平或垂直辅助线时，可以在水平或垂直标尺上单击并向绘图区域方向拖动，这时在鼠标指针上方或左侧就会出现一条虚线，拖动到所需位置后释放鼠标，即可创建一条新的辅助线。

问题14：如何添加、删除或重命名页面？

疑难解答

在CorelDRAW X4中，用户可以在同一个文档中创建多个绘图页面，并对页面进行添加、删除或重命名等操作，这些操作都可以通过【版面】菜单中的相关命令来实现。

- 添加页面：执行【版面】|【插入页】命令，打开【插入页面】对话框，如图1—17所示。

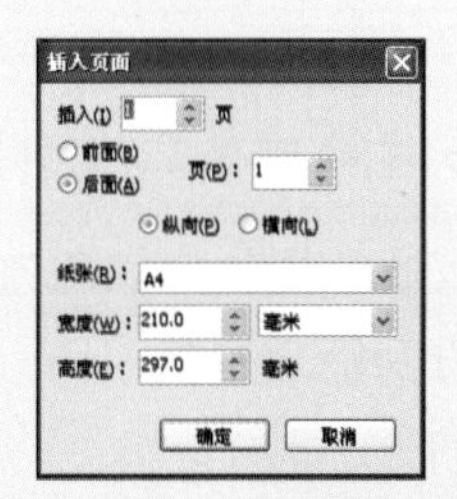

图1—17　【插入页面】对话框

在【插入】文本框中通过直接输入数值或利用微调按钮进行调节，以设置要添加的页面数量。如果需要在当前绘图页面之前添加新页面，即选择【前面】单选按钮，如果选择【后面】单选按钮，则将在当前绘图页面之后添加新页面，在【页】文本框中还可设置在之前或之后多大的范围内插入页面。设置完成后，单击【确定】按钮即可添加相应数量的绘图页面。

- 删除页面：当需要删除页面时，可执行【版面】|【删除页面】命令，打开【删除页面】对话框，如图1—18所示。

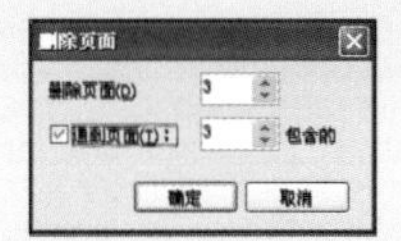

图1—18　删除页面

默认情况下，对话框中会显示当前激活的页码，也可以输入要删除的页码，然后单击【确定】按钮将其删除。如果要删除某一范围的页面，可以在【删除页面】文本框内输入第一页的页码，然后选择【通到页面】复选框，并在后面的文本框中输入此范围内最后一页的页码，然后单击【确定】按钮即可。

- 重命名页面：当文档中页面较多时，可以为各页面重命名以方便识别。执行【版面】|【重命名页面】命令，打开【重命名页面】对话框，在【页名】文本框中输入新页面名称，然后单击【确定】按钮即可。

知识链接

在导航器中的页面指示区，显示有页码标签，在某一页码标签上右击，可以弹出一个快捷菜单，在其中执行适当的命令，可实现插入、再制、重命名页面等操作，如图1-19所示。

图1-19　页面指示区快捷菜单

问题15：如果原文件损坏，如何利用备份文件恢复？

如果文件打不开，或者是死机、非法操作等原因造成CorelDRAW X4原文件损坏，可以利用CorelDRAW X4中的自动备份功能来挽救。CorelDRAW X4里的默认设置是每隔10分钟自动备份一次，文件名以“文件名-自动备份”的形式命名，将原文件保存后，备份文件会自动出现，并与原文件位于同一个文件夹中。将该自动备份文件打开并另存即可恢复文件。

第2章

“基本图形绘制”常见问题

在CorelDRAW X4中，基本图形的绘制是非常重要的，可以说是设计的基础，没有图形对象，就没有创作的元素，也就谈不上作品的完成了。系统提供了与其相关的菜单命令，也在工具箱中配备了强大的工具组件。

问题1：使用图纸工具可以做什么？

问题2：如何改变表格内单个单元格的填充颜色？

问题3：如何设置表格外框的属性？

问题4：什么是形状？怎样创建和编辑基本形状？

问题5：如何使用简单的基本工具创建卡通图形？

问题6：Shift键和Ctrl键在图形的创建过程中起什么作用？

问题1：使用图纸工具可以做什么？

疑难解答

图纸工具主要用于绘制网格，在绘制曲线图或其他对象时，可用于辅助设计师精确排列对象。使用【图纸工具】可以创建出与图纸上相似的网格线，效果如图2-1所示。选择该工具后，可以通过属性栏设置网格上水平和垂直方向的网格数，然后直接在绘图窗口中拖动鼠标即可绘制出网格。

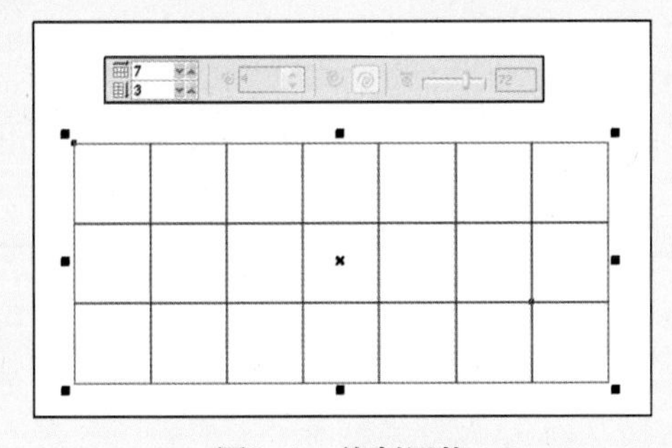

图2-1　绘制网格

技巧提示

在绘制网格时，如果同时按住Ctrl键，可以绘制正方形的网格；如果同时按住Shift键，可以绘制以拖动起始点为中心的网格；如果同时按住Shift+Ctrl键，可以绘制以拖动起始点为中心并向外扩展的正方形网格。

如果需要对网格进行自由编辑，需要取消其群组。首先使用【挑选工具】选中创建的网格对象，然后单击属性栏上的【取消群组】按钮，或者执行【排列】|【取消群组】命令，这时网格对象中的每个方格都将被分离开来，成为独立的、可编辑的多个矩形对象。

问题2：如何改变表格内单个单元格的填充颜色？

疑难解答

在CorelDRAW X4系统中，设置表格单个单元格颜色有以下两种方法。

- 利用属性栏：如果需要改变其中某一个单元格的颜色，只需使用【表格工具】在此单元格上单击并斜向拖动，将其选中，然后单击填充颜色下拉列表按钮，在弹出的颜色列表中选择相应的颜色即可为单元格填充颜色，如图2–2所示。

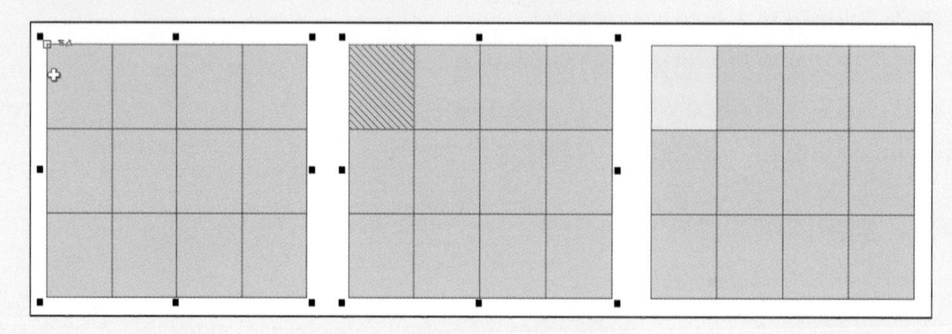

图2–2　改变单个单元格的颜色

- 使用调色板：当用户绘制好表格后，选中其中的任意一个单元格，然后单击调色板中的色块，从而为单元格填充颜色。

知识链接

如果需要对设置好的表格整体颜色或单元格颜色进行修改，可在选中表格的前提下单击属性栏【填充】设置区域中的【编辑填充】按钮，打开【均匀填充】对话框，如图2-3所示。

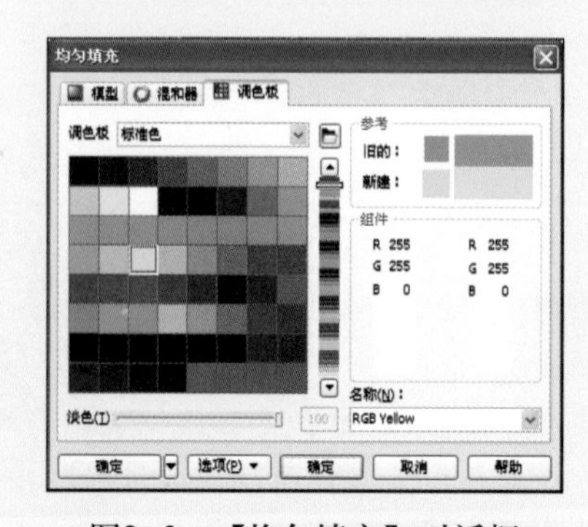

图2–3　【均匀填充】对话框

在【均匀填充】对话框中，可以通过选择颜色模型选项卡来设置颜色模型，在其中选择需要的颜色后，单击【确定】按钮，即可在绘图窗口中观察到颜色的变化。

问题3：如何设置表格外框的属性？

疑难解答

在CorelDRAW X4中，可以直接在属性栏中实现对表格外框属性的设置。单击【表格工具】后，属性栏中设置表格边框区域的内容被激活，在其中可以设置轮廓宽度、轮廓颜色等属性。具体设置方法如下。

- 边框：创建好表格后，单击属性栏中的【边框】按钮，此时将弹出一个面板，其中陈列了表格边框的各个部分，如图2-4所示。用户可根据需要选择要对边框的哪一部分进行设置，当选择后，才可以设置轮廓宽度、轮廓颜色等方面的属性。
- 轮廓宽度：创建或选择表格后，单击工具箱中【轮廓】下拉式按钮，会弹出一个下拉式列表，提供了多种轮廓宽度预设值，可以根据需要选择，效果如图2-5所示。

图2-4　边框线陈列表

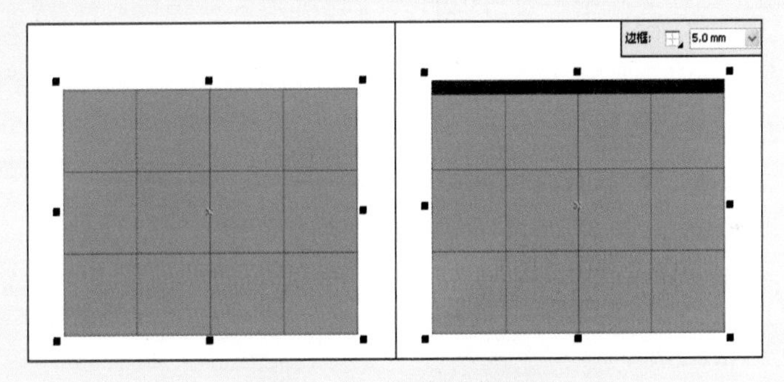

图2-5　设置表格轮廓宽度

- 轮廓颜色：创建或选择表格后，单击工具箱中【轮廓】下拉式按钮，选择【"轮廓颜色"对话框】，会打开【轮廓颜色】对话框，可以根据需要选择表格的轮廓颜色。设置方法与设置单元格颜色的方法相同。效果如图2-6所示。

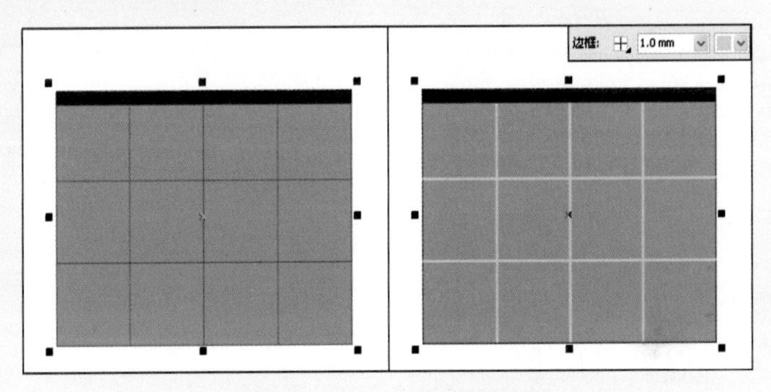

图2-6　设置表格内部轮廓

如果需要对轮廓进行细致的设置，可单击属性栏中的【“轮廓笔”对话框】按钮，打开【轮廓笔】对话框，如图2-7所示。对该对话框中各项参数的详细设置方法将在后面的章节中进行介绍。设置完毕后，单击【确定】按钮，即可在页面中观察到效果。

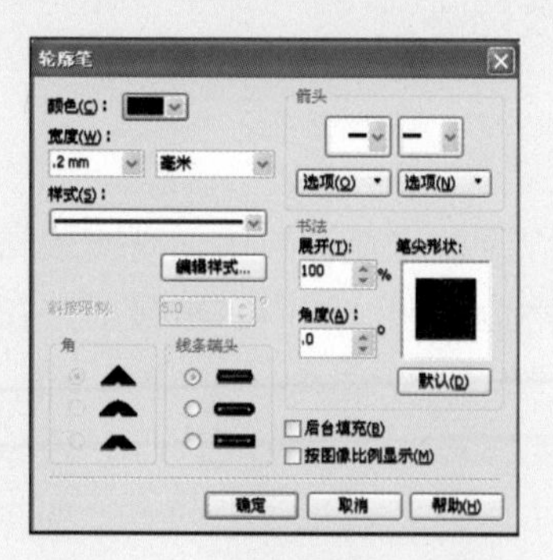

图2-7　【轮廓笔】对话框

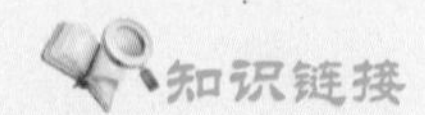

创建或选中表格后，在调色板中的色块上右击，可以直接改变表格的轮廓颜色。在状态栏中的【轮廓色】标志上双击，也可以打开【轮廓笔】对话框。

技巧提示

另外，按F12键，同样可以打开【轮廓笔】对话框，对表格边框进行设置。

问题4：什么是形状？怎样创建和编辑基本形状？

CorelDRAW X4中的形状是指，矩形、椭圆形、多边形等几何图形，以及使用【基本形状】工具所绘制的图形。

使用【基本形状】工具展开的下拉列表中的工具可以创建一些基本的形状，如箭头形状、星形、爆破形状等，如图2-8所示。对于某些特定的形状，还可以通过拖动这些对象上的菱形控制柄（如图2-8所示的彩色控制点）来修改其外观。

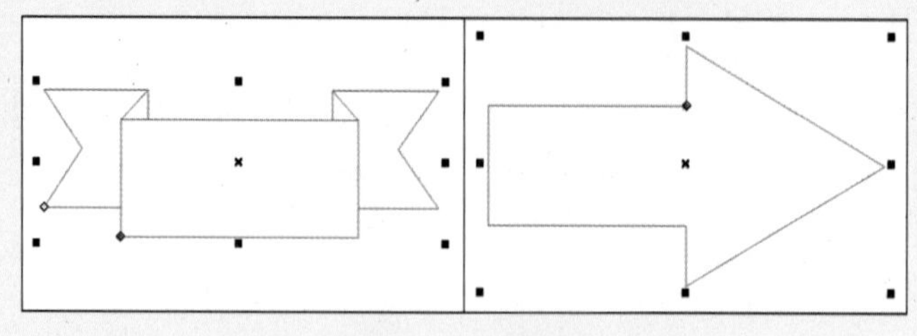

图2-8　基本图形

（1）创建基本形状

【基本形状】工具展开的下拉列表中包括5个绘制基本形状的工具，选择任意一个工具直接在视图中绘制，创建相应的基本图形。

- 【基本形状】工具：使用该工具可绘制各种各样的形状，如圆柱形、心形、三角形、平行四边形、笑脸等。
- 【箭头形状】工具：该工具用于创建预设的箭头形状。
- 【流程图形状】工具：该工具用于创建流程图的框图形状。
- 【标题形状】工具：该工具可绘制类似标题背景的形状图形。
- 【标注形状】工具：该工具用于创建插图中的编号或标注的外框形状。

选择一种预设形状工具后，在属性栏中就会显示该工具按钮。单击该按钮，弹出一个窗口，在窗口中提供了多种图形样式，从中选取所需的预设形状，然后在绘图窗口中沿对角线方向进行拖动，当达到合适的尺寸后，再释放鼠标即可完成形状图形的绘制。

（2）编辑基本形状

使用预设形状工具创建图形后，如果对象处于选中状态，那么就可能显示一个彩色的菱形控制柄，这表明还可以对它们进行进一步的编辑，通过拖动这些控制柄，可以对图形的形状进行修改。

在具体操作时，只要拖动控制柄，图形就会随之发生相应的改变，当达到满意的效果后，再释放鼠标按键即可，如图2-9所示。

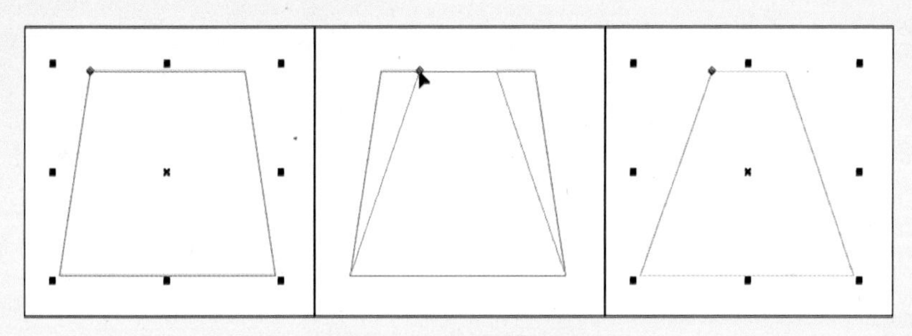

图2-9　调整预设图形

问题5：如何使用简单的基本工具创建卡通图形？

下面将通过制作图2-10所示图形，学习【椭圆形工具】在绘制图形方面的应用方法。

图2-10　效果图

具体操作步骤如下。

01 执行【文件】|【新建】命令，新建一个绘图文档。

02 选择工具箱中的【椭圆形工具】，在绘图页面中绘制多个椭圆形，组成机器人的轮廓，如图2-11所示。单击工具箱中的【填充】工具，在弹出的列表框中选择【颜色泊坞窗】命令，打开【颜色】对话框，在【模型】下拉列表中选择RGB模式，为图形填充蓝色（R：5、G：155、B：126），单击【填充】按钮完成颜色填充。

图2-11　绘制机器人轮廓并填充颜色

03 选择工具箱中的【椭圆形工具】绘制椭圆形，并使用【填充工具】分别为椭圆形填充深蓝色（R：12、G：124、B：176）、青色（R：220、G：250、B：255），选择绘制的所有椭圆形，在右侧调色板上的无填充按钮上右击，取消轮廓线填充，效果如图2-12所示。

图2-12　继续绘制机器人造型并去除轮廓线

04 接下来为机器人绘制眼睛。选择【椭圆形工具】绘制椭圆形，为图形填充蓝色（R：0、G：139、B：201），按小键盘上的+键复制该椭圆形，继续在该图形右上角绘制椭圆形，选择绘制的椭圆形和复制的椭圆形，单击属性栏中的【修剪】按钮修剪图形，并填充深蓝色（R：0、G：133、B：176），如图2-13所示。

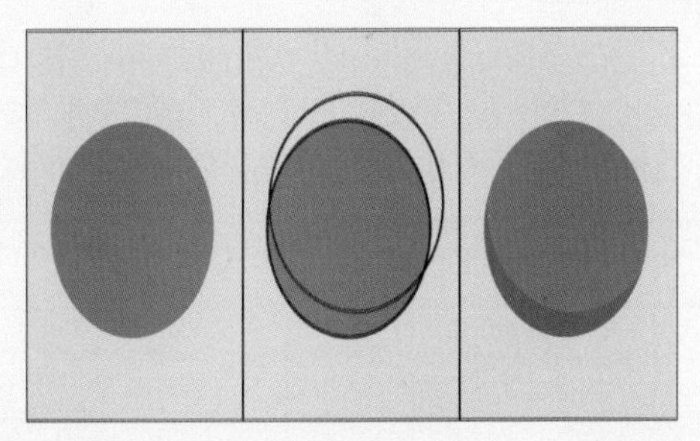

图2-13　修剪图形

05在工具箱中的【手绘工具】中选择【贝塞尔工具】，绘制曲线图形，选择绘制的曲线图形和椭圆形，单击属性栏中的【焊接】按钮将图形焊接在一起。然后绘制3个椭圆形，并分别填充白色、天蓝色（R：61、G：194、B：239），调整图形位置，效果如图2-14所示。

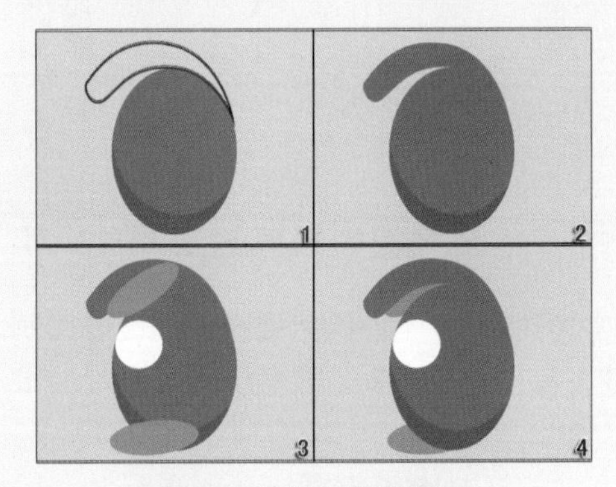

图2-14　绘制眼睛图形

06选择组成眼睛的所有图形，按Ctrl+G快捷键将图形群组，拖动群组图形向右移动的过程中右击鼠标，然后释放鼠标左键复制该图形，镜像并调整图形位置如图2-15所示。使用【贝塞尔工具】为机器人绘制嘴唇。

07使用步骤04相同的方法修剪图形，并填充深蓝色（R：9、G：92、B：130）如图2-16左所示，然后使用【椭圆形工具】绘制椭圆形，以作装饰效果，如图2-16右所示。

图2-15　复制图形

图2-16　修剪并装饰图形

08 使用【椭圆形工具】继续绘制椭圆形，为图形填充蓝色（R：12、G：124、B：176），并调整图形位置如图2-17所示。选择工具箱中的【星形工具】在机器人胸前绘制五角星，填充青色（R：141、G：210、B：240），完成机器人的绘制，效果如图2-18所示。

图2-17　绘制椭圆形

图2-18　完成效果

问题6：Shift键和Ctrl键在图形的创建过程中起什么作用？

在CorelDRAW X4中创建图形时，使用Ctrl键或Shift键可控制图形绘制的形状。

- 配合Shift键创建图形：按住Shift键在视图中绘制图形时，图形将以鼠标单击的位置为中心点向四周绘制。
- 配合Ctrl键创建图形：按住Ctrl键在视图中绘制图形时，可以创建规则的图形，如正方形、圆形、正多边形等，如图2-19所示。

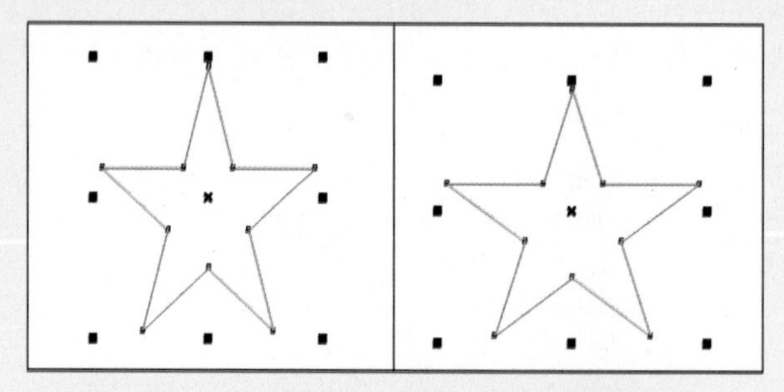
图2-19　随意绘制的五角星与正五角星的对比

- 配合Shift+Ctrl键创建图形：可以创建出以单击位置为中心点的规则图形，如以单击位置为中心点的正方形或圆形。

第3章 “绘制、编辑自由曲线”常见问题

在CorelDRAW X4中，除了可以创建规则和预设的几何形状外，还可以绘制自由形状的路径，如直线、曲线及书法线条等。使用工具箱中提供的不同工具可以创建各种各样的线条，例如，可以沿着鼠标的拖动轨迹绘制自由形状的曲线，就像用笔在纸上绘制一样随心所欲。

问题1：为何有些图形无法使用形状工具进行编辑？
问题2：形状工具属性栏中的反转曲线方向有何用途？
问题3：形状工具属性栏中，水平反射节点和垂直反射节点为何无法使用？
问题4：如何同向变形多个节点？
问题5：如何使用手绘工具创建手绘字体？
问题6：为何直线连接器有时无法建立连接？
问题7：绘制流程图时如何利用成角连接器建立多个水平或垂直连接？
问题8：如何使用艺术笔工具创建POP字体？
问题9：如何使用艺术笔工具中的笔刷样式创建祥云图形？
问题10：如何创建自定义的喷涂效果？
问题11：如何编辑节点？

问题1：为何有些图形无法使用形状工具进行编辑？

疑难解答

在CorelDRAW X4中有时会发现，有些图形是无法使用【形状工具】进行编辑的。基本形状中，有些图形不显示彩色的菱形控制柄，这些图形就无法使用【形状工具】直接编辑，而显示菱形控制柄的图形则可以编辑，如图3-1所示。

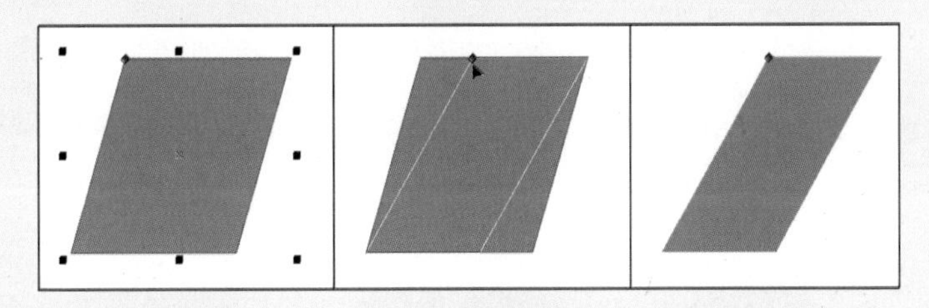

图3-1　编辑图形

此外，文字和表格对象也不可以直接使用【形状工具】进行编辑。这些对象只有在转换为曲线图形后，才可以进行外观等复杂的编辑。

CorelDRAW X4中提供了对应的功能来实现此操作。执行【排列】|【转换为曲线】命令，或者当图形为矩形、椭圆形或多边形的状态下，单击属性栏中的【转换为曲线】按钮，即可以将图形转换为曲线。此时，就可以使用【形状工具】对转换后的图形进行编辑，如图3-2所示。

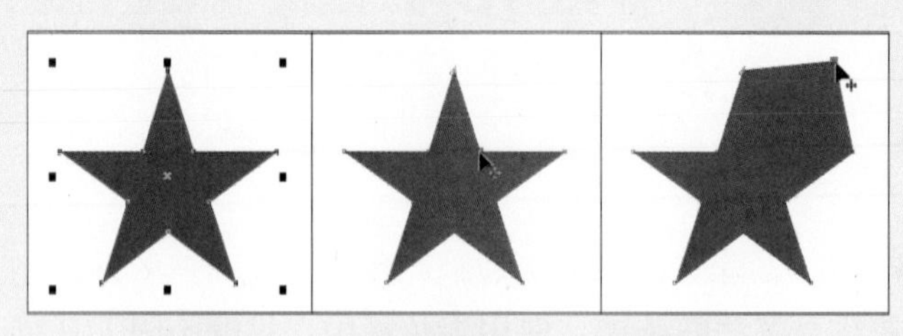

图3-2　使用【形状工具】编辑星形

知识链接

在CorelDRAW X4中，无论是上述哪一类对象，只要按Ctrl+Q快捷键，就可以将其快速转换为曲线。

问题2：形状工具属性栏中的反转曲线方向有何用途？

【形状工具】属性栏中的反转曲线方向功能可以改变曲线的方向、文字适合路径的方向以及路径交互式调和对象的方向。使用【形状工具】在曲线图形上单击，此时，视图窗口中将显示【形状工具】属性栏，其中就包括用来反转曲线方向的按钮。

- 反转曲线方向：单击【反转选定子路径的曲线方向】按钮，可以反转曲线的方向。如图3-3所示。比如在设置箭头时，利用此功能可以方便地改变箭头的位置。
- 反转文字适合路径方向：使用【形状工具】单击文字适配路径对象中的路径，再单击【反转选定子路径的曲线方向】按钮，可以同时改变路径与文字的方向，如图3-4所示。

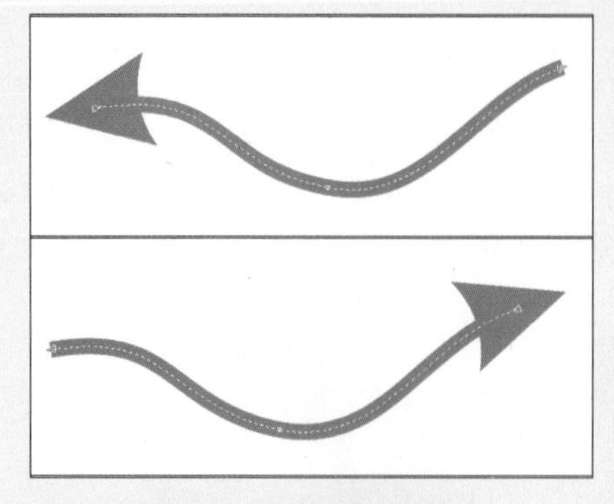

图3-3　反转曲线方向

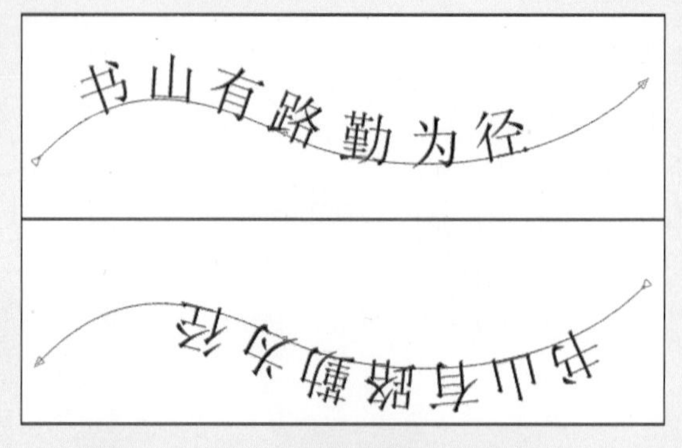

图3-4　改变文字适配路径对象的方向

- 反转路径交互式调和对象的方向：使用【形状工具】单击路径交互式调和对象中

的任意一条路径，再单击【反转选定子路径的曲线方向】按钮，可以改变路径调和对象的方向，如图3–5所示。

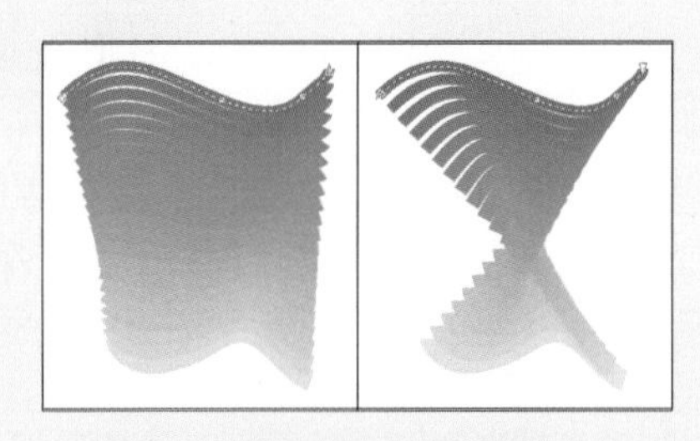

图3–5　改变路径调和对象的方向

问题3：形状工具属性栏中，水平反射节点和垂直反射节点为何无法使用？

当使用【形状工具】选中一个曲线图形后，属性栏中的【水平反射节点】按钮与【垂直反射节点】按钮是无法使用的，只有在选择了两个或两个以上的曲线图形后，才能使用。

在反射节点模式下允许编辑节点，并使对应的节点按相反的方向也发生同样的编辑。首先选择要反射运动的节点，然后单击属性工具栏中的【水平反射节点】按钮，再用鼠标拖动选择的多个节点中的某一个节点，另一个对象也会做出相同但方向相反的改变，如图3-6所示。

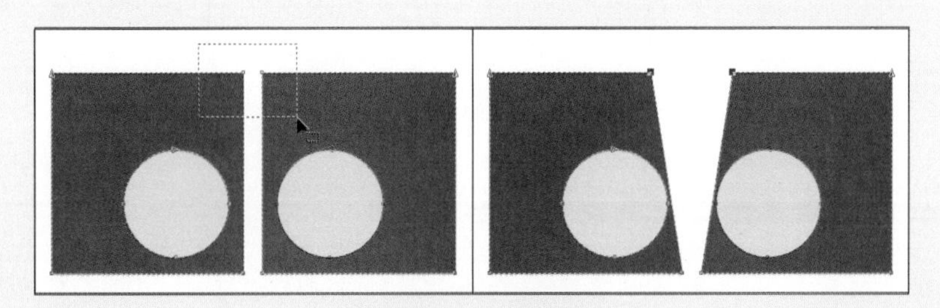

图3–6　水平调整节点

同理，在单击【垂直反射节点】按钮的状态下，用鼠标拖动选择的多个节点中的某一个节点，另一个对象也会做出相同但方向相反的改变，如图3-7所示。

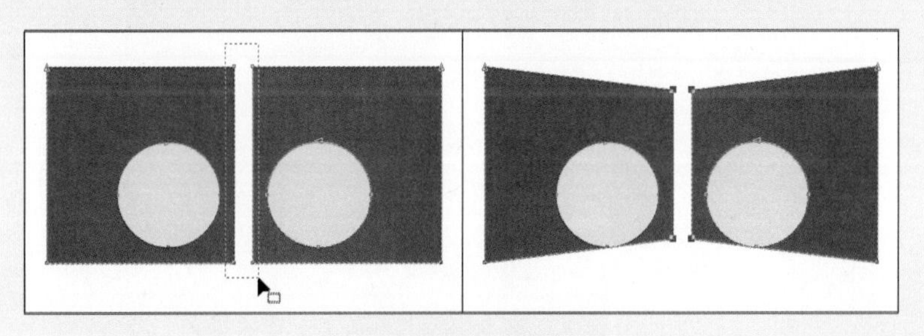

图3–7　垂直调整节点

问题4：如何同向变形多个节点？

如果需要同向变形多个节点，可以利用【形状工具】属性栏中的【延展与缩放节点】按钮来实现此项操作。

具体操作时，应首先使用【形状工具】选中曲线图形中的多个节点，然后单击属性栏中的【延展与缩放节点】按钮，该对象的四周会出现8个控制点，此时随意拖动任意一个控制点，即可使选中的多个节点产生变形，效果如图3-8所示。

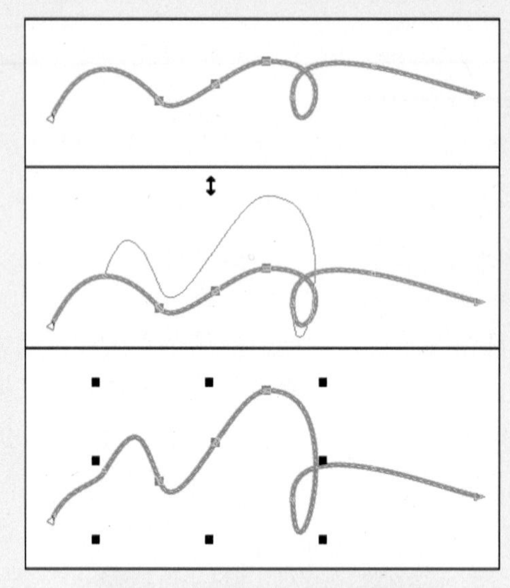

图3–8　同时使多个节点变形

问题5：如何使用手绘工具创建手绘字体？

下面将使用【手绘工具】创建手绘字体，具体学习该工具在绘制图形对象方面的应用，图3-9为最终效果图。

图3–9　效果图

具体操作步骤如下：

01 新建绘图文档，然后双击【矩形工具】按钮，创建与页面等大的矩形，填充颜色为洋红色（R：221、G：19、B：123），并在该图形上右击，在弹出的快捷菜单中选择【锁定对象】命令，将矩形锁定，以方便绘制。使用【椭圆形工具】，在矩形上绘制出白色圆环状底纹，填充颜色设置为白色，复制并调整位置及外形，然后群组并锁定，如图3-10所示。

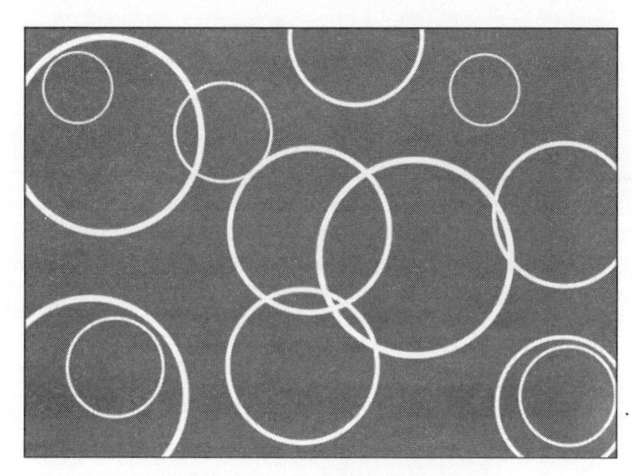

图3-10 绘制圆环底纹

02 使用【手绘工具】在视图中绘制艺术字"手绘天下"，填充颜色设置为红色、黄色、天蓝色（R：0、G：124、B：195）和草绿色（R：153、G：255、B：0），取消轮廓线的填充，如图3-11所示。

图3-11 绘制艺术字

03 将艺术字移动至图3-12上图所示的位置，按Ctrl+C快捷键复制文字，按Ctrl+V快捷键粘贴至视图中，将【轮廓宽度】设置为2.8mm，轮廓色设置为白色，执行【排列】|【顺序】|【向后一层】命令，将其置于原始文字下方，形成白色描边效果。效果如图3-12下图所示。

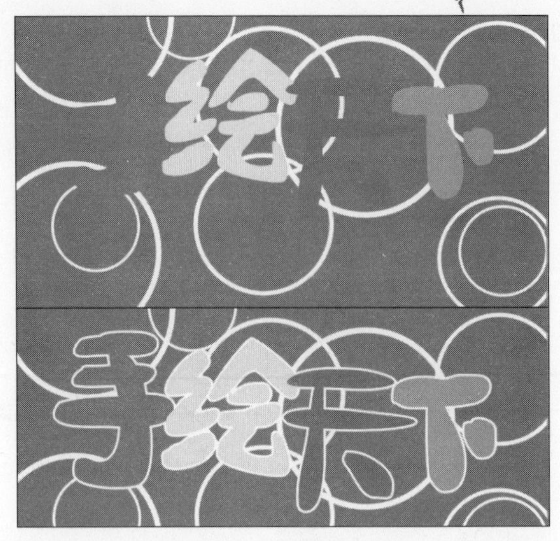

图3-12　复制艺术字

04 再次复制艺术字，设置【轮廓宽度】为5.6mm，轮廓色设置为黑色，如图3-13上图所示。然后将其置于白色描边字体下方，完成手绘字体的创建，如图3-13下图所示效果。

图3-13　创建黑色描边

问题6：为何直线连接器有时无法建立连接？

选择【交互式连线工具】，单击属性栏中的【直线连接器】按钮，可以较容易地在两个图形之间创建直线连接。为对象创建连线后，移动其中的某个对象，连接线将随之改变。但在连接时，起点与终点必须是对象的端点、节点、中点、中心点等，否则是连接不上的，如图3-14所示。

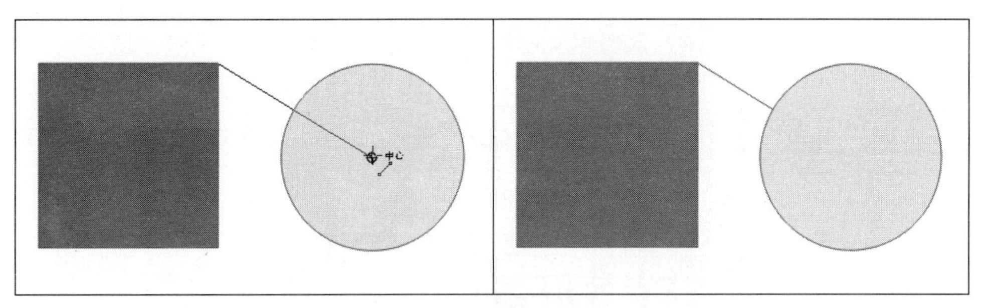

图3-14 连接图形

问题7：绘制流程图时如何利用成角连接器建立多个水平或垂直连接？

如果用户想要利用成角连接器建立多个水平或垂直连接，只需在创建多个对象后，单击【交互式连线工具】属性栏中的【成角连接器】按钮，然后依次在对象与对象之间创建成角连线即可。创建连线时，需要在第一个图形底端轮廓线上的任意一点单击，然后拖动至另一个图形顶端轮廓线上的任意一点，松开鼠标后，即可将两个图形连接上，并且连接线是由垂直与水平的线段组成。需要注意的是，无论是水平还是垂直连接，在与其他图形连接时，都要从第一个控制交互式连线的节点开始，否则将无法实现连接效果。图3-15所示为在流程图中利用成角连接器建立多个水平连接的示例。图3-16所示为在流程图中利用成角连接器建立多个垂直连接的示例。建立连接后，多个对象之间就会存在有连带关系，移动其中的任意一个，连线就会随之变化。

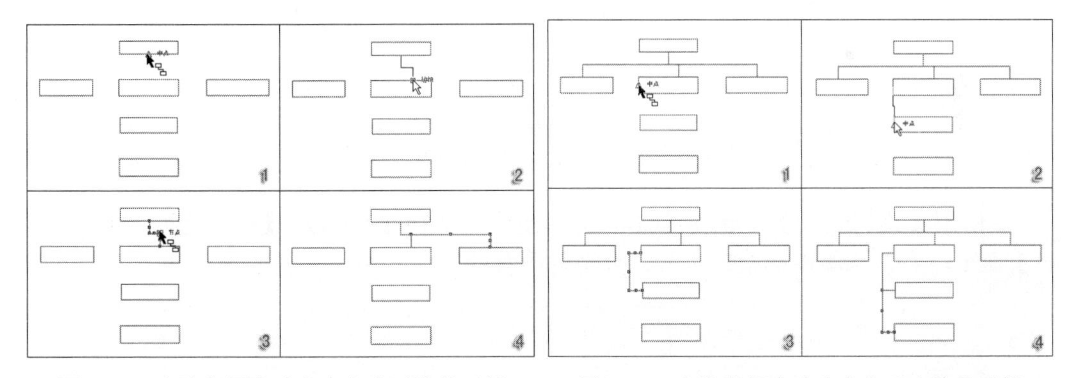

图3-15 在流程图中建立多个水平连接示例　　图3-16 在流程图中建立多个垂直连接示例

问题8：如何使用艺术笔工具创建POP字体？

下面介绍如何使用工具箱中的【艺术笔工具】绘制POP字体，效果如图3-17所示。学习该工具在绘制图形方面的典型应用。

图3-17　绘制POP字体

具体操作步骤如下。

01 在工具箱中选择【艺术笔工具】，在属性栏中设置工具宽度为15.0mm，使用该工具在视图中绘制文字图形，如图3-18所示。

图3-18　绘制文字图形

02 使用【挑选工具】选中绘制的文字图形，执行【排列】|【拆分选定48对象于图层1】命令，将艺术笔图形全部拆分，如图3-19所示。

图3-19　拆分艺术笔图形

03继续使用【挑选工具】选中文字中的曲线段，按Delete键将其删除，并将剩下的图形填充为白色，如图3-20所示。

图3-20　编辑曲线

04选中所有文字图形，单击属性栏中的【焊接】按钮，将图形焊接在一起，如图3-21所示。

图3-21　焊接图形

05将文字图形复制，分别为它们设置不同的颜色和不同的轮廓宽度，如图3-22所示。最后打开随书附带的光盘中的"素材文件\第3章\底纹.tif"文件，将图片放在文字的下方。

图3-22　设置轮廓线

问题9：如何使用艺术笔工具中的笔刷样式创建祥云图形？

下面通过使用【艺术笔工具】属性栏中的【笔刷】来绘制祥云图案，效果如图3-23所示，学习该工具在绘制图形方面的典型应用。

图3-23 绘制祥云图案

具体操作步骤如下。

01 在工具箱中选择【艺术笔工具】，在属性栏中单击【笔刷】按钮，设置【艺术笔工具宽度】为5.0mm，使用该工具在视图中绘制线条，组成祥云的图形，如图3-24所示。

图3-24 绘制文字图形

02 使用【艺术笔工具】单击选中祥云顶端的线条，然后在属性栏中设置【艺术笔工具宽度】为7.0mm，如图3-25所示。

图3-25 加粗线条

03 使用类似的方法，分别选中其他线条，改变其宽度，达到如图3-26所示的效果。

图3-26　设置其他线条的宽度

问题10：如何创建自定义的喷涂效果？

疑难解答

创建自定义的喷涂效果，可以通过【艺术笔工具】属性栏中的相关功能来实现。选择【艺术笔工具】，单击属性栏中的【喷灌】按钮，此时，属性栏如图3-27所示。

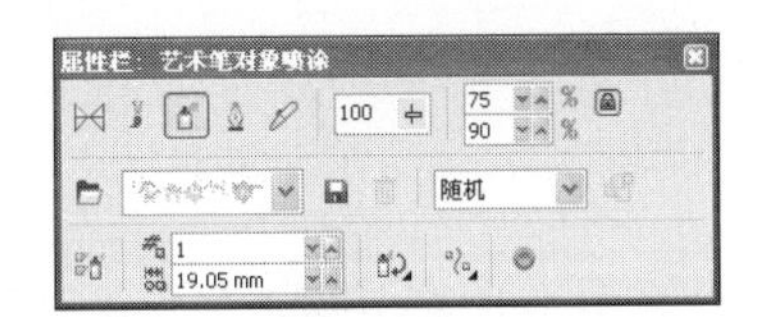

图3-27　【艺术笔工具】属性栏

- 导入喷涂样式：单击该属性栏中的【浏览】按钮，打开【浏览文件夹】对话框，选择软件自带的喷涂样式，单击【确定】按钮后，即可载入至属性栏中的【喷涂列表文件列表】中，如图3-28所示。

图3-28　【浏览文件夹】对话框

- 创建喷涂样式：可以将绘制的图形对象创建为喷涂样式。具体操作时，只需将绘制好的图形选中，然后转换到【艺术笔工具】模式，单击属性栏中的【保存艺术笔触】按钮，打开【另存为】对话框，在其中输入笔触的文件名，并确定存储路径后，单击【保存】按钮，即可将绘制的对象保存为喷涂样式。

- 编辑喷涂样式：对于系统中提供的预设样式，可以自行进行编辑。选中一种样式后，单击属性栏中的【喷涂列表对话框】按钮，在打开的【创建播放列表】对话框中对喷涂的样式进行筛选编辑，从而创建出新的喷涂样式，如图3-29所示。

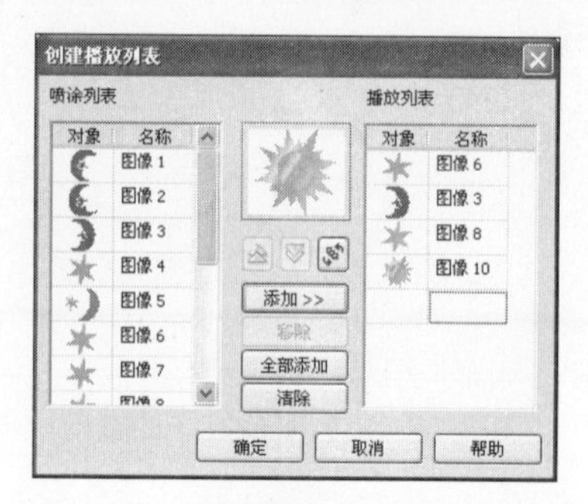

图3-29 【创建播放列表】对话框

知识链接

选中绘制的图形对象后，单击【艺术笔对象喷涂】属性栏中的【添加到喷涂列表】按钮，可以直接将对象以艺术笔触的形式添加到【喷涂列表文件列表】中。

问题11：如何编辑节点？

疑难解答

在CorelDRAW X4中，可以利用工具箱中的【形状工具】和【钢笔工具】实现对节点的编辑。

- 使用【形状工具】：使用【形状工具】在视图中单击图形，然后继续使用该工具框选中要删除的节点，按Delete键，删除选中的节点，效果如图3-30所示。

图3-30 删除节点

使用【形状工具】在曲线段上双击，可增加节点，如图3-31所示。若在曲线上的节点上双击，可直接删除节点。

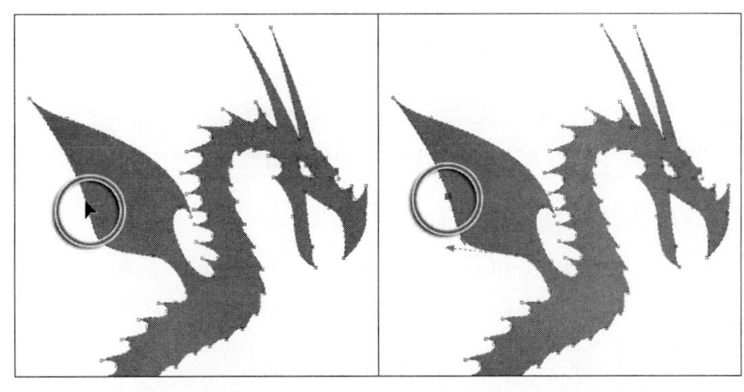

图3-31 添加节点

使用【钢笔工具】：选中要编辑的图形，选择【钢笔工具】，移动该工具到图形中的节点上，当鼠标的右下端出现“-”图标时，单击节点可以删除节点，如图3-32所示。

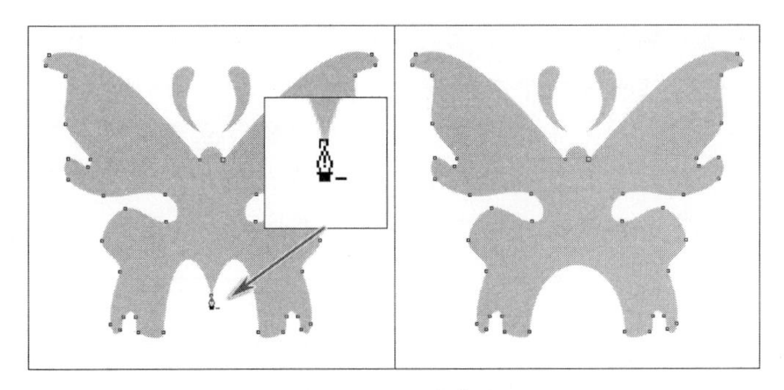

图3-32 删除节点

若移动该工具到图形的线段上，鼠标的右下端将出现“+”图标，单击线段可以增加一个节点，如图3-33所示。

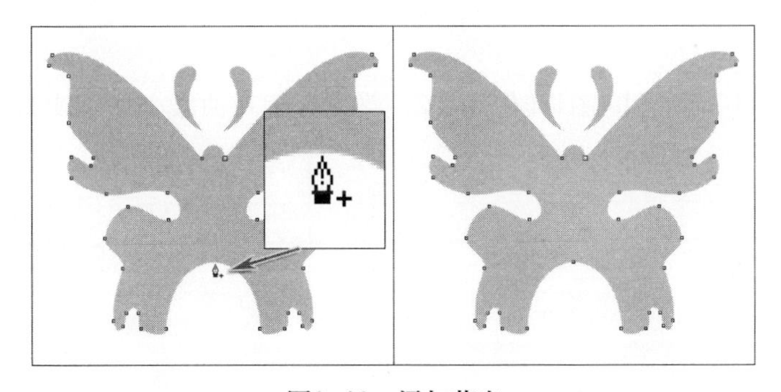

图3-33 添加节点

知识链接

用户在选择图形对象的状态下，单击【形状工具】按钮，视图中便会显示相应的属性栏，如图3-34所示。

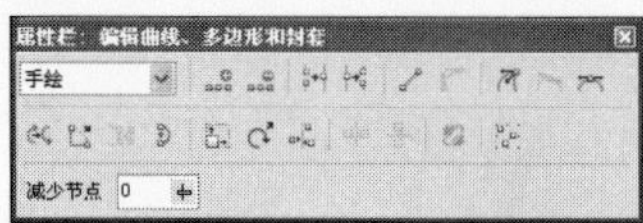

图3-34 【形状工具】属性栏

其中有关编辑节点功能的按钮介绍如下。

- 【添加节点】：单击该按钮，可以在曲线图形上添加节点。
- 【删除节点】：单击该按钮，可以在曲线图形上删除节点。
- 【使节点成为尖突】：单击该按钮，可以使选中的节点变为尖突节点。此类型节点两端分别有一个控制柄，用户可以单独地移动其中一个控制点，而不会对另一个控制点造成影响，使用这种节点可以在曲线对象上添加一个尖锐的转换角，如图3-35中图1所示。
- 【平滑节点】：单击该按钮，可使选中的节点变为平滑节点。该类型节点的两端也有两个控制柄，当移动其中一个控制点时，另一个控制点也会随之改变。但是可以单独改变任意一端控制点与节点之间的距离，从而改变两个控制点的间距，平滑节点可以使路径段之间实现平滑的过渡，如图3-35中图2所示。
- 【生成对称节点】：单击该按钮，可使选中的节点变为对称节点。这种类型的节点也有两个控制柄，并且是始终对称的，即节点和每个控制点之间的距离总是相同的，从而可以使节点两侧的线段产生同样的弯曲度，如图3-35中图3所示。

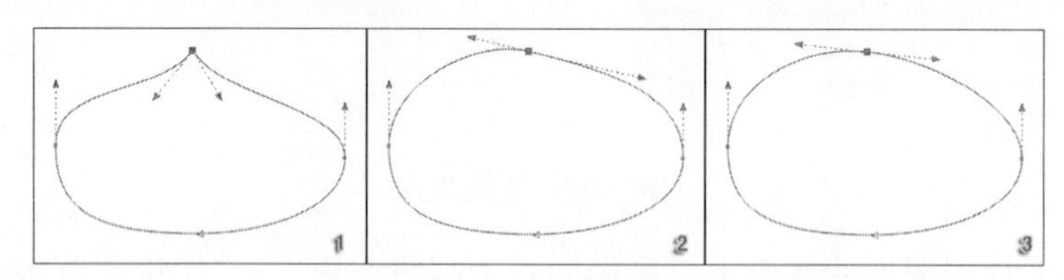

图3-35 不同的节点

实例引导

下面通过将图3-36所示的图1转化为图2，学习如何在曲线上增加或减少节点的操作。

图1

图2

图3-36 改变壁虎图形的形状

具体操作步骤如下。

01 打开随书附带的光盘中的“素材文件\第3章\壁虎.cdr”文件，使用【挑选工具】选中图形，然后使用【钢笔工具】在壁虎身体上的部分节点上单击，删除部分节点，得到如图3-37所示的图形。

02 使用【钢笔工具】在壁虎身体两侧分别添加节点，如图3-38所示。

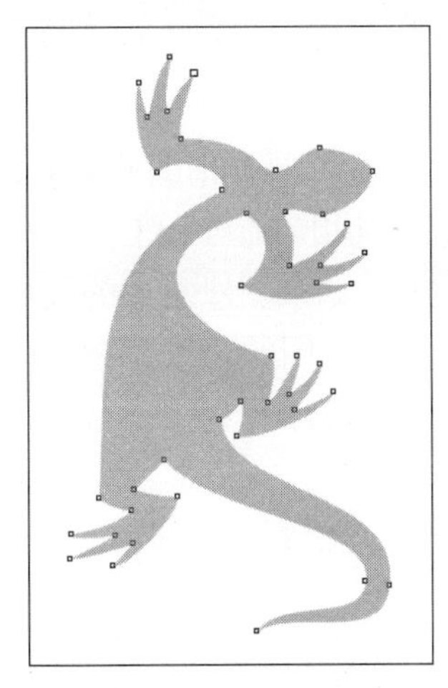

图3−37 删除部分节点

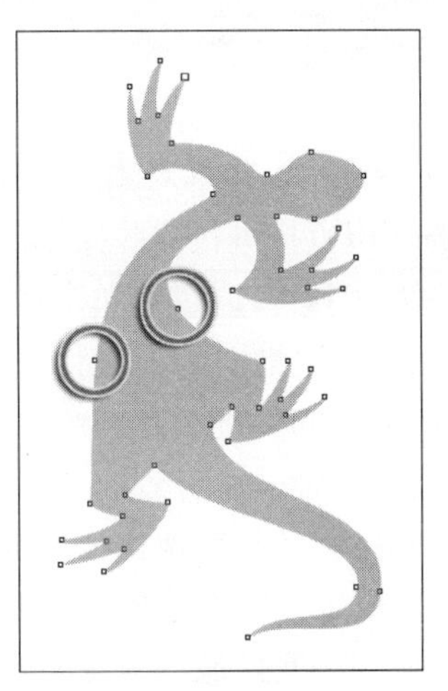

图3−38 添加节点

03 使用【形状工具】调整添加节点的形状，如图3-39所示。

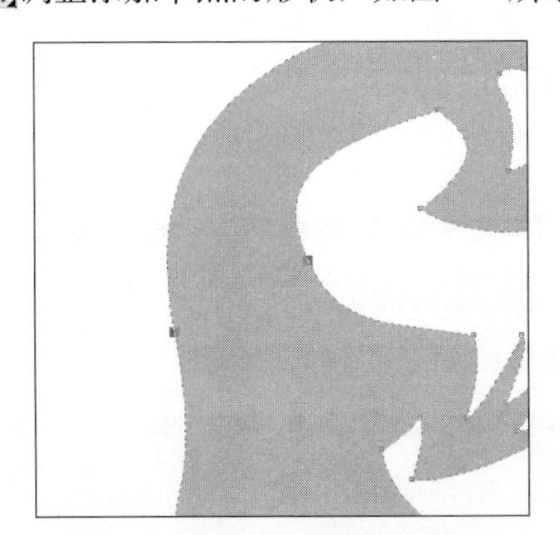

图3−39 调整节点形状

第4章

“对象基本操作”常见问题

在对象的基本操作中，包括对象的变换与组织。变换对象指调整对象的大小、旋转或镜像对象。使用鼠标可以直接进行这些操作，也可以通过相关命令和工具来实现变换效果。

在CorelDRAW X4中可以创建单个或多个对象，如果创建对象的数量较多，就需要有效地管理这些对象，合理地对它们进行安排，以符合绘图的要求。在管理和组织对象时，可以使用软件中所提供的多种工具和命令使对象实现顺序的更改、对齐、分布或群组等操作，并且可以通过对象管理器有效地管理各个对象。

问题1：如何利用旋转和镜像操作实现四方连续图案？

问题2：如何精确地控制对象的尺寸及位置？

问题3：如何使同一变换操作重复数次？

问题4：如何让多个对象等间距排列？

问题5：如何合理应用编组和图层功能？

问题6：如何选择并编辑编组中的一个对象？

问题7：如何使用图层来管理众多对象？

问题8：如何选择多个对象中位于下方的对象？

问题1：如何利用旋转和镜像操作实现四方连续图案？

下面将利用旋转和镜像操作实现四方连续图案，具体学习在CorelDRAW X4中如何进行旋转和镜像操作，图4-1为最终效果图。

图4-1　效果图

具体操作步骤如下。

01 执行【文件】|【新建】命令，新建一个绘图文档，单击属性栏中的【横向】按

钮，然后双击【矩形工具】按钮，绘制出与页面大小相同的矩形，填充颜色为蓝色（R：0、G：153、B：255），如图4-2所示。

02 使用【贝塞尔工具】绘制花朵图形中的花瓣，填充颜色为黄色，取消轮廓线的填充，将图形复制并粘贴至视图中，单击属性栏中的【垂直镜像】按钮，将图形向下移动，并再单击【水平镜像】按钮，如图4-3所示效果。

图4-2 绘制矩形背景

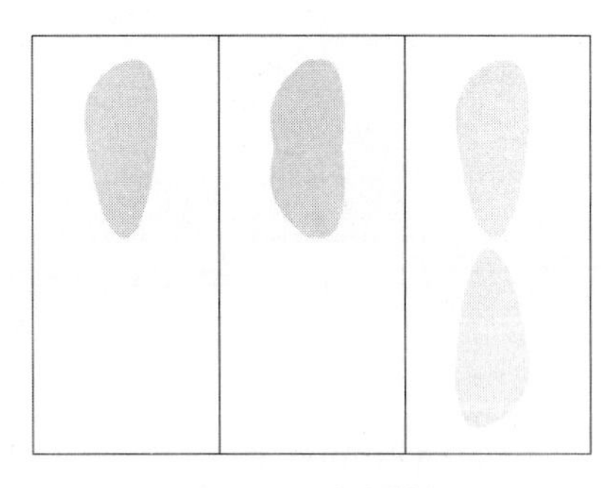

图4-3 绘制花瓣

03 将两片花瓣复制，粘贴至视图中，单击中心点，拖动角控制柄，向左旋转出一定的角度，得到四片花瓣。然后将得到的四片花瓣复制并旋转，得到八片花瓣图形。使用【椭圆形工具】绘制花心图形，填充颜色设置为白色，取消轮廓线的填充，得到整体的花朵图形，选中全部图形后将其群组，如图4-4所示。

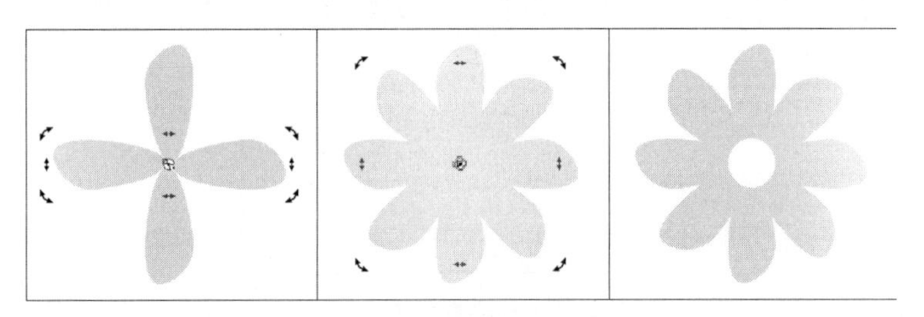

图4-4 创建花朵图形

04 复制花朵图形，将复制的花瓣颜色设置为浅绿色（R：204、G：255、B：0），并调整大小及位置，如图4-5所示效果。

图4-5 复制花朵图形

05 复制两个花朵图形，粘贴至视图中，重复此操作，建立排列有序的四方连续图案，效果如图4-6左图所示。选中所有花朵图形，执行【效果】|【图框精确剪裁】|【放置在容器中】命令，将其置于矩形中，如图4-6右图所示。

图4-6　创建四方连续图案

问题2：如何精确的控制对象的尺寸及位置？

疑难解答

在绘制图形时通过相对应的属性栏或【变换】泊坞窗，可以精确的设置对象的尺寸和位置。

- 使用属性栏：选中对象后，可直接在其绘制工具所对应属性栏的【对象位置】、【对象大小】与【缩放因素】参数框中设置数值，以精确控制对象的尺寸和位置，如图4—7所示。

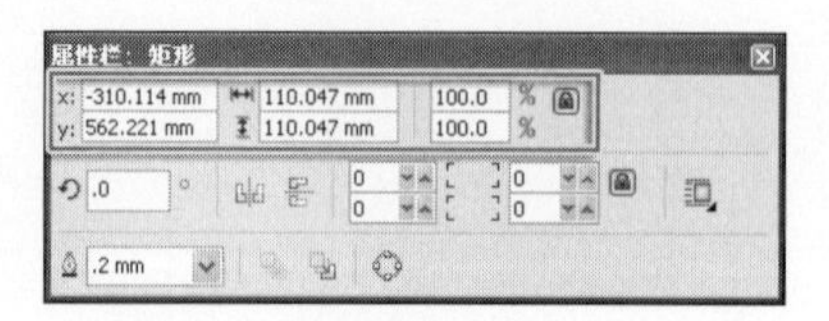

图4—7　精确设置对象尺寸

技巧提示

拖动选中对象的四个角控制柄，默认状态下是成比例缩放的，如果单击【不成比例的缩放/调整比率】按钮，可以不成比例的控制对象尺寸。

- 使用【变换】泊坞窗：用户也可以通过【变换】泊坞窗精确控制对象尺寸及位置。选中对象后，执行【窗口】|【泊坞窗】|【变换】|【大小】命令或执行【排列】|【变换】|【大小】命令，打开【变换】泊坞窗。在默认设置下，对象将以其中心为缩放原点，选择【变换】|【比例】对话框中的【不按比例】下方的复选框，可以重新设置对象缩放的原点位置。可以在【大小】设置区域中设置【水平】和【垂直】参数。设置完毕后，单击【应用】按钮即可按照设置的精确数据改变对象大小，如图4—8所示。

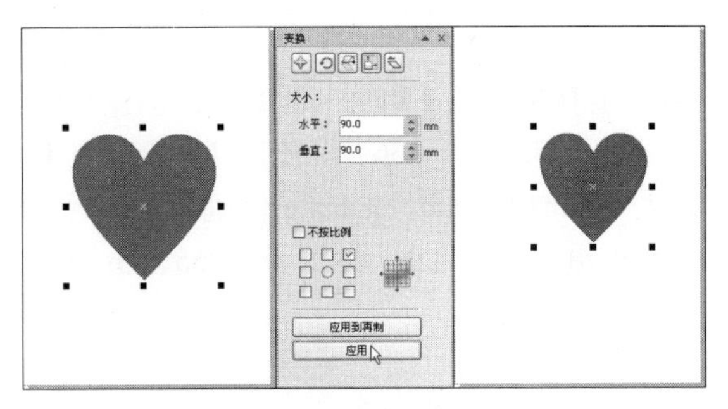

图4-8　调整对象大小

技巧提示

当选择【不按比例】复选框时，可以随意缩放对象；而取消对该复选框的选择后，将按比例调整对象大小。

- 如果需要精确移动对象，单击【变换】泊坞窗中的【位置】按钮，切换到其参数设置页，选择【相对位置】复选框下，中心坐标原点周围的复选框，可以设置对象移动的参考点。在【位置】设置区域中的参数栏中输入对象要移动的具体数值，也可以通过 微调按钮进行调整。设置完毕后，单击【应用】按钮即可按照设置的数据精确移动对象，如图4-9所示。

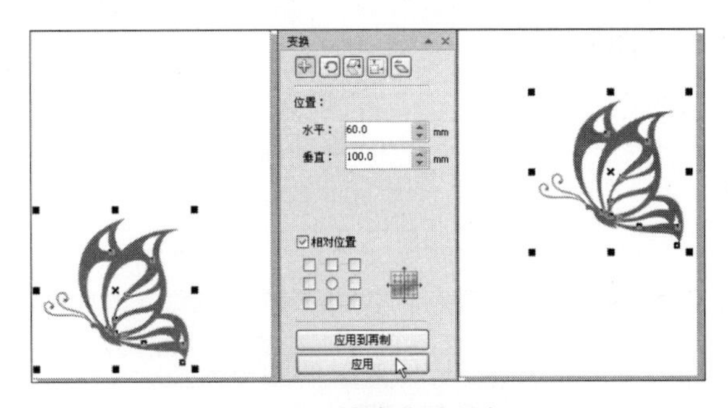

图4-9　精确移动对象

实例引导

下面将通过绘制如图4-10所示的图形，学习如何在实际工作中精确的控制对象尺寸和位置。

图4-10　完成效果

具体操作步骤如下。

01新建绘图文档，双击工具箱中的【矩形工具】□，创建与绘图页面等大的矩形，填充颜色为淡黄色（R：237、G：255、B：166）。使用【矩形工具】□绘制矩形，在属性栏【对象大小】文本框中输入38mm和12mm，按Enter键确认，然后使用【形状工具】调整矩形的四角为圆角，并为矩形填充绿色（R：237、G：255、B：166），如图4-11所示。

图4-11 绘制背景和矩形

02将圆角矩形放置到页面左下角位置，执行【窗口】|【泊坞窗】|【变换】|【位置】命令，打开【变换】泊坞窗，设置【水平】参数为48mm，单击【应用到再制】按钮7次，复制7个副本图形，效果如图4-12所示。

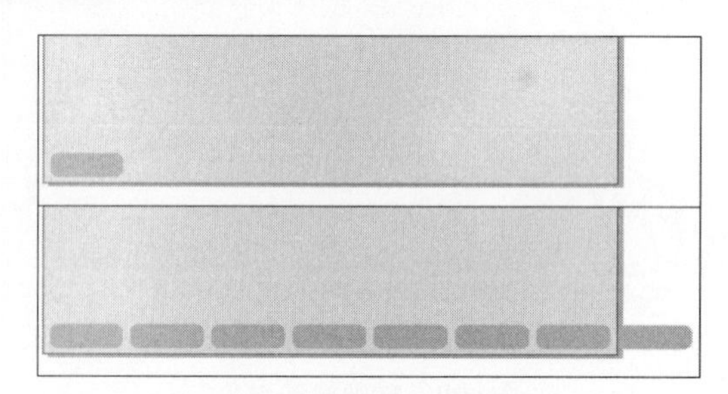

图4-12 水平复制图形

03选择复制的所有圆角矩形，在【变换】泊坞窗中设置【水平】参数为0mm，【垂直】参数为16mm，单击【应用到再制】按钮12次，复制图形，效果如图4-13所示。

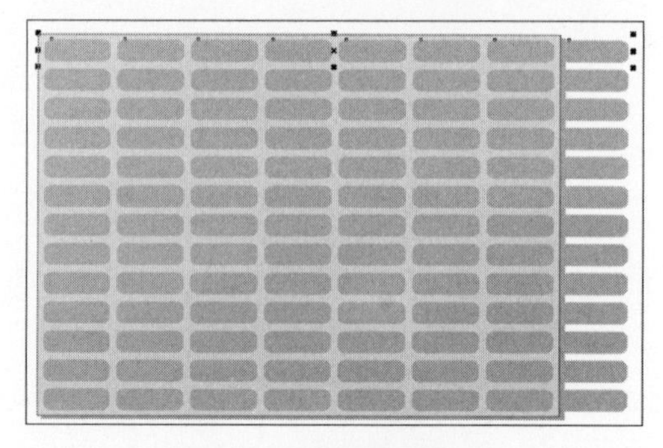

图4-13 垂直复制图形

04 使用【挑选工具】调整页面中圆角矩形的位置。选择所有的圆角矩形，单击属性栏中的【焊接】按钮，将图形焊接在一起，如图4-14左图所示。使用【矩形工具】在页面的左、右位置绘制矩形，对砖纹图形进行剪切，效果如图4-14右图所示。

图4-14　剪切砖纹图形

问题3：如何使同一变换操作重复数次？

疑难解答

在绘图过程中，如果需要对同一变换操作重复多次，可以通过在【变换】泊坞窗中操作实现。当设置完泊坞窗中具体参数后，反复单击【应用】按钮，便可以多次重复同一变换操作。此外，按Ctrl+D快捷键，可对同一变换操作重复多次。

实例引导

下面将利用【变换】泊坞窗，对蝴蝶图形进行旋转操作，创建从图4-15左图到右图的效果，来学习如何对同一变换操作重复多次。

图4-15　旋转蝴蝶图形

具体操作步骤如下。

01 打开光盘中的“素材文件\第4章\蝴蝶.cdr”文件，使用【挑选工具】选中图形，如图4-16所示。

02 执行【窗口】|【泊坞窗】|【变换】|【旋转】命令，打开【变换】泊坞窗，在【角度】参数框中输入90.0，单击【应用】按钮，对象将在视图中围绕现有的中心坐标点旋转90度，如图4-17所示。

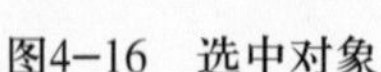

图4−16　选中对象

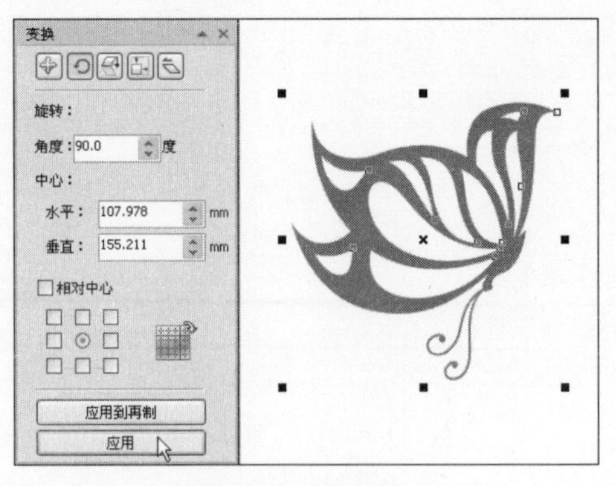

图4−17　旋转对象

03 再次单击【应用】按钮，对象将继续逆时针旋转90度，如图4-18左图所示。第三次单击【应用】按钮，对象将旋转至图4-18右图所示效果。

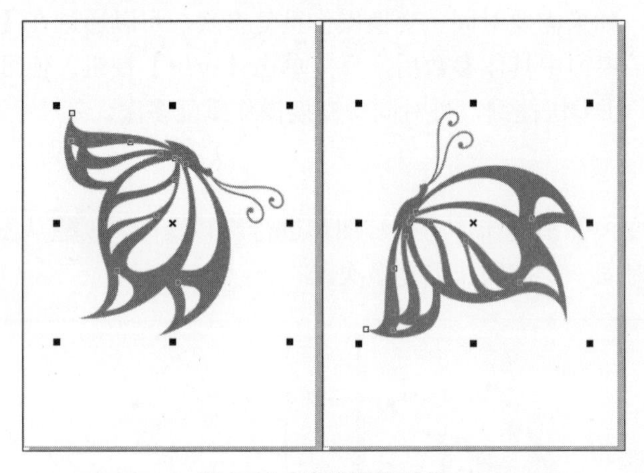

图4−18　连续旋转对象

问题4：如何让多个对象等间距排列？

疑难解答

在编辑对象时，如果需要将多个对象进行等距离的排列，可以使用系统中提供的对象分布控件，以达到均匀对象间距的目的。

在排列对象时，对象的中心或特定的边界将按相等的间隔分开，或者保持各对象间距相等。在指定了如何分布对象后，还可以选择对象分布的区域。

实例引导

下面将以在页面范围内等间距排列燕子图形为例，学习如何使对象等距分布在页面中，如图4-19所示。

图4-19　等间距排列燕子图形

具体操作如下。

01 打开光盘中的“素材文件\第4章\燕子.cdr”文件，使用【挑选工具】选中对象，如图4-20所示。

02 执行【排列】|【对齐和分布】|【对齐和分布】命令，在打开的【对齐与分布】对话框中单击【分布】标签，切换至该选项卡下，并设置选项如图4-21所示。

03 单击【应用】按钮，得到如图4-22所示的效果，单击【关闭】按钮完成操作。

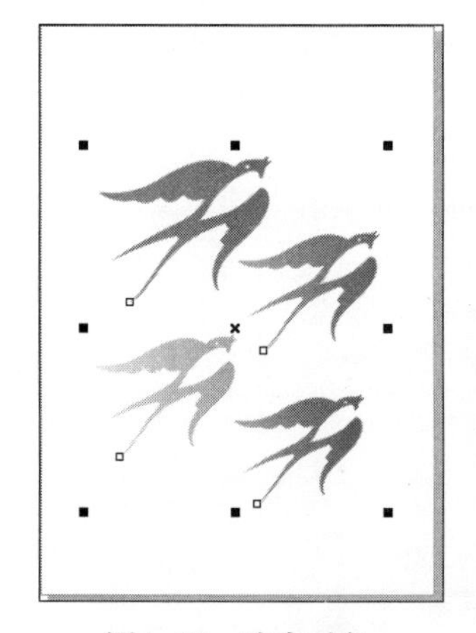

图4-20　选中对象

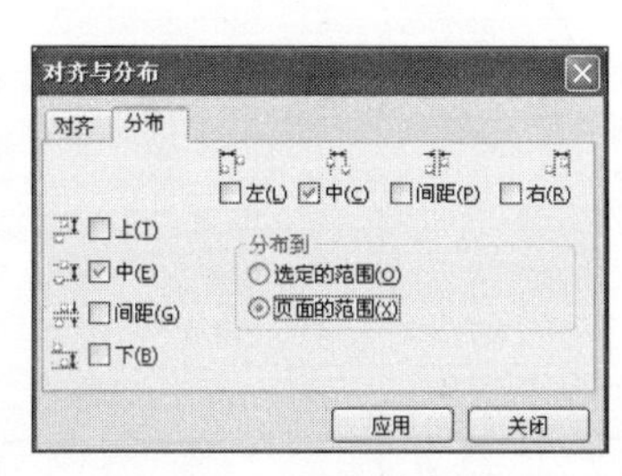

图4-21　【分布】选项卡

图4-22　分布对象

问题5：如何合理应用编组和图层功能？

在CorelDRAW X4中，可以根据不同的情况，利用编组和图层功能方便地操作对象。

- 编组功能：在实际操作中，如果绘制的是比较复杂的图形，为了方便操作，可以将相关对象群组。所谓群组，就是把当前选中的两个或多个对象组合成为一个整体。群组对象后，用户可以同时为群组中的各对象应用相同的格式、属性，或进行其他修改。用户还可以将多个群组对象再次群组，以创建一个嵌套群组对象。

图层功能：如果说编组是具体针对一个比较复杂的对象而进行的操作，那么【对象管理器】中提供的图层管理功能，就是针对整个文档的集体管理。它可以将一个对象众多的文件进行分层管理，这样一来，就可以单独对一个图层中的对象进行操作，而不会影响到其他图层，这为用户的创作过程提供了非常便利的条件。

问题6：如何选择并编辑编组中的一个对象？

疑难解答

如果要选择一个群组中的某个对象，只需按下Ctrl键的同时，单击所要选择的对象即可。此时，对象周围的控制点将变为小圆点，如图4-23所示。

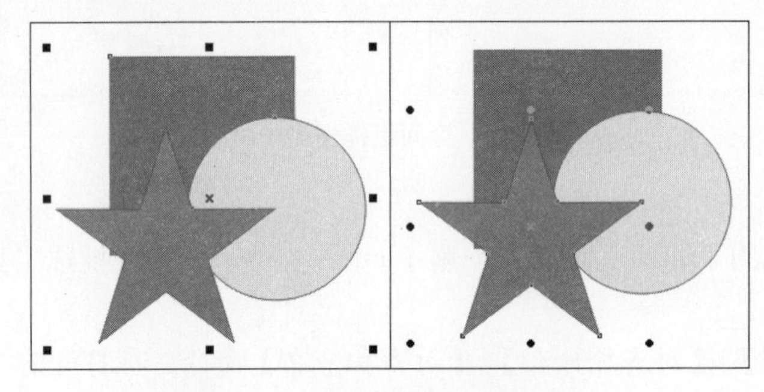

图4−23　选取群组中的某个对象

如果用户想要单独编辑群组中的个别对象，只需在【对象管理器】泊坞窗中将群组展开，选中需要编辑的对象，即可在绘图页面中改变其颜色、大小、位置等属性。

实例引导

下面将通过把图4-24所示的紫色花朵变为粉色，学习如何编辑编组中的对象。

图4−24　改变花朵的颜色

具体操作如下。

01 打开光盘中的“素材文件\第4章\紫花.cdr”文件，执行【工具】|【对象管理器】或

【窗口】|【泊坞窗】|【对象管理器】命令，打开【对象管理器】泊坞窗，将图层与群组展开，所有对象的属性会显示在泊坞窗中，如图4-25所示。

02 在泊坞窗中，使用【挑选工具】选中淡紫色花朵中的一个花瓣，将颜色填充为粉红色（R：247、G：134、B：188），效果如图4-26所示。

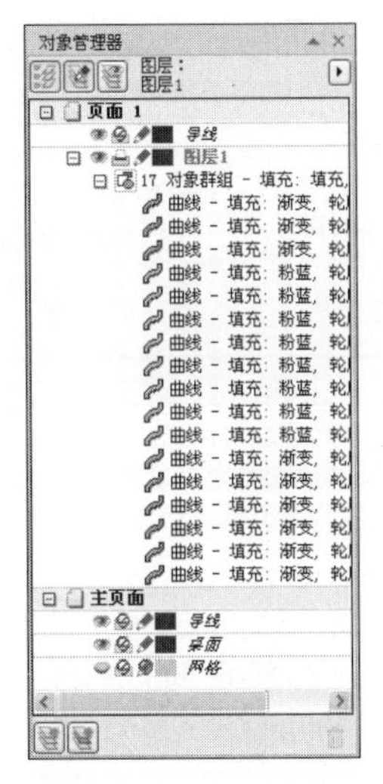

图4-25　显示对象属性

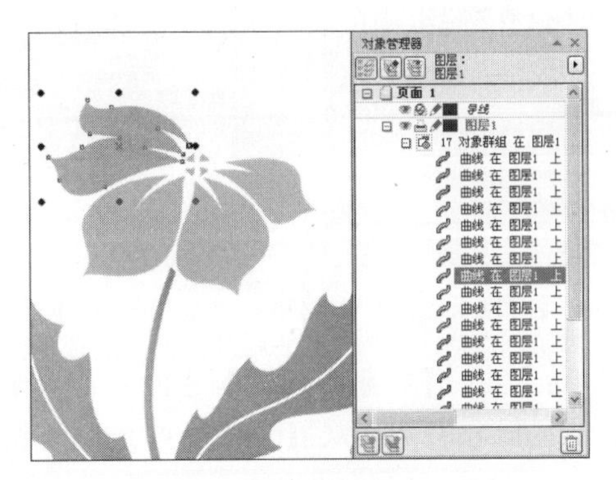

图4-26　改变花瓣颜色

03 依次将整个花朵都设置为粉红色，完成操作。最终效果如图4-27所示。

图4-27　改变全部花瓣颜色

问题7：如何使用图层来管理众多对象？

疑难解答

如果用户需要在CorelDRAW X4中使用图层管理众多对象，可以通过对象管理器来实现。利用对象管理器可以显示图层与页面；可以方便地单独对某一图层上的元素进行操作而不影响其他图层中的对象；还可以创建新图层或对原有图层的顺序进行改变等。

- 展示对象：执行【工具】|【对象管理器】或【窗口】|【泊坞窗】|【对象管理器】命令，打开【对象管理器】泊坞窗，默认设置下，绘制的图形都会出现在“图层1”中，并详细显示出它们的状态和属性，如图4-28所示。
- 移动对象：拖动“图层 1”中的椭圆形图标至“图层 2”上，松开鼠标，椭圆形对象就会被移动到“图层 2”中，如图4-29所示。

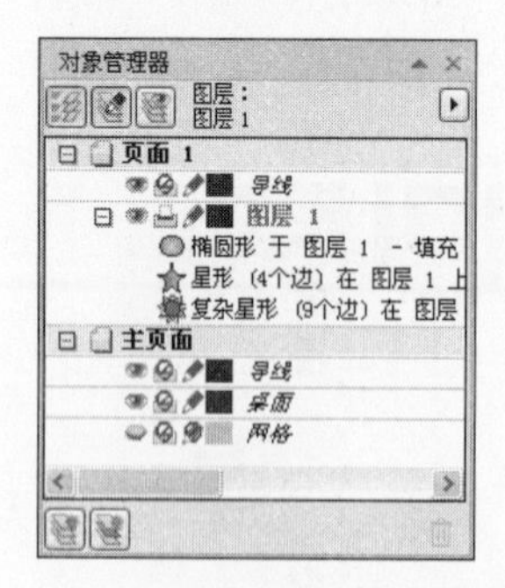

图4-28 【对象管理器】泊坞窗

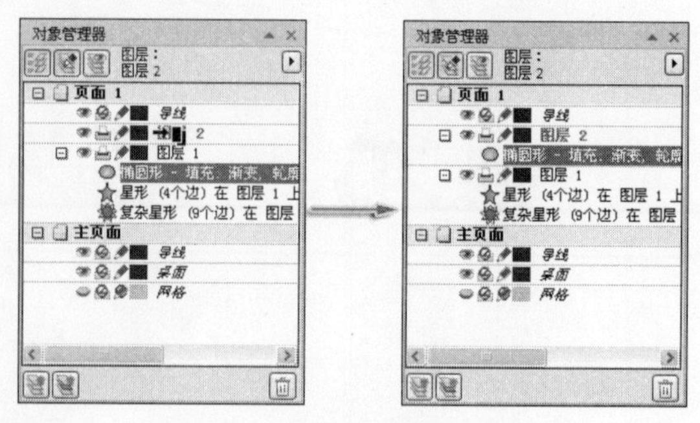

图4-29 移动对象至“图层 2”

- 删除对象：右击【对象管理器】中对象所处的位置，在弹出的快捷菜单中选择【删除】命令，即可将对象从【对象管理器】与视图中一并删除。

知识链接

对象管理器中包含了许多不同功能的图标按钮。眼睛图标，单击该图标可以用于显示或隐藏图层；打印机图标，单击该图标可以用于打印或禁止打印图层内容；铅笔图标，单击该图标可以用于编辑或禁止编辑图层内容；小矩形图标，双击该图标可以用于定义图层的标识色。双击图层名称或在选中名称后单击，可以自定义图层名称。

问题8：如何选择多个对象中位于下方的对象？

在CorelDRAW X4中，如果要选择多个对象中位于下方的对象，只需按下Alt键，使用鼠标逐次单击最上层的对象，即可依次选取下面各层的对象，直至选择到最下层对象为止，如图4-30所示。

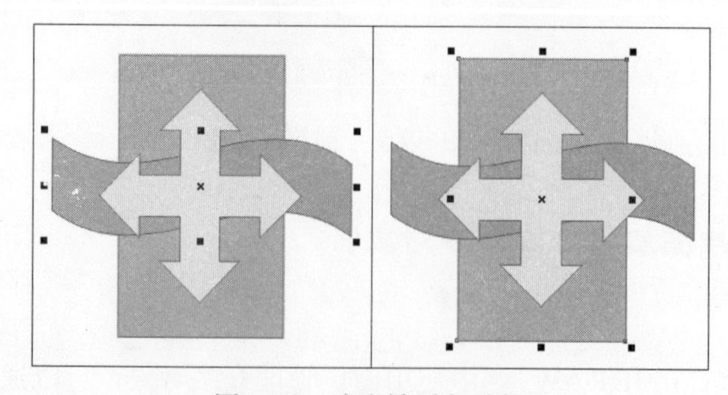

图4-30 选取最下方对象

第5章

“轮廓线编辑和颜色填充”常见问题

在矢量绘图软件中，对轮廓线进行编辑和为对象填充颜色的操作是非常重要的，正因为有了轮廓线，图形才具有更强的表现力。CorelDRAW X4支持多种颜色模式，提供了功能强大的调色板和颜色处理工具。

当完成对象的绘制和形状编辑后，可以设置轮廓的各种属性，可以为对象填充基本的颜色，也可以为其应用渐变填充或图样填充等其他填充形式。

问题1：为何新建对象的轮廓线很宽？如何修改？

问题2：如何自定义轮廓线的线形？

问题3：为何设置的虚线轮廓看不出来？

问题4：为何新建的对象自己带有颜色？如何修改？

问题5：如何查看当前对象的填充色彩？

问题6：怎样自定义添加多色渐变填充？

问题7：如何在图样填充中使用自定义的图案？

问题8：网状填充有哪两种选取范围模式？各有什么特点？

问题9：如何编辑交互式网状填充？

问题10：为什么会出现滴管工具不能选取位图颜色的情况？

问题11：如何利用渐变填充制作彩虹效果？

问题12：如何利用渐变填充制作金属效果？

问题1：为何新建对象的轮廓线很宽？如何修改？

在绘图过程中可能会遇到新建对象的轮廓线本身就很宽的问题，这是因为，在未选择对象的状态下直接设置了数值较大的轮廓宽度，从而导致此后绘制的对象轮廓宽度均为此数值大小。如果需要修改轮廓宽度，只需在没有创建对象之前直接在相应的属性栏中的【轮廓宽度】参数框中进行设置即可。设置完毕后会打开如图5-1所示的对话框。

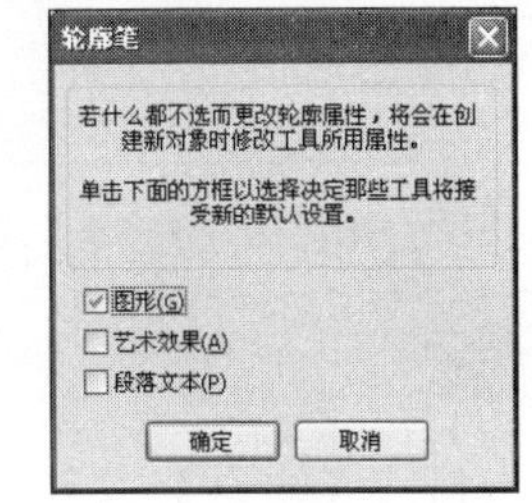

图5-1 【轮廓笔】对话框

对话框中很详细地描述了轮廓线设置的原则，单击【确定】按钮，即成功修改了对象的轮廓宽度。此后的轮廓线宽度

均为统一的数值，如果想设置不同的轮廓宽度，可在选中对象的状态下在属性栏中再次进行修改，如图5-2所示。

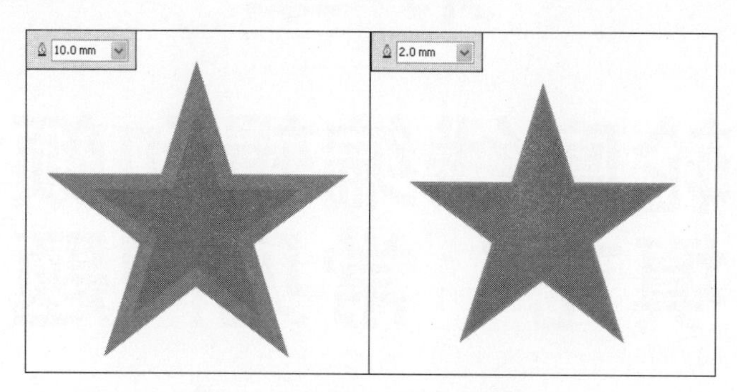

图5-2 为对象设置轮廓线宽度

问题2：如何自定义轮廓线的线形？

疑难解答

轮廓线的线形是轮廓线属性中的一部分，设置轮廓线线形有多种方式，可以使用【轮廓笔】对话框中预设的线形，也可以使用【轮廓笔】对话框中的相关功能编辑自定义的样式。单击轮廓工具组中的【轮廓】工具按钮，打开【轮廓笔】对话框，如图5-3所示。在【轮廓笔】对话框中的【样式】下拉列表中可以为线条选择一种合适的样式。如果对所选样式不满意，可单击【编辑样式】按钮，在打开的【编辑线条样式】对话框中进行编辑。使用鼠标拖动滑块，可以调整线条样式的端点，设置间隔距离；单击对话框中的小方格，可以设置线条样式，编辑完成后，单击【添加】或【替换】按钮即可将设计好的线条样式储存到样式列表中，如图5-4所示。

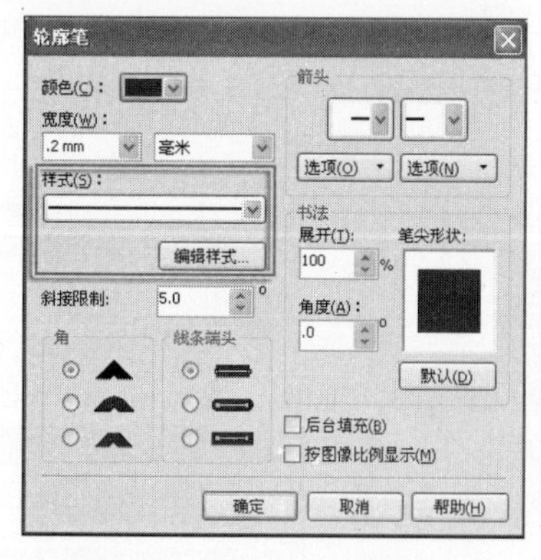

图5-3 【样式】参数设置区

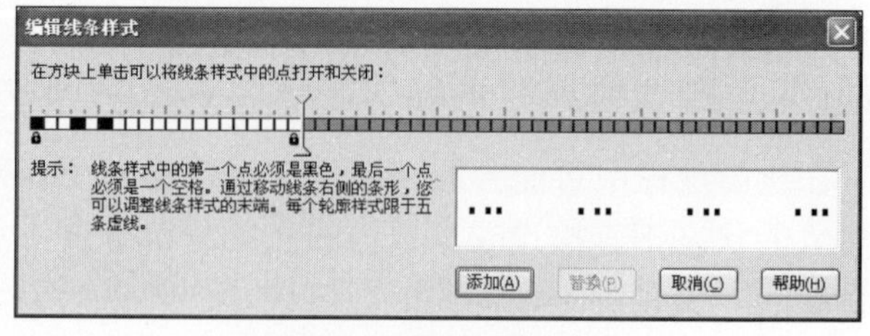

图5-4 编辑线条样式

知识链接

执行【窗口】|【泊坞窗】|【属性】命令，打开【对象属性】泊坞窗，单击【轮廓】按钮，打开【轮廓】面板，在【样式】下拉列表中设置轮廓线条样式。

技巧提示

单击【对象属性】泊坞窗中的【轮廓】标签页内的【高级】按钮，也可以打开【轮廓笔】对话框，对轮廓的各个属性进行设置。

问题3：为何设置的虚线轮廓看不出来？

在绘图页面创建完图形对象，并对其轮廓线型设置为虚线后，有时会出现在页面中无法观察到的情况。其原因有三个：其一，轮廓线宽度数值设置偏小，以至于在页面中看到的还是实线线型；其二，【缩放极别】参数设置过小，对象本身在视图中就很小，所以其轮廓线型也不容易观察到；最后就是对象自身尺寸过小造成的。要解决这个问题非常简单，那就是将对象的轮廓线宽度设置的粗些，如图5-5所示。

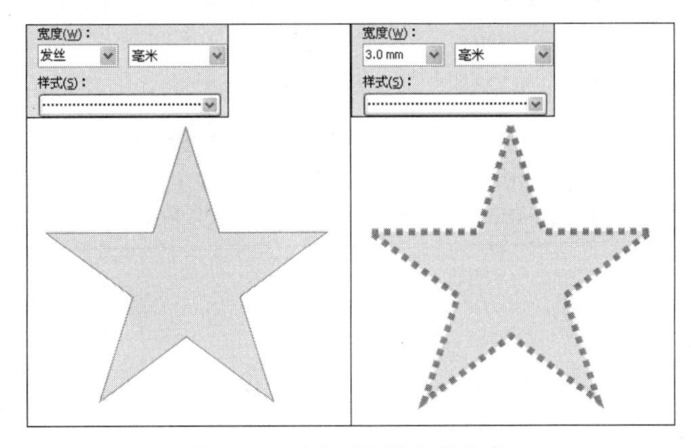

图5-5　更改对象轮廓线宽度

问题4：为何新建的对象自己带有颜色？如何修改？

在对已有文档进行编辑时，有时会出现新建的对象自身带有颜色的情况，这是因为该文档在之前创建时更改了颜色预设的缘故。

如果想在创建对象时只有轮廓而无填充颜色，也就是恢复到默认设置，可在未选择任何对象时，直接在调色板中单击【无】☒色块，打开如图5-6所示的【均匀填充】对话框。单击【确定】按钮，在接下来的图形绘制中，将创建出只带有轮廓线的图形。

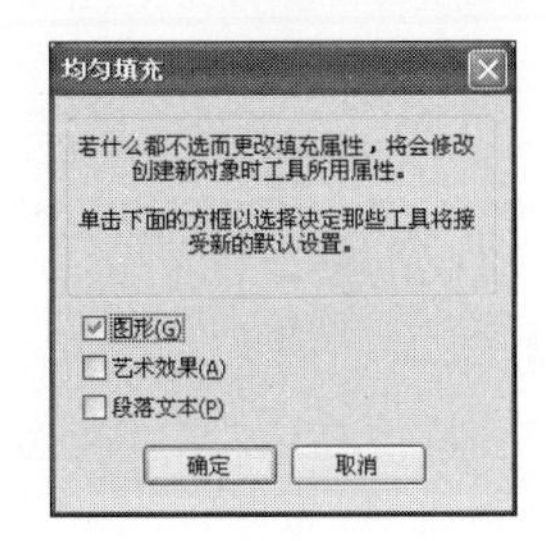

图5-6　【均匀填充】对话框

问题5：如何查看当前对象的填充色彩？

查看对象的填充色彩时，首先应选中对象，然后双击状态栏中的填充色块，此时会打开相应的填充对话框，利用填充对话框就可以查看当前对象的填充色彩。

如果为对象设置了单色填充，则打开的是【均匀填充】对话框；如果为对象设置了渐变填充，则打开的是【渐变填充】对话框。

问题6：怎样自定义添加多色渐变填充？

疑难解答

选中图形后，单击工具箱中的【填充工具】按钮，在弹出的工具展示栏中选择【渐变】选项，可打开【渐变填充】对话框。

在【颜色调和】设置区域中通过自定义调和模式，可以将两种以上的颜色添加到渐变填充中，制作出宛如彩虹的光影效果。选择【自定义】单选按钮后，【颜色调和】选项区域将发生如图5-7所示的变化。此时，使用鼠标在色谱标尺的任意位置处双击，即可在两端颜色的中间设定所要添加颜色的位置，然后在【当前】栏的颜色列表中选择所需要的中间颜色，即可将所选颜色添加到色谱标尺的指定位置，也可以反复添加多个颜色，如图5-8所示。

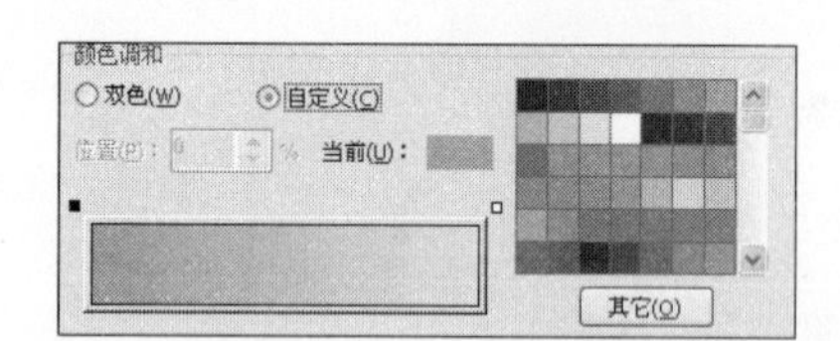

图5-7　变化后的【颜色调和】选项内容

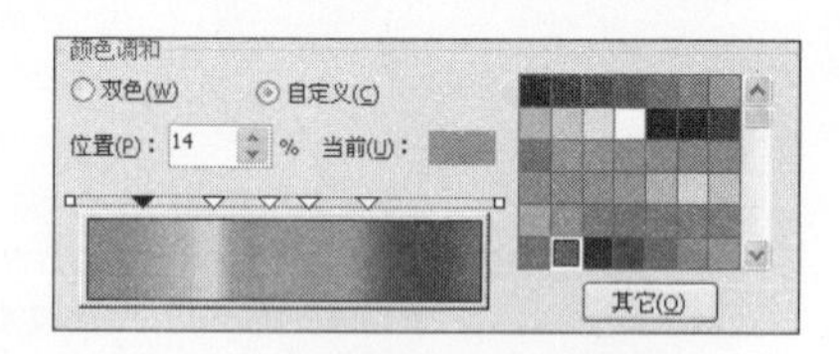

图5-8　自定义填充渐变色

单击【其它】按钮，可在打开的对话框中调节当前的颜色，此外，通过调节【位置】的参数值，可以改变选定中间颜色的位置（也可拖动色谱标尺上的黑色小三角进行设置），全部设置完成后，单击【确定】按钮，即可为对象填充相应渐变色。

单击【对象属性】泊坞窗底部的【高级】按钮，也可以打开【渐变填充】对话框。

实例引导

下面将通过绘制卡通娃娃图形，来学习如何为对象进行自定义渐变填充，如图5-9所示。

图5-9　绘制卡通娃娃

具体操作步骤如下。

01 执行【文件】|【新建】命令，新建一个绘图文档，单击属性栏中【横向】按钮，使文档方向为横向。

02 使用【矩形工具】在页面中心位置绘制绿色（R：204、G：255、B：0）矩形，使用【贝塞尔工具】在绘图页面中绘制浅黄色

（R：255、G：254、B：240）的心形图形，如图5-10所示。

图5-10　绘制曲线图形

03 使用【椭圆形工具】绘制椭圆形，单击工具箱中的【填充工具】按钮，在弹出的工具展示栏中选择【渐变】选项，打开【渐变填充】对话框，参照图5-11所示对参数进行设置，单击【确定】按钮完成渐变填充的设置。

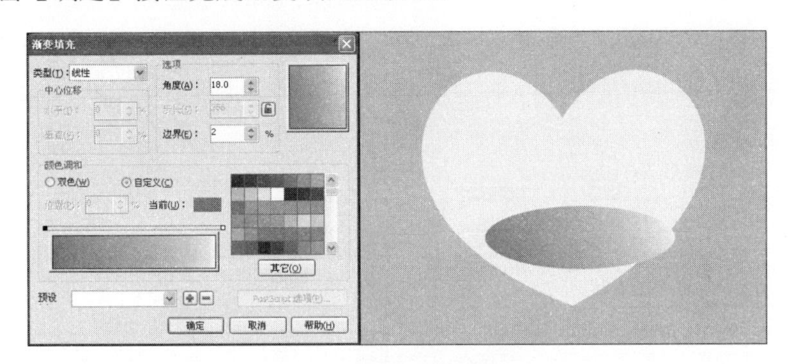

图5-11　添加填充渐变

04 绘制咖啡杯图形，使用【填充工具】为图形添加渐变填充，打开【渐变填充】对话框，参照图5-12所示进行参数设置，单击【确定】按钮为图形填充颜色。

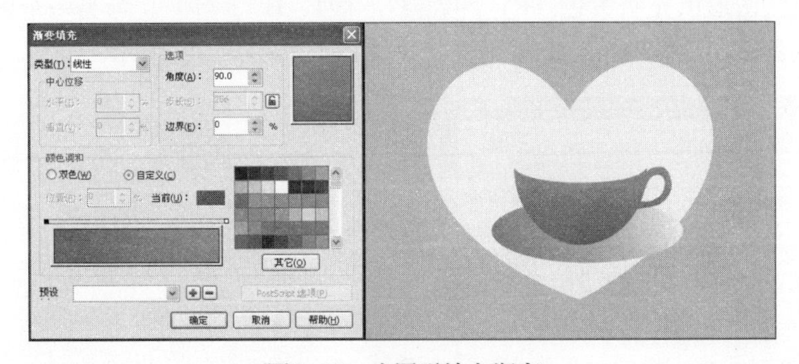

图5-12　为图形填充渐变

05 选择工具箱中的【椭圆形工具】继续绘制椭圆形，在右侧调色板上单击白色色块，为图形填充白色，如图5-13右上所示。选择另一个椭圆形，在【渐变填充】对话框中

设置参数如图5-13左所示，单击【确定】按钮完成设置。

图5−13　添加填充渐变

06 使用【椭圆形工具】在杯子底部绘制椭圆形，然后使用【填充工具】为图形添加填充渐变，设置参数如图5-14左所示。将填充后的椭圆置于下一层，如图5-14右下所示。继续绘制椭圆形，为图形填充白色并调整图形的大小和位置。

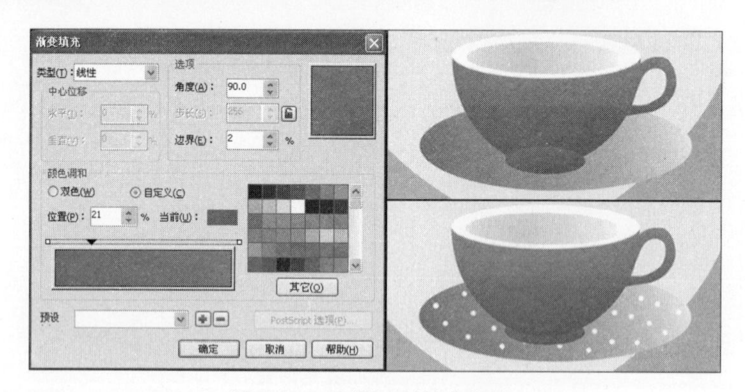

图5−14　为椭圆形填充渐变

07 使用工具箱中的【贝塞尔工具】绘制曲线图形，如图5-15中所示，使用【填充工具】为绳状图形填充蜡黄色（R：242、G：194、B：131）。为另一个图形（心形图型）填充渐变色，在【渐变填充】对话框中设置参数如图5-15左所示。

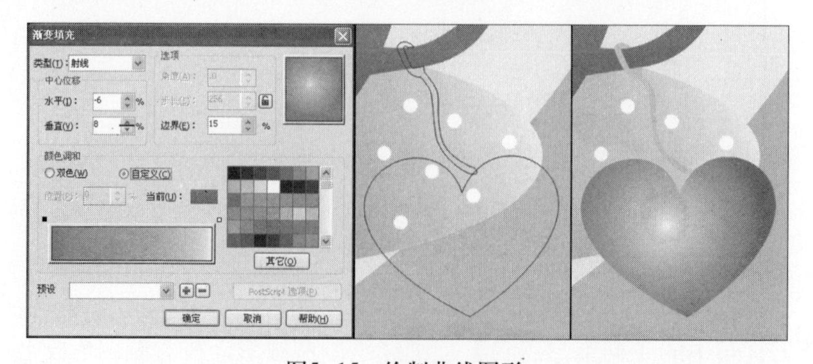

图5−15　绘制曲线图形

08选择渐变填充的心形图形，按小键盘上+键复制该图形，为复制的图形填充深红色（R：175、G：44、B：41），调整图形位置如图5-16所示。

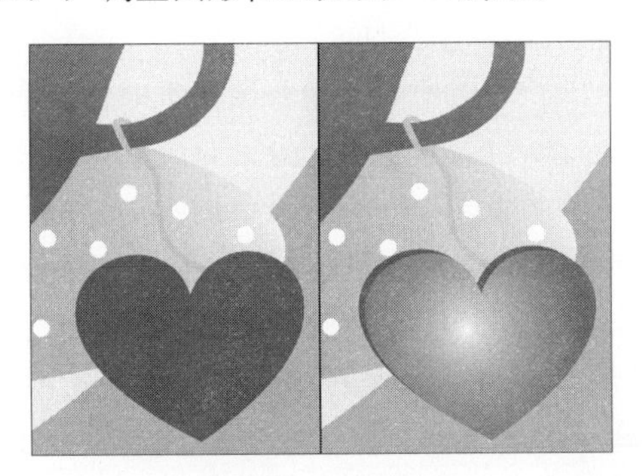

图5-16　复制图形

09在【对象管理器】左下角单击【新建图层】按钮，新建"图层 2"。选择工具箱中的【贝塞尔工具】绘制卡通娃娃图形，如图5-17右上所示。使用【填充工具】为脸部填充接近肤色的颜色（R：246、G：228、B：197），为头发填充渐变色，设置参数如图5-17左所示，单击【确定】按钮完成设置，并调整图形位置。

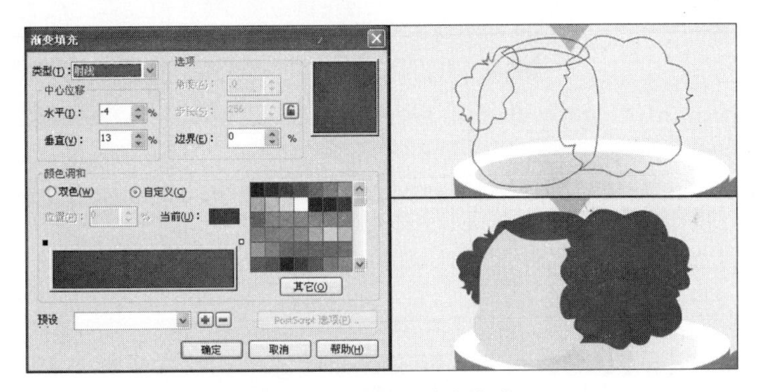

图5-17　为图形填充渐变

10接下来使用【贝塞尔工具】为卡通娃娃绘制细节图形，可参照图5-18所示进行绘制，然后选择绘制的卡通娃娃图形，将其编组。

图5-18　绘制卡通娃娃的五官

问题7：如何在图样填充中使用自定义的图案？

疑难解答

在CorelDRAW X4中，用户可以使用【图样填充】对话框中预设的图案，也可以自定义图案为图形对象进行填充。用户自定义图案时，可以从外部载入，也可以在软件中进行编辑。填充的图案可分为双色、全色和位图3种类型。

- 从外部载入图案：单击【填充工具】按钮，选择【图样填充】选项，打开【图样填充】对话框，单击【装入】按钮，可打开【导入】对话框，在其中可选择需要的图案，如图5-19所示。单击【导入】按钮后，即可将所选图案添加到当前所选图样的下拉列表中。在【图样填充】对话框中对其颜色进行调整后，单击【确定】按钮，即可将外部的图案填充到视图的所选对象中，如图5-20所示。

图5-19 【导入】对话框

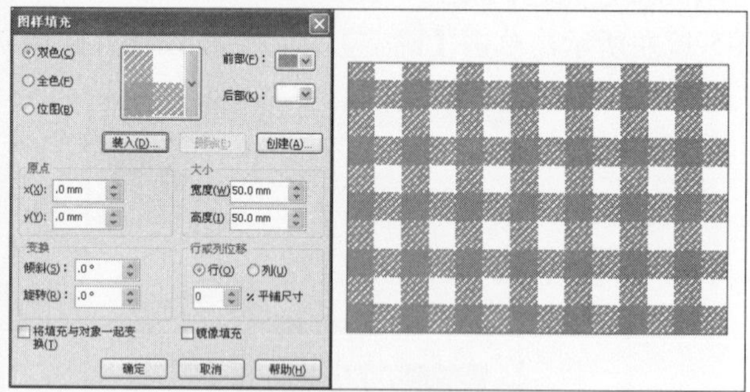

图5-20 填充自定义图案

- 编辑图案：单击【创建】按钮，可在打开的【双色图案编辑器】对话框中创建图样，如图5-21所示。设置完毕后，单击【确定】按钮，即可将编辑的图案添加到预设图案中，在以后的绘制过程中可以随时使用。

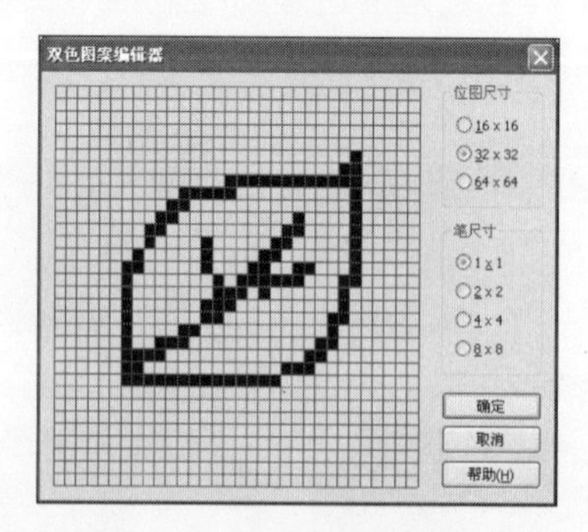

图5-21 【双色图案编辑器】对话框

- 使用【工具】菜单：执行【工具】|【创建】|【图样填充】命令，打开如图5-22所示的对话框。可在其中设置要创建哪一种图案以及分辨率的高低，单击【确定】

按钮后，可根据提示创建图案，创建完毕后，图案会出现在【图样填充】对话框的图样预设列表中。

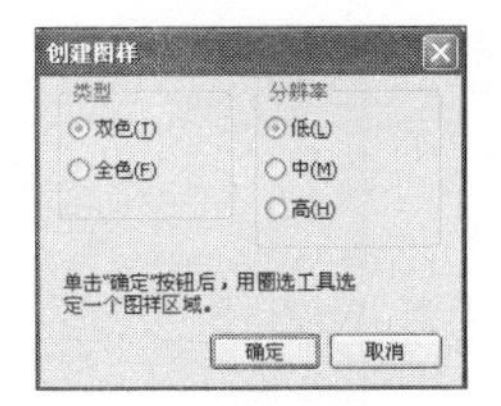

图5-22 【创建图样】对话框

实例引导

下面将通过绘制带有图样填充元素的卡通图形，学习如何在绘图过程中使用图样填充，效果如图5-23所示。

图5-23 绘制带有图样填充的卡通图形

具体操作步骤如下。

01 新建绘图文档，使用【矩形工具】在绘图页面中绘制矩形，使用【填充工具】为图形填充洋红色（R：221、G：19、B：123），如图5-24所示。

图5-24 绘制矩形

02 选择页面中绘制的矩形，在右侧调色板上的无填充按钮上右击，取消轮廓线的填充，按小键盘上的+键，复制该矩形。单击工具箱中的【填充工具】按钮，在弹出的工具展示栏中选择【图样填充】选项，打开【图样填充】对话框，选择【位图】单选按钮，并在右侧位图下拉列表中选择位图图样，参照图5-25所示设置参数，为矩形添加图样填充。

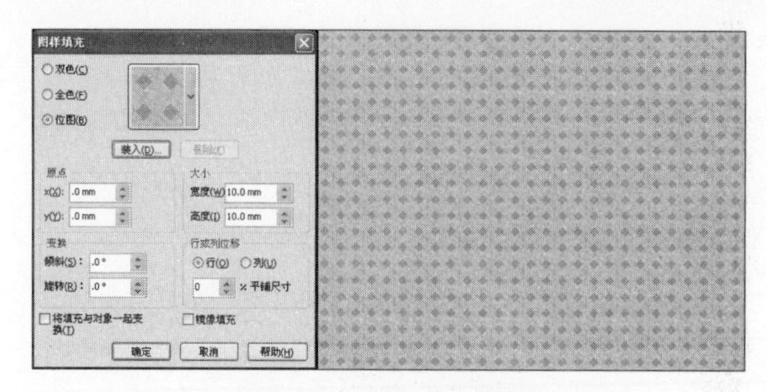
图5–25　添加图样填充

03 单击工具箱中的【交互式调和工具】，在弹出的工具展示栏中选择【交互式透明工具】，为矩形添加透明效果，设置参数如图5-26所示。

图5–26　为矩形添加透明效果

04 单击工具箱中的【手绘工具】，然后在弹出的工具展示栏中选择【贝塞尔工具】，在矩形的右下角绘制曲线图形，然后使用【填充工具】为图形填充颜色，并使用【交互式透明工具】为图形添加透明效果。使用相同的方法继续绘制曲线图形。参数及效果如图5-27所示。

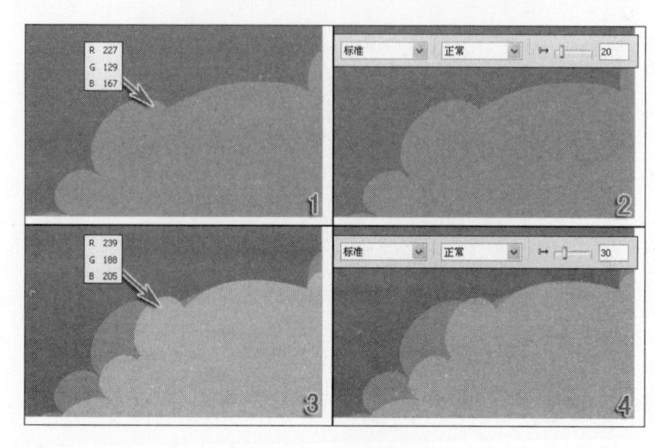

图5–27　绘制图形

05使用【贝塞尔工具】在页面右下角绘制曲线图形，使用【填充工具】为图形添加图样填充，在打开的【图样填充】对话框，选择【全色】单选按钮，在右侧图样下拉列表中选择图样，设置参数如图5-28左所示，单击【确定】按钮完成设置。

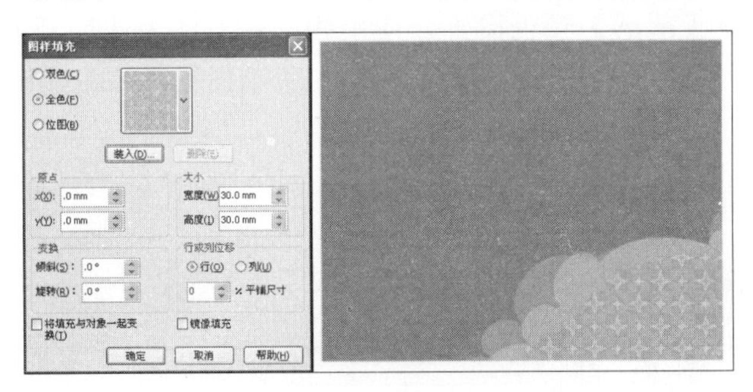

图5−28　添加图样填充

06单击工具箱中的【多边形工具】，然后在弹出的工具展示栏中选择【星形工具】，在页面中绘制若干五角星图形。选中所有的五角星图形，按Ctrl+G快捷键将其群组，然后使用【交互式透明工具】为图形添加线性透明效果，如图5-29所示。

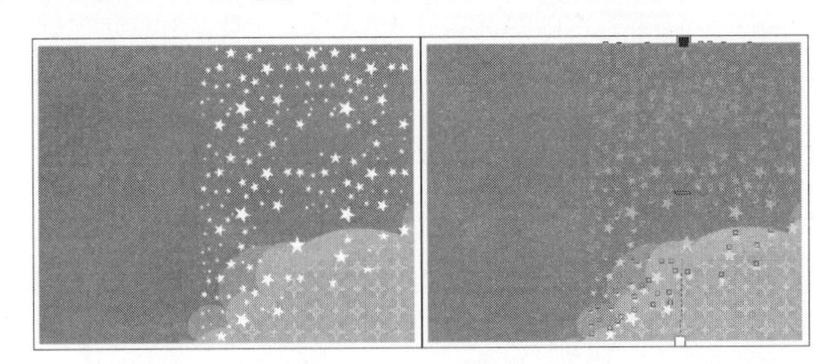

图5−29　绘制星形

07在【对象管理器】左下角单击【新建图层】按钮，新建“图层 2”。使用工具箱中的【贝塞尔工具】，绘制女孩图形，如图5-30左所示。参照图5-30右所示为图形填充颜色，并设置头发图形的轮廓宽度为0.5mm。然后使用【贝塞尔工具】绘制头饰、五官图形。

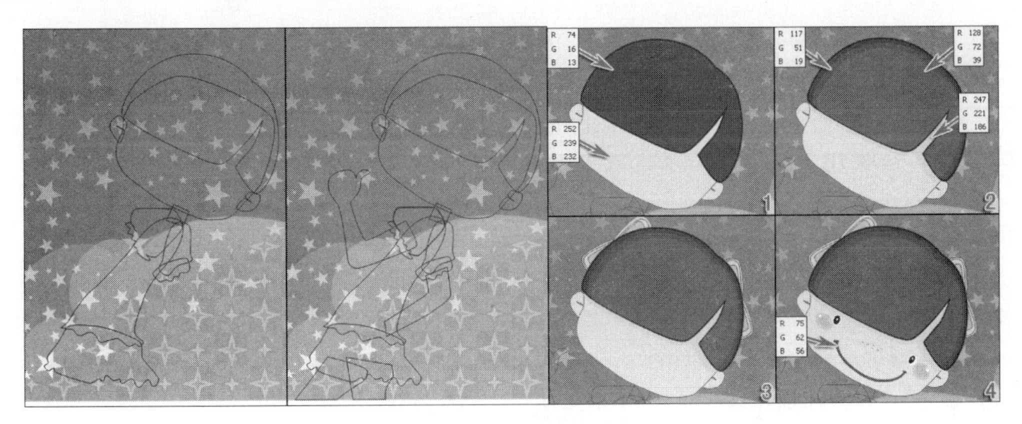

图5−30　绘制图形

08使用【填充工具】为衣服添加图样填充。打开【图样填充】对话框，选择【双色】单选按钮，在右侧图样下拉列表中选择花朵图样。在【前部】下拉列表中单击【其它】按钮，打开【选择颜色】对话框，设置浅黄色（R：255、G：255、B：205），单击【确定】按钮完成【前部】颜色设置。使用相同的方法为【后部】设置橘黄色（R：255、G：217、B：64）。其他参数参照图5-31左所示设置，单击【确定】按钮完成图样填充的操作。

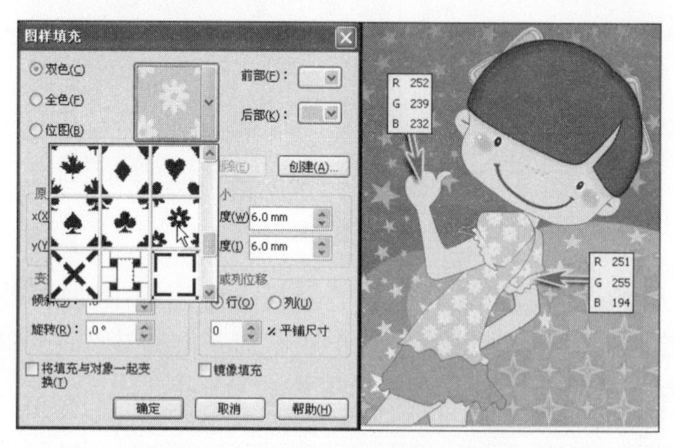

图5-31　为图形添加图样填充

09使用工具箱中的【填充工具】为裙子添加图样填充。最后为女孩添加头发图形，完成人物的绘制，过程和效果如图5-32所示。

图5-32　添加图样填充

问题8：网状填充有哪两种选取范围模式？各有什么特点？

疑难解答

使用工具箱中提供的【交互式网状填充工具】可为对象应用网格填充，即以设定网格的交接点为色彩渐变原点，并向位于另一处交接点的色彩原点逐渐过渡，生成一种比较细腻的渐变效果，从而实现不同颜色之间的自然融合。在该工具的属性栏中提供了两种选取节点的模式，分别是【矩形】与【手绘】，如图5-33所示。

图5-33 【交互式网状填充工具】属性栏

【矩形】选取范围模式可以比较整齐的选择节点，填充出来的效果也是比较规则的；【手绘】选取范围模式可以比较随意地选择节点，填充效果比较灵活。

知识链接

下面介绍使用两种选取范围方式选取节点的不同效果。

- 【矩形】：采用这种方式选取节点时，需要在对象上单击并拖出一个虚线框，松开鼠标后，虚线框内的节点将被选中，如图5-34所示。

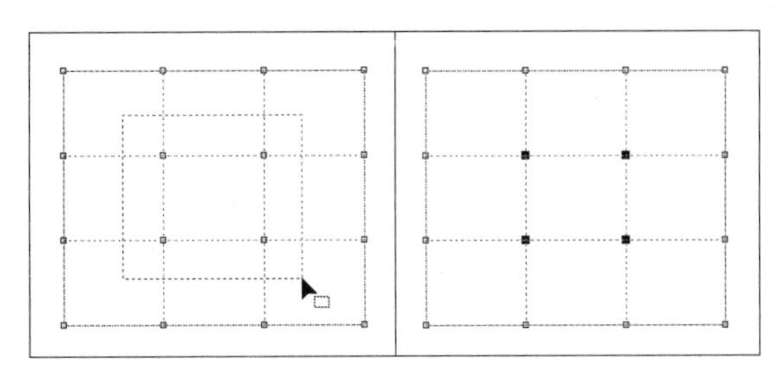

图5-34 使用【矩形】选取范围模式

- 【手绘】：与【矩形】选取范围模式相似，也是单击并拖动，但其拖出的是不规则的虚线框，松开鼠标后，即可选中节点，如图5-35所示。

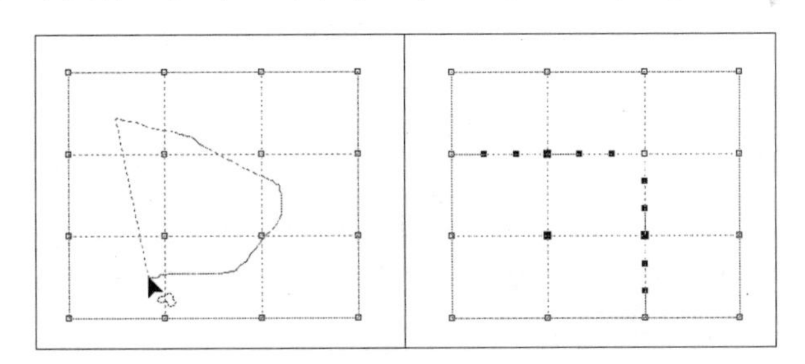

图5-35 使用【手绘】选取范围模式

问题9：如何编辑交互式网状填充？

疑难解答

创建交互式网状填充对象后，会有网格线呈十字交叉覆盖于对象之上，网格线上呈水平或垂直分布的点被称为节点，网格线之间交叉的点被称为交叉点。可对网格进行改变网格数目、添加颜色、编辑节点等操作，具体介绍如下。

- 改变网格数目：在属性栏的【网格大小】参数框中可以设置网格垂直方向与水平方向的网格数目，如图5-36所示。

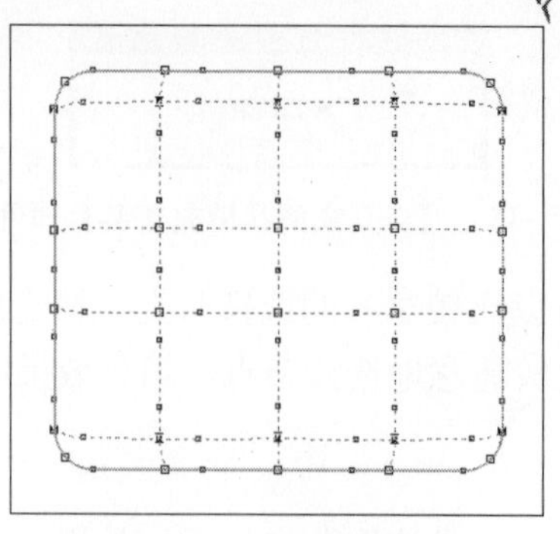

图5-36　改变网格数目

添加颜色：在任意一个网格中单击，选中该网格，此时可在调色板中选择一种颜色，将会看到所选颜色以选中的网格为中心向四周扩散填充，如图5-37所示。

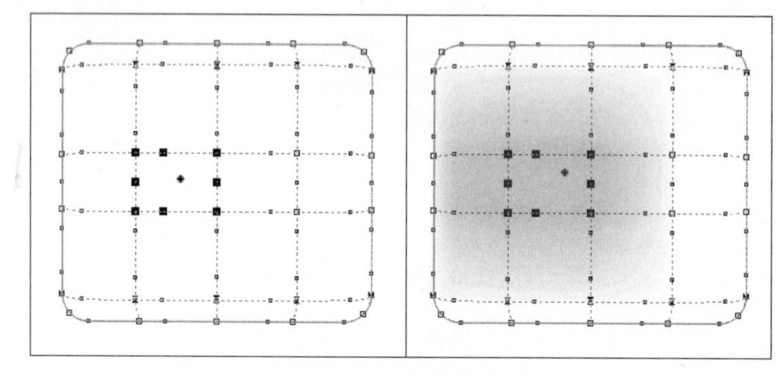

图5-37　网状填充颜色

技巧提示

也可先单击选中一种颜色，然后将该色样拖动到要填充的交点或节点上。

添加交叉点：在需要添加交点的网格内单击，然后单击属性栏上的【添加交叉点】按钮，或者直接在网格内双击，就会在相应位置增加一个交叉点，并延伸出两条交叉网格线，如图5-38所示。

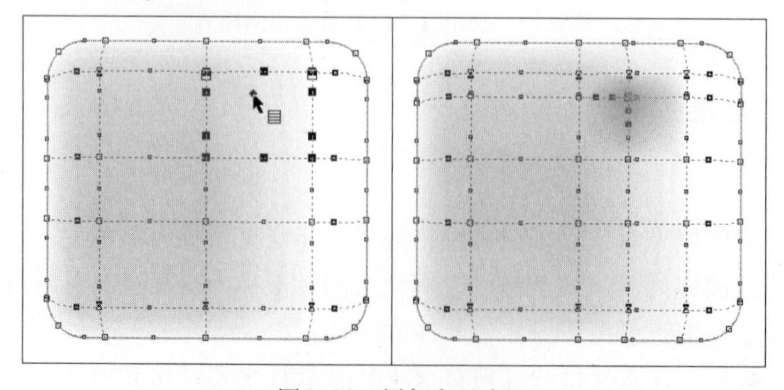

图5-38　添加交叉点

- 添加节点：按住Shift键，在需要添加节点的位置双击。如果双击网格线上的某点，可在添加节点的同时新增一条与当前网格线相交叉的线。
- 更改网格形状：选中某个交点或节点，将其拖动至新的位置，如果网格对象中填充颜色的话，改变网格的形状将会影响到颜色混合的效果，如图5-39所示。

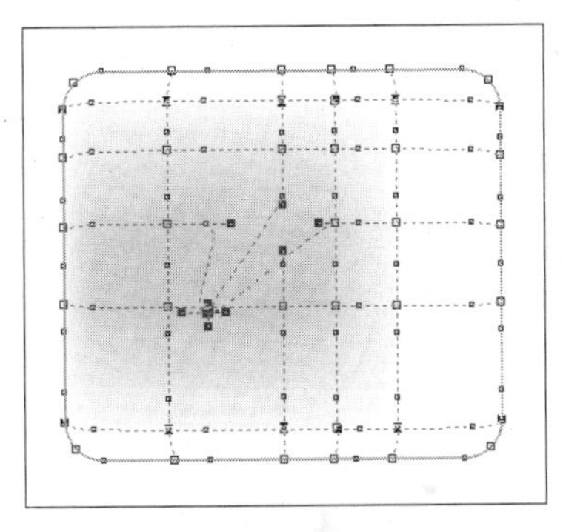

图5-39 更改网格形状

- 删除交叉点或节点：直接双击网格对象上需要删除的交点或节点，或者单击将其选中，然后单击属性栏上的【删除节点】按钮，都可将其删除。

技巧提示

在编辑网格对象时，也可以采用圈选或多选的方式选中多个交点或节点，以修改对象中的某个区域。

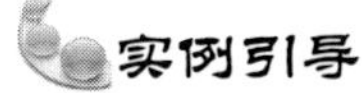

下面将通过绘制卡通人物的过程，学习如何为对象设置交互式网状填充，最终效果如图5-40所示。该实例通过【贝塞尔工具】绘制人物的基本轮廓，并使用【形状工具】调整图形形状。然后使用【交互式网状填充工具】为图形填充颜色。

图5-40 绘制卡通人物

具体操作步骤如下。

01 执行【文件】|【新建】命令，新建一个绘图文档，单击属性栏中的【横向】按钮，使绘图页面方向为横向。

02 单击工具箱中的【手绘工具】，在弹出的工具展示栏中选择【贝塞尔工具】，在绘图页面中绘制女孩图形，并使用【形状工具】调整图形形状，如图5-41所示。

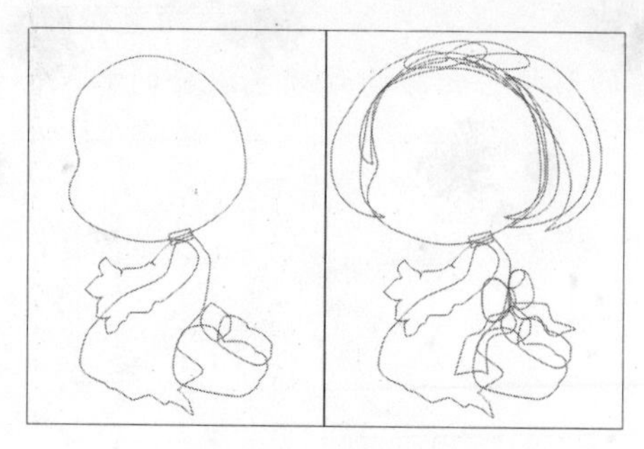

图5−41　绘制图形

03 选择页面中绘制的发卡图形，双击状态栏上的填充按钮，打开【均匀填充】对话框并设置颜色，如图5-42所示，单击【确定】按钮将颜色添加到“RGB调色板”。

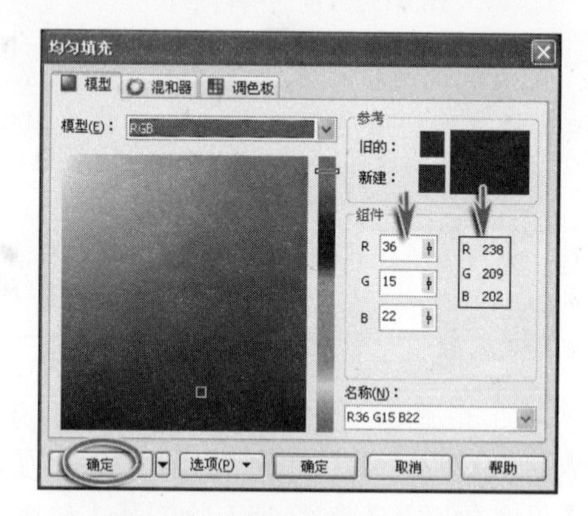

图5−42　【均匀填充】对话框

04 单击工具箱中的【交互式填充工具】，在弹出的工具展示栏中选择【交互式网状填充工具】，设置网格参数，效果如图5-43所示。

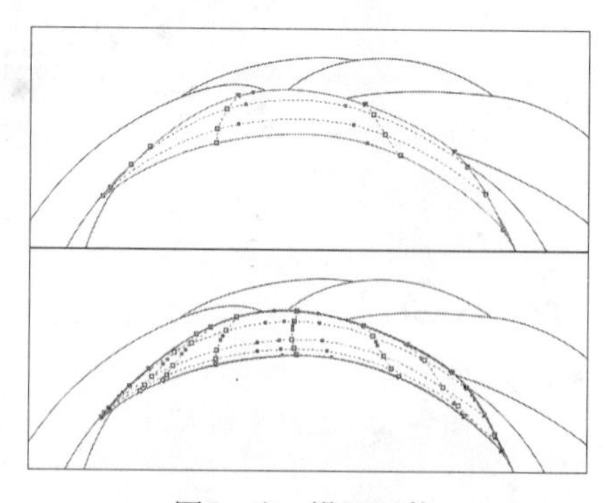

图5−43　设置网格

05 为发卡图形添加网状填充。选择发卡图形上的部分节点，参照图5-44所示单击步骤 03 添加的颜色色块为图形填充颜色。

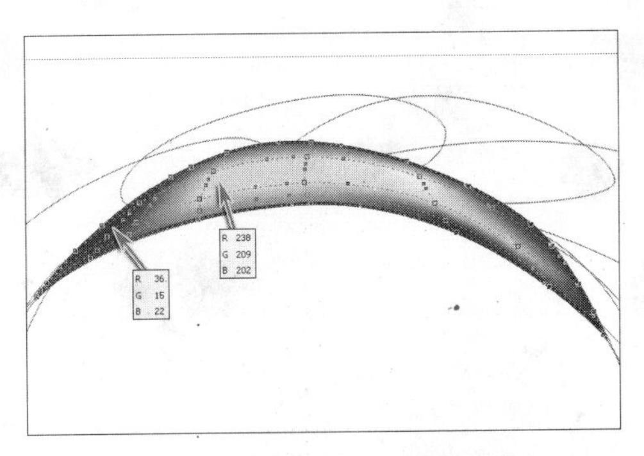

图5-44　为发卡添加网状填充

06按照步骤03～05的方法，使用【交互式网状填充工具】为头发图形添加网状填充，如图5-45所示。单击工具箱中的【轮廓工具】，在弹出的工具展示栏中选择【颜色】选项，打开【轮廓色】对话框，为轮廓线填充深褐色（R：133、G：81、B：50），设置部分头发图形的轮廓宽度为0.7mm。

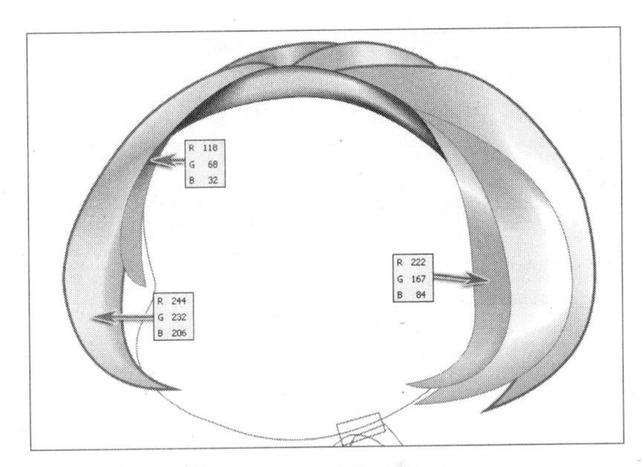

图5-45　添加网状填充

07选择页面中绘制的面部图形，使用【交互式网状填充工具】为图形添加网状填充，参照图5-46所示设置颜色，并为轮廓线填充深褐色（R：133、G：81、B：50），在属性栏设置【轮廓宽度】为0.7mm。

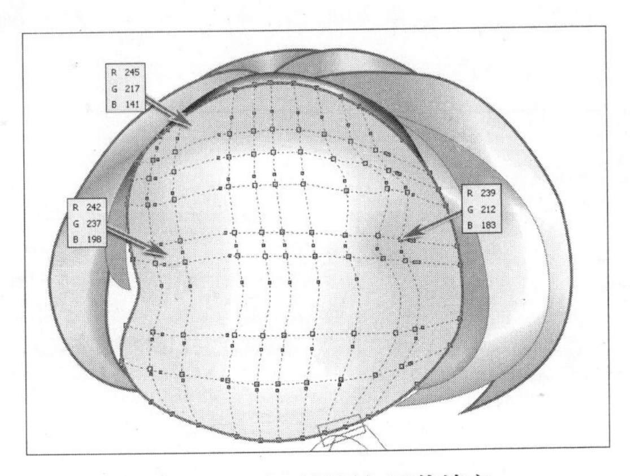

图5-46　为面部添加网状填充

08选择【贝塞尔工具】为女孩绘制耳朵图形，使用【交互式网状填充工具】为图形添加网状填充，如图5-47所示。继续绘制曲线图形，并填充红褐色（R：83、G：36、B：4）。使用相同的方法绘制另一只耳朵。

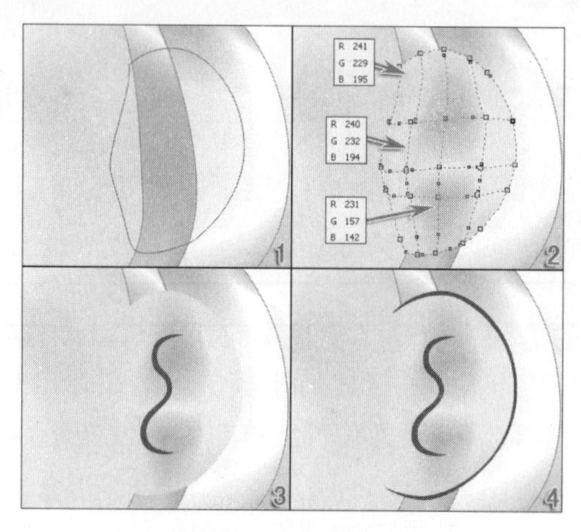

图5-47　绘制耳朵

09使用【贝塞尔工具】绘制曲线图形，使用【填充工具】为图形填充渐变效果，设置参数如图5-48所示。继续绘制头发，填充褐色（R：169、G：112、B：47），并调整图形位置。然后选择绘制的头发图形，按Ctrl+G快捷键将其群组。

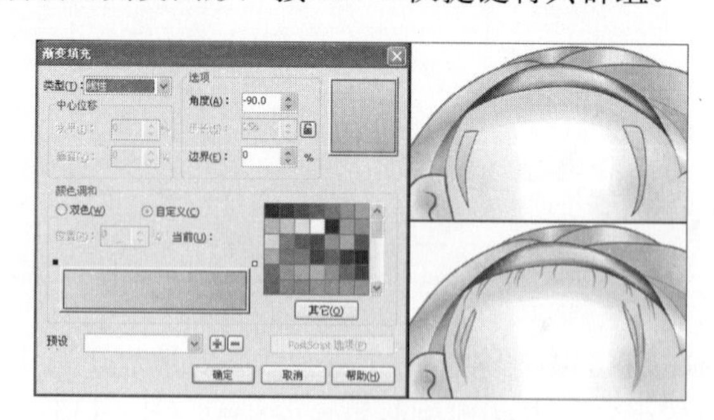

图5-48　添加渐变效果

10使用【贝塞尔工具】为女孩绘制眼睛、嘴唇图形。在右侧调色板上单击黑色色块，为眼睛填充黑色。使用【填充工具】为嘴唇图形填充渐变色，设置参数如图5-49所示，单击【确定】按钮完成设置。

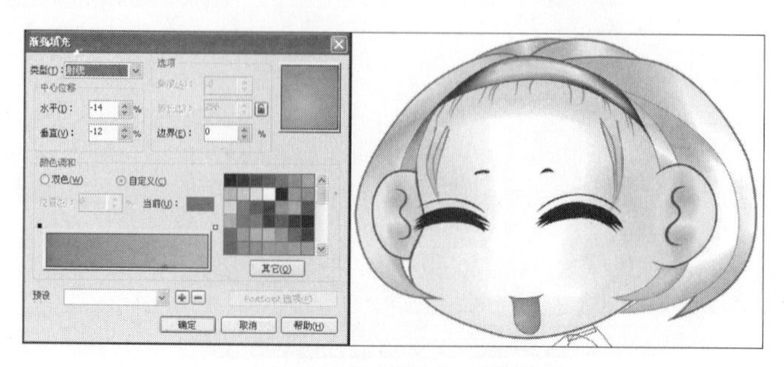

图5-49　绘制眼睛和嘴

11 使用工具箱中的【椭圆形工具】绘制椭圆，并使用【交互式网状填充工具】为椭圆添加网状填充。然后使用【交互式透明工具】为图形添加透明效果，设置参数如图5-50所示，选择【手绘工具】绘制红色（R：200、G：85、B：78）曲线。

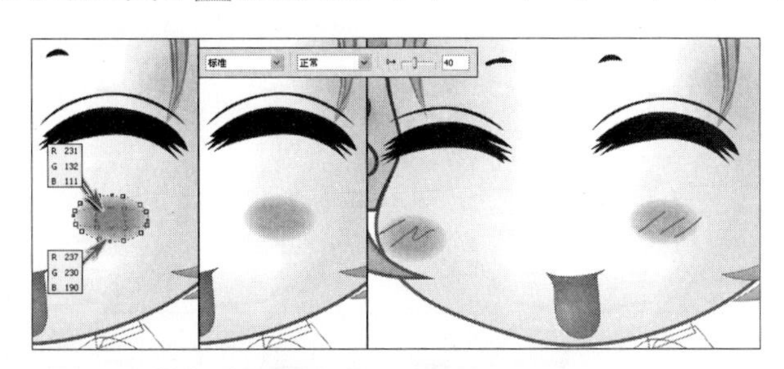

图5−50　绘制腮红

12 选择工具箱中的【交互式网状填充工具】，为女孩的衣服添加网状填充，设置颜色如图5-51所示。然后使用【轮廓工具】为图形填充轮廓线，轮廓线填充深褐色（R：68、G：44、B：50），轮廓宽度为0.7mm。为女孩的脖子设置颜色。

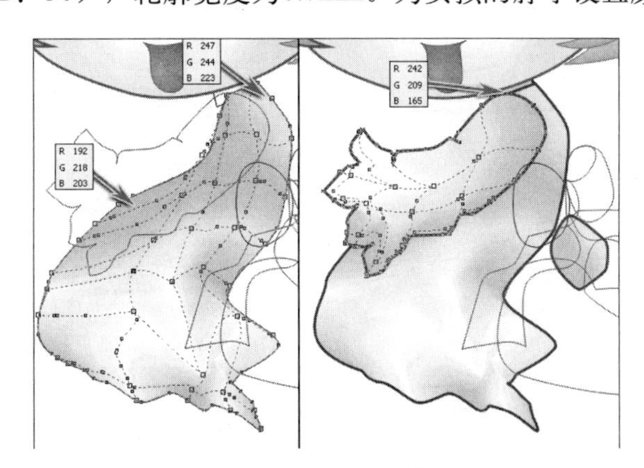

图5−51　设置网状填充

13 使用【交互式网状填充工具】为页面中绘制的蝴蝶节、脚图形添加网状填充，设置颜色如图5-52所示。为蝴蝶节轮廓线填充深红色（R：103、G：50、B：42），宽度为0.7mm，并调整图形位置。

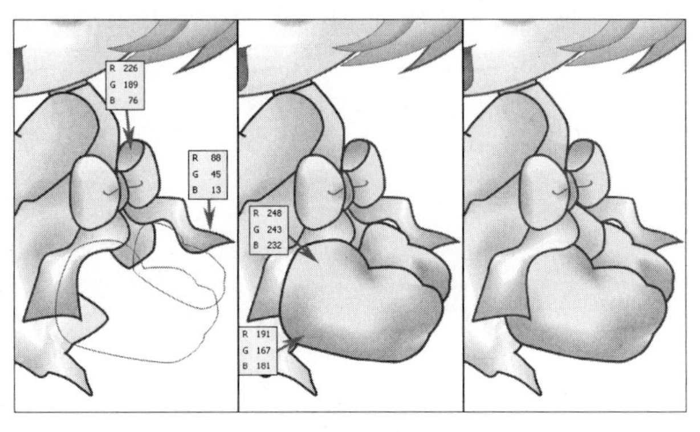

图5−52　调整图形位置

14 使用工具箱中的【贝塞尔工具】为女孩绘制手，并使用【交互式网状填充工具】为其添加网状填充，如图5-53所示。继续在图形边缘绘制曲线图形，单击属性栏中的【修剪】按钮修剪图形，为图形设置颜色并调整位置。

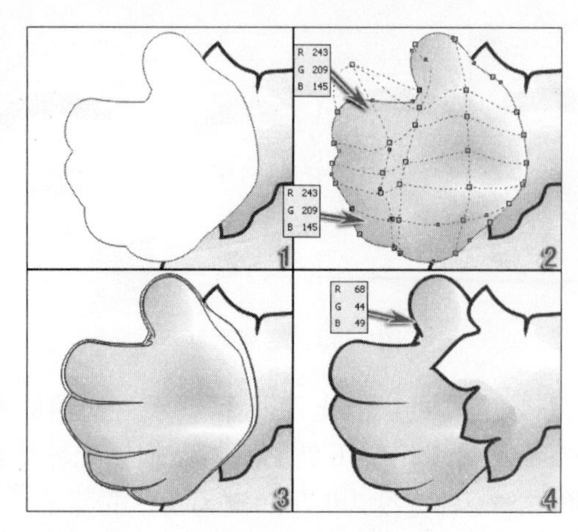

图5−53　绘制手

15 使用工具箱中的【贝塞尔工具】为裙子绘制装饰图形，如图5-54所示。然后绘制心形图形，并为其添加网状填充。

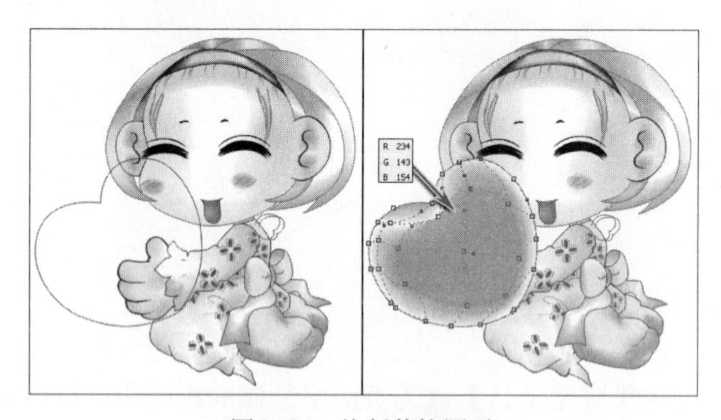

图5−54　绘制装饰图形

16 选择绘制的心形图形，轮廓线填充深红色（R：103、G：50、B：42），并在属性栏中设置【轮廓宽度】为0.7mm。调整各图形位置及层次，完成该作品的绘制，如图5-55所示。

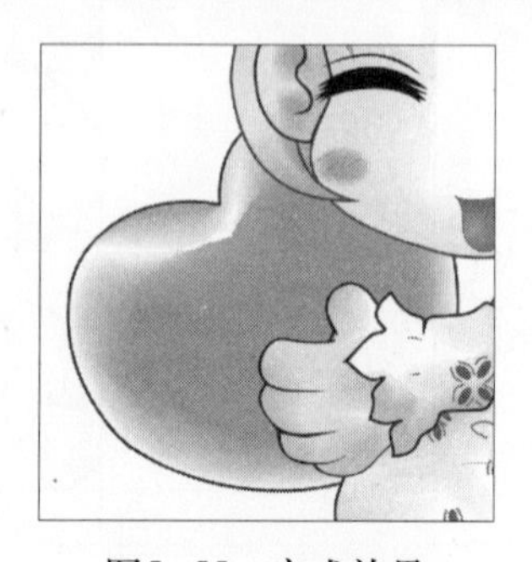

图5−55　完成效果

问题10：为什么会出现滴管工具不能选取位图颜色的情况？

当【滴管工具】的属性栏中的【选择是否对对象属性或颜色取样】下拉列表为【对象属性】选项时，【滴管工具】将无法从位图上选取颜色。可将下拉列表改为【示例颜色】选项即可，如图5-56所示。

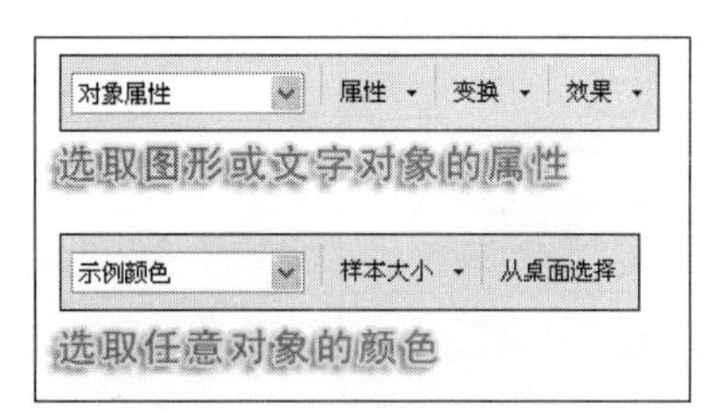

图5−56　设置不同的属性

问题11：如何利用渐变填充制作彩虹效果？

下面将学习如何使用渐变填充制作彩虹效果，图5-57为最终完成效果。

图5−57　效果图

具体操作步骤如下。

01 新建文档，双击【矩形工具】，自动依照绘图页面尺寸创建矩形，为矩形填充冰蓝色（R：117、G：197、B：240）并将其锁定，如图5-58所示。

图5−58　创建矩形

02 单击工具箱中的【椭圆形工具】，按住Ctrl键，在页面中绘制出一个正圆形，然后参照图5-59所示参数使用【填充工具】为其创建渐变效果，并取消圆形轮廓线的填充。

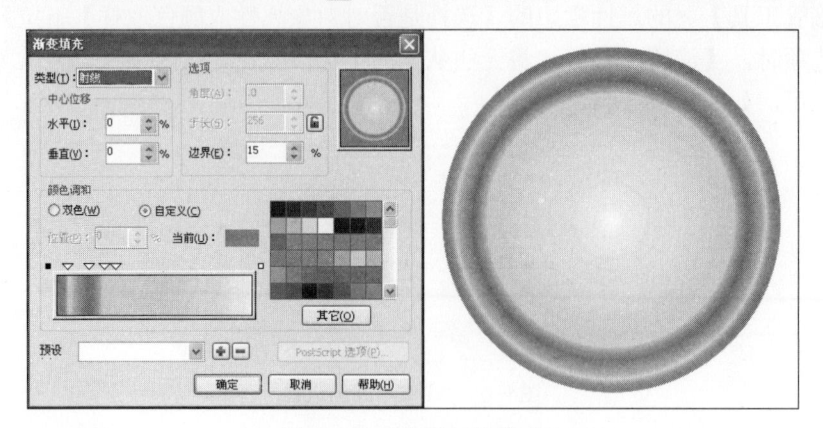

图5-59 创建彩虹的雏形

03 使用【椭圆形工具】在大圆的中心绘制一个小一些的正圆形。同时选中两个圆形，执行【排列】|【造形】|【修剪】命令，即可创建出圆环效果，如图5-60所示。

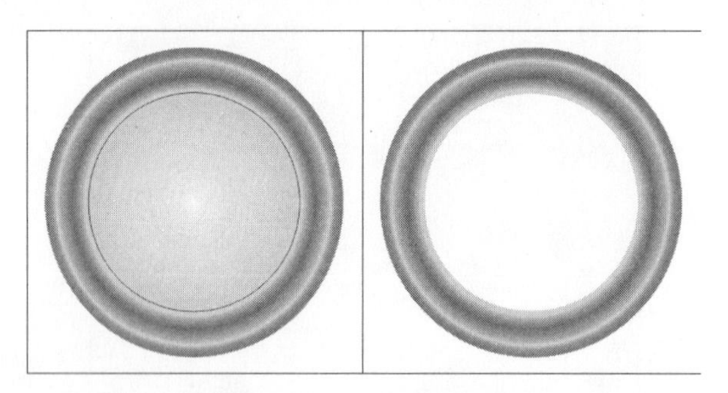

图5-60 创建圆环效果

04 使用【矩形工具】在页面中绘制一个矩形，选中圆环图形，执行【效果】|【图框精确剪裁】|【放置在容器中】命令，将其放置在矩形中。取消矩形轮廓线的填充，得到彩虹图形，效果如图5-61所示。

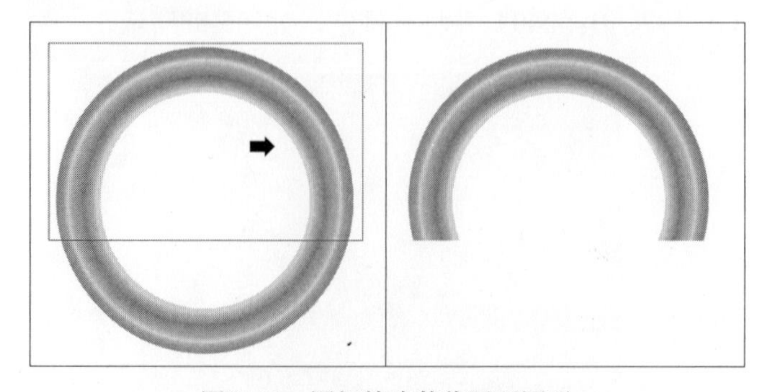

图5-61 图框精确剪裁圆环图形

05 移动彩虹图形至图5-62所示位置。使用【椭圆形工具】绘制一个正圆形，然后通

过复制和调整位置得到云彩图形。

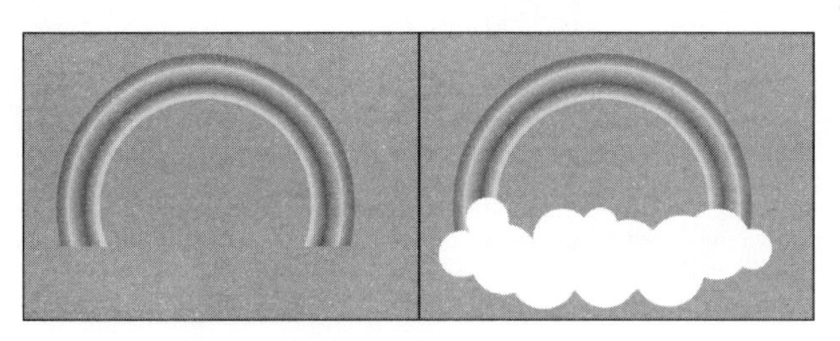

图5-62　添加云彩图形

问题12：如何利用渐变填充制作金属效果？

下面将学习如何使用渐变填充制作金属字效果，图5-63为最终完成效果。

图5-63　效果图

具体操作步骤如下。

01 执行【文件】|【新建】命令，新建文档，单击属性栏中的【横向】按钮，使绘图页面方向为横向。双击工具箱中的【矩形工具】，自动依照绘图页面尺寸创建矩形，为矩形填充淡黄色（R：249、G：241、B：202）并将其锁定，如图5-64所示。

图5-64　创建矩形

02 使用【文本工具】在矩形上输入英文美术字"COHERER"。参照图5-65所示设置参数，使用【填充工具】为其创建渐变效果，并取消轮廓线的填充。

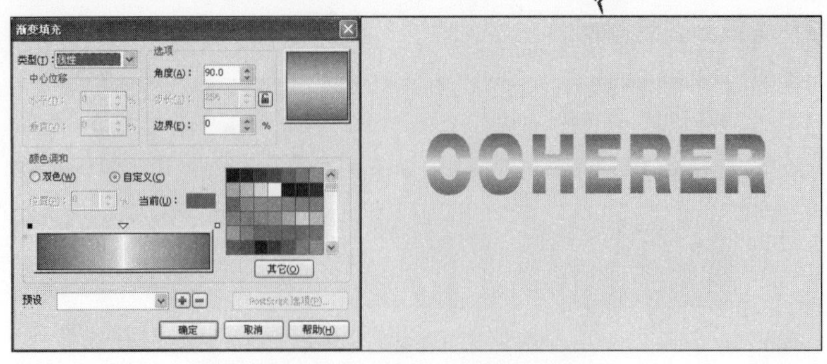

图5-65　创建文字主体对象

03复制英文美术字，粘贴至视图中。执行【排列】|【顺序】|【向后一层】命令，将其置于原始文字下方，调整【轮廓宽度】为3.5mm，轮廓色设置为黑色，如图5-66所示。

图5-66　复制文字制作描边效果

04选中文字部分，单击属性栏中的【垂直镜像】按钮，使其垂直镜像。调整大小后，使用【交互式透明工具】为镜像部分添加透明效果，形成倒影效果，如图5-67所示。

图5-67　创建倒影效果

第6章

"编辑文本"常见问题

创建与编排复杂的文本效果是CorelDRAW X4中需要掌握的基本操作。利用CorelDRAW X4的文本功能可以制作出非常复杂的文本版式，这是其他图形处理软件所无法达到的。

当输入文本对象后，可以使用【文本工具】或者通过执行菜单中的相关命令编辑文本，还可以利用属性栏与泊坞窗来设置文本编辑参数。

问题1：如何快速对段落文本的字间距和行间距进行调整？

问题2：如何导入其他文本编辑软件创建的文本？

问题3：为什么字体列表中有些文本的样式显示为灰色？

问题4：如何为同一对象中的不同文本设置不同的颜色？

问题5：如何查找和替换文本？

问题6：如何在文本中插入特殊字符？

问题7：如何设置制表位？

问题8：如何创建多个文本框的链接？

问题9：如何创建图文混排效果？

问题1：如何快速对段落文本的字间距和行间距进行调整？

疑难解答

创建段落文本后，用户可以根据需要使用【挑选工具】或【形状工具】快速调整文本的字间距和行间距。

- 调整段落文本字间距：

字间距就是指字与字之间的间隔量，增加或减少字间距会影响文本的外观和可读性。

- 使用【挑选工具】：使用【挑选工具】选中段落文本后，向右或向左拖动交互式水平箭头，即可增加或减少文字间距如图6-1所示。

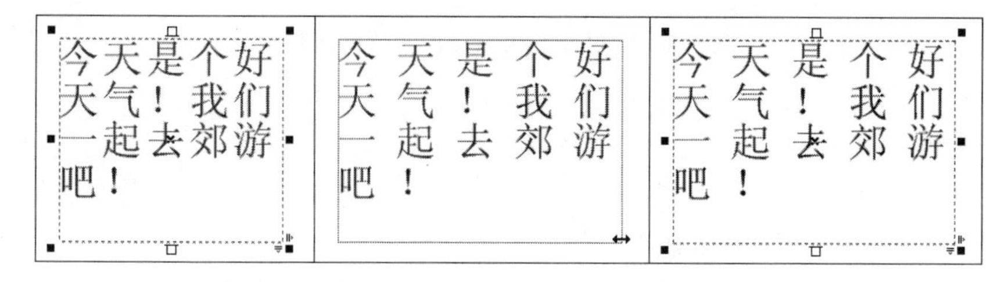

图6-1　调整段落文本的字间距

使用【形状工具】：使用【形状工具】单击文本后，文本框底部也会出现交互式水平箭头。只是形状、大小与使用【挑选工具】时稍有不同，向右或向左拖动箭头，即可增加或减少字间距，如图6-2所示。

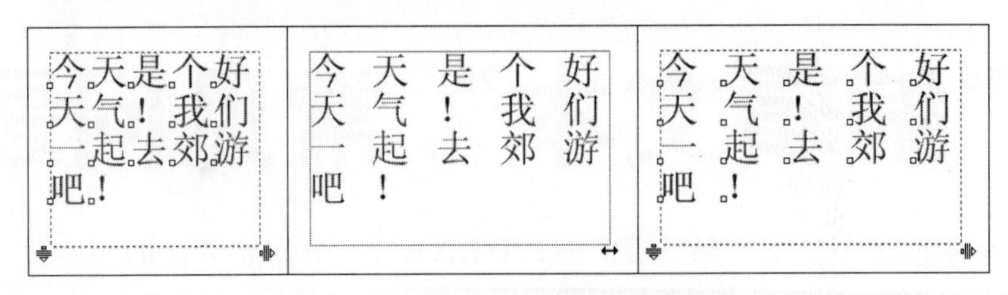

图6-2 使用【形状工具】调整字间距

调整段落文本行间距：

行间距就是指两个相邻文本行与行基线之间的空白间隔量。

使用【挑选工具】：使用【挑选工具】选中段落文本后，向下或向上拖动交互式垂直箭头，即可增加或减少行间距，如图6-3所示。

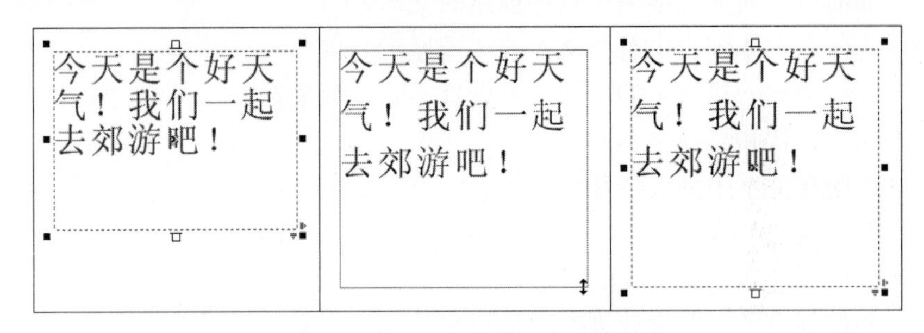

图6-3 调整段落文本的行间距

使用【形状工具】：使用【形状工具】单击文本后，文本框底部会出现交互式垂直箭头，向下或向上拖动箭头，即可增加或减少行间距，如图6-4所示。

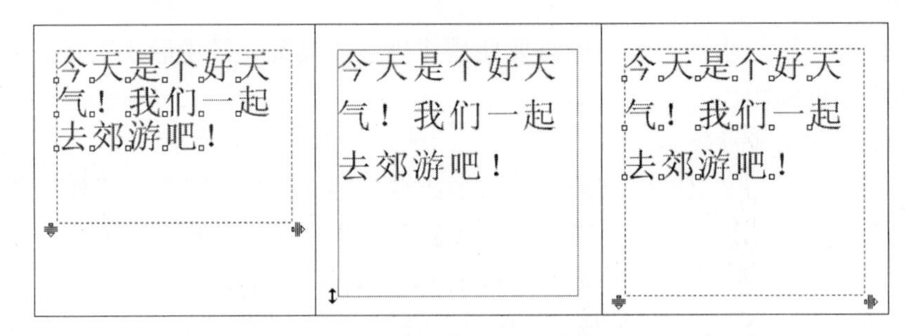

图6-4 使用【形状工具】调整行间距

知识链接

段落文本框可以分为两种类型：一种是大小固定的文本框，另一种是自动调整大小的文本框。读者可根据需要选择创建不同的文本框。

如果要创建自动调整大小的文本框，可执行【工具】|【选项】命令，打开【选项】

对话框，在该对话框左侧的列表中选择【段落】选项，这时在对话框右侧就会显示与段落设置相关的内容，选择其中的【按文本缩放段落文本框】复选框，如图6-5所示。

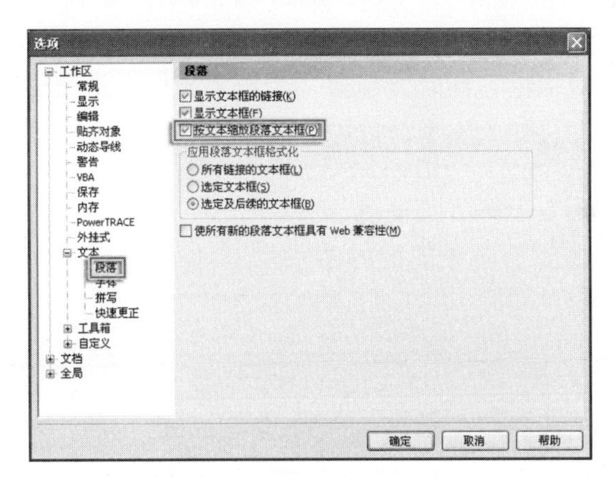

图6-5 【选项】对话框

单击【确定】按钮关闭【选项】对话框，然后创建文本框，并在其中输入文字内容，文本框的高度将随着输入文本的增加而自动调整，如图6-6所示。

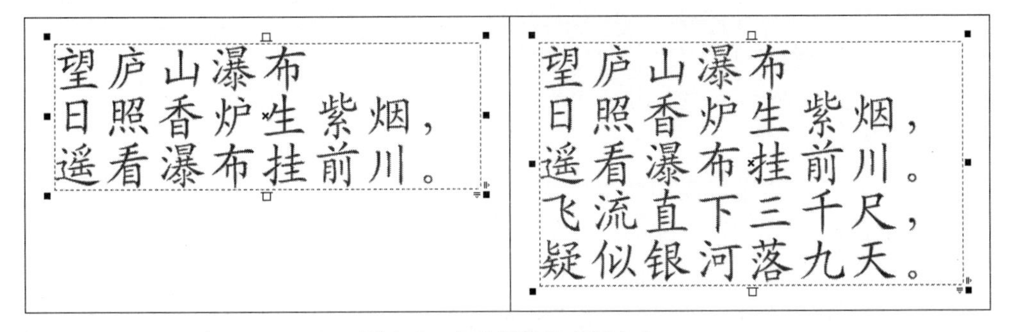

图6-6 自动调整文本框大小

问题2：如何导入其他文本编辑软件创建的文本？

疑难解答

在CorelDRAW X4中导入其他文本编辑软件创建的文本时，首先应在绘图页面中创建一个文本框，然后执行【文件】|【导入】命令，或者单击工具栏中的【导入】按钮，打开【导入】对话框。从中选择文本文件后，单击【导入】按钮即可关闭对话框。此时，将会打开【导入/粘贴文本】对话框，如图6-7所示。

在对话框中可以设置导入的文本是否带格式粘贴，设置完毕后，单击【确定】按钮，就可以将文本导入创建好的文本框中，自动生成段落文本。

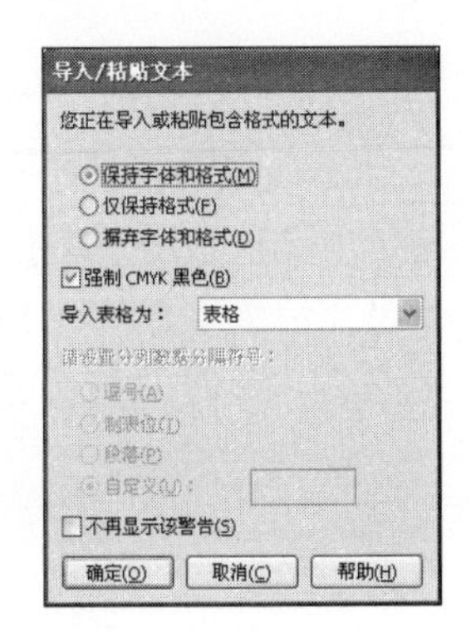

图6-7 【导入/粘贴文本】对话框

知识链接

也可在没有创建文本框的情况下执行【文件】|【导入】命令，或者单击【导入】按钮导入文本。导入过程中同样会打开【导入/粘贴文本】对话框，选择导入格式后，单击【确定】按钮，关闭对话框。此时光标会变为导入光标，按照导入其他文件的方法，在页面中拖出一个矩形框即可导入文本，该矩形框即为导入文本的文本框。

实例引导

下面将通过绘制一张带有苹果图形的卡片，学习导入段落文本的操作方法，图6-8为最终效果图。

图6–8　效果图

具体操作步骤如下。

01 新建文档，双击工具箱中的【矩形工具】，绘制与绘图页面等大的矩形，设置矩形颜色为土黄色（R：255、G：204、B：0），然后将矩形锁定。使用【贝赛尔工具】在绘图页面中绘制苹果图形，如图6-9所示效果。

图6–9　绘制苹果

02 使用【贝赛尔工具】绘制毛毛虫图形，如图6-10所示效果。

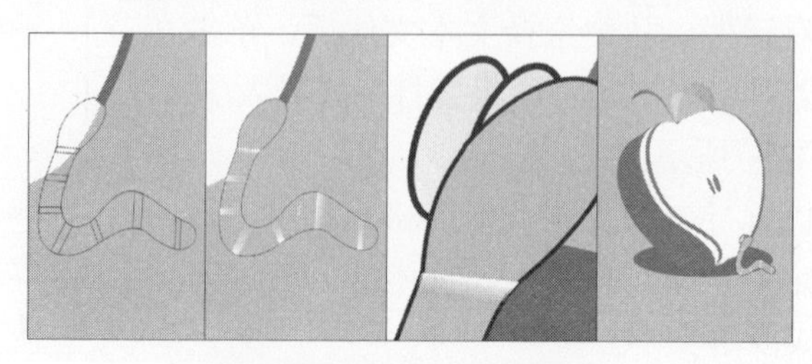

图6–10　绘制毛毛虫图形

03在绘图页面中创建一个文本框。执行【文件】|【导入】命令，打开【导入】对话框，导入光盘中的“素材文件\第6章\文字.txt”文件，如图6-11所示。

图6-11 导入文本

04执行【文本】|【段落格式化】命令，打开【段落格式化】泊坞窗，如图6-12所示设置导入文本的格式。

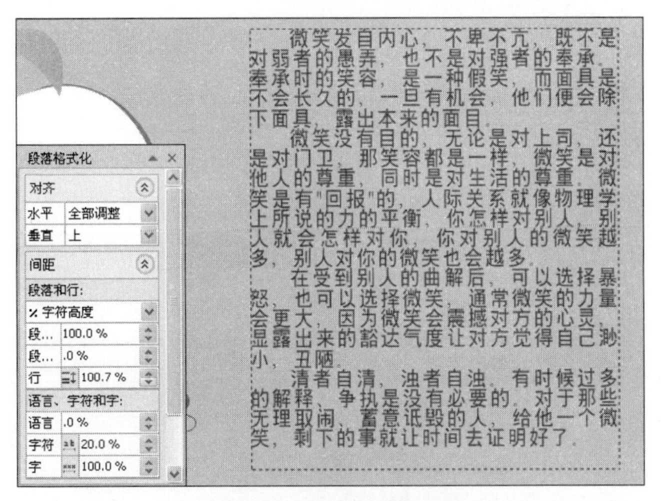

图6-12 设置段落格式

问题3：为什么字体列表中有些文本的样式显示为灰色？

字体列表中有些文本样式显示为灰色，是因为输入中文和英文字体的属性不同而造成的。输入中文时，字体列表中的英文字体全部显示为灰色，表示在当前状态下，这些文本样式是不能使用的，如图6-13所示。而输入英文时，全部字体都显示为可以使用的状态，所以文本样式也可以使用，如图6-14所示。

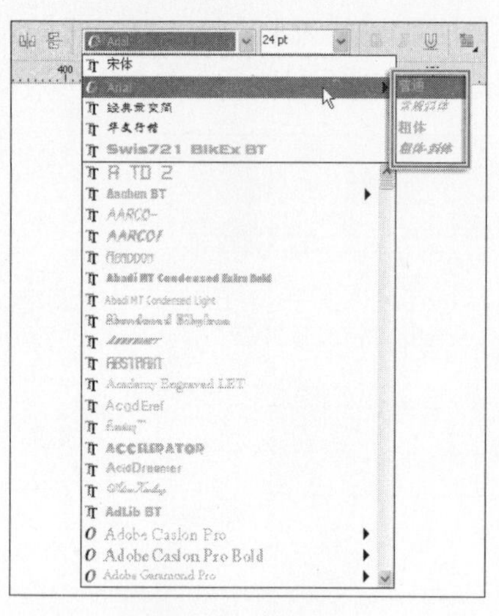

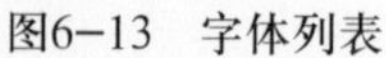

图6-13　字体列表

图6-14　文本样式

另外，也可以通过【字符格式化】泊坞窗将字体设置为【普通】、【常规斜体】、【粗体】、和【粗体-斜体】4种字体样式。执行【文本】|【字符格式化】命令，或者单击属性栏中的【字符格式化】按钮，都可以打开【字符格式化】泊坞窗。默认设置下，字体样式为普通，用户可单击【字体样式】下拉按钮，在【字体样式】下拉列表中选择其他样式。

问题4：如何为同一对象中的不同文本设置不同的颜色？

实例引导

使用工具箱中的【填充工具】为背景填充颜色，并使用【矩形工具】绘制矩形，然后添加相关文字信息并改变文字颜色，最后使用【贝塞尔工具】绘制装饰图形，最终效果如图6-15所示。

图6-15　完成效果图

具体操作步骤如下。

01 新建绘图文档，双击【矩形工具】，依照绘图页面尺寸创建矩形。为矩形填充

蓝色（R：117、G：197、B：240）。使用【矩形工具】绘制矩形，在属性栏中的【对象大小】文本框中输入145mm和75mm，按Enter键确认，调整矩形的轮廓宽度为2.8mm，如图6-16所示，继续绘制矩形并填充黑色。

图6-16 绘制矩形

02 使用工具箱中的【文本工具】在页面输入“时尚”字样，在右侧调色板上单击白色色块，为文本填充颜色为白色。使用【文本工具】单独选中文字“尚”，填充洋红色（R：221、G：19、B：123），如图6-17所示。

图6-17 改变文本颜色

03 使用工具箱中的【贝塞尔工具】绘制蝴蝶图形，为图形填充洋红色（R：221、G：19、B：123），将图形放在文字的右上方位置，如图6-18所示效果。

图6-18 绘制蝴蝶

问题5：如何查找和替换文本？

执行【文本】|【编辑文本】命令，打开【编辑文本】对话框，单击底部的【选项】按钮，会弹出快捷菜单，其中就包括【查找文本】和【替换文本】命令，使用这两个命令可实现查找和替换文本的操作。

- 查找文本：选中文本对象，执行【文本】|【编辑文本】命令，或者单击属性栏中的【编辑文本】按钮abl，打开【编辑文本】对话框，在【选项】快捷菜单中选择【查找文本】命令，打开【查找下一个】对话框，如图6-19所示。在【查找】文本框中输入需要查找的文本，【查找下一个】按钮被激活，单击该按钮，【编辑文本】对话框所要查找的文本内容将被选中。若文本中有英文，在设置时选择【区分大小写】复选框，查找时可区分大小写。

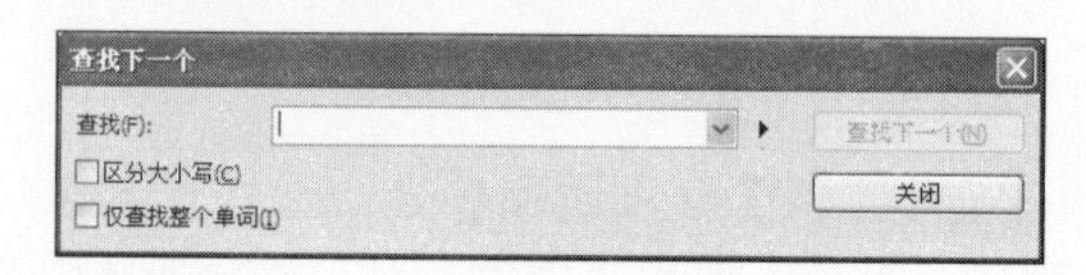

图6-19　【查找下一个】对话框

- 替换文本：执行【选项】快捷菜单中的【替换文本】命令，可打开【替换文本】对话框，如图6-20所示。在【查找】和【替换为】文本框中输入内容，按钮全部被激活，然后单击【查找下一个】按钮，查看它所在的位置，单击【替换】按钮，即可完成文本的替换。如果单击【全部替换】按钮，可一次性替换掉文本中全部需要替换的内容。

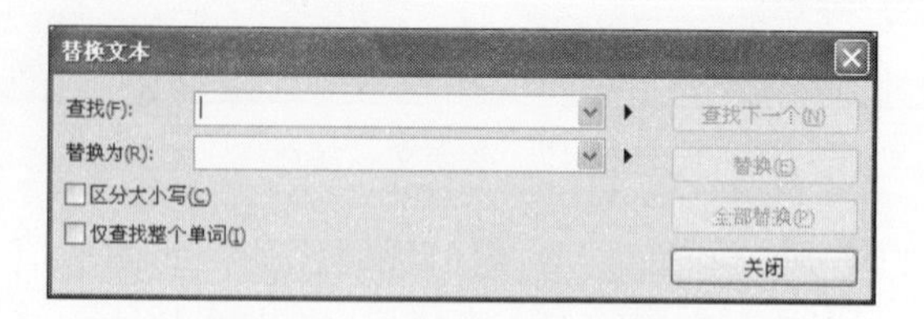

图6-20　【替换文本】对话框

问题6：如何在文本中插入特殊字符？

疑难解答

使用【插入符号字符】与【插入格式化代码】命令可实现插入特殊字符的操作。

- 【插入符号字符】：将输入光标定位在要插入字符的位置，执行【文本】|【插入符号字符】命令，打开【插入字符】泊坞窗，如图6-21所示。在字符列表中单击需要插入的符号字符后，泊坞窗底部的【插入】按钮被激活，单击该按钮，符号就会插入到文本中，如图6-22所示。

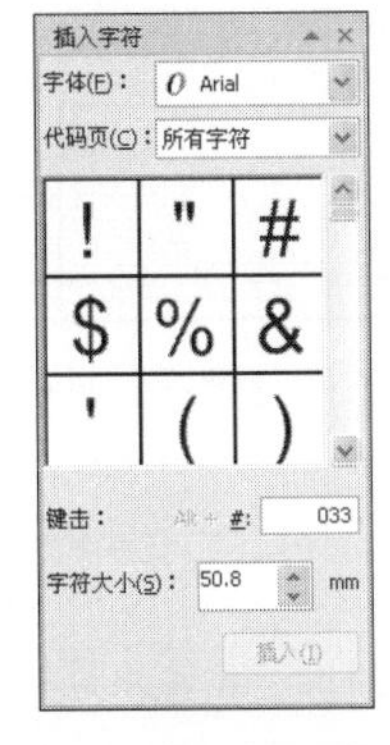

图6-21 【插入字符】泊坞窗

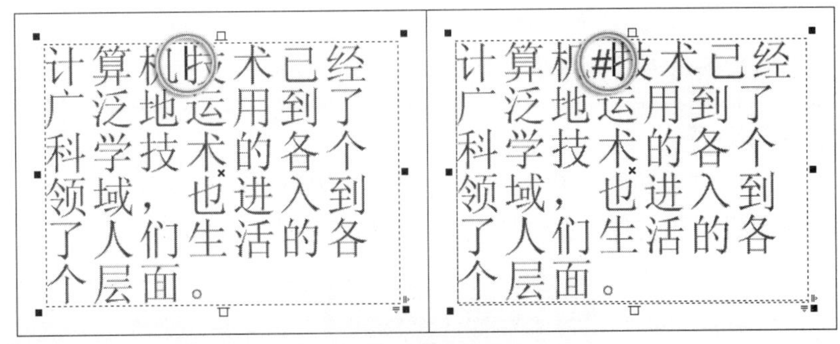

图6-22 插入符号

- 【插入格式化代码】：定位光标后，执行【文本】|【插入格式化代码】命令，利用子菜单中的命令，可以直接在文本中插入代码。

问题7：如何设置制表位？

疑难解答

执行【文本】|【制表位】命令，在打开的【制表位设置】对话框中可以设置制表位，如图6-23所示。

制表位设置

制表位位置 10.0 mm 添加(A)

制表位	对齐	前导符
7.500 mm	左	关
15.000 mm	左	关
22.500 mm	左	关
30.000 mm	左	关
37.500 mm	左	关
45.000 mm	左	关
52.500 mm	左	关
60.000 mm	左	关
67.500 mm	左	关
75.000 mm	左	关

移除(R) 全部移除(E) 前导符选项(L)...

预览(P) 确定 取消 帮助

图6-23 【制表位设置】对话框

- 添加制表位：在【制表位设置】对话框中，设置【制表位位置】参数，然后单击【添加】按钮，列表框底部就会出现新的制表位数据。
- 修改制表位：通过【制表位】列中显示的数值确定要更改类型的制表位，然后双击其对应的【对齐】列中的单元格，在弹出的下拉列表中包括了四种制表位类型，分别是【左】、【中】、【右】、【十进制】，用户可以根据需要进行选择。双击【前导符】列中的单元格，可从弹出的下拉列表中选择是否显示前导符。单击【前导符选项】按钮，会弹出【前导符设置】对话框，如图6-24所示。在该对话框中，可以设置字符样式和字符间距，还可以直接看到预览效果，单击【确定】按钮，设置完成。全部设置完毕后，单击【制表位设置】对话框中的【确定】按钮，就完成了制表符的全部设置。

- 删除制表位：如果要删除制表位，可以单击【移除】按钮或【全部移除】按钮。

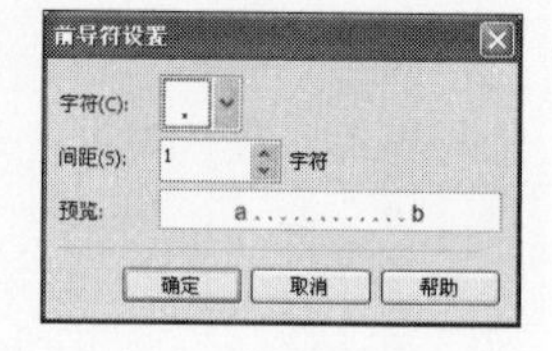

图6−24 【前导符设置】对话框

实例引导

下面将创建一个书籍目录，通过此实例学习如何在段落文本中设置制表位，最终效果如图6-25所示。

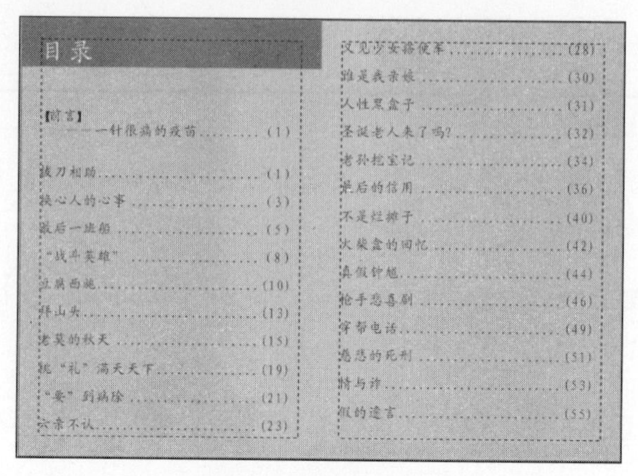

图6−25 创建目录

具体操作步骤如下。

01 执行【文件】|【新建】命令，单击属性栏中的【横向】按钮，新建横向文档。执行【工具】|【选项】命令，在打开的【选项】对话框中按照图6-26所示设置参考线。

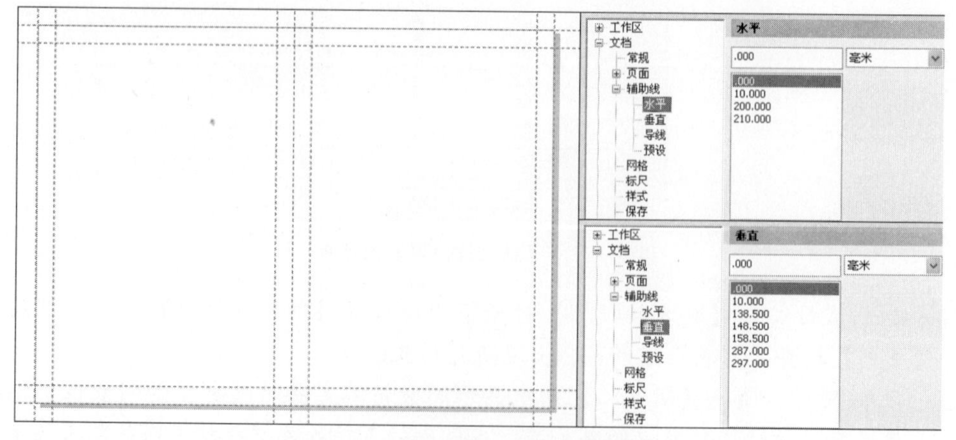

图6−26 新建文档并设置参考线

02 双击工具箱中的【矩形工具】，绘制出与绘图页面同等大小的一个矩形，填充颜色为土黄色（R：255、G：204、B：0），然后绘制一个洋红色（R：221、G：19、B：123）矩形，如图6-27所示。

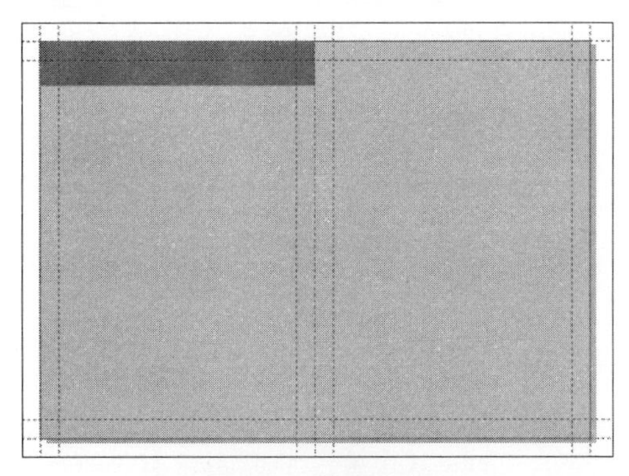

图6-27　绘制矩形

03使用【文本工具】字按照图6-28所示的位置，沿参考线在页面中绘制两个文本框，然后在其中输入目录内容文字。

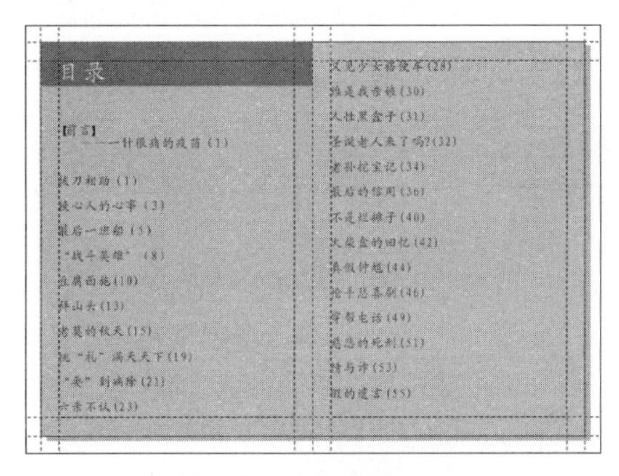

图6-28　创建段落文本

04使用【文本工具】字选中左侧文本框中的目录段落，执行【文本】|【制表位】命令，打开【制表位设置】对话框，参照图6-29所示在对话框中设置参数，单击【确定】按钮后，标尺上就会添加新的制表符，将光标定位在段落文本中的序号前方，按Tab键，即可观察到制表位的效果。

图6-29　设置制表位

05 最后在右侧的文本框中参照步骤 04 中的方法设置制表位，完成目录的制作，如图6-30所示。

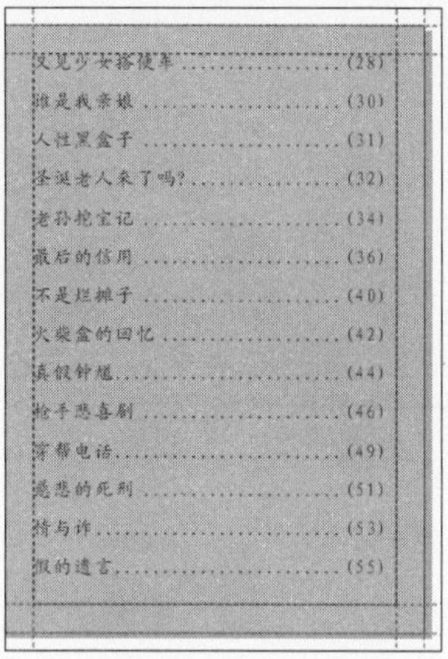

图6-30　在右侧文本框中添加制表位

问题8：如何创建多个文本框的链接？

疑难解答

如果要为多个文本框创建链接，首先使用【挑选工具】选中需要链接的第一个段落文本框，如果当前文本框有文本溢出现象，那么将会呈现出如图6-31所示的状态。单击文本框底部的按钮，鼠标指针将变为形状，将指针移至要链接的段落文本框，当指针变为水平箭头形状后单击该文本框，就会将两个段落文本框链接起来，如图6-32所示。

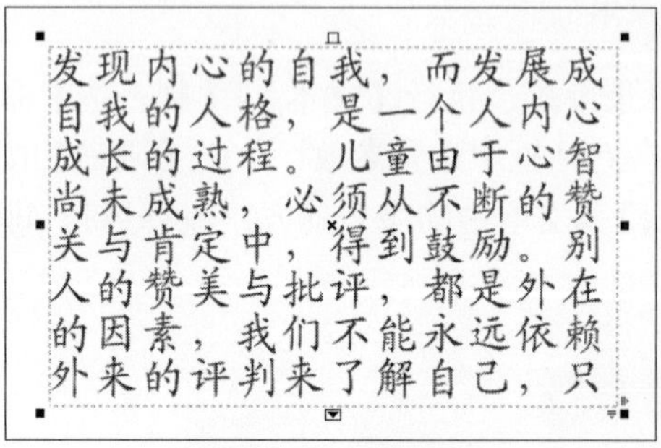

图6-31　文本溢出

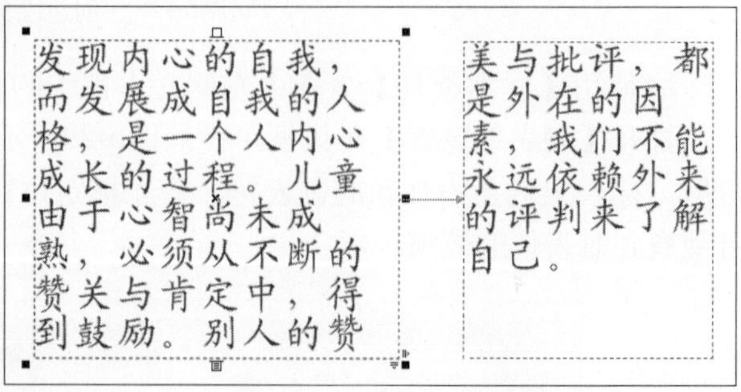

图6-32　链接段落文本框

可以继续按照相同的方法再次链接下一个文本框，这样就构成了多个文本框的链接。

知识链接

段落文本框不仅可以互相链接，还可以与对象链接或者与不同页面上的段落文本框链接。段落文本框所链接的对象可以是开放路径，也可以是封合路径。当链接普通对象时，操作步骤与链接两个段落文本框的方法基本相同，只要先单击段落文本框底部的标签，然后单击需要链接的对象即可。

链接不同页面上的段落文本框时，在单击段落文本框底部的标签◪后，将鼠标移至另一页面的段落文本框上，此时鼠标变为水平箭头形状。单击鼠标，页面上将出现一条蓝线，并显示链接的页面，此时已将同一文档中不同页面上的文本框链接，效果如图6-33所示。

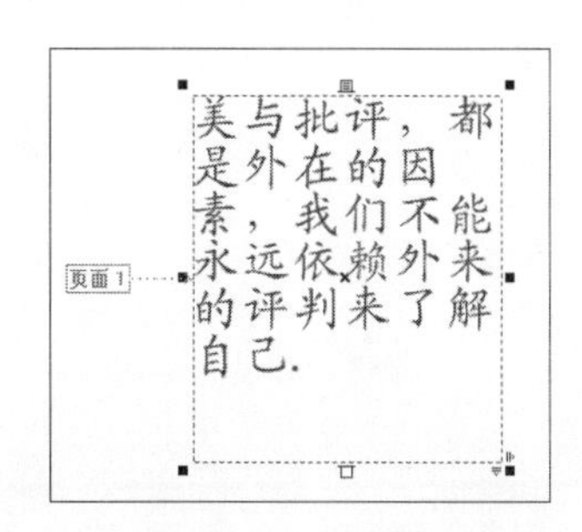

图6-33　链接不同页面上的段落文本框

实例引导

下面将通过绘制如图6-34所示的图形，学习如何创建多个文本框之间的链接。

图6-34　完成效果图

具体操作步骤如下。

01 执行【文件】|【新建】命令，新建一个横向文档，参照图6-35所示参数设置参考线，然后双击工具箱中的【矩形工具】□，绘制出与绘图页面同等大小的一个洋红色（R：221、G：19、B：123）矩形，将其锁定后，再绘制一个长条状黑色矩形。

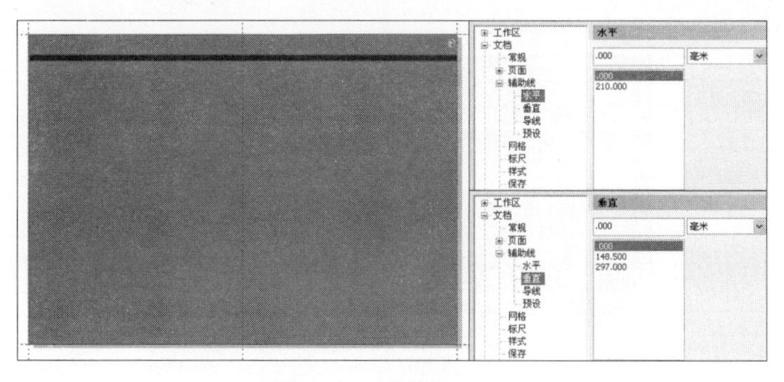

图6-35　创建背景图形

02 执行【文件】|【导入】命令，打开【导入】对话框，将光盘中的“素材文件\第6章\建筑.tif”文件导入文档，使用【形状工具】调整图像的大小并移动至图6-36所示位置，然后选择【交互式透明工具】，在属性栏中设置渐变类型，为位图图像添加透明效果。

图6−36　导入位图并添加透明效果

03 将位图图像复制一份，粘贴至视图中，去除其透明效果，执行【效果】|【色度/饱和度/亮度】命令，打开【色度/饱和度/亮度】对话框，调整图像的【饱和度】参数为-100，图像变换为灰白效果，如图6-37所示。

图6−37　复制位图

04 使用【矩形工具】绘制一个黑色矩形，然后选择【交互式透明工具】，在属性栏中设置渐变类型，为位图图像添加透明效果，如图6-38所示。

图6−38　绘制矩形

05 使用【文本工具】字在页面中绘制一个文本框，在其中输入文字，创建段落文本。当文本框有文字溢出现象时，再绘制一个文本框，单击第一个文本框底部的标签，此时，光标变为水平箭头，在新创建的文本框中单击，两个文本框即链接在一起，如图6-39所示。

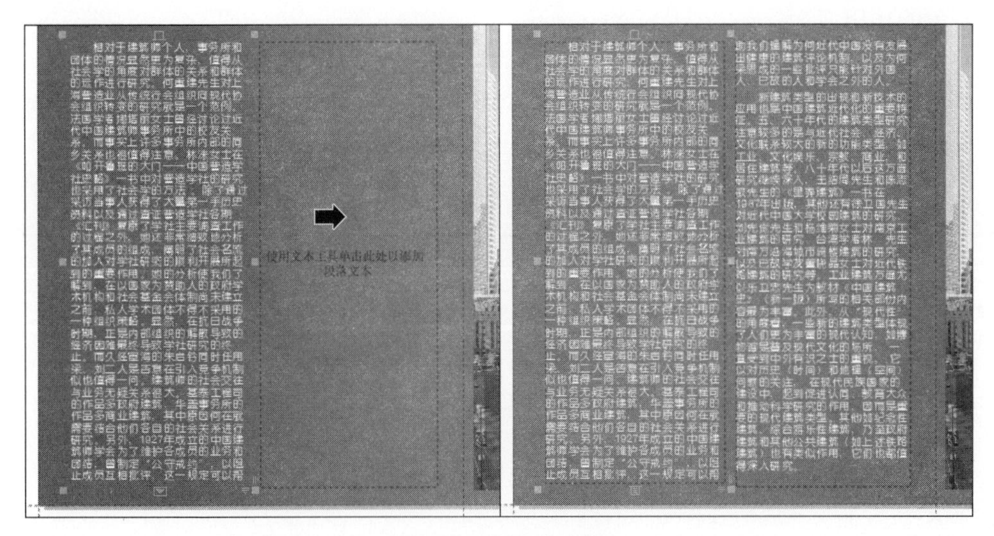

图6−39　链接文本框

06 使用【文本工具】字在页面中输入标题文字，并配合【贝赛尔工具】添加符号等相关信息，完成页面制作，效果如图6-40所示。

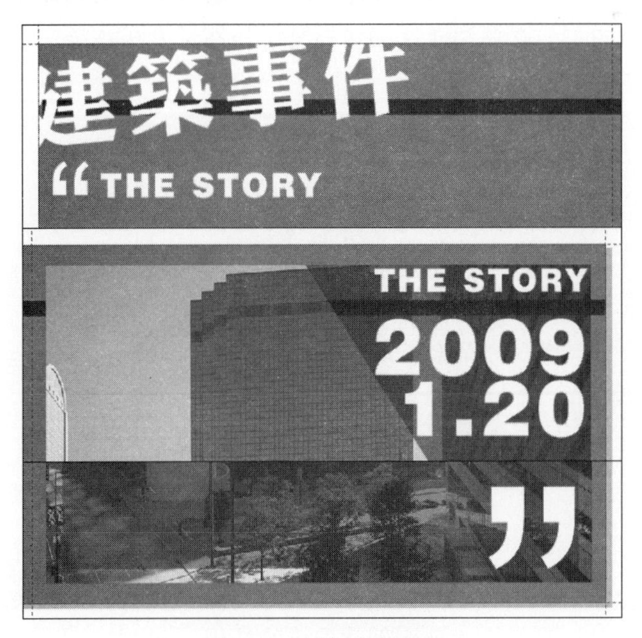

图6−40　添加文字信息

问题9：如何创建图文混排效果？

疑难解答

当创建图文混排效果时，可以在图形对象中创建段落文本，还可以将段落文本环绕在图形对象的周围。

- 在图形对象中创建段落文本：可以在任意形状的闭合路径中创建段落文本，从而使文本与图形对象相结合。选择【文本工具】字，移动鼠标至图形对象的边缘，当鼠标变为图6-41左图所示的形状后单击，这时对象内部沿轮廓线的位置会出现一个虚线框，此时可输入文本内容，当到达对象的边界后，文本会自动换行，如图6-41右图所示。

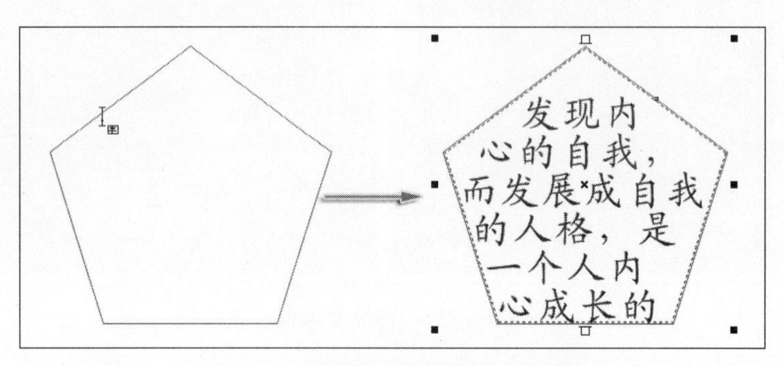

图6-41　在图形对象中创建段落文本

- 围绕图形排列文本：也可以更改文本的形状，使段落文本围绕在图形对象、美术字或段落文本框周围，从而将文本和图形紧密结合。具体操作时，首先将图形对象移动至段落文本处，如图6-42所示。

发现内心的自我，而发展成自我的人格，是一个人内心成长的过程。儿童由于心智尚未成熟，必须从不断的赞美与肯定中，得到鼓励。别人的赞美与批评，都是外在的因素，我们不能永远依赖外来的评判来了解自己，只有自己的探索、发现才能接近真正的自我。一个成长的人，越能明白自己的优缺点；越不会受外界的干扰，也越能明白内心的世界。

图6-42　移动图形对象

使用【挑选工具】，右击要环绕文本的图形对象，执行弹出式菜单中的【段落文本换行】命令，即可在绘图页面中观察到图文混排的效果，如图6-43所示。

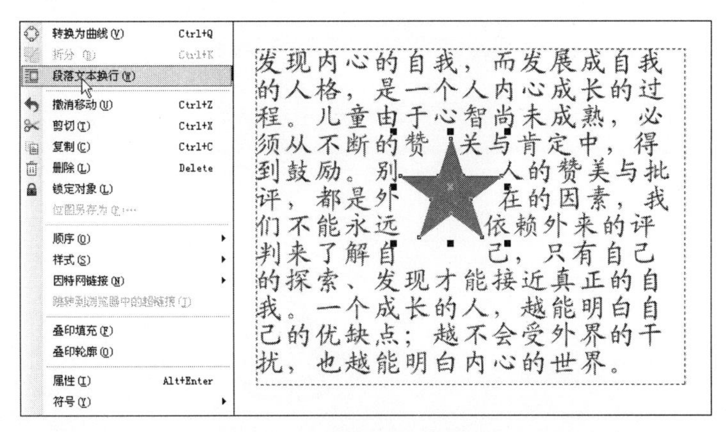

图6-43 段落文本环绕图形

在选择图形对象的状态下，单击属性栏中的【段落文本换行】按钮，将显示一个面板，通过点击面板中的各个选项按钮，可以设置段落文本环绕图形的不同样式，如图6-44所示。

图6-44 段落文本换行下拉式菜单

单击【无】按钮，可以取消段落文本换行；单击【轮廓图】设置区域中的按钮，可以设置段落文本环绕图形轮廓进行换行；单击【方角】设置区域中的按钮，无论选择图形对象的轮廓如何，段落文本均以方角形式围绕图形换行。

知识链接

执行【窗口】|【泊坞窗】|【属性】命令，在打开的【对象属性】泊坞窗中单击【常规】按钮，在其设置区域的【段落文本换行】下拉列表中，也可以设置段落文本环绕图形的样式，如图6-45所示。

图6-45 【对象属性】泊坞窗

实例引导

下面介绍使用【文本工具】字在实现图文混排效果中的应用实例，效果如图6-46所示。

图6-46　效果图

具体操作步骤如下。

01 执行【文件】|【新建】命令，新建一个绘图文档。双击工具箱中的【矩形工具】，自动依照绘图页面尺寸创建矩形。使用【填充工具】为矩形添加渐变填充效果，参照图6-47所示设置参数，单击【确定】按钮完成设置。

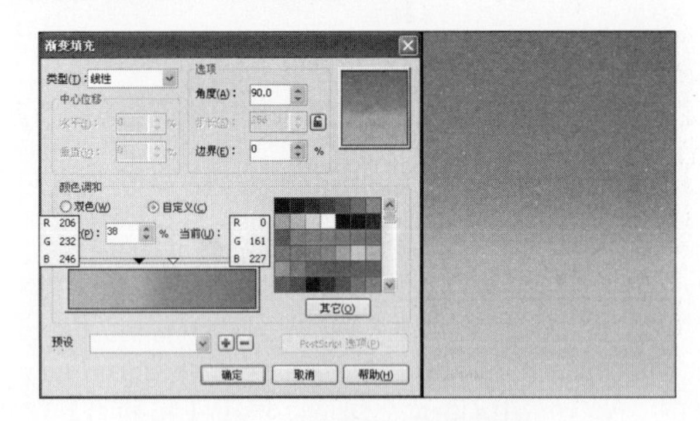

图6-47　为矩形添加渐变填充

02 使用工具箱中的【贝塞尔工具】绘制云朵图形，如图6-48所示，为图形填充白色并取消轮廓线的填充。

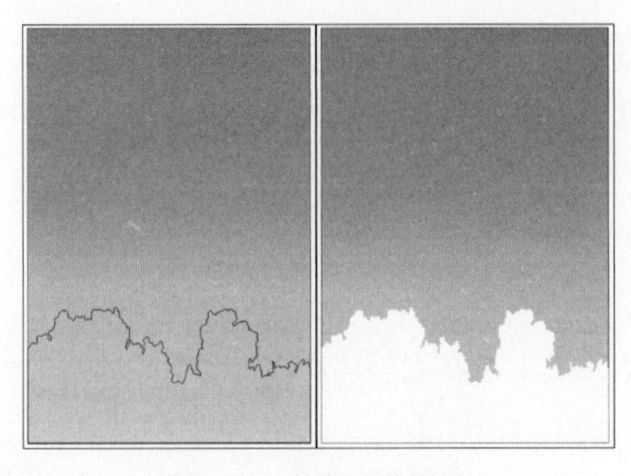

图6-48　绘制云朵图形

03继续绘制云朵图形，使用【填充工具】为其添加渐变填充效果，参照图6-49所示设置参数，单击【确定】按钮完成设置。

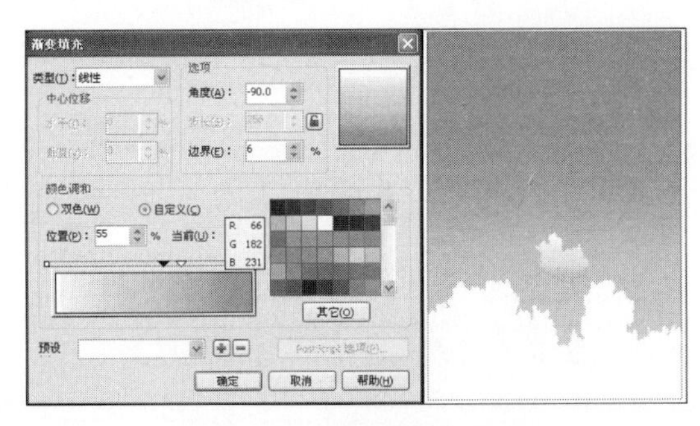

图6-49　为图形填充渐变

04执行【文件】|【新建】命令，打开附带光盘中的“素材文件\第6章\吉他.cdr”文件，按Enter键将其放置到页面中，调整图形位置与大小，如图6-50所示，然后使用【文本工具】字为页面添加标题文本。

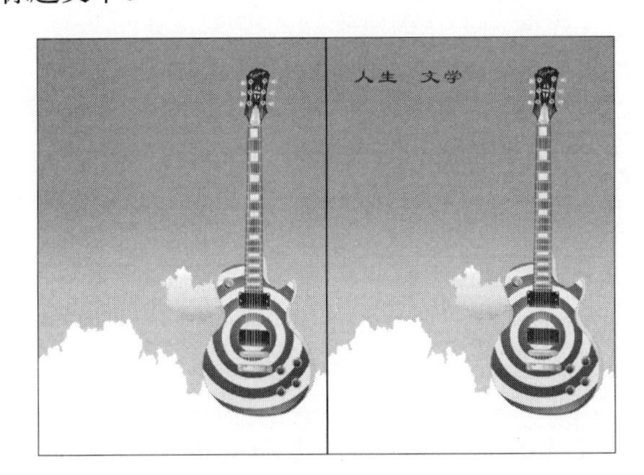

图6-50　导入素材

05使用工具箱中的【贝塞尔工具】绘制曲线图形，然后选择【文本工具】字在曲线图形边缘单击，确定插入点并输入相关文字信息，完成该实例的绘制。效果如图6-51所示。

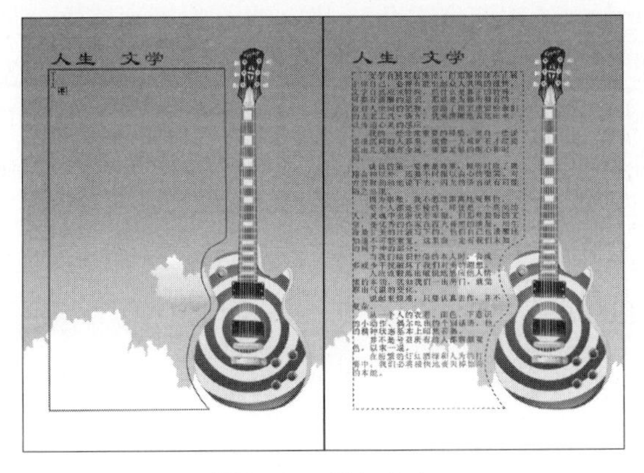

图6-51　添加文本

第7章

"创建交互式效果"常见问题

在CorelDRAW X4中，绘制图形对象后，除了可以进行简单的颜色、轮廓填充外，还可以为其创建一系列特殊的效果，使用工具箱中的【交互式调和工具】以及此工具组中的工具，可以实现这些效果。

本章将详细介绍关于如何创建交互式效果的知识。

问题1：如何使用交互式调和工具创建柔和的渐变效果？

问题2：如何改变轮廓化调和的轮廓线数量和颜色？

问题3：如何改变对象阴影的羽化方向？

问题4：交互式封套工具可以做什么？

问题5：如何为对象创建立体效果？

问题6：如何改变立体效果的光源方向？

问题7：交互式透明工具可以单独改变对象的轮廓透明度吗？

问题8：如何使用交互式透明工具创建透明翅膀效果？

问题1：如何使用交互式调和工具创建柔和的渐变效果？

疑难解答

在CorelDRAW X4中，如果想要使用【交互式调和工具】为对象创建柔和的颜色渐变效果，应首先在视图中创建出两个对象，并取消轮廓线的填充。然后选择该工具，将光标移至两个对象其中的一个上，按下并拖动鼠标到另一个图形，当发现两个图形中均出现一个矩形块时，松开鼠标即可得到两个对象之间的调和效果，如图7-1所示。如果要让渐变效果更加柔和，可在【交互式调和工具】属性栏的【步长或调和形状之间的偏移量】参数栏中进行数值调整，数值越大，效果越柔和，如图7-2所示。

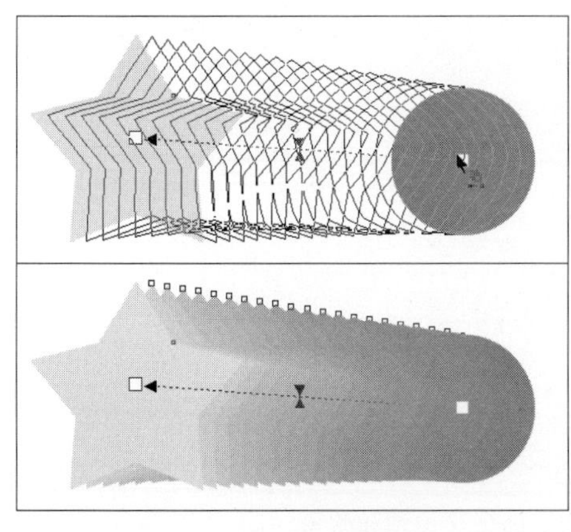

图7-1　交互式调和效果

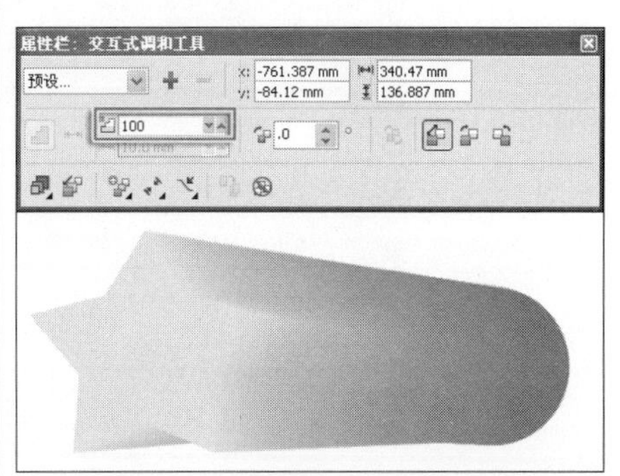

图7-2　调整调和效果的步数

技巧提示

【交互式调和工具】操作的对象必须都是矢量图形，位图不能使用调和效果。

实例引导

下面将绘制一幅以文字为主体的图片。首先使用【填充工具】为背景填充颜色，然后使用【交互式调和工具】为图形添加调和效果，最终效果如图7-3所示。

图7-3　最终效果

具体操作步骤如下。

01 新建绘图文档，使用【矩形工具】绘制蓝色（R：117、G：197、B：240）矩形。使用【椭圆形工具】绘制椭圆形，并分别为椭圆形填充蓝色（R：117、G：197、B：240）和白色，取消轮廓线的填充。使用【交互式调和工具】为图形添加调和效果，如图7-4所示。

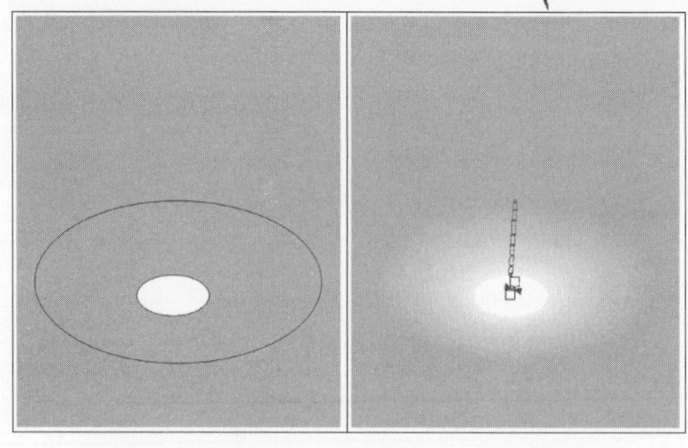

图7-4　绘制椭圆形并添加交互式调和效果

02 使用【文本工具】在页面输入“design”字样，然后选择工具箱中的【贝塞尔工具】绘制椭圆形，并为图形填充白色。使用【交互式调和工具】为图形添加调和效果，如图7-5所示。

图7-5　输入主体文字并添加调和效果

03 在属性栏中设置【步长或调和形状之间的偏移量】参数为3，改变调和形状之间的偏移量。使用【文本工具】添加装饰性文字，完成该实例的绘制，如图7-6所示。

图7-6　调整主体文字并添加文字信息

问题2：如何改变轮廓化调和的轮廓线数量和颜色？

疑难解答

如果想要改变轮廓化调和的轮廓线数量和颜色，可通过【交互式轮廓图工具】属性栏和【轮廓图】泊坞窗进行设置。

使用【交互式轮廓线工具】属性栏

改变轮廓线的数量，【轮廓图步长】参数栏可用来设置轮廓线条数；【轮廓图偏移】参数栏可以设置轮廓线间的距离。两个参数栏都可通过微调按钮调整数值，也可以直接输入，如图7-7所示。

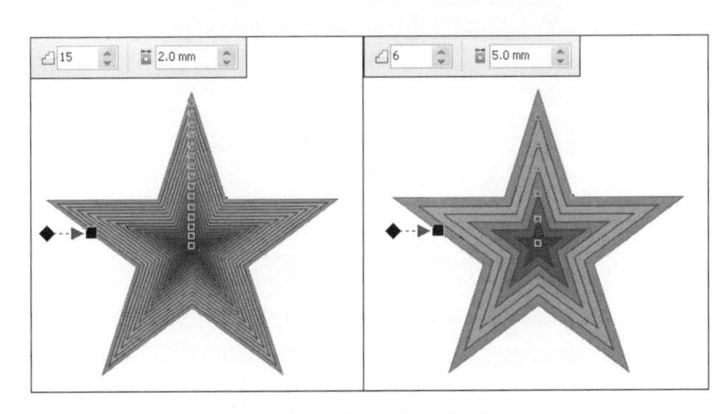

图7-7　调整轮廓图步长和偏移

技巧提示

如果调整轮廓图步长，轮廓图偏移量不会受到影响，但当偏移量调整到一定程度时，步长会随之变化。

改变轮廓线的颜色，当用户需要将系统预设的轮廓线颜色调换时，可以单击属性栏中的【轮廓色】按钮，在显示的下拉颜色列表中选择需要的颜色，系统会自动将新的轮廓颜色应用到增加的轮廓线上。

使用【轮廓图】泊坞窗

除了在属性栏中设置轮廓线数量与颜色外，还可通过【轮廓图】泊坞窗设置，如图7-8所示。单击其中的【轮廓线颜色】按钮，即可显示出与设置轮廓线颜色相关的内容，用户可根据需要设置各项内容。

在其中可设置【偏移】和【步长】，参数设置完毕后，单击【应用】按钮即可在绘图页面中看到效果。

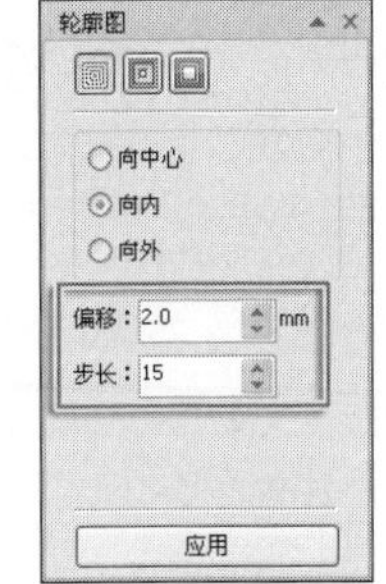

图7-8　【轮廓图】泊坞窗

技巧提示

在属性栏中单击【对象和颜色加速】按钮，或者在泊坞窗中单击相同的按钮，可拖动其中的【颜色】滑块，从而改变轮廓线颜色。

实例引导

下面将绘制带有心形图案的图形，在绘制过程中将使用工具箱中的【交互式轮廓图工具】为绘制的心形和文本图形添加轮廓效果，通过调整【轮廓图步长】参数改变轮廓线数量，图7-9为最终效果图。

图7-9　绘制卡片

具体操作步骤如下。

01 执行【文件】|【新建】命令，新建一个绘图文档。在工具箱中双击【矩形工具】，自动依照绘图页面尺寸创建矩形。使用【填充工具】为矩形填充天蓝色（R：117、G：197、B：240）。

02 使用工具箱中的【基本形状】绘制心形图形，使用【交互式轮廓图工具】为形状图形添加轮廓效果，在属性栏中设置【轮廓图步长】参数为15，【轮廓图偏移】参数为1.025mm，并设置【轮廓色】和【填充色】的颜色，如图7-10所示。

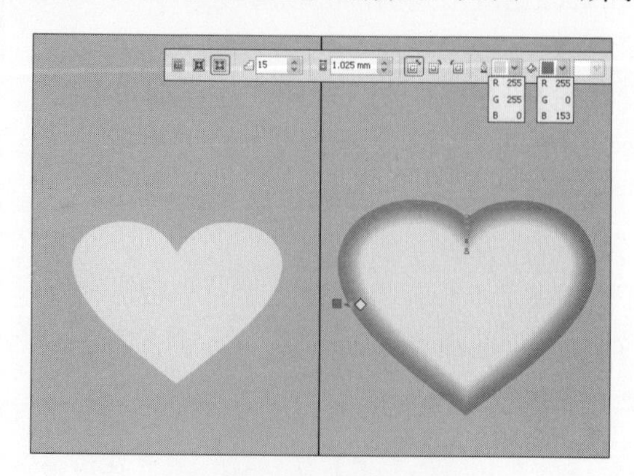

图7-10　添加轮廓效果

03 接下来使用工具箱中的【文本工具】在页面添加文字，然后使用【交互式轮廓图工具】为文本添加轮廓效果，在属性栏中设置【轮廓图步长】参数为5，如图7-11所示。

图7-11　为文本添加轮廓效果

04 使用工具箱中的【贝塞尔工具】绘制小猫图形，然后使用【交互式轮廓图工具】为小猫图形添加轮廓效果，设置【轮廓图步长】参数为5，如图7-12所示。

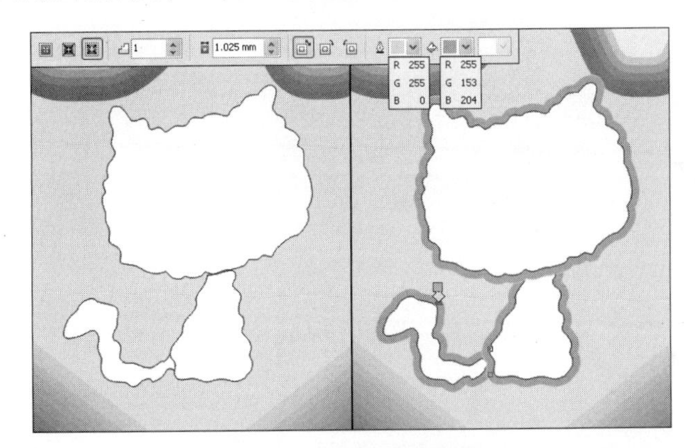

图7-12　绘制小猫图形

05 使用工具箱中的【贝塞尔工具】为小猫绘制眼睛、胡须和装饰图形。然后使用【文本工具】添加装饰性文字，完成该实例的绘制，如图7-13所示。

图7-13　添加装饰图形

问题3：如何改变对象阴影的羽化方向？

疑难解答

利用属性栏中的相关功能按钮可以改变阴影的羽化方向。创建阴影效果后，单击属性栏中的【阴影羽化方向】按钮，通过选择面板中显示的四个不同选项，可改变对象阴影的羽化方向，如图7-14所示。

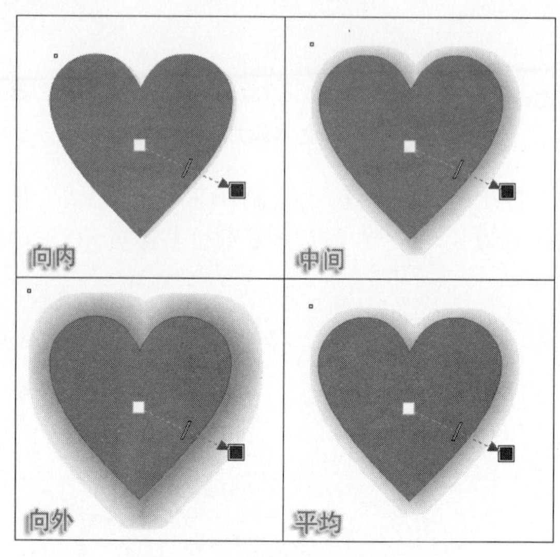

图7-14　改变阴影的羽化方向

问题4：交互式封套工具可以做什么？

疑难解答

交互式封套工具可以通过一个容器来改变对象的外形，这个容器可以是任意形状。将对象装入后，可以在不改变对象属性的前提下，通过改变容器的形状来控制对象的形状。

当需要为对象应用封套时，使用【交互式封套工具】单击相应的对象，此时对象周围就会显示出封套的轮廓，如图7-15所示，拖动8个控制柄，可改变封套的形状。此时属性栏中的部分按钮被激活，其中提供了4个用于改变封套形状模式的按钮，如图7-16所示。

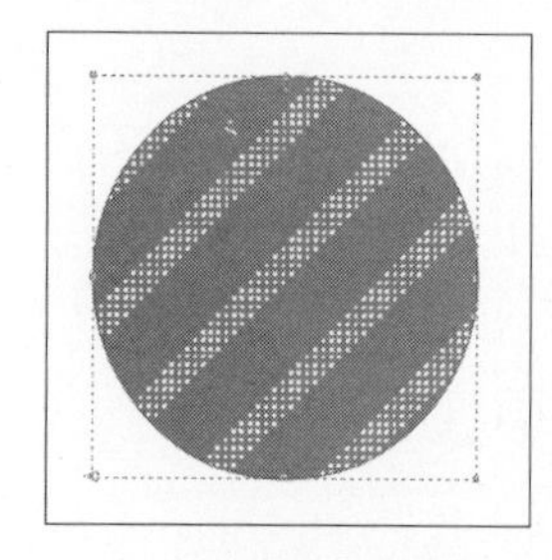

图7-15　使用【交互式封套工具】

图7-16　【交互式封套工具】属性栏

- 【封套的直线模式】：选中该命令按钮后，在水平或垂直方向上创建封套轮廓的直线变化，如图7–17所示。

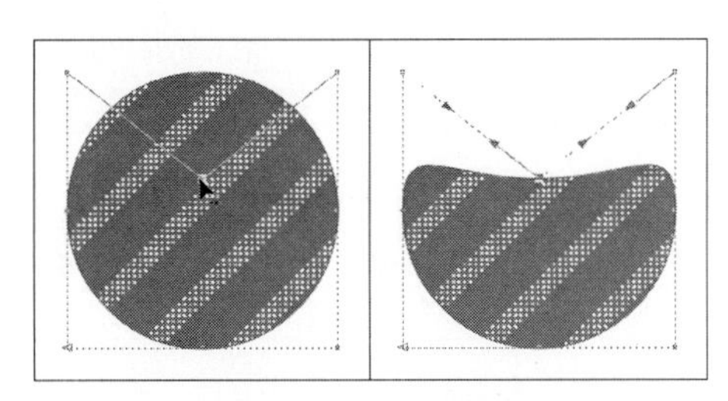

图7–17　直线模式

- 【封套的单弧模式】：选中该命令按钮后，移动节点，节点两侧的路径段将形成弧形，如图7–18所示。

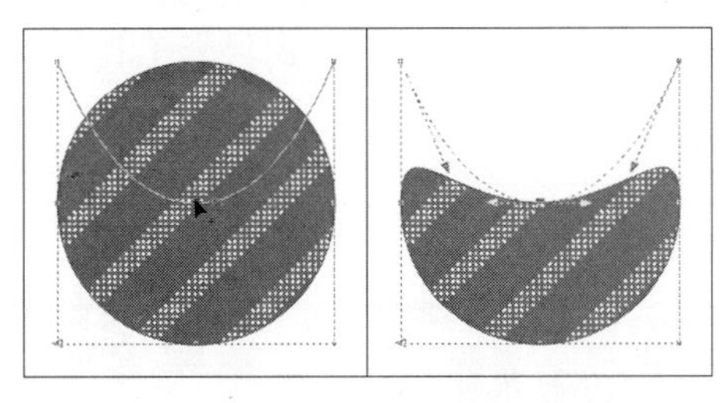

图7–18　弧线模式

- 【封套的双弧模式】：选中该命令按钮后，移动封套轮廓线上的节点，可使节点两侧的路径段成S形变化。
- 【封套的非强制模式】：选中该命令按钮后，可自由移动节点的位置，以随意调节封套的形状。

知识链接

为对象创建封套后，还可在属性栏中对其进行其他编辑，具体操作介绍如下。

- 应用预设封套：同先前讲到的其他变形工具相同，【交互式封套工具】也可在选中对象之后根据需要在属性栏的【预设列表】中直接应用预设的封套样式。
- 从对象创建封套：选中对象后，单击工具箱中的【交互式封套工具】，在属性栏中单击【创建封套自】按钮，将光标移动至要作为封套的对象上单击，即将该对象创建为封套，如图7–19所示。

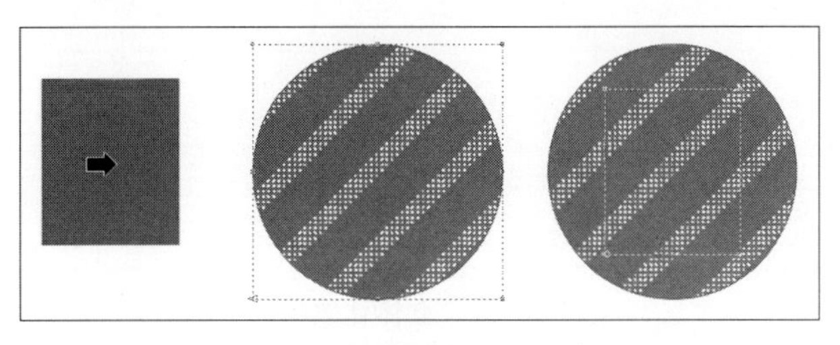

图7–19　从对象创建封套

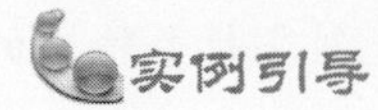

下面通过将图7-20所示的图（a）转化为图（b），学习如何使用封套工具对文本进行变形处理。

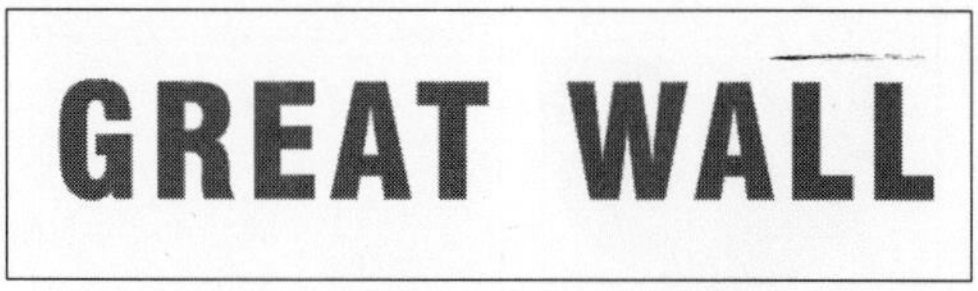

GREAT WALL　　GREAT WALL

图（a） 　　图（b）

图7–20　使用封套功能制作变形效果

具体操作步骤如下。

01 执行【文件】|【新建】命令，新建一个绘图文档。使用工具箱中的【文本工具】在视图中添加文本，然后选择工具箱中的【交互式封套工具】，对文本边缘出现的封套轮廓进行变形，如图7-21所示效果。

图7–21　设置封套

问题5：如何为对象创建立体效果？

疑难解答

使用【交互式立体化工具】或【立体化】泊坞窗可以为对象添加立体化的效果。

- 使用交互式立体化工具：使用【交互式立体化工具】直接在对象上单击并拖动，可使对象产生立体化效果，如图7–22所示。也可从属性栏中的【预设列表】中选择立体化样式，使用系统预设的立体化效果。

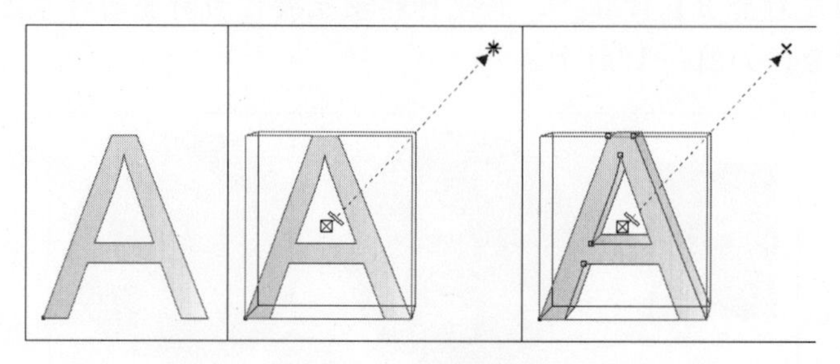

图7–22　立体化效果

- 使用泊坞窗：执行【窗口】|【泊坞窗】|【立体化】命令，打开【立体化】泊坞窗，如图7-23所示。单击【编辑】按钮，参数设置区会被激活，单击【应用】按钮，绘图页面中的对象就会应用默认的立体化模型。

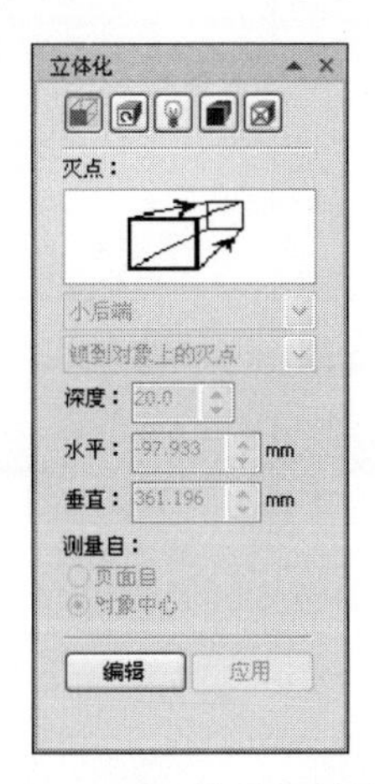

图7-23 【立体化】泊坞窗

实例引导

下面介绍如何创建文字立体化效果图形。在制作过程中将使用工具箱中的【交互式立体工具】为文本添加立体效果，最终效果如图7-24所示。

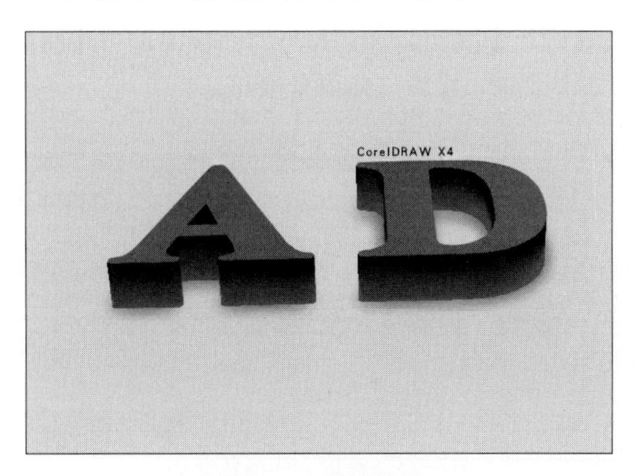

图7-24 最终效果

具体操作步骤如下。

01 新建绘图文档，使用【矩形工具】绘制黄色的矩形，使用【文本工具】在页面输入AD字样，效果如图7-25所示。

02 选择【交互式立体工具】，在文本上单击并拖动鼠标，创建大致的立体效果，如图7-26所示。

图7-25　绘制矩形并创建主体文字

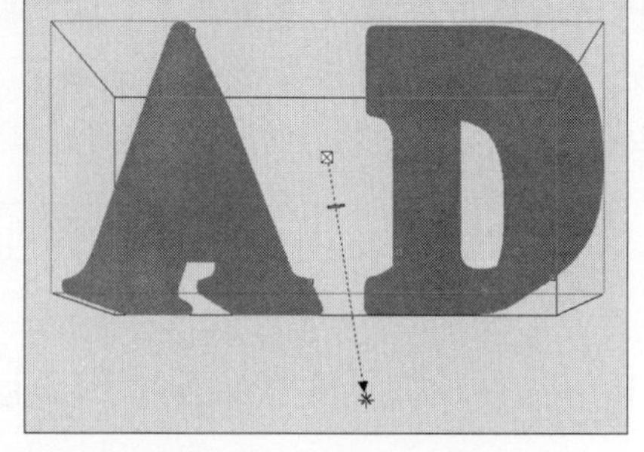

图7-26　添加立体效果

03 在文本上单击，当鼠标变为多向箭头后，拖动鼠标，改变文本的透视角度，效果如图7-27所示。

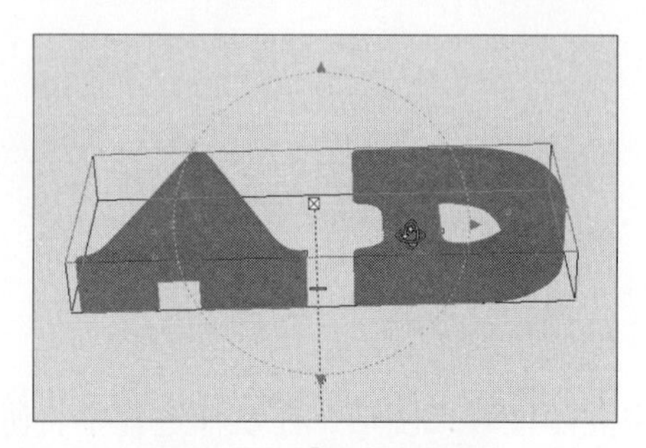

图7-27　设置立体效果

04 在属性栏中单击【颜色】按钮，在弹出的面板中选中【使用递减的颜色】选项，然后参照图7-28所示的图形效果，设置立体颜色变化。

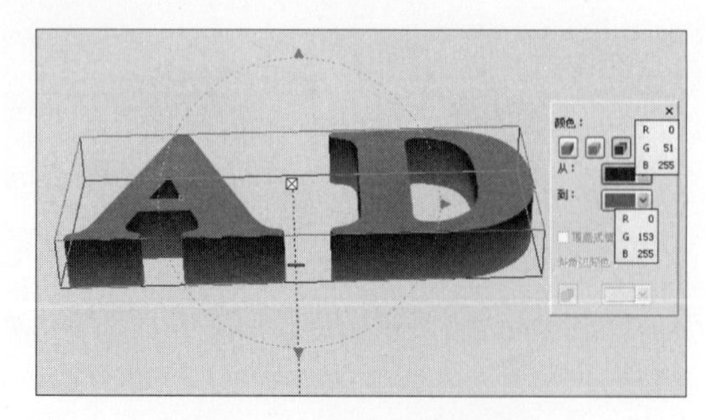

图7-28　设置立体颜色变化

问题6：如何改变立体效果的光源方向？

疑难解答

在使用【交互式立体化工具】制作立体化对象时，单击属性栏中的【照明】按钮，会弹出用来设置有关立体效果光源参数的界面，在选中其中一种光源后，就可以在【光线强度预览】窗口中单击并拖动光源种类标号至其他位置，以调整光源的方向，如图7-29所示。

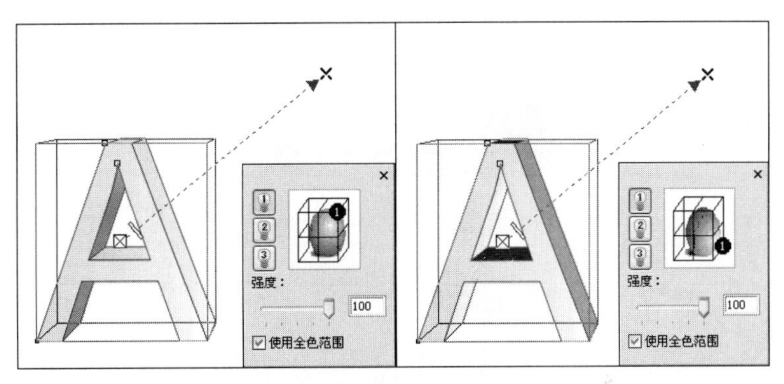

图7-29 改变立体化光源方向

知识链接

用户也可在【立体化】泊坞窗中设置立体化效果的光照效果。执行【窗口】|【泊坞窗】|【立体化】命令，打开【立体化】泊坞窗，单击【立体化光源】按钮，其内容与属性栏中相似，设置完毕后单击【应用】按钮，即可在立体化对象上应用立体化光源效果。

问题7：交互式透明工具可以单独改变对象的轮廓透明度吗？

使用【交互式透明工具】可以单独改变对象的轮廓透明度。当选中带有透明效果的对象后，单击属性栏中的【透明度目标】下拉列表，在列表中选择【轮廓】选项即可。

如果想要改变轮廓的透明度，只需根据需要在对象上调整虚线两端的矩形块或中间的控制滑块位置即可，如图7-30所示。

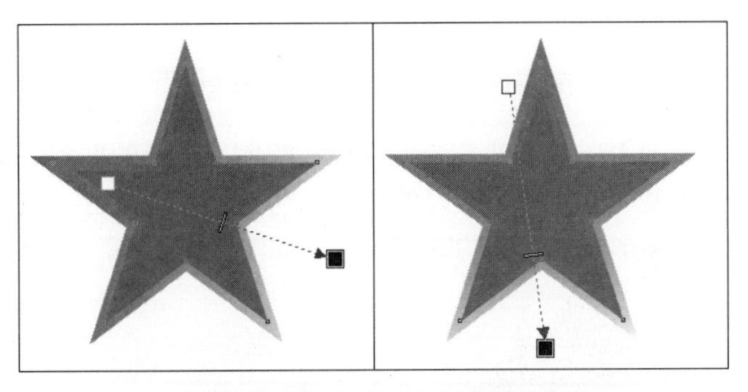

图7-30 改变对象轮廓的透明度

问题8：如何使用交互式透明工具创建透明翅膀效果？

实例引导

下面将绘制小蜜蜂卡通图形，在绘制过程中主要运用【交互式透明工具】来创建对象的透明度，完成效果如图7-31所示。

图7-31　效果图

具体操作步骤如下。

01新建横向文档，双击工具箱内的【矩形工具】，绘制出与绘图页面同样大小的一个淡黄色矩形。使用【椭圆形工具】和【贝塞尔工具】绘制蜜蜂的身体图形，参照图7-32所示的参数设置身体各部分颜色。

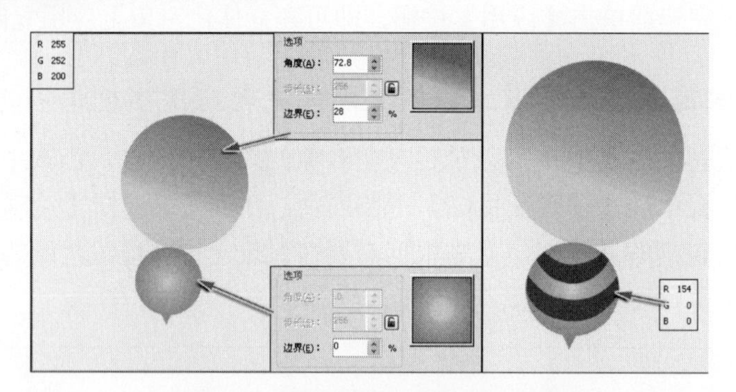

图7-32　绘制背景及蜜蜂身体图形

02使用【椭圆形工具】绘制小蜜蜂的翅膀。绘制一个大的椭圆图形，按住Shift键拖动图形并右击完成原地复制，创建出蜜蜂的翅膀，为其填充浅蓝色。使用【交互式透明工具】分别为两个翅膀图形添加不同的透明效果，如图7-33所示。

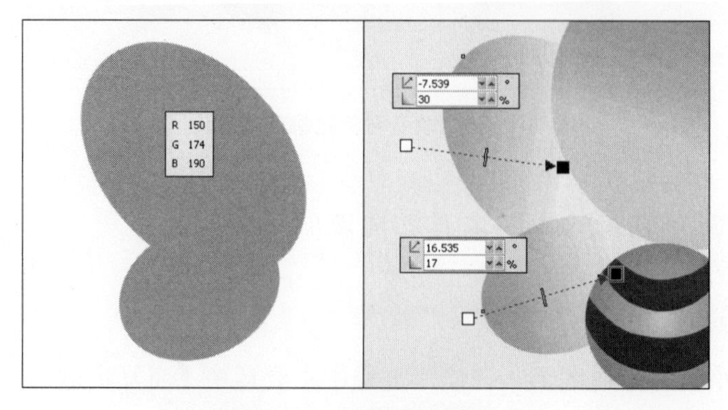

图7-33　绘制翅膀图形

03 然后按照同样的方法绘制右边的翅膀，并将其透明度加以改变，如图7-34所示效果。

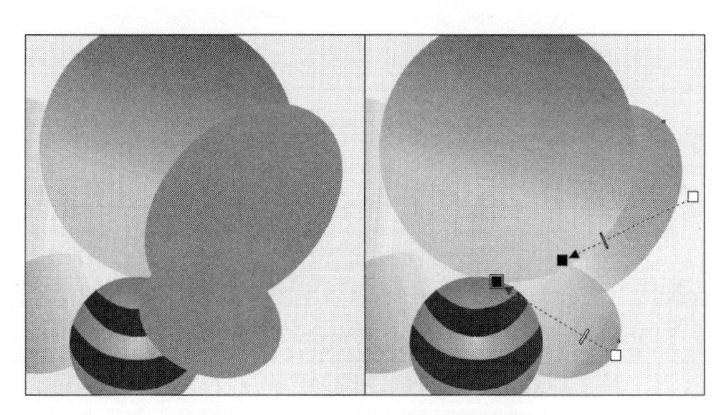

图7-34　改变透明度后的效果

04 最后绘制蜜蜂的细节图形，绘制完毕后复制，粘贴至视图中，参照图7-35所示效果调整两只蜜蜂的位置。

图7-35　完成复制效果

第8章

“使用效果”常见问题

在CorelDRAW X4中，除了在工具箱配备了一系列为图形创建效果的工具外，还可运用系统提供的【效果】菜单为图形对象创建多种特殊的效果。

可以在创建图形后，执行相应的命令，根据需要为对象添加各种特殊效果。执行命令后，部分效果会在绘图页面中直接显示出来，另一部分效果需要在打开的泊坞窗中设置相关的参数后才可以应用到对象中。

问题1：如何变换对象的颜色？共有哪些方法？

问题2：使用斜角可以创建什么效果？

问题3：为对象添加的透视效果可以多次调整吗？

问题4：如何为多个选定对象创建边框？

问题5：图框精确剪裁的使用技巧有哪些？

问题6：如何复制和克隆效果？

问题1：如何变换对象的颜色？共有哪些方法？

疑难解答

执行【效果】|【变换】命令，在弹出的【变换】级联子菜单中，包括了【去交错】、【反显】和【极色化】三项命令，使用这些命令可变换对象的颜色。

- 【反显】：选中对象后，执行【反显】命令，可使对象显示出初始颜色的对比色，如图8—1所示。

图8–1　反显对象颜色

- 【极色化】：该命令可将图中一定范围内变化的颜色转换为纯白色，如图8-2所示。

图8-2 使用【极色化】命令调整颜色

- 【去交错】：该命令只适用于调整位图图像的颜色。

问题2：使用斜角可以创建什么效果？

疑难解答

使用【斜角】命令可以为对象添加带有一定角度的立体或层叠的浮雕效果。执行【效果】|【斜角】命令，可打开【斜角】泊坞窗，如图8-3所示。在此泊坞窗中设置了两种斜角样式，【柔和边缘】和【浮雕】。选择【柔和边缘】，可创建出带有厚度感的图形效果；选择【浮雕】，将创建出多个相同图形重叠，类似浮雕的效果。

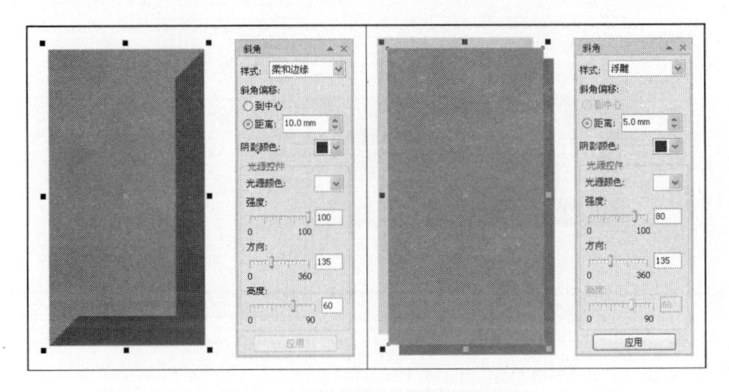

图8-3 使用斜角编辑图形

实例引导

下面将绘制图8-4所示的文字效果，学习如何利用斜角功能创建立体效果。

图8-4　完成效果

具体操作步骤如下。

01 新建一个绘图文档，使用【矩形工具】在页面中心绘制黄色矩形。再使用该工具在视图正中绘制一个黑色的矩形，使用【文本工具】在视图中输入字母，如图8-5所示。

图8-5　为矩形添加渐变填充

02 选中添加的文字，执行【效果】|【斜角】命令，打开【斜角】泊坞窗，参照图8-6所示设置参数，单击【应用】按钮，为文字添加立体的斜角效果。

图8-6　添加立体效果

问题3：为对象添加的透视效果可以多次调整吗？

疑难解答

在CorelDRAW X4中，为对象添加的透视效果可以进行多次调整。方法是使用【挑选工具】直接双击已添加过透视效果的对象，切换到透视设置状态即可再次调整。

实例引导

下面将通过绘制图8-7所示的图形，学习如何使用【添加透视】命令对对象进行调整。

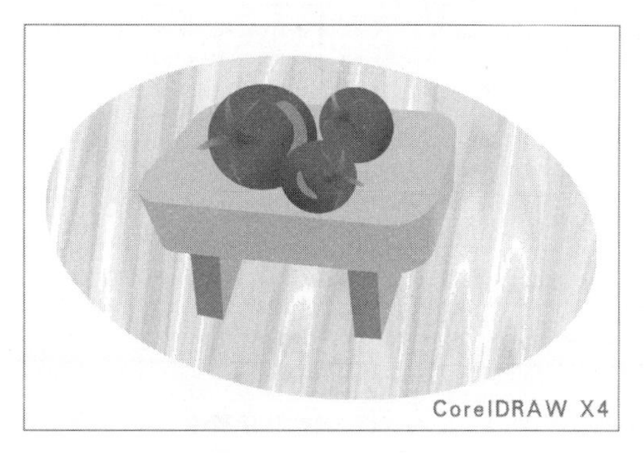

图8-7　完成效果

具体操作步骤如下。

01 新建一个绘图文档，使用【矩形工具】绘制矩形作为背景。利用【椭圆形工具】绘制椭圆形，为椭圆形填充深灰色（R：76、G：72、B：64），如图8-8所示。

图8-8　绘制图形

02 使用工具箱中的【交互式透明工具】，参照图8-9所示设置参数，为椭圆形添加底纹透明效果。

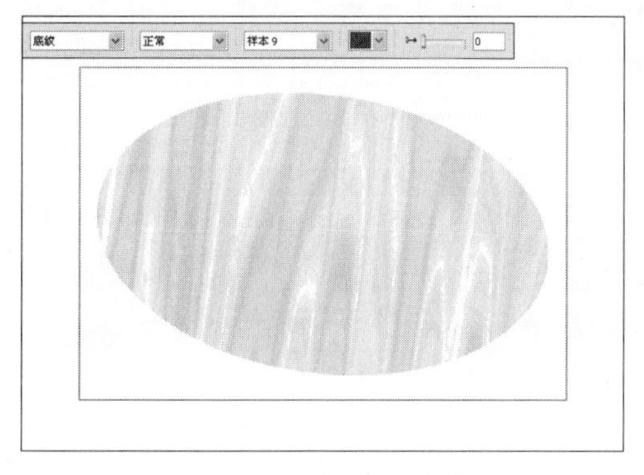

图8-9　添加透明效果

03使用工具箱中的【矩形工具】绘制矩形，利用【形状工具】调整矩形的直角为圆角。执行【效果】|【添加透视】命令，参照图8-10所示调整图形，为矩形添加透视效果。

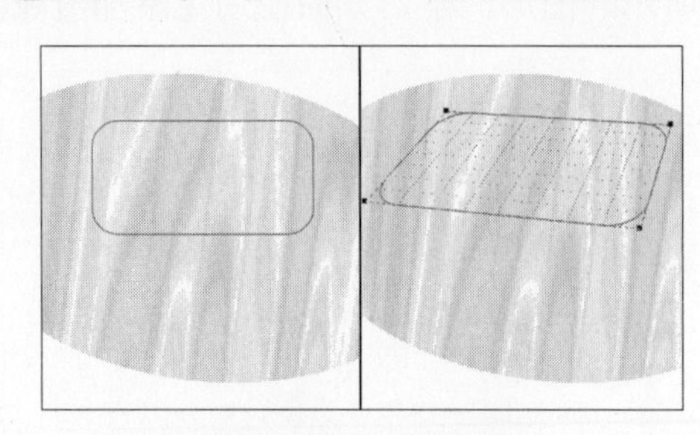

图8-10　添加透视

04使用【交互式立体化工具】为图形添加立体效果，设置参数如图8-11所示。

05使用【贝塞尔工具】在页面中绘制桌腿和西红柿图形，如图8-12所示。

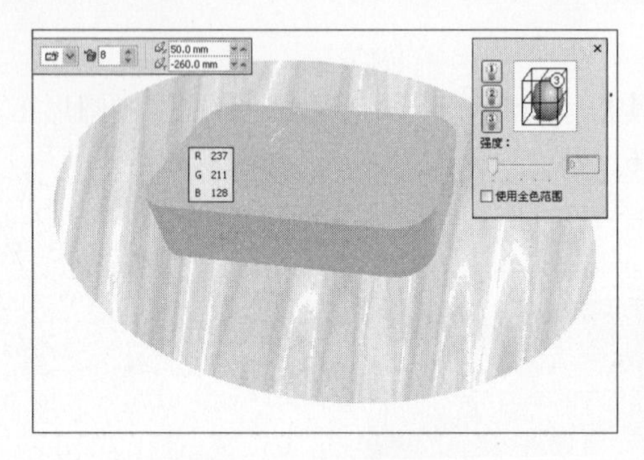

图8-11　添加立体效果

图8-12　添加装饰图形

问题4：如何为多个选定对象创建边框？

疑难解答

在绘图过程中，如果要为多个选定对象创建边框，可以使用系统中提供的相关命令，也可以在属性栏中进行设置。

- 使用【创建边界】命令：首先选中需要创建边框的多个对象，然后执行【效果】|【创建边界】命令，此时，会围绕所选对象的外轮廓创建出边框，如图8-13所示。

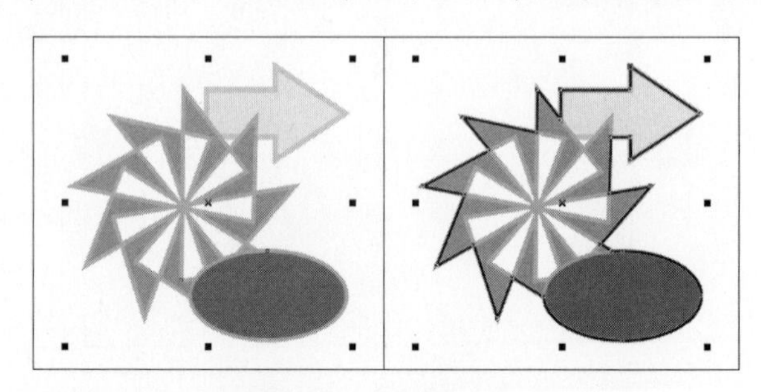

图8-13　创建新边框

- 属性栏：选中多个对象后，在属性栏中单击【创建围绕选定对象的新对象】按钮，即可为所选对象创建边框。

实例引导

下面将通过绘制卡通娃娃图形，学习如何使用【创建边界】命令为多个选定对象创建边框，效果如图8-14所示。

图8-14　绘制卡通娃娃

具体操作步骤如下。

01 新建一个绘图文档，使用【矩形工具】绘制浅黄色（R：255、G：251、B：156）矩形作为背景。使用【贝塞尔工具】绘制娃娃图形，如图8-15所示。

图8-15　绘制图形

02 参照图8-16所示为页面中的娃娃设置颜色。

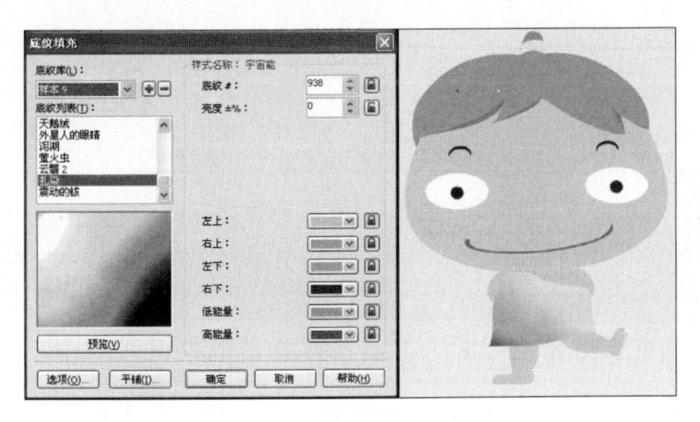

图8-16　为图形设置颜色

03选择绘制的娃娃图形，执行【效果】|【创建边界】命令，围绕选择的图形边缘创建边框，调整边框的轮廓宽度为1.5mm，边框填充深蓝色（R：255、G：251、B：156），如图8-17所示。

图8-17 完成效果

问题5：图框精确剪裁的使用技巧有哪些？

疑难解答

图框精确剪裁的使用技巧体现在对其内容的编辑处理上。在创建完成图框精确剪裁对象后，可对其内容进行提取、编辑与锁定等操作。

- 提取内容：如果需要将置入容器的内容提取出来，可执行【效果】|【图框精确剪裁】|【提取内容】命令。提取内容后，图框精确剪裁对象将变成普通对象。
- 编辑内容：选择图框精确剪裁对象后，执行【效果】|【图框精确剪裁】|【编辑内容】命令，可对对象内容进行编辑。例如，改变颜色或位置等。编辑完成后，执行【效果】|【图框精确剪裁】|【结束编辑】命令，即可结束编辑，如图8-18所示。

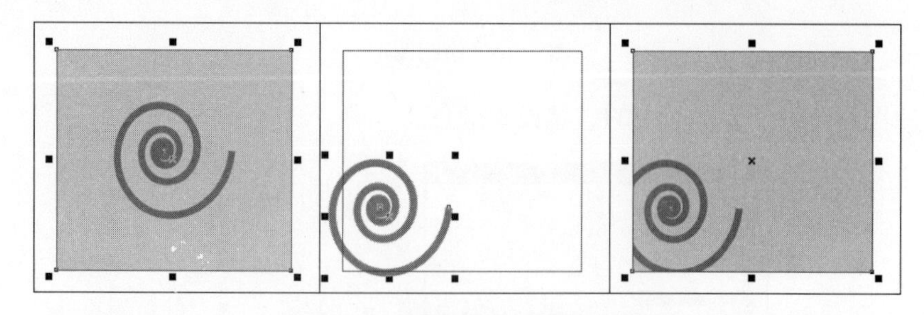

图8-18 编辑图框精确剪裁内容

技巧提示

编辑图框精确剪裁对象内容时，容器将以灰色线框模式显示，并且不能被选择。

- 锁定内容：如果需要锁定内容，可右击图框精确剪裁对象，然后从弹出的快捷菜单中选择【锁定图框精确剪裁的内容】选项。锁定后，如果移动容器，内容并不会随之移动。当内容对象大于容器对象时，可以观察到内容对象的其他部分，如图8-19所示。

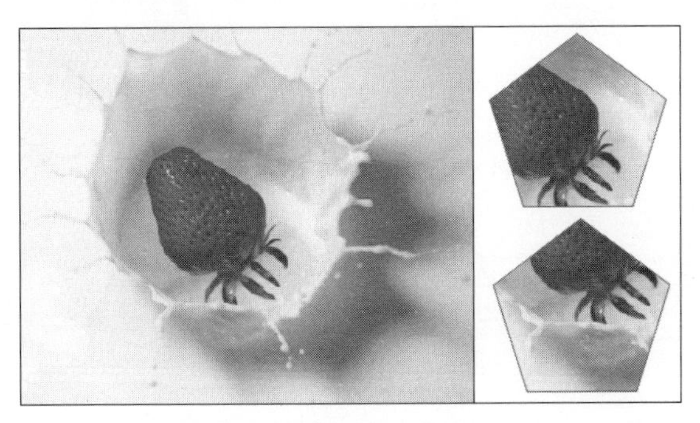

图8-19　锁定内容并移动容器

实例引导

下面将通过绘制带有卡通人物图形的卡片，学习使用【图框精确剪裁】命令约束图形显示范围，最终效果如图8-20所示。

图8-20　绘制卡片

具体操作步骤如下。

01 新建一个绘图文档，使用【矩形工具】绘制矩形，利用【填充工具】为矩形添加渐变填充，如图8-21所示。

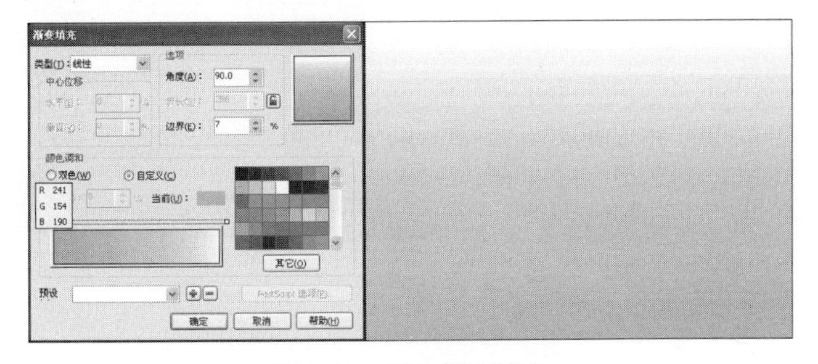

图8-21　添加渐变填充

02使用工具箱中的【贝塞尔工具】绘制小天使图形，并为其填充颜色，效果如图8-22所示。

图8-22　绘制小天使

03选择绘制的小天使图形将其群组。按小键盘上的+键复制该图形，并调整图形位置、大小和颜色，如图8-23所示。使用【基本形状】绘制心形图形，为图形填充洋红色（R：221、G：19、B：123）。

04使用相同的方法复制小天使图形，并将图形群组。执行【效果】|【图框精确剪裁】|【放置在容器中】命令，单击心形图形完成图框精确剪裁操作。然后在图框上右击，在弹出的工具展示栏中选择【编辑内容】选项，调整图形位置，如图8-24所示。在图框上右击，选择【结束编辑】选项完成图形位置的调整。

图8-23　复制图形

图8-24　添加图框精确剪

05使用工具箱中的【交互式轮廓图工具】为心形图形添加轮廓效果，参照图8-25所示设置参数。

图8-25　为图形添加边框

问题6：如何复制和克隆效果？

疑难解答

在前面章节的介绍中提到过可以复制与克隆对象，在CorelDRAW X4中还可以复制与克隆效果。

- 复制效果：执行【效果】|【复制效果】命令，选择级联子菜单中的适当选项，通过这些菜单项，可以复制透视点、封套、调和、立体化、轮廓图、透镜、图框精确剪裁、下拉式阴影及变形效果。如果没有设置相应的效果，则菜单项呈现灰色。

例如，复制内容对象到其他普通对象或图框精确剪裁对象。首先选择目标对象，执行【效果】|【复制效果】|【图框精确剪裁自】命令，再选择经过【图框精确剪裁】的源对象，如图8-26所示。

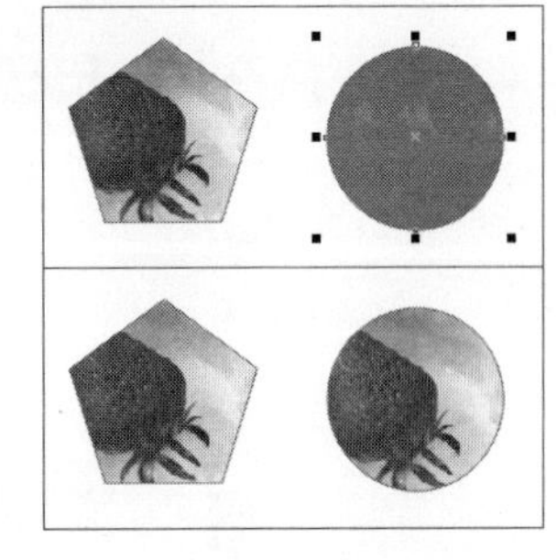
图8-26　复制图框精确剪裁效果

- 克隆效果：执行【效果】|【克隆效果】命令，在弹出的级联子菜单中选择适当的选项，通过使用这些选项，可以克隆调和、立体化、轮廓图和下拉式阴影效果。

【克隆效果】与【复制效果】命令相似，但是，与克隆对象一样，克隆效果后得到的对象是与原始对象相关联的，当原始对象的相关效果属性有任何变化时，克隆对象的效果属性将随之改变。

实例引导

下面将通过绘制如图8-27所示的袋鼠装饰图形，学习如何通过【克隆效果】命令克隆图形效果。

图8-27　效果图

具体操作步骤如下。

01 新建一个绘图文档，使用【矩形工具】绘制矩形。利用【填充工具】为矩形添加渐变填充，如图8-28所示。

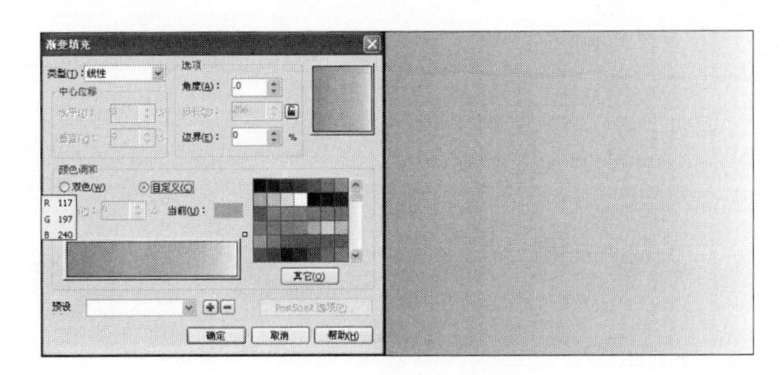

图8-28　绘制背景

02 使用工具箱中的【贝塞尔工具】绘制袋鼠图形，并为其添加颜色填充，效果如图8-29所示。

图8-29　绘制图形

03 使用工具箱中的【交互式阴影工具】，如图8-30所示设置参数，为图形添加阴影效果。

图8-30　添加交互式阴影效果

04 选择绘制的袋鼠图形，在拖动图形的过程中右击，然后松开鼠标左键复制该图形，调整图形大小与位置，如图8-31所示。

05 选择页面中的部分袋鼠，执行【效果】|【克隆效果】|【阴影自】命令，单击为曲线图形添加的阴影效果，完成克隆效果的操作，如图8-32所示。

图8-31　复制图形

图8-32　复制效果

第9章 “编辑位图”常见问题

通过前面几章的学习，读者应该了解到CorelDRAW X4是一款创建、编辑矢量图形的专业绘图软件，但考虑到在创作、设计作品的过程中可能会用到位图图像，所以系统中包含了处理位图图像的菜单、配备了多种处理位图的滤镜供用户使用。

用户可以通过导入或扫描等方式来获取位图，然后执行系统提供的一系列命令，打开相应的对话框，进行相应的选项设置，即可对位图图像进行处理。本章将详细介绍如何对位图进行各种编辑操作。

问题1：在CorelDRAW X4中可以导入哪些格式的位图？

问题2：如何裁剪置入CorelDRAW X4中的位图？

问题3：如何矫正倾斜的位图？

问题4：如何为位图图像添加三维效果？

问题5：如何将位图转换为矢量图？

问题6：如何为位图添加模糊效果？

问题7：如何为位图添加颜色转换？

问题8：为位图添加轮廓图共有几种方法？

问题9：如何使带有杂点的图像变清晰？

问题1：在CorelDRAW X4中可以导入哪些格式的位图？

疑难解答

在CorelDRAW X4中，可以导入如JPG、BMP、GIF和TIF等格式的位图。利用系统提供的【导入】命令，可以将其他应用程序中创建的位图文件导入，而且一次可以导入多个文件。

知识链接

执行【文件】|【导入】命令，或者单击属性栏中的【导入】按钮，可打开【导入】对话框。在该对话框中，用户可设置相关的导入选项，当完成设置后，单击【导入】按钮关闭对话框，这时鼠标指针将变为导入位置起始光标，按下鼠标左键进行拖动，可自定义位图尺寸，这时窗口中将会显示红色的虚线框来表示位图的轮廓，并且会出现导入位置结束光标，当达到需要的大小后再释放鼠标，即可完成导入操作，如图9-1所示。

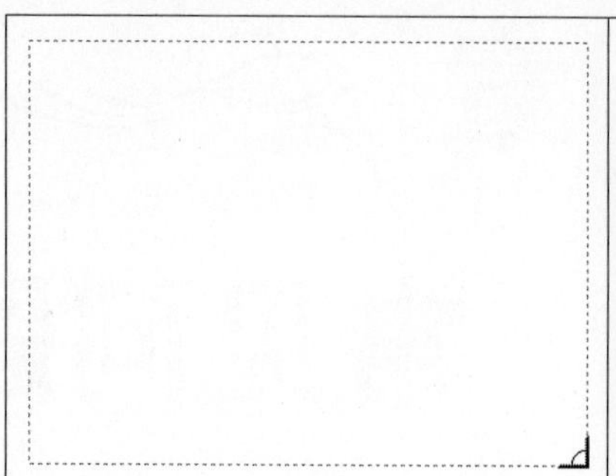

图9-1 导入位图

技巧提示

导入文件时，在绘图窗口中的任意位置单击，将会按该图像的原始尺寸进行导入。如果按下键盘上的Enter键或空格键，导入的位图图片与原始尺寸相同，并且会显示在绘图页面的中心位置。

问题2：如何裁剪置入CorelDRAW X4中的位图？

疑难解答

使用【形状工具】、【裁剪工具】和【刻刀工具】可对置入的位图进行裁剪。

- 使用【形状工具】：单击【形状工具】按钮，这时位图的四周会出现带有4个节点的蓝色虚线线框，拖动任意一个节点或节点之间的虚线线段，就可以裁剪位图，如图9-2所示。

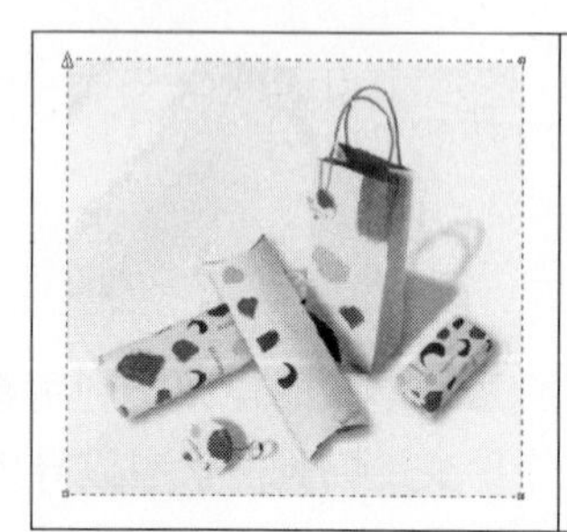

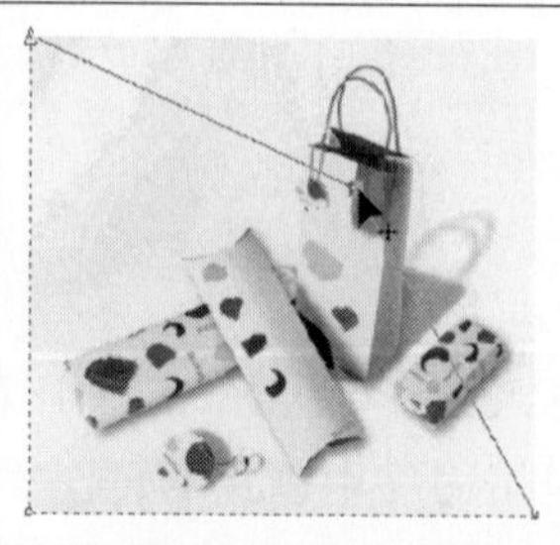

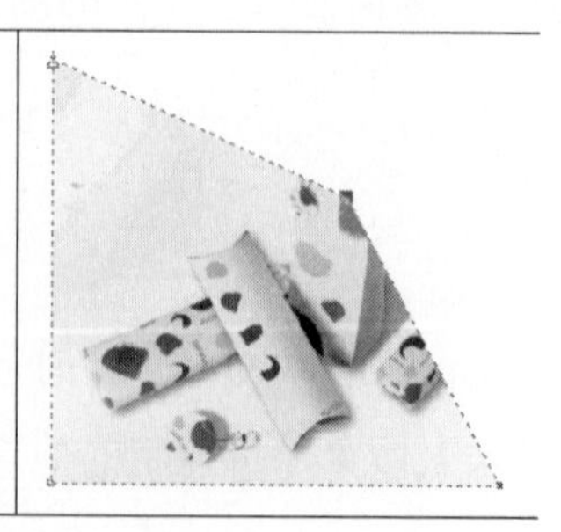

图9-2 使用【形状工具】裁剪位图

- 使用【裁剪工具】：单击【裁剪工具】按钮，位图的端点位置会显示出4个空心节点，光标变为形状ㄐ。在位图上单击并拖出一个矩形框，松开鼠标后，矩形框四周出现8个空心控制点，通过拖动任意一个控制点，可以对位图进行裁剪，矩形框中的部分为位图的保留部分。设置好裁剪区域后，在矩形框内部双击，就可以看到裁剪的效果，如图9-3所示。

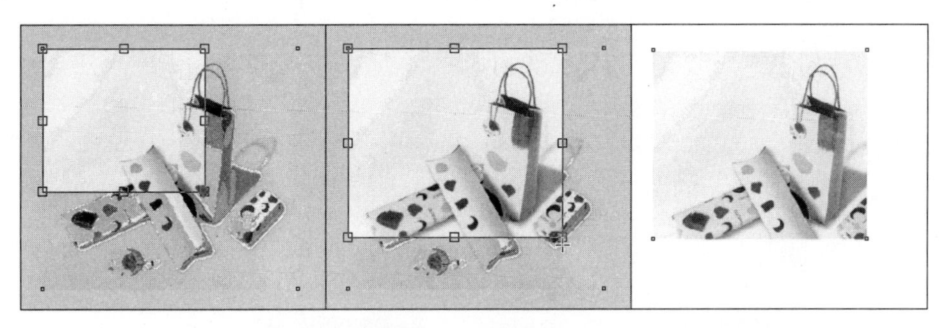

图9-3　裁剪位图

- 使用【刻刀工具】：选取该工具后，将光标移动至位图的边缘，当光标由水平刀片形状变为垂直刀片形状时，单击鼠标并向其他方向拖出一条线段，到位图另一边缘后再次选择位置单击，就可完成位图的裁剪，只是此时的位图不是少了一部分，而是变为了两个单独的对象，如果继续裁剪，可变为多个对象，如图9-4所示。

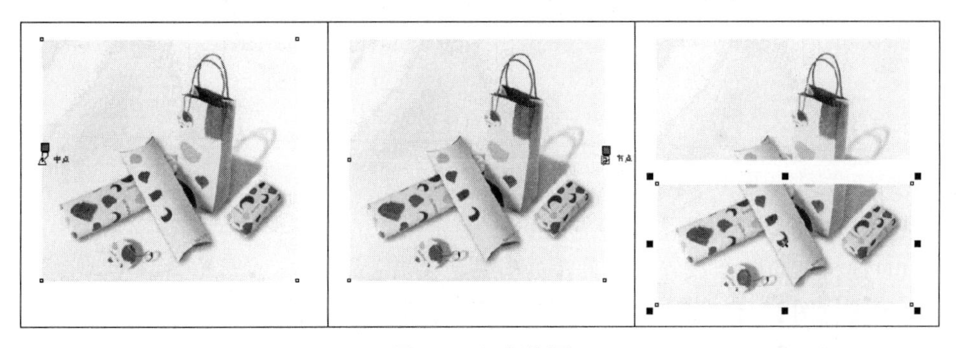

图9-4　切割位图

知识链接

在【导入】对话框【文件类型】选项右侧的下拉列表中，可对导入的位图进行裁剪设置。如果在列表中选择【裁剪】选项，在导入位图时将打开【裁剪图像】对话框，在其中可通过拖动黑色的控制点来设置位图图像要裁剪的区域，如图9-5所示。

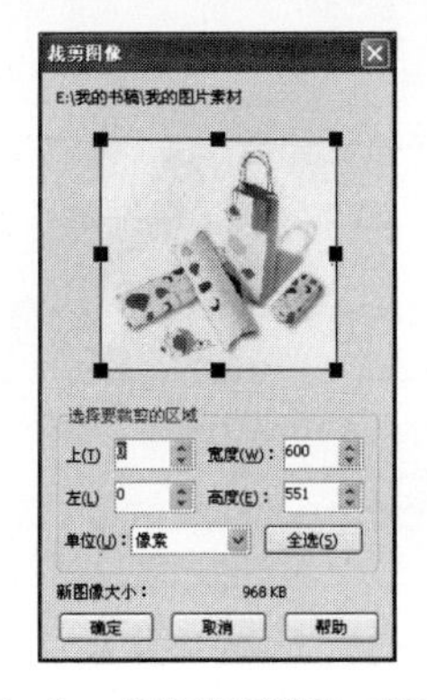

图9-5　【裁剪图像】对话框

问题3：如何矫正倾斜的位图？

实例引导

下面通过将图9-6所示的图（a）转化为图（b），学习如何矫正倾斜的图像。

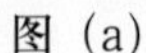
图（a）

图（b）

图9-6　对比效果

具体操作步骤如下。

01 执行【文件】|【导入】命令，打开附带光盘中的“素材文件\第9章\素材02.tif”文件，按Enter键将位图图像放置在页面中心位置。

02 执行【位图】|【矫正图像】命令，打开【矫正图像】对话框，参照图9-7所示设置参数，单击【确定】按钮关闭对话框，即可矫正倾斜的图片。

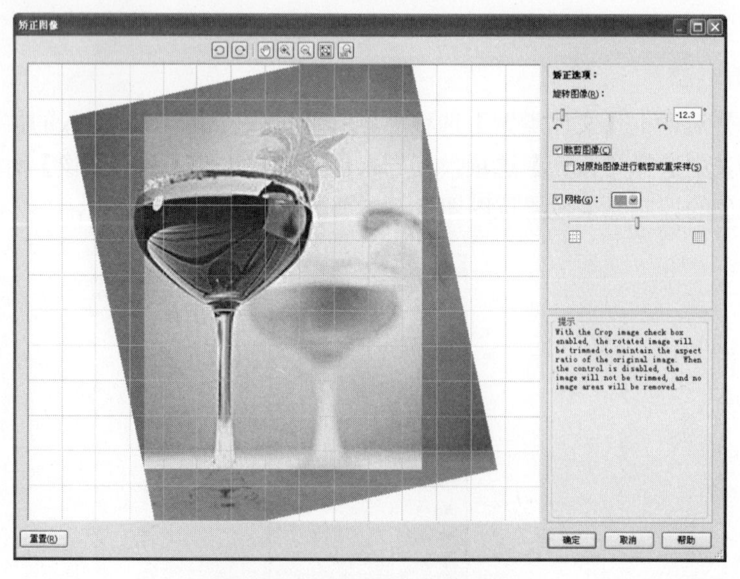

图9-7　【矫正图像】对话框

问题4：如何为位图图像添加三维效果？

疑难解答

在CorelDRAW X4中，可以通过执行【位图】|【三维效果】命令的级联子菜单中的7项命令来实现为位图图像添加三维效果的操作。它们分别是【三维旋转】、【柱面】、【浮雕】、【卷页】、【透视】、【挤远/挤近】以及【球面】命令。

下面以【三维旋转】命令为例进行讲述。

执行【位图】|【三维效果】|【三维旋转】命令，打开【三维旋转】对话框，在【垂直】和【水平】参数栏中输入数值，或通过微调按钮，设置三维旋转的参数。此外，也可用鼠标拖动对话框左侧的三维旋转示意图来控制旋转的角度。当光标移动到预览窗口时，会变为小手形状，可以在其中移动图像，以观察图像中的不同位置。设置好参数后，单击左上角的按钮，然后单击对话框左下角的【预览】按钮查看预览效果，在对话框中可显示原始图和它的预览效果，如图9-8所示。

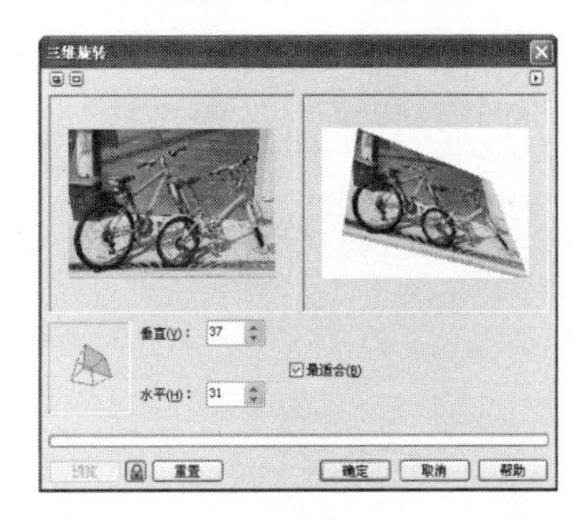

图9–8　【三维旋转】对话框

技巧提示

如果单击【预览】按钮旁边的锁定按钮，设置完参数后，预览窗口中会自动显示三维旋转的效果。

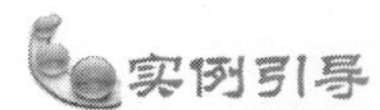

实例引导

下面通过将图9-9所示的图（a）转化为图（b），学习如何制作卷页效果。

图（a）

图（b）

图9–9　制作卷页效果

具体操作如下。

01新建一个绘图文档，调整页面方向为横向。使用【矩形工具】在页面中心绘制矩形，在属性栏【对象大小】文本框中输入170mm、130mm，按Enter键确认。然后利用【填充工具】为矩形图样填充图案，设置参数参照图9-10所示，单击【确定】按钮完成设置。

图9-10　为矩形图样填充图案

02执行【文件】|【导入】命令，打开附带光盘的“素材文件\第9章\素材03.tif”文件，按Enter键将图像放置在页面中心位置，调整图像大小与位置。使用工具箱中的【交互式阴影工具】为位图图像添加阴影效果，设置参数如图9-11所示。

图9-11　添加交互式阴影效果

03执行【位图】|【三维效果】|【卷页】命令，打开【卷页】对话框，参照图9-12所示设置参数，单击【确定】按钮完成设置。

图9-12　【卷页】对话框

04选择工具箱中的【形状工具】，这时图像边框呈虚线显示，调整图像左下角节点位置，如图9-13所示，将白色背景隐藏。

图9－13　调整图像节点位置

问题5：如何将位图转换为矢量图？

实例引导

下面通过将图9-14所示的图（a）转化为图（b），学习如何将位图转换为矢量图。

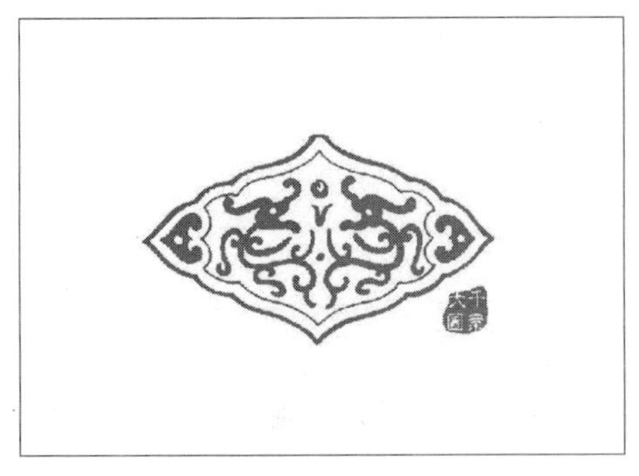

图（a）

图（b）

图9－14　应用描摹位图效果

具体操作如下。

01新建一个绘图文档，使用【矩形工具】绘制红色矩形。执行【文件】|【导入】命令，打开附带光盘的“素材文件\第9章\素材04.tif”文件，按Enter键将位图图像放置在页面的中心位置，如图9-15所示。

图9–15 导入素材

02 执行【位图】|【轮廓描摹】|【线条图】命令，打开PowerTRACE对话框，参照图9-16所示设置参数，单击【确定】按钮完成设置。

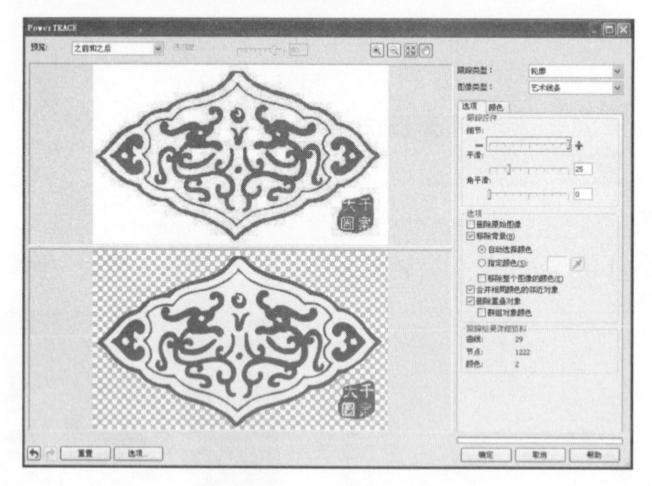

图9–16 描摹位图

03 选择描摹后的曲线图形，将其编组。使用工具箱中的【填充工具】为图形填充深红色（R：141、G：41、B：46），如图9-17所示。

图9–17 为图形设置颜色

问题6：如何为位图添加模糊效果？

疑难解答

模糊效果是CorelDRAW X4中提供的一种处理位图的效果。执行【位图】|【模糊】命令，在其弹出的级联子菜单中列出了所有的模糊命令，可使用其中不同的模糊效果对位图图像进行处理。

下面将具体讲述其中的【锯齿状模糊】效果。

选中位图后执行【位图】|【模糊】|【锯齿状模糊】命令，打开【锯齿状模糊】对话框，拖动控制柄或直接输入数值设置其中的【宽度】和【高度】参数，设置完毕后单击【预览】按钮，可以在预览窗口中看到模糊后的效果，如图9-18所示。

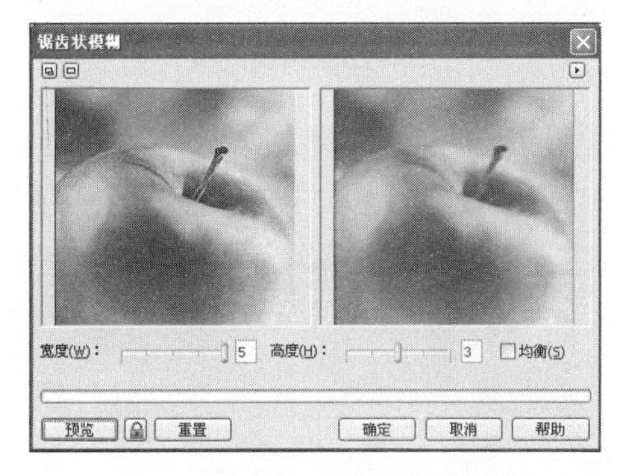

图9-18 【锯齿状模糊】对话框

实例引导

下面通过将图9-19所示的图（a）转化为图（b），学习如何使用【模糊】命令为位图图像添加高斯式模糊效果。

图（a）

图（b）

图9-19 应用模糊效果

具体操作步骤如下。

01 新建一个绘图文档，在视图中绘制矩形并填充蓝色。导入附带光盘的“素材文件\

第9章\素材06.tif”文件，调整图像大小与位置，如图9-20所示。

图9－20　添加位图

02 执行【位图】|【模糊】|【高斯式模糊】命令，打开【高斯式模糊】对话框，设置参数参照图9-21所示，单击【确定】按钮完成添加模糊效果的操作。

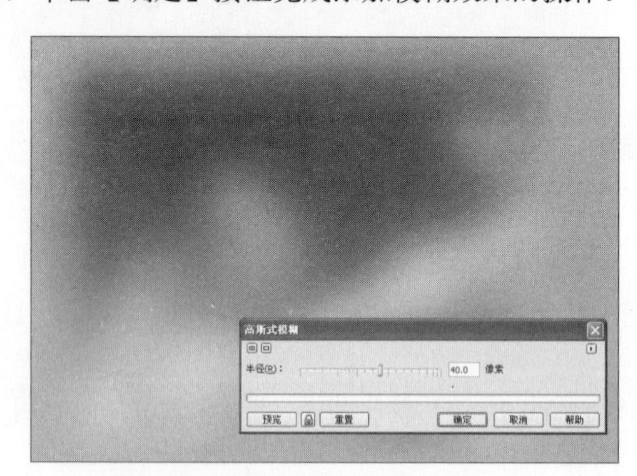

图9－21　设置【高斯式模糊】对话框

03 导入“素材文件\第9章\素材07.cdr”文件，调整图像大小与位置，如图9-22所示。

图9－22　绘制图形

问题7：如何为位图添加颜色转换？

实例引导

下面通过将图9-23所示的图（a）转化为图（b），学习如何使用【颜色转换】命令调整位图图像。

图（a）

图（b）

图9-23　对比效果

具体操作步骤如下。

01 新建一个绘图文档，依照绘图页面尺寸创建蓝色（R：0、G：147、B：221）的矩形。执行【表格】|【新建表格】命令，打开【新建表格】对话框，设置【行数】、【列数】参数分别为2，【高度】与【宽度】为170mm、172mm，创建一个表格。执行【文件】|【导入】命令，打开附带光盘的"素材文件\第9章\素材08.tif"文件，按Enter键将图像放置在页面的中心位置，按小键盘上的+键复制该图像，调整图像大小与位置，如图9-24所示。

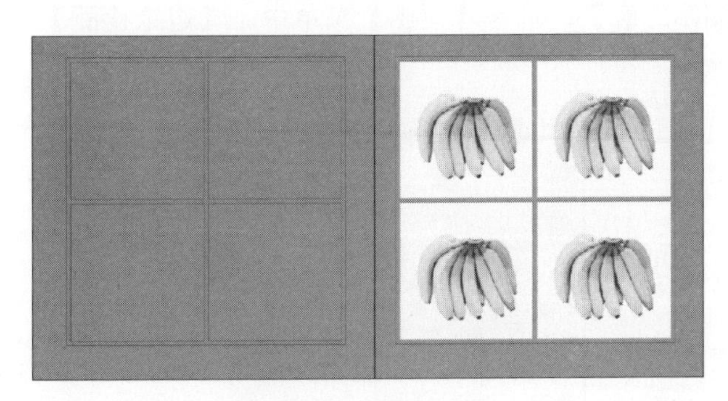

图9-24　创建表格

02 选择页面左上角位置的位图图像，执行【位图】|【颜色转换】|【位平面】命令，打开【位平面】对话框，设置参数参照图9-25所示，单击【确定】按钮完成颜色转换。

图9-25 【位平面】对话框

03 使用步骤02相同的方法，利用【颜色转换】命令为图像添加不同的颜色转换效果，如图9-26所示。

图9-26 为图形添加颜色转换效果

问题8：为位图添加轮廓图共有几种方法？

疑难解答

在CorelDRAW X4中，为位图添加轮廓图共有3种方法，它们分别是【边缘检测】、【查找边缘】与【描摹轮廓】，都在【位图】菜单中。【边缘检测】可依据对象的边缘创建轮廓，如图9-27所示。

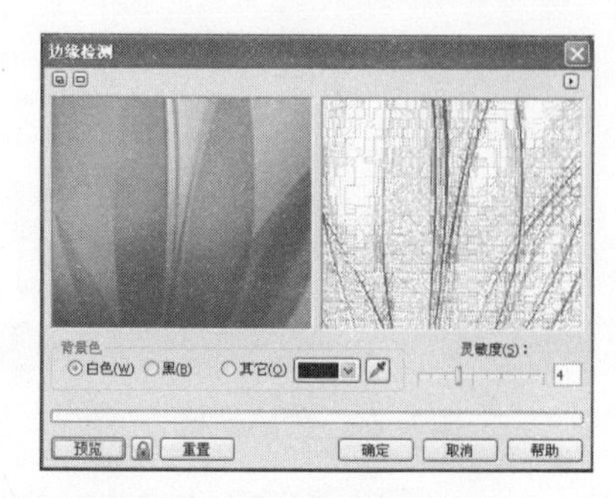

图9-27 【边缘检测】对话框

实例引导

下面将通过一个实例，来学习如何利用【轮廓图】子命令里的【查找边缘】命令创建速写效果，如图9-28所示。

图（a）　　　　图（b）

图9-28　应用查找边缘效果

具体操作步骤如下。

01 新建一个绘图文档。执行【文件】|【导入】命令，打开附带光盘的"素材文件\第9章\素材09.tif"文件，按Enter键将图像放置在页面中，调整图像的大小与位置，如图9-29所示。

图9-29　导入素材

02 执行【位图】|【轮廓图】|【查找边缘】命令，打开【查找边缘】对话框，参照图9-30所示设置参数，单击【确定】按钮完成设置。

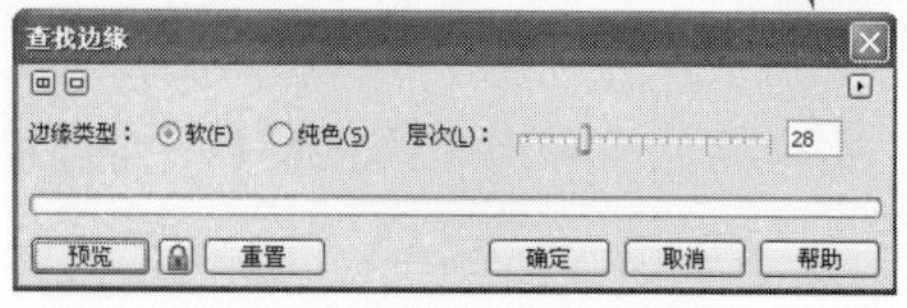

图9-30　【查找边缘】对话框

03执行【图像调整实验室】命令，将位图的颜色饱和度降低，如图9-31所示效果。

图9-31　调整图像的颜色

问题9：如何使带有杂点的图像变清晰？

实例引导

下面通过将图9-32所示的图（a）转化为图（b），学习使用【杂点】命令为位图图像去除杂点的方法。

图（a）

图（b）

图9-32　对比效果

本例的具体操作步骤如下。

01 新建一个绘图文档。使用工具箱中的【矩形工具】绘制矩形，在属性栏的【对象大小】文本框中输入180mm、100mm，按Enter键确认，为矩形填充绿色（R：0、G：146、B：63）。然后打开附带光盘中的“素材文件\第9章\素材12.tif”文件，按Enter键将图像放置在页面的中心位置，调整图像大小与位置，如图9-33所示。

图9–33　导入素材

02 执行【位图】|【杂色】|【去除杂点】命令，打开【去除杂点】对话框，设置参数参照图9-34所示，单击【确定】按钮完成设置。

图9–34　为图像添加去除杂点效果

对位图进行编辑会影响到作品的美观及完整性。所以，关于位图编辑的知识也是值得用心学习的。希望读者通过本章的学习可以掌握编辑位图图像的基础知识，对将来的实际操作有所帮助。

第10章 “打印文件”常见问题

无论是使用哪种软件进行设计工作，打印和输出工作都是最后的一道工序，CorelDRAW X4也不例外。在软件中创建的绘图文件，可以通过打印机将其打印输出到外部介质上，如纸张、信封和胶片等。或者将绘图导出为其他格式类型的文件，以供别的应用程序使用。

对于普通的打印工作，只要执行打印命令，然后简单设置相关的选项，就可以轻松地打印各种类型的文档了。但当需要输出高品质的图像时，在打印文档之前还需进行一些必要的准备工作，也需要注意一些问题，本章将具体介绍打印文件时需要注意的一些事项，以及如何进行打印设置。

问题1：出血是什么？

问题2：分色是什么？

问题3：如何创建条形码？

问题4：如何打印指定的内容？

问题5：如何设置页面？

问题6：如何创建分色打印？

问题7：如何预览打印的对象？

问题1：出血是什么？

疑难解答

出血是指，加大产品外尺寸的图案，在裁切边缘加一些图案的延伸，专门给各生产工序在其工艺公差范围内使用，避免裁切后的成品露白边或裁到内容。在制作的时候就分为设计尺寸和成品尺寸，设计尺寸总是比成品尺寸大，多出来的边是要在印刷后裁切掉的，这个要印出来并裁切掉的部分就称为出血。执行【视图】|【显示】|【出血】命令，绘图页面中将会显示出血线，但系统默认的出血值为0，所以显示的出血线会与页面大小重合，如图10-1所示。

图10-1 显示出血线

如果需要设置出血的距离，可执行【工具】|【选项】命令，打开【选项】对话框，选择【页面】中的【大小】选项，该对话框将显示出有关大小的各项内容，在其中的【出血】参数栏中，可精确地设置出血数值（一般为3mm），如图10-2所示。

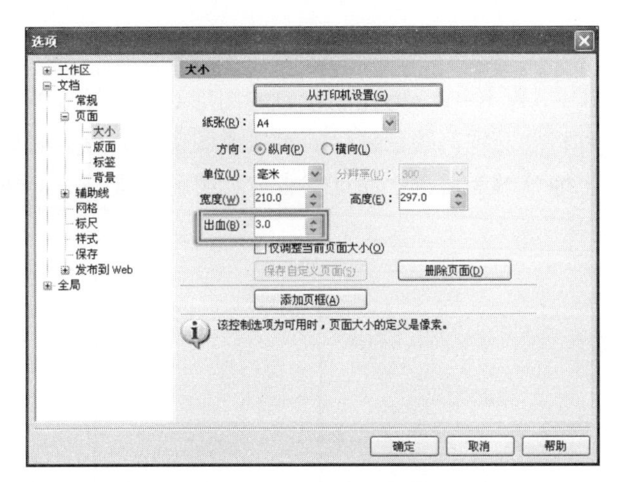

图10－2　设置出血参数

设置完毕后，单击【确定】按钮，即可在绘图页面中观察到出血线的变化，如图10-3所示。

图10－3　改变出血后的效果

问题2：分色是什么？

疑难解答

分色是一个印刷专业名词，是指将原稿上的各种颜色分解为黄色、品红、青色、黑色4种原色颜色。在电脑印刷或平面设计图像类软件中，分色工作就是将扫描图像或其他来源的图像的色彩模式转换为CMYK模式。

一般扫描的图像、用数字相机拍摄的图像及从网上下载的图片大多是RGB模式的，如果要印刷的话，必须进行分色，这是印刷的要求。如果图像色彩模式为RGB或Lab，输出时图像的颜色为灰色。

知识链接

分色运用到CorelDRAW X4中，是指将绘制的图形对象或导入的图像等在打印时设置为分色打印。在设置时将会发现，颜色越深的对象或图像，分色的效果越明显，并且不是每种颜色都可以被完整地分解为黄色、品红、青色和黑色，大部分会缺少某种颜色，如图10-4所示。

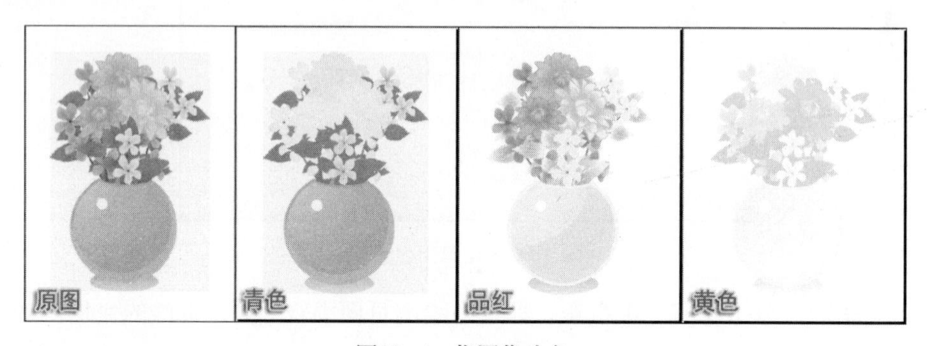

图10-4　将图像分色

由于黑色基本观察不到任何效果，所以不在图中显示。

问题3：如何创建条形码？

疑难解答

在CorelDRAW X4系统中，提供了在设计作品的过程中创建条形码的功能，只需使用【编辑】菜单下的相应命令，就可以轻易地制作出具有专业水平的条形码图案。

执行【编辑】|【插入条形码】命令，打开【条码向导】对话框，如图10-5所示。

图10-5　【条码向导】对话框

单击该对话框中的【从下列行业标准格式中选择一个】下方的下三角按钮，在显示的下拉列表中选择一种条形码的类型，然后在参数栏中输入相应的条形码数值。单击【下一步】按钮，对话框的内容发生改变，如图10-6所示。

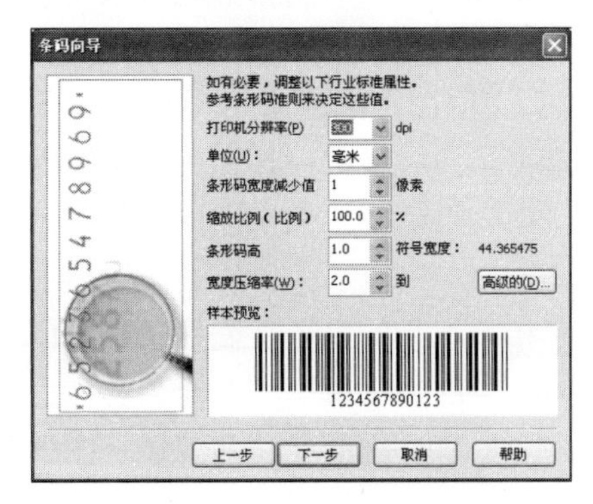

图10-6　设置条形码属性

在其中可设置，【打印机分辨率】、【单位】、【条形码宽度减少值】、【缩放比例】、【条形码高】、【宽度压缩率】等参数。单击【高级的】按钮，会打开【高级选项】对话框，可在其中设置【起始位】与【结束位】的参数，还可以选择使用哪一种方法检查数字，如图10-7所示。

属性设置完毕后，单击【下一步】按钮，进入图10-8所示的对话框。在该对话框中可以调整条形码的文本属性，包括【字体】、【大小】、【粗细】、【对齐方式】等。

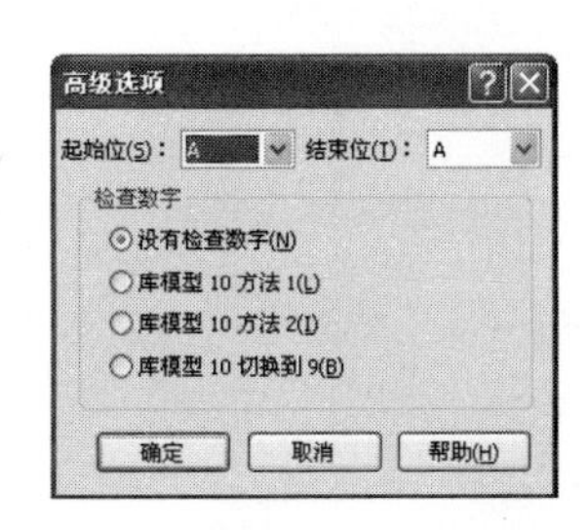

图10-7　【高级选项】对话框

图10-8　设置条形码中文字属性

设置完毕后，单击【完成】按钮，即可在页面中插入条形码，如图10-9所示。

图10-9　生成条形码

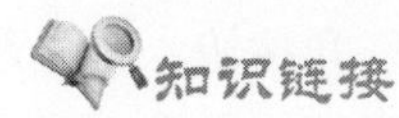

知识链接

接下来补充一些条形码的知识。

条形码是一种先进的自动识别技术，利用条形码可以快速而准确地采集数据，目前，这种技术已被社会各个行业广泛使用。条形码技术是随着计算机与信息技术的发展和应用而诞生的，它是集编码、印刷、识别、数据采集和处理于一身的新型技术。

条形码是将宽度不等的多个黑条和空白，按照一定的编码规则排列，用以表达一组信息的图形标识符。其对应字符由一组阿拉伯数字组成，供人们直接识读或通过键盘向计算机输入数据使用。

常见的条形码是由反射率相差很大的黑条（简称条）和白条（简称空）排成的平行线图案。条形码可以标出物品的生产国、制造厂家、商品名称、生产日期、图书分类号、邮件起止地点、类别、日期等许多信息，因而在商品流通、图书管理、邮政管理、银行系统等许多领域都得到了广泛的应用。

问题4：如何打印指定的内容？

疑难解答

当打印输出绘制完成的作品时，可以将当前文档中的对象全部打印，也可以只输出部分文档，如单独输出指定的页面或对象。

- 指定打印的页面：在打印包含多个页面的文档时，可以指定打印其中的部分页面。执行【文件】|【打印】命令，或者在工具栏上单击【打印】按钮，打开【打印】对话框，其中的【打印范围】设置区域关于【页】的内容被激活，如图10-10所示。

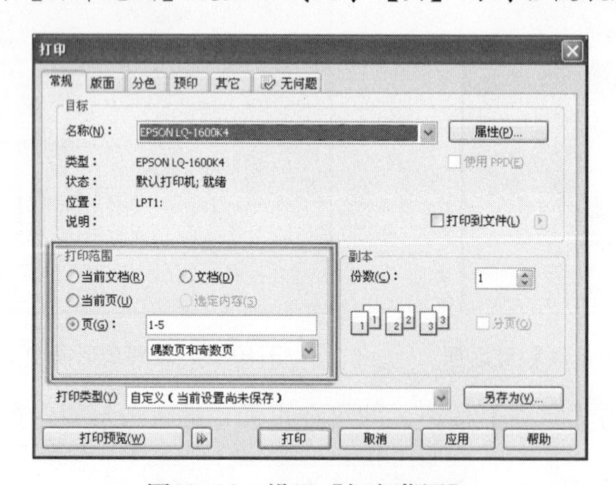

图10-10　设置【打印范围】

在【打印范围】设置区域中可指定打印输出的具体内容，具体介绍如下。

- 【当前文档】：选择该单选项，可以打印当前文档中所有页面上的内容。
- 【文档】：选择该单选项，可打印所打开的全部文档。
- 【当前页】：选择该项，只打印当前显示页面中的内容。
- 【选定内容】：选择该项，只打印选定的内容。选择该选项之前，必须选择打印的

对象。

- 【页】：选择该单选项后，可以指定需要打印的页码。可在文本框中输入要打印的单独或连续的页码。用于数字间的破折号“–”表示一个连续的页码范围；逗号“，”表示某个范围内不连续的页码；在两个数字中间插入符号“~”表示除打印这两页外，还将每隔一页打印位于两者之间的页面。其中，破折号与逗号还可以组合使用。

如果只打印文档中奇数或偶数页中的内容，则可以在文本框下方的下拉列表中进行选择，其中包括【偶数页和奇数页】、【奇数页】和【偶数页】3个选项。

- 指定打印的对象：在CorelDRAW X4中，通过设置打印选项，可以只打印矢量图、位图和文本等对象。单击【打印】对话框中的【其它】标签，即可切换到该选项卡下，如图10–11所示。

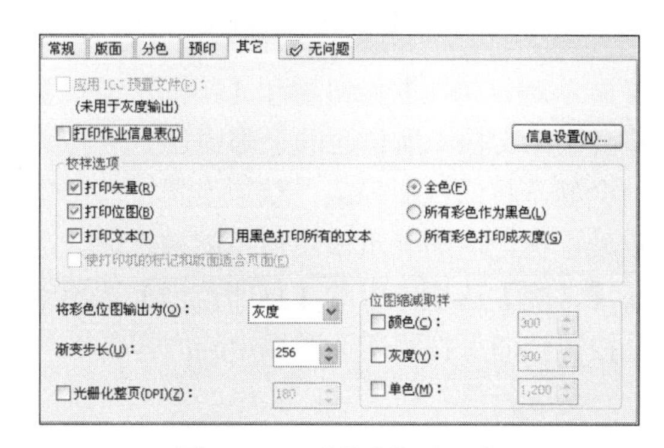

图10–11　【其它】选项卡

下面来介绍一下该选项卡中所包括的选项。

- 【应用ICC预置文件】：在该复选框被激活的状态下，选择它可以启用ICC配置的颜色文件。
- 【打印作业信息表】：选择该复选框可以打印一份与当前绘制文档相关的工作信息表。
- 【校样选项】：在该选项组中可设置所要打印的范围，当选定打印内容后，还可以设置打印的色彩。
- 【将彩色位图输出为】：在该下拉列表中可选择输出位图的颜色模式。
- 【渐变步长】：该项用于设置对象应用渐变填色的步长值。
- 【光栅化整页】：选择该复选框后，可以将页面中的对象光栅化，将其转换为位图图像，以提高打印速度，在后面的文本框中可设置图像的分辨率。
- 【信息设置】：单击【信息设置】按钮，打开【打印作业信息】对话框，在其中将会显示与打印工作相关的信息，并且可以指定要查看的内容。

当完成相关选项的设置后，单击【打印】对话框底部的【打印】按钮，即可进行指定内容的打印操作。

在CorelDRAW X4中，除了可以指定打印输出的页码或对象外，还可以通过【对象管

理器】泊坞窗进行某一指定图层的打印作业。

如果需要在一个创建有多个图层的文档中打印某个图层的内容，可执行【工具】|【对象管理器】命令，打开【对象管理器】泊坞窗，如图10-12所示。

图10-12　【对象管理器】泊坞窗

在泊坞窗顶部单击【显示对象属性】按钮和【跨图层编辑】按钮，使它们处于按下状态，这时在列表中将会显示文档中所包含的全部图层。

在列表的图层名称前会显示打印机图标，默认设置下，图层中的内容是可以被打印的。如果单击会出现红色禁止标记，则表示该图层不能被打印。选定需要打印的图层后，打开【打印】对话框，在【常规】选项卡中的【打印范围】选项组中选择【选定内容】单选项，最后单击【打印】按钮，即可打印所选图层中的内容。

问题5：如何设置页面？

疑难解答

如果需要打印一些较为复杂的文档，还可以设置打印页面选项。例如，需要进行折页打印，或需要生成一种平铺图案的效果时，都可以通过对页面的设置来实现。

对页面进行设置，仍然是在【打印】对话框中来进行。具体操作时，首先打开【打印】对话框，然后选择其中的【版面】选项卡，可根据需要进行设置，如图10-13所示。

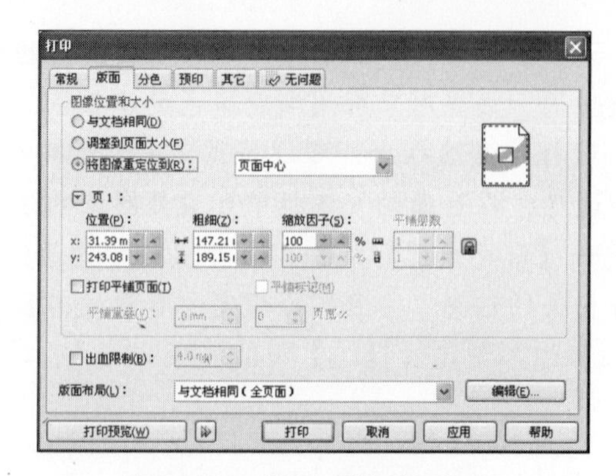

图10-13　设置【版面】选项

设置完毕后，单击对话框底部的【应用】按钮，所做的设置就会生效。

知识链接

在【版面】选项卡中可以设置：图像位置和大小、出血限制、版面布局等内容。其中各选项功能及其设置方法如下。

- 【与文档相同】：选择该单选项，将按照图像在绘图页面中的当前位置和尺寸进行打印。
- 【调整到页面大小】：选择该单选项后，图像将会被重新调整，以适合打印纸张的尺寸。选择该项后，可单击锁按钮，这样就可在打印时保持图像的纵横比。
- 【将图像重定位到】：选择该单选项后，可在后面的下拉列表中重新确定图像的位置。在其中提供了10种在页面中放置图像的方式，其中前9种是系统预设好的方式，最后一种是【自定义】，用户可以根据需要进行选择。当选择某个选项后，在右侧可以预览其放置效果。
- 【页】：如果打印的是多页文档，可以单击【页】前的按钮，在弹出菜单中选择要设置的页码，然后再进行相应的设置。
- 如果需要精确定位图像时，可在【位置】、【粗细】和【缩放因子】文本框中输入参数值，或单击微调按钮进行调节。
- 【打印平铺页面】：如果需要打印的图形大于纸张的尺寸，而又不想缩小对象时，选择该复选项，将以纸张尺寸为单位，将图形分割成若干部分，当分别对各部分进行打印后，再将它们拼接成一幅完整的大图像。在【平铺重叠】参数栏中可直接设置两个平铺图形相重叠的宽度值，而在【页宽%】参数栏中可基于页面宽度的百分比值来设置平铺图形之间重叠的宽度。
- 【出血限制】：选择该复选项后，可将出血部分延展到页面的剪裁线以外，从而使绘制的图形边缘完全不留空白。在参数栏中输入数值，或者选择数值可指定打印时图形超出剪裁线的延伸量。
- 【版面布局】：在该下拉列表中可选择用于设定打印版面的形式，它将决定打印作业中图形在页面上的放置方式，如【全页面】、【活页】、【屏风卡】、【帐篷卡】等类型。

技巧提示

如果打印的文档中包含位图图像，在更改图像大小时要特别小心，因为放大位图可能会使输出的作品出现明显的锯齿状。

问题6：如何创建分色打印？

疑难解答

当设计作品用于专业的出版印刷时，可能需要采用分色打印。所谓分色打印，就是将彩色作品分离成多种单纯的颜色，并将这些颜色单独打印输出到工作表上。

在设置分色打印选项时，可在【打印】对话框中单击【分色】标签，以显示【分色】

选项卡中的内容，可根据需要对其进行设置，如图10-14所示。

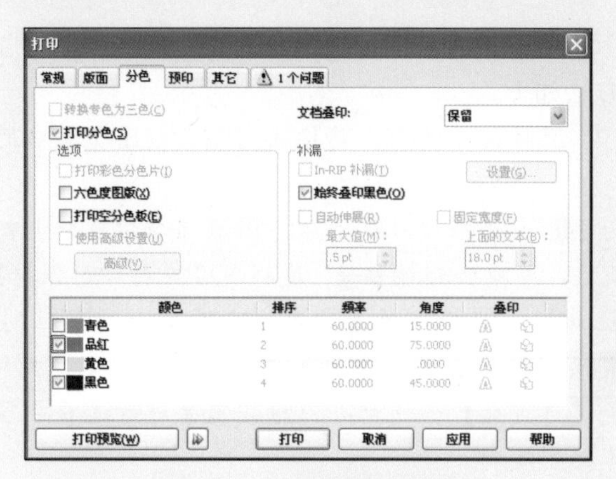

图10-14　分色打印选项设置

当完成设置后，单击【打印】按钮将按设置的选项进行分色打印。

知识链接

在【分色】选项卡中包括下列分色打印设置选项。

- 【打印分色】：选择该复选框后，将按指定的颜色进行分色打印，可以在下面的列表框中选择相应的颜色。默认设置下，将分色打印成黑色，并带有一个表示阴影的网屏。
- 【选项】：在该选项组中包括多个复选项，其中选择【打印彩色分色片】复选框，可以使用彩色来进行分色打印。选择【六色度图版】复选框，可以指定Hexachrome印刷色来进行分色打印，该印刷色使用6种墨水颜色。

在对话框底部的分色列表框中可选择打印哪些分色，可以选择使用所有分色选项、某一种或几种分色选项。

问题7：如何预览打印的对象？

疑难解答

完成打印选项的设置后，可以通过打印预览窗口快速地查看设置的效果。在打开的打印预览窗口中会显示图形在纸张上的所有效果。除了对打印对象进行预览外，还可以对图形进行一些相关的编辑，如移动、缩放等。

在CorelDRAW X4中，可执行【文件】|【打印预览】命令，打开【打印预览】窗口，该窗口与绘图窗口的结构较为相似，也包括【标题栏】、【菜单栏】、【标准工具栏】、【属性栏】、【状态栏】等组件，如图10-15所示。

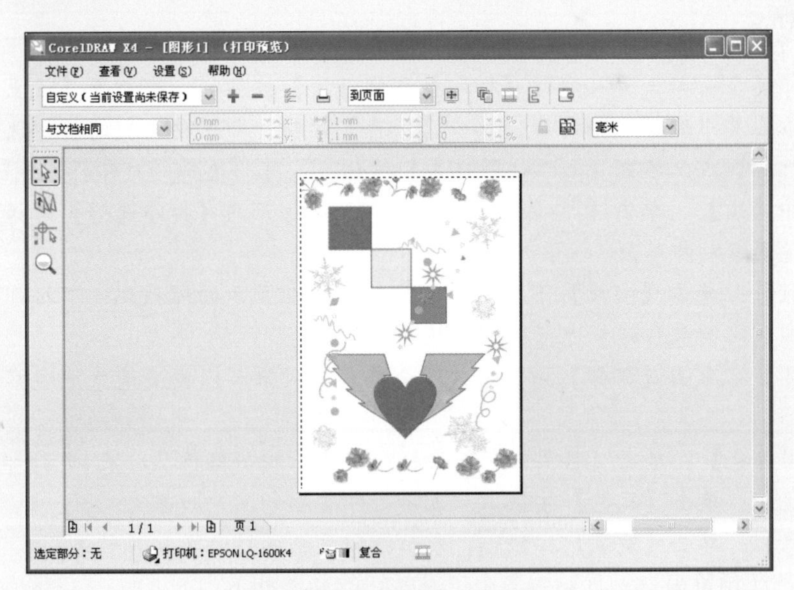

图10-15 【打印预览】窗口

在打印预览窗口中提供了多种设置预览对象的方式，例如，可使用菜单命令、工具箱中的工具、属性栏和工具栏对预览对象进行编辑调整。默认设置下，预览的图像是自动模式，没有色彩，可在【查看】菜单中使用相关的命令来设置图像的颜色预览模式，如图10-16所示。

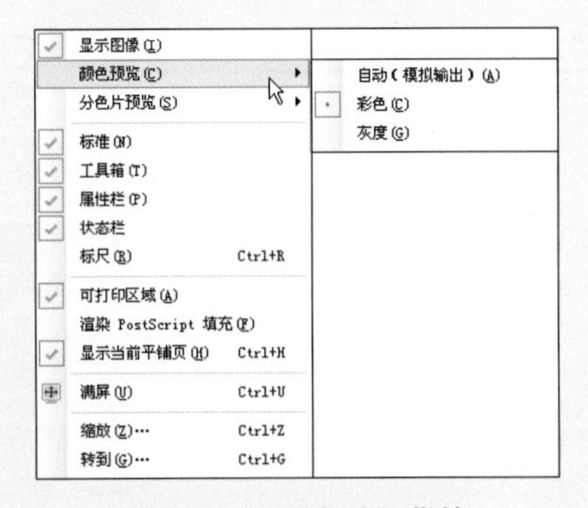

图10-16 【查看】菜单

单击【标准工具栏】中的【关闭打印预览】按钮，即可结束预览，回到绘图页面。还可单击其上的【打印】按钮，直接将作品打印出来。

技巧提示

在打印预览窗口中，只有虚线框内的图形才可以被打印出来。

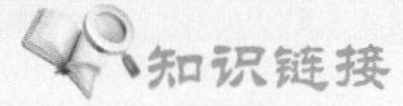

知识链接

利用【打印预览】界面中【标准工具栏】的其他按钮，可快速地设定一些打印选项，它们的功能如下。

- 【打印样式】：单击【打印样式】下拉式列表按钮，在显示的列表中可以选择适用的打印类型；单击其右侧的【打印样式另存为】按钮，可打开【设置另存为】对话框，在其中编辑文件名后，单击【保存】按钮，即可将当前的打印选项存为一个新的打印样式；单击【删除打印样式】按钮，可将选择的打印样式删除。
- 【打印选项】：单击【打印选项】按钮，在打开的【打印选项】对话框中，可以具体设置各打印参数。
- 【缩放】：单击【缩放】下拉式列表按钮，可在显示的缩放比例下拉列表中选择不同的缩放比例来对对象进行打印预览。
- 【满屏】：单击【满屏】按钮，可全屏预览对象，以便更清楚地观察对象的打印效果。
- 【启用分色】：单击【启用分色】按钮，表示把一幅作品分成4色打印。
- 【反色】：单击【反色】按钮，表示打印文档的底片效果。
- 【镜像】：单击【镜像】按钮，表示打印文档的镜像或反片效果。

此外，打印预览窗口工具箱中各个工具按钮的功能如下。

使用【版面布局工具】，可以指定和编辑拼版页面；使用【标记放置工具】，可以增加、删除、定位打印标记；【挑选工具】与【缩放工具】与绘图窗口中相应工具的使用方法相同。

JUMP

CorelDRAW
操作答疑与设计技法跳跳跳

JUMP

第2跳　成品制作——跟随实战

- VI设计
- 文字设计
- 宣传页设计
- 楼书设计
- POP广告
- 插画设计
- 广告设计
- 封面设计
- 包装设计

NO.2

第11章 VI设计

VI是现代科技与经济发展的产物，通常代表着一个企业的形象。在当下信息发展迅速的时代，越来越多的企业开始重视VI的作用，它不仅可以帮助企业建立良好的社会形象，还可以使企业内部形成较强的凝聚力。本章将讲述VI的一些基本知识，并在一个VI的具体设计过程中，介绍VI设计的方法和技巧。

本章内容

11.1 VI设计相关知识

VI是商业竞争的衍生品，随着社会的发展，越来越多的宣传途径进入到人们的生活中，对企业来说，如何使人们从大量的信息中接受并记住自己，成为一个棘手的课题。无论是现在还是将来，相信VI还会继续发展下去，它几乎代表了整个企业的生命力与感召力，是企业发展、竞争制胜的重要砝码。

VI也越来越多地出现在人们的生活中，不用细心观察，就可以在很多地方发现它的身影。如公司标志、公司证件、文具、交通工具、广告等，它已经越发深入地融入了现代社会生活，从生疏到被人们熟知，可见它的覆盖面是非常广泛的。

11.1.1 什么是VI

VI是Visual Identity的缩写，即企业VI视觉设计，是企业形象系统的重要组成部分。随着社会现代化及科学技术的发展，企业的成长呈良性发展趋势，越来越多的企业在不断地扩大着规模，产品更新换代的速度也在不断地提高，这些因素导致了激烈的商业竞争。于是一个问题就摆在了企业的面前，如何在高手如林的商海占有一席之地，如何让人们记住自己。VI设计就是一条康庄大道，与它相伴前进，前方将会是一片光明。

11.1.2 VI的作用

由于VI是为企业服务的，所以它对于企业来说，具有举足轻重的作用。一个优秀的VI

设计应该对企业的发展有所帮助。

首先，它应该确保一个企业在社会经济活动当中具有完全的独立性和不可替代性，既要能体现该行业的统一特征，又要能与其他企业区分开来，它是企业无形资产的一个重要组成部分。

其次，作为企业的宣传方式之一，VI有着以形象的视觉形式传达企业经营理念和企业文化的作用。

再者，它以自己区别于其他宣传形式的视觉符号系统吸引人们的注意力并使人们产生记忆，从而使消费者能对该企业所提供的产品以及服务产生更高的信任度。

最后，它具有增强企业员工对企业文化的认同感，提高企业士气的作用。

11.1.3 VI设计的特点与制作流程

1.VI设计的特点

VI在设计中应考虑能全方面地反映一个企业的经营理念与文化思想，这就需要设计人员在设计之初就做好功课，要对企业有一个深入的了解，充分发挥所掌握的设计知识为企业服务。但是在设计时，不能单方面依靠设计人员本身的异想天开，还必须具有较强的可实施性。

VI设计具有以下特点，如：识别性、系统性、统一性、形象性与时代性等。

- 识别性：无论是哪方面的设计，都应具有表现特质的鲜明特性。对企业来说，一整套具有自身特性的VI设计对企业的发展是相当重要的。所以在制作过程中，设计人员要特别注意这一点。
- 系统性：VI设计是一套整体的设计，它包括：标志、基础系统与应用系统。与其他设计载体相比较，它具有较强的系统性。
- 统一性：统一性是VI设计最与众不同的一个特点。在设计过程中，需要将设计好的标志运用在整个系统中，标志的载体可能有所不同，但其基本要素是保持统一的，只是在颜色、位置、大小上有所变化，最根本的元素是不会改变的。
- 形象性：VI虽然属于企业形象标志设计，需要具有一定的严谨性，但它毕竟是设计中的一员，在进行创作时，也要考虑到是否形象与美观，而且具象的事物也比较容易给人留下深刻的印象。
- 时代性：VI设计作品往往代表一个企业的形象，在流行趋势不断变化的当今社会，VI设计必须紧跟时代步伐，才可以以稳固的姿态一直走下去，才能有一个更加美好的发展前途。

2.VI设计的制作流程

VI设计是一个复杂、系统的制作过程，所以它有一定的设计制作流程。具体分为以下几步。

- 确立明确的概念：在进行VI设计之前，首先要对企业的相关信息进行了解，需要调查企业经营实态、分析企业视觉设计现状。其具体包括，企业的理念精神内涵与企业的总体发展规划；企业的营运范围、商品特性、营运特质；企业的行销现状与市场占有率；企业的知名度；企业对整个形象设计的预想以及企业相关竞争者与本行业的特点等方面。

- 具体设计表现：在做好充分的设计准备后，设计人员就可以根据明确的概念来进行设计工作，在设计时可以运用多种设计理念，但与企业随时保持良好的沟通也是十分重要的，只有相互合作，才能保证作品的最终效果。
- 反馈与修改：在完成基本设计工作后，需要与企业商讨，让企业参与设计的评价，通过一个有质有量的调查之后，可以对设计的原稿进行修改，以保证设计的完善程度。
- 编辑成果：完成VI的整套设计后，需要将其编制成册。VI手册对整个设计进行了分类，它将设计要素以简明图例与说明相结合的方式表现出来，作为实际操作的指航针。

11.2　VI设计概述

11.2.1　成品展示

图11-1所示的图形，为蓝天设计公司VI设计完成后的效果。

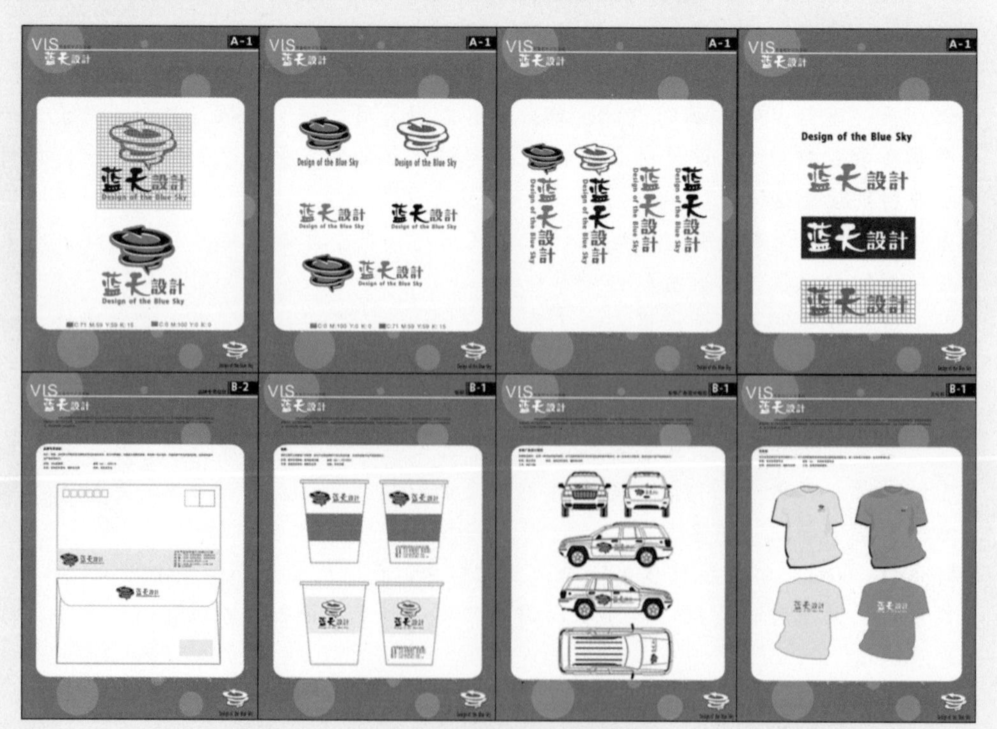

图11-1　蓝天设计公司VI设计

11.2.2　设计思路

本章要制作的是关于设计公司的VI设计。包括公司标志、基础系统与应用系统。

在标志设计中，采用了图形配文字的传统设计模式，但在图形与文字的表象上进行了加工，以突出其代表性。该设计公司的名称为“蓝天”，意为深远、博大，代表的是一种积极向上、奋发图强的力量。所以在设计标志图形时，创建了一团抽象的红色云彩，包裹着旋转向上的箭头，代表了该公司颠覆传统、不循规蹈矩的设计理念。公司的名称采用与抽象云彩相同的颜色，使其融入到整个图形中，表达出一种举重若轻的视觉效果，将公司的形象准确、生动、完整的表现出来。标志制作完毕后，又相继制作了基础系统与应用系统，在应用系统中，将标志添加到了公司证件、宣传品、办公用品、交通工具等多个方面。

11.2.3 制作要点

01 使用【贝塞尔工具】绘制标志。

02 使用【图框精确剪裁】命令控制背景图案。

03 利用【图层】功能分别制作和管理VI设计。

04 利用【文本工具】绘制VI中的文字。

11.3 设计过程精解

11.3.1 标志

使用工具箱中的【贝塞尔工具】绘制标志，并为其设置颜色，然后使用【文本工具】字在页面添加相关文字信息，完成标志的绘制。

01 执行【文件】|【新建】命令，新建一个绘图文档，在属性栏中单击【横向】按钮，设置文档方向为横向。使用工具箱中的【贝塞尔工具】绘制标志图形，为图形填充黑色并取消轮廓线的填充，如图11-2所示。

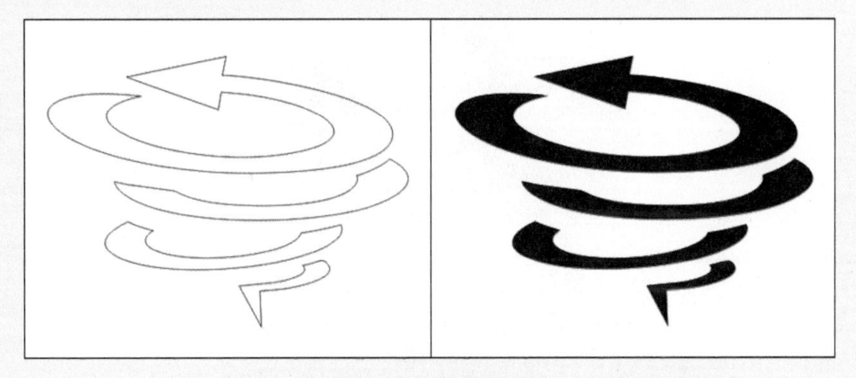

图11-2 绘制标志

02 使用【贝塞尔工具】在标志边缘绘制曲线图形，为图形填充洋红色（R：221、G：19、B：123），如图11-3所示。

图11-3　绘制图形

03 为标志绘制立体效果，填充颜色为白色并调整位置，如图11-4所示。将绘制的标志图形群组。

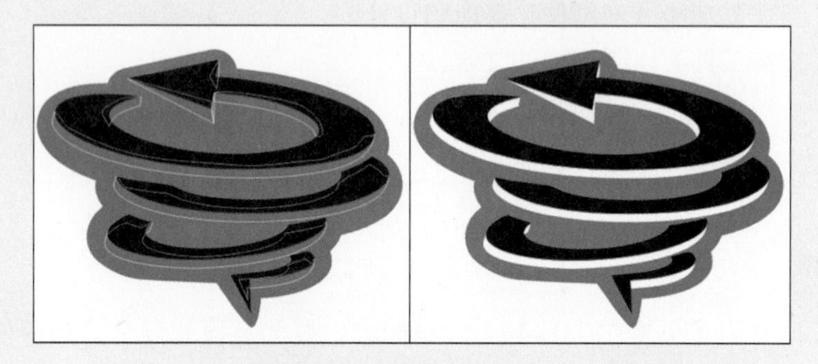

图11-4　绘制立体效果

04 使用工具箱中的【文本工具】字在页面添加相关文字信息，完成标志的绘制，如图11-5所示。

图11-5　完成效果

11.3.2　基础系统

通过【再制页面】命令将绘制的背景图形再制到页面中，并使用工具箱中的【表格工具】绘制表格，然后复制标志图形并添加相关文字信息。

01 执行【文件】|【新建】命令，新建一个210mm×297mm的新文档，这是该VI的实际尺寸。在【选项】对话框中设置【出血】参数为3，设置出血线为3mm，然后执行【视图】|【显示】|【出血】命令，显示设置的出血线。

02 在工具箱中双击【矩形工具】，自动依照绘图页面尺寸创建矩形。执行【排列】|【变换】|【位置】命令，打开【变换】泊坞窗，参照图11-6所示移动矩形位置并调整图形大小，通过单击【应用】按钮将矩形转换成大小为216 mm×303mm，并与页面中心对齐的矩形。为矩形填充洋红色（R：221、G：19、B：123）并取消轮廓线的填充。然后选择【椭圆形工具】，配合Shift+Ctrl快捷键绘制圆形，效果如图11-6所示。

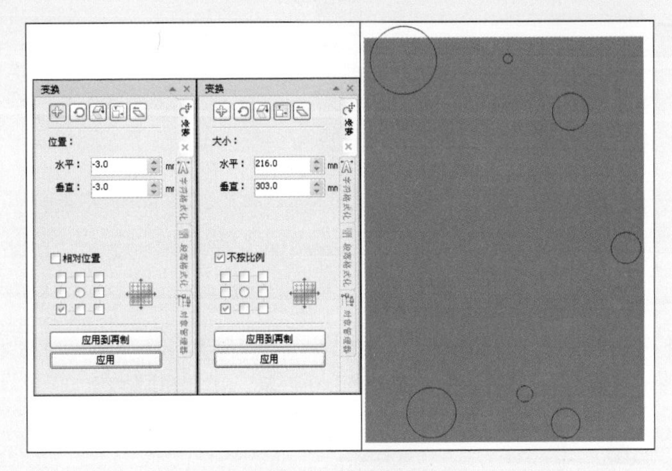

图11-6　绘制正圆

02 使用工具箱中的【矩形工具】在页面左上角位置绘制矩形，选择矩形和正圆，在属性栏中单击【后剪前】按钮，修剪图形。然后为图形填充白色，使用【交互式透明工具】为图形添加透明效果，在【透明度类型】下拉列表中选择【标准】选项，设置【开始透明度】为80，如图11-7所示，并将其群组。

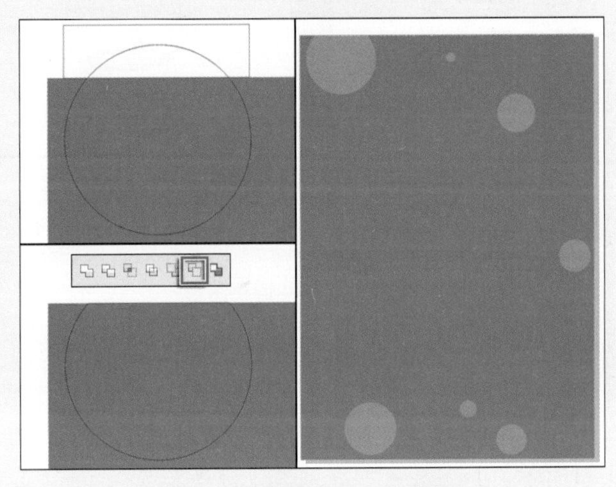

图11-7　添加交互式透明效果

03 使用工具箱中的【矩形工具】绘制矩形，为矩形填充白色并调整矩形直角为圆角，然后利用【文本工具】为页面添加装饰文本，如图11-8所示。

图11-8　绘制文字图形

04 选择11.3.1小节绘制的标志图形，按Ctrl+C快捷键将其复制。按Ctrl+V快捷键将其粘贴到页面中，调整图形大小与位置，如图11-9所示，并将其群组。

图11-9　复制并调整图形

05 选择工具箱中的【表格工具】绘制表格，拖动标志图形向上移动的过程中右击，然后松开鼠标左键复制该图形，调整图形颜色与位置，如图11-10所示。

06 利用【矩形工具】和【文本工具】绘制颜色值图示，并复制标志图形到页面右下角位置，如图11-11所示。

图11-10　插入表格

图11-11　复制图形

07执行【版面】|【再制页面】命令，打开【再制页面】对话框，分别选择【选定页之后】、【复制图层和内容】单选按钮，单击【确定】按钮完成页面再制的操作，将“页面 1”制作的图形再制到“页面 2”中，选择页面中部分图形及文本，按Delete键删除，效果如图11-12所示。

图11-12　再制“页面 2”

08 选择绘制的标志图形，按小键盘上的+键复制该图形，调整图形位置与颜色，如图11-13所示。

图11−13　复制并调整图形

09 使用相同的方法，将“页面 2”制作的图形再制到“页面 3”中，按Delete键删除页面中的部分图形及文本。复制标志图形，并调整图形大小、颜色和位置，效果如图11-14所示。

图11−14　制作“页面3”

10 将“页面 3”制作的图形再制到“页面 4”中，按Delete键删除页面中的部分图形及文本，然后调整图形大小与位置，效果如图11-15所示。

11 使用工具箱中的【矩形工具】、【文本工具】绘制矩形和表格，然后复制“蓝天设计”字样图形，调整图形颜色与位置，如图11-16所示。

图11-15　再制“页面 4”

图11-16　绘制矩形和表格

11.3.3　应用系统

现在绘制应用系统。使用工具箱中的【椭圆形工具】、【贝塞尔工具】和【矩形工具】绘制图形，然后复制标志图形并利用【文本工具】添加相关文字信息，完成最后的绘制。

01 新建一个绘图文档。选择11.3.2小节中制作的“页面 1”，将图形复制粘贴到页面中。保留背景图形，将其余图形按Delete快捷键删除，并添加辅助线，如图11-17所示。执行【版面】|【再制页面】命令，打开【再制页面】对话框，分别选择【选定页之后】、

【复制图层和内容】单选按钮，单击【确定】按钮完成页面再制的操作，再制“页面 2”至“页面 18”。

图11−17　再制页面

02 在“页面1”使用工具箱中的【矩形工具】绘制信纸图形并填充白色，然后按小键盘上的+键复制标志图形，调整图形大小与位置，如图11-18所示。然后使用【文本工具】添加相关文字信息。

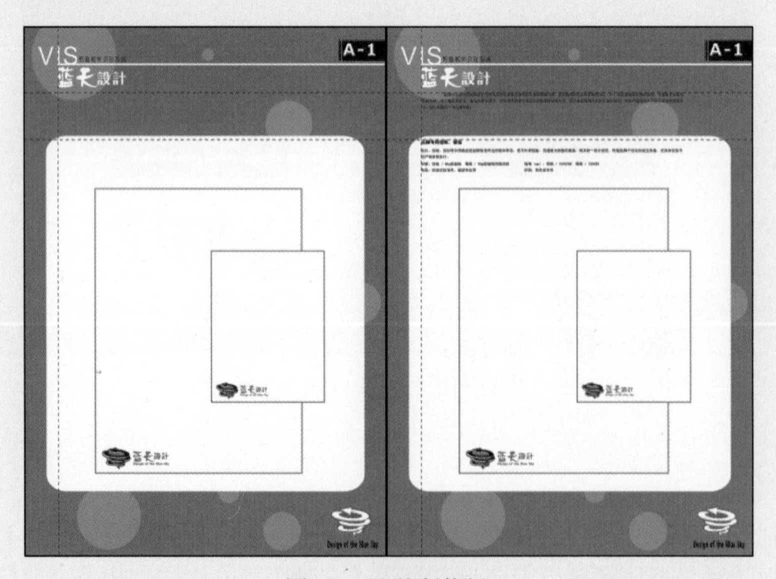

图11−18　绘制信纸

03 在“页面 2”新建“图层 2”，使用【矩形工具】和【贝塞尔工具】绘制信封图形，如图11-19所示。

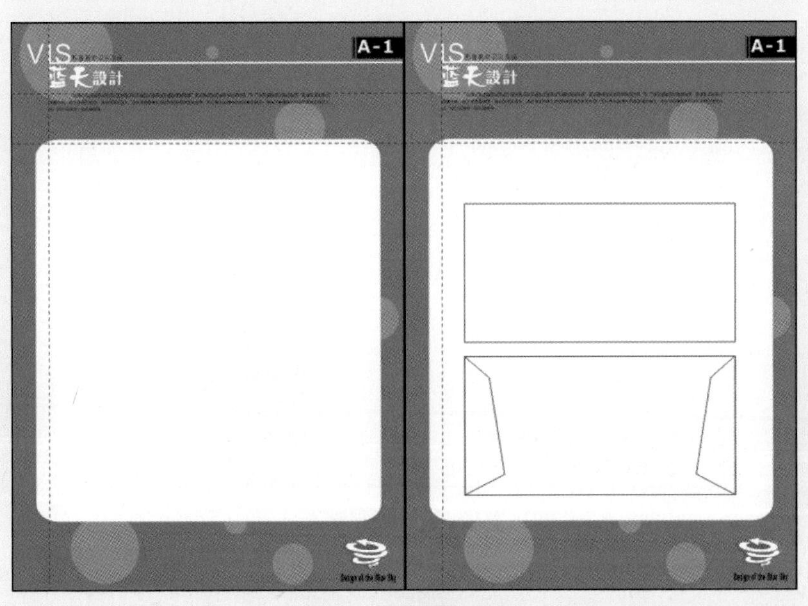

图11-19　绘制信封

04 为信封图形绘制细节，然后使用【文本工具】在页面添加相关文字信息，并调整标志图形的位置，如图11-20所示。

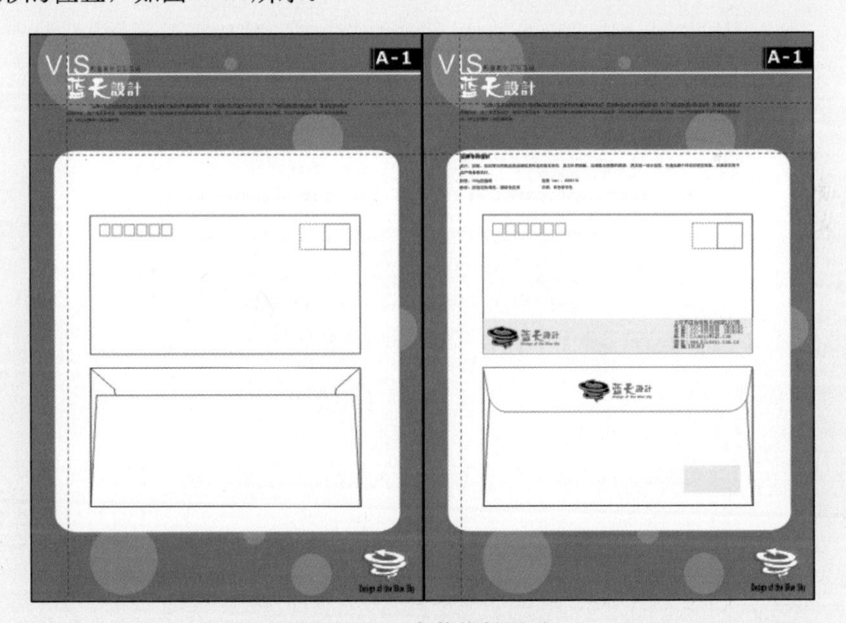

图11-20　完善信封图形

05 在“页面 3”新建“图层 2”，使用【矩形工具】和【贝塞尔工具】绘制胸卡图形，然后利用【填充工具】为图形设置颜色，如图11-21所示。

06 接下来复制标志图形并调整位置，然后使用【文本工具】添加相关文字信息，如图11-22所示。

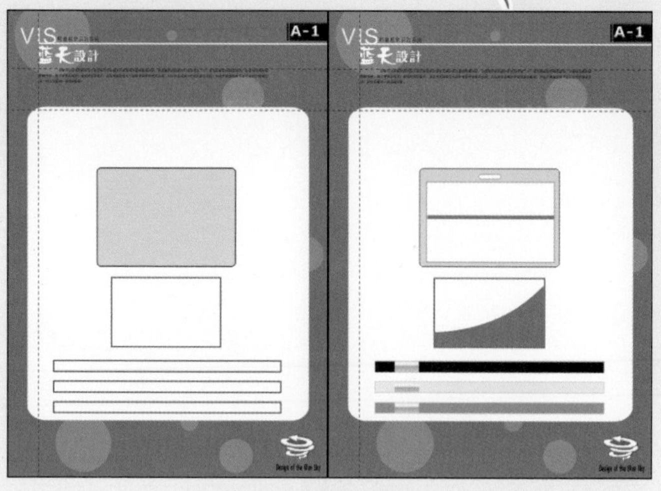

图11−21　绘制胸卡

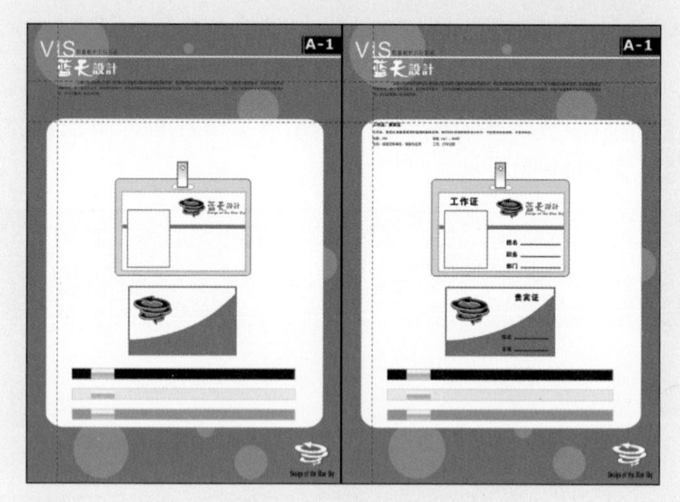

图11−22　添加文本

07 在“页面 4”新建“图层 2”，然后使用【矩形工具】绘制封套图形，如图11-23所示。

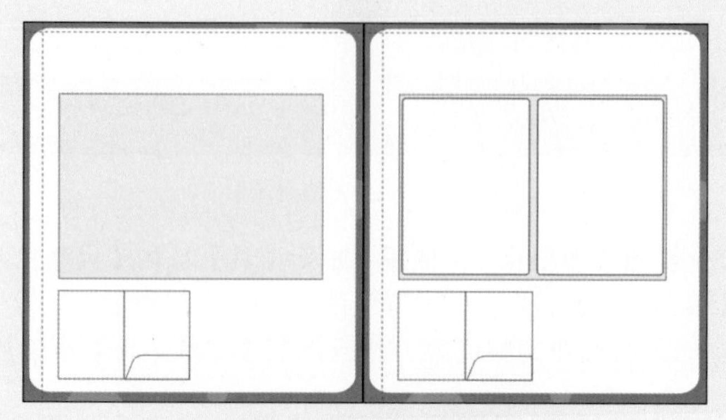

图11−23　绘制封套

08 使用【贝塞尔工具】绘制曲线图形，为图形填充洋红色（R：221、G：19、B：123）。选择绘制的标志图形，按小键盘上的+键复制该图形，调整图形位置，然后使用【文本工具】字为页面添加相关文字信息，如图11-24所示。

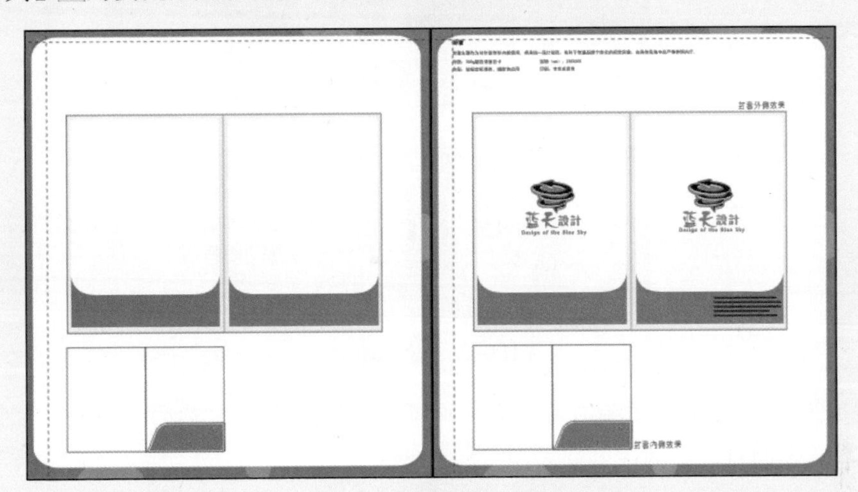

图11－24　绘制封套图形

09 在“页面 5”新建“图层 2”，使用【椭圆形工具】依照图11-25所示顺序绘制正圆，并为正圆填充颜色。

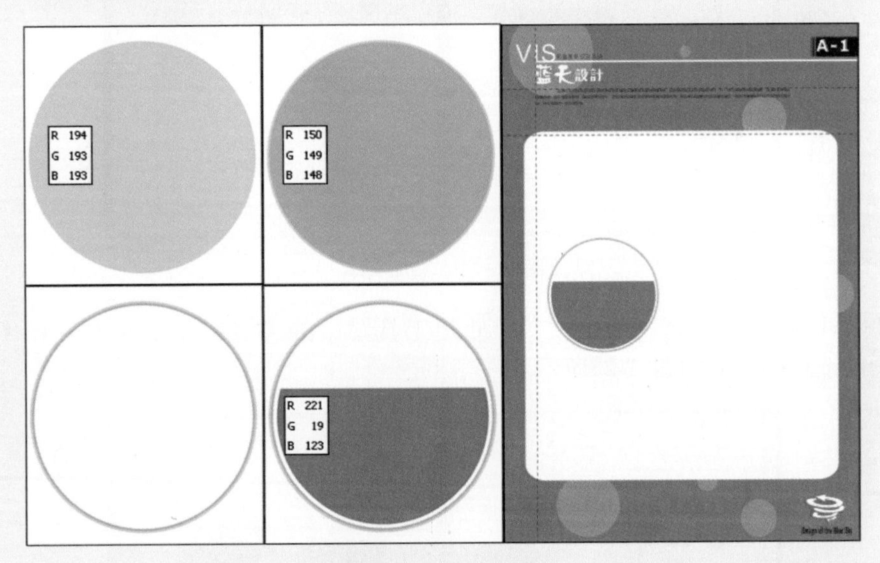

图11－25　绘制光盘

10 使用【椭圆形工具】继续绘制光盘的细部结构，调整灰色图形的轮廓宽度为0.8mm，白色图形的轮廓宽度为0.2mm，如图11-26所示。并将绘制的光盘图形群组。

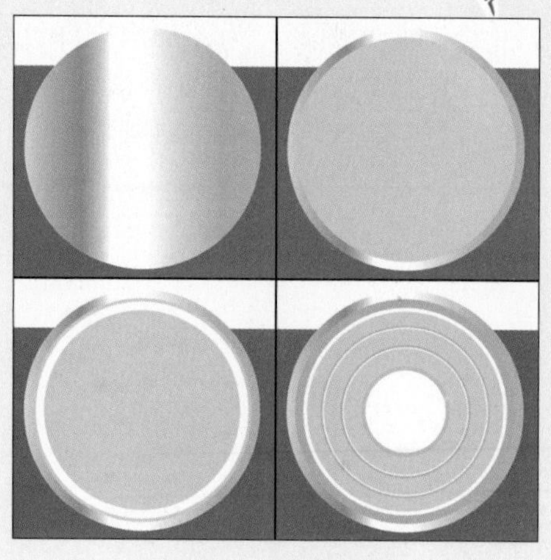

图11-26　绘制图形

13 使用工具箱中的【贝塞尔工具】绘制光盘包装图形，然后为页面添加标志和相关文字信息，如图11-27所示。

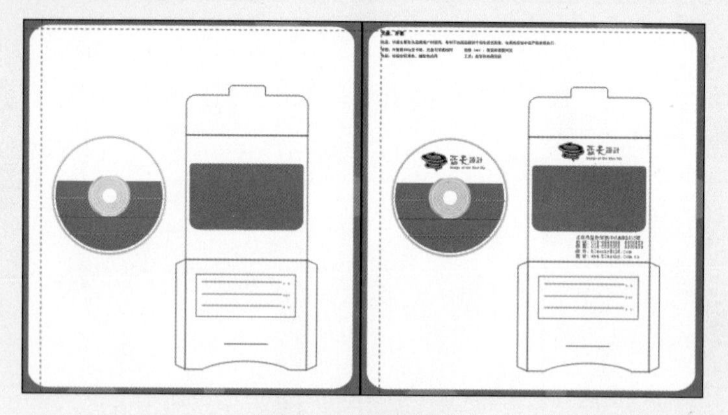

图11-27　添加文本

14 在“页面 6”新建“图层 2”，使用工具箱中的【贝塞尔工具】和【矩形工具】绘制纸杯图形，如图11-28所示。

图11-28　绘制纸杯图形

15 选择绘制的标志图形，复制图形到纸杯上并调整图形大小、位置和颜色，然后利用【文本工具】为页面添加相关文字信息。如图11-29所示。

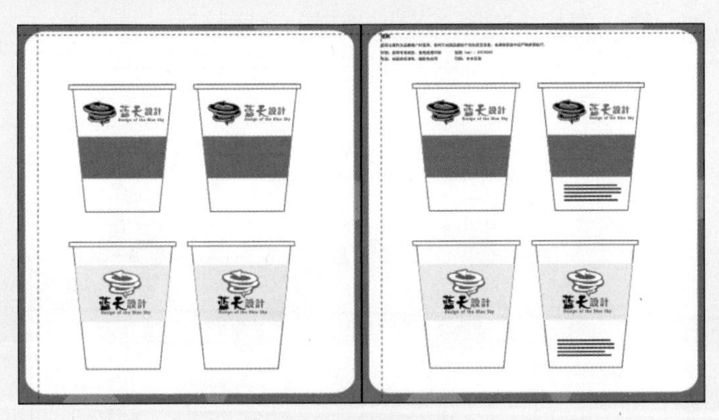

图11-29 添加文本

16 在“页面 7”新建“图层 2”，使用工具箱中的【贝塞尔工具】和【矩形工具】绘制手提纸袋图形，然后为页面添加标志图形和相关文字信息，如图11-30所示。

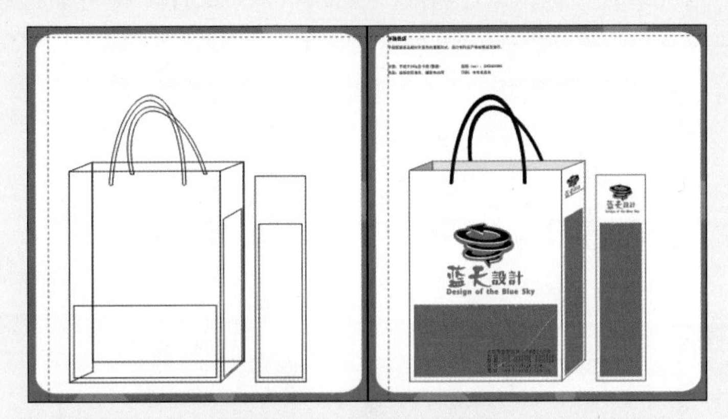

图11-30 绘制手提纸袋

17 在“页面 8”新建“图层 2”，使用【矩形工具】绘制塑料手袋图形。然后复制标志图形，并添加相关文字信息，如图11-31所示。

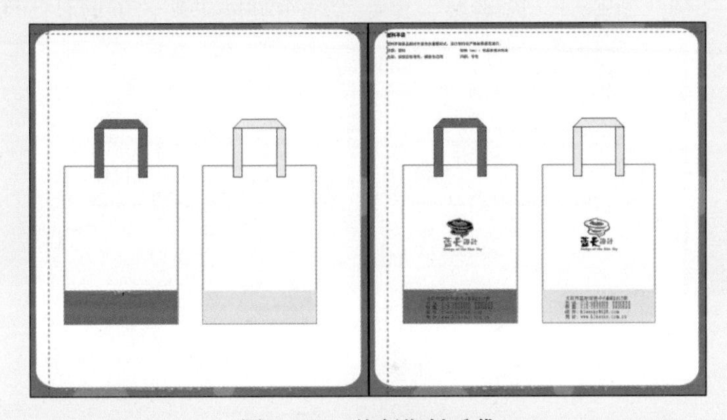

图11-31 绘制塑料手袋

18在“页面 9”新建“图层 2”，执行【文件】|【导入】命令，导入附带光盘中的“素材文件\第11章\汽车.cdr”文件，将汽车图形复制并粘贴到“页面 9”中，调整图形位置，如图11-32所示，然后为其添加标志图形和相关文字信息。

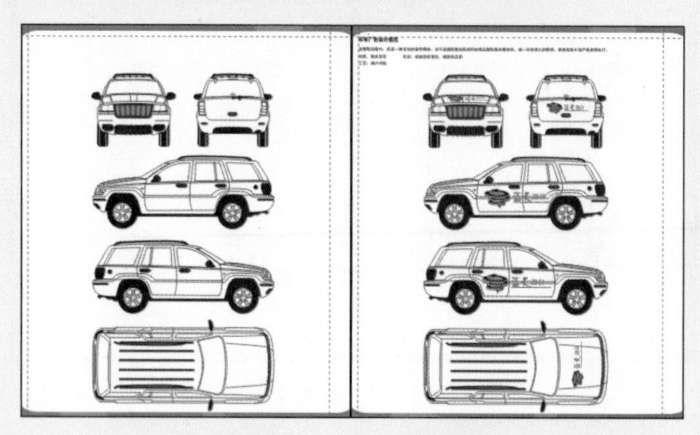
图11-32 导入汽车图形

19导入附带光盘中的“素材文件\第11章\汽车.cdr”文件，将卡车图形复制并粘贴到“页面 10”中。然后为其添加标志和相关文字信息，如图11-33所示。

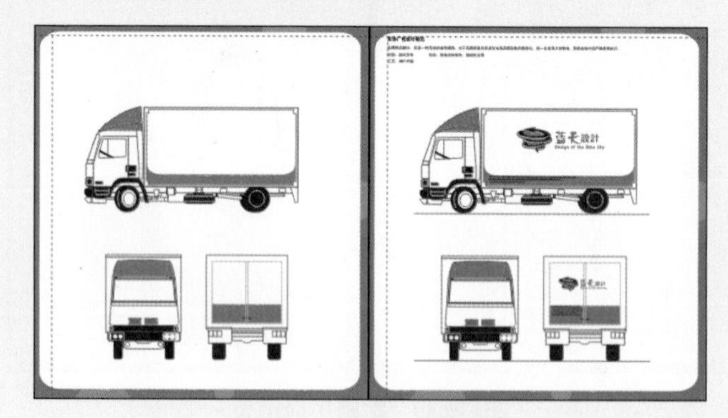
图11-33 导入卡车图形

20在“页面 11”新建“图层 2”，打开附带光盘中的“素材文件\第11章\汽车.cdr”文件，将卡车图形复制并粘贴到“页面 11”中。为其添加标志和文字信息，如图11-34所示。

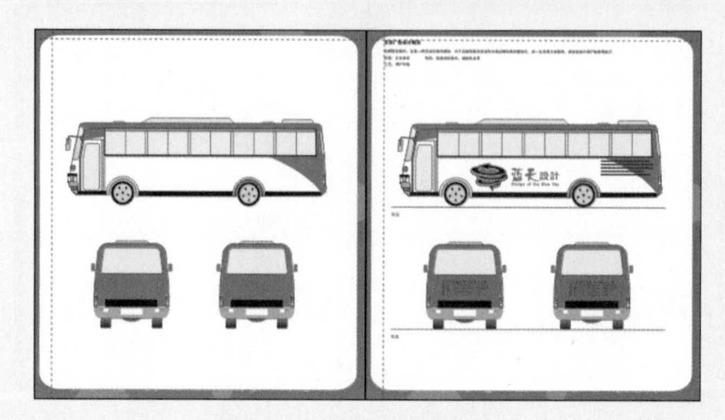
图11-34 导入公交车图形

21在“页面 12”新建“图层 2”，绘制灯箱图形，使用【填充工具】为图形填充颜色，如图11-35所示。

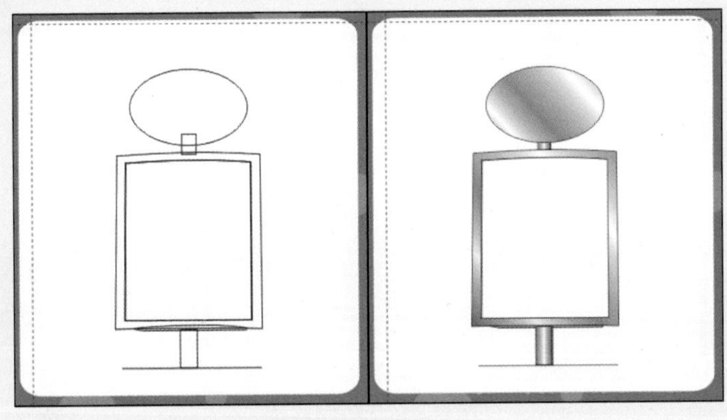

图11-35　绘制灯箱

22继续绘制灯箱图形，并为页面添加标志图形和相关文字信息，如图11-36所示。

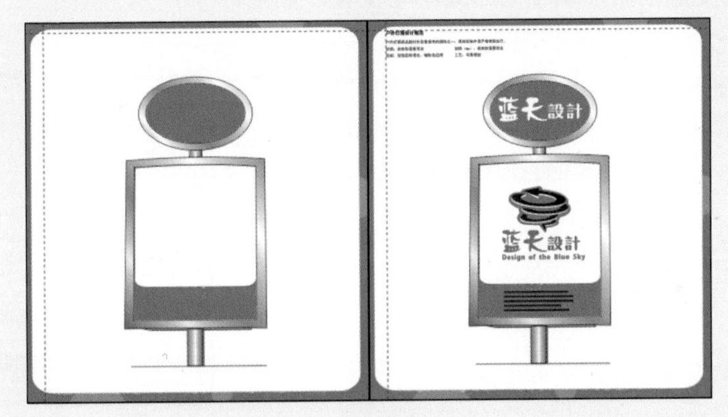

图11-36　添加文本

23在“页面 13”新建“图层 2”，使用工具箱中的【贝塞尔工具】和【矩形工具】绘制候车亭灯箱图形，然后为其添加标志图形和相关文字信息，如图11-37所示。

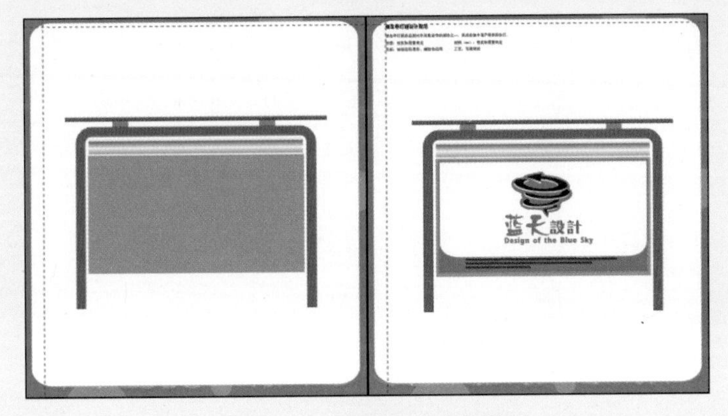

图11-37　绘制候车亭灯箱

24 接下来在“页面 14”中绘制路牌图形，使用【填充工具】为图形添加渐变填充效果，如图11-38所示，并将绘制的图形群组。

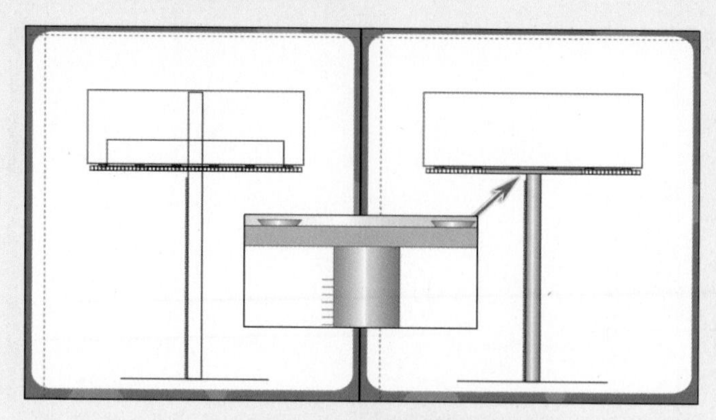

图11-38　绘制路牌

25 继续绘制路牌图形，为图形填充洋红色（R：221、G：19、B：123），并添加标志图形和相关的文字信息，调整图形大小与位置，如图11-39所示。

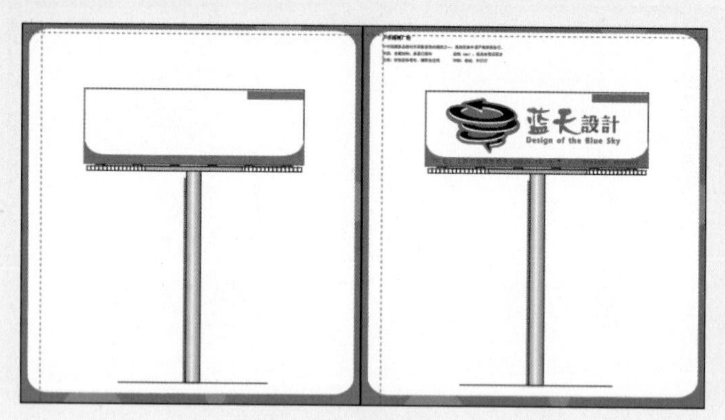

图11-39　添加标志

26 在“页面 15”新建“图层 2”，使用【矩形工具】和【椭圆形工具】绘制直式挂旗图形，然后利用【填充工具】为图添加渐变填充效果，如图11-40所示。

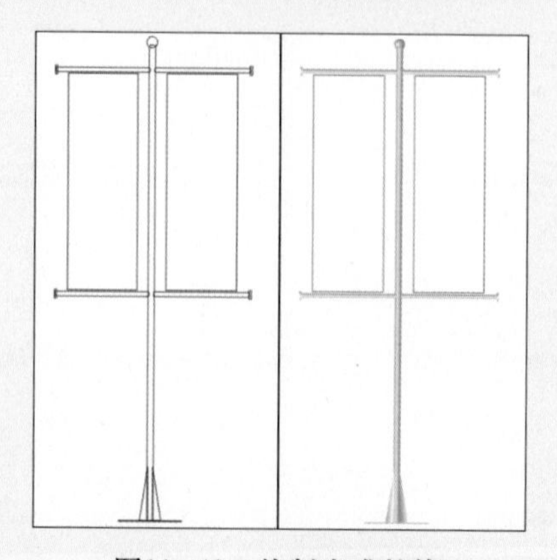

图11-40　绘制直式挂旗

27为直式挂旗图形添加标志，拖动直式挂旗图形向右移动的过程中右击鼠标，然后松开鼠标左键复制该图形，调整图形位置并在页面左上角位置添加相关的文本，如图11-41所示。

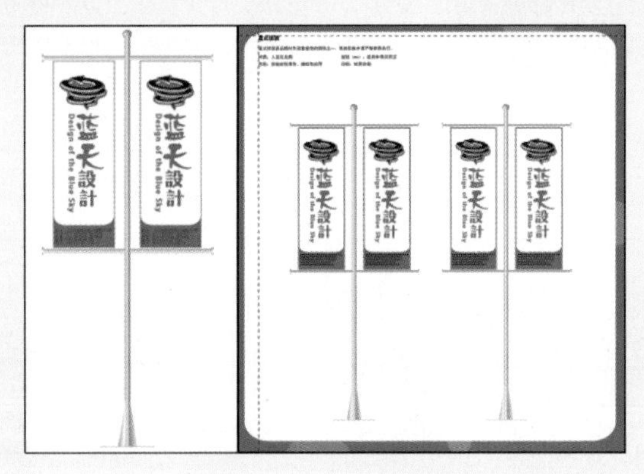

图11-41 复制图形

28使用工具箱中的【贝塞尔工具】在“页面 16”绘制T恤衫图形，然后利用【填充工具】为图形填充颜色，如图11-42所示，并将绘制的图形群组。

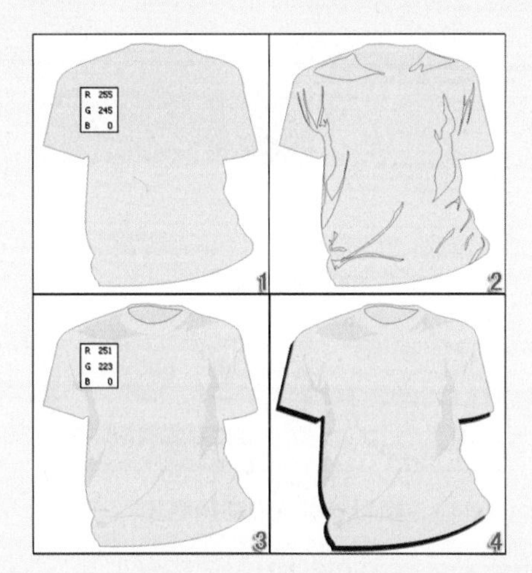

图11-42 绘制T恤衫

29按小键盘上的+键复制T恤衫图形，并改变复制T恤衫的填充颜色。然后为图形添加标志图形和相关的文字信息，如图11-43所示。

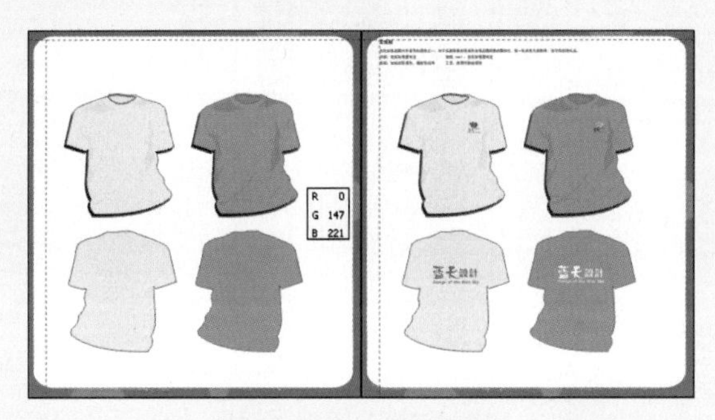

图11-43 复制图形

30 使用工具箱中的【贝塞尔工具】在“页面 17”中绘制台历图形，如图11-44所示。然后将绘制的图形群组。

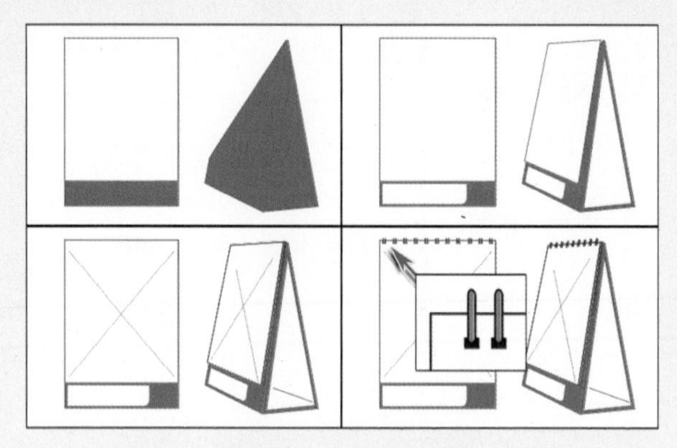

图11-44　绘制台历

31 接下来绘制钥匙串图形，并使用【填充工具】为图形填充颜色。然后复制钥匙串图形并调整图形的大小、颜色和位置。为台历及钥匙串页添加标志图形和相关的文字信息，如图11-45所示。

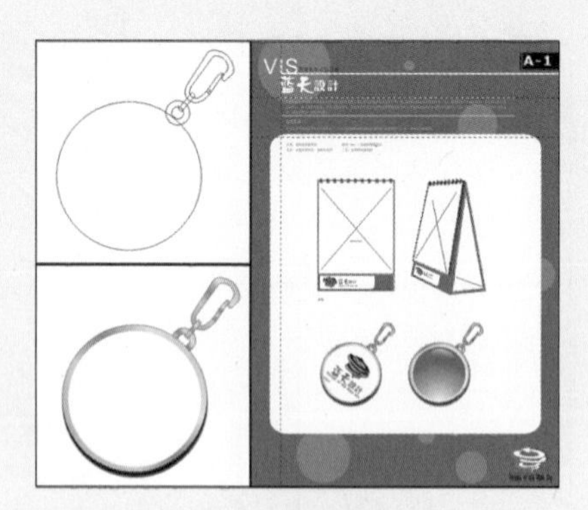

图11-45　绘制钥匙串

32 在“页面 18”中新建“图层 2”，使用工具箱中的【贝塞尔工具】绘制手表图形，然后利用【填充工具】为图形填充颜色，如图11-46所示。

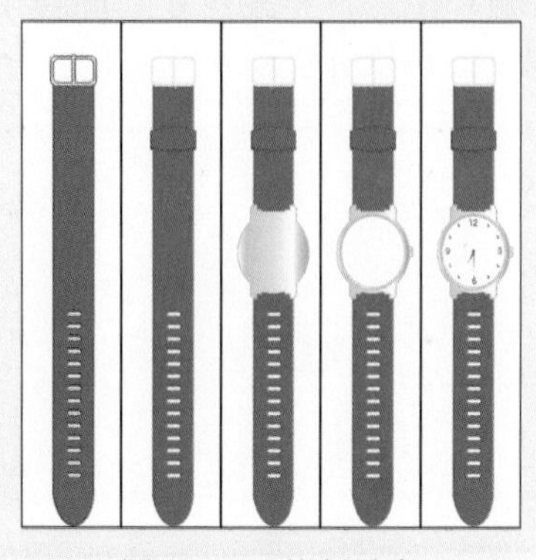

图11-46　绘制手表

33 最后绘制气球和扇子图形，然后为其添加标志和相关文字信息，完成该实例的绘制，如图11-47所示。

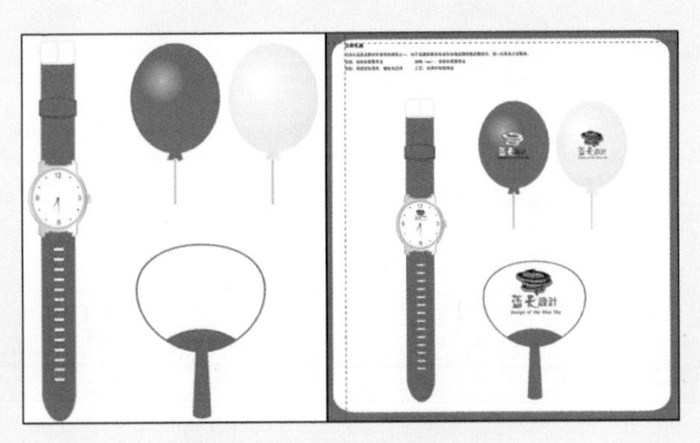

图11-47 绘制气球和扇子

小结

VI设计是一种特质鲜明，具有强烈代表性的系列广告宣传方式，它主要为企业和公司服务。VI设计的应用范围很广，几乎出现在人们的各个生活层面中，只要看到它，就可以想到该企业的相关信息，是企业不可或缺的宣传方式之一。本章首先介绍了VI设计的相关知识，然后通过一个公司VI设计的实例，详细地介绍了VI的设计过程。

希望读者通过本章的学习，能够了解与掌握VI设计的相关理论知识，可以在今后使用CorelDRAW X4的过程中，运用本章介绍的知识制作出优秀的VI设计作品。

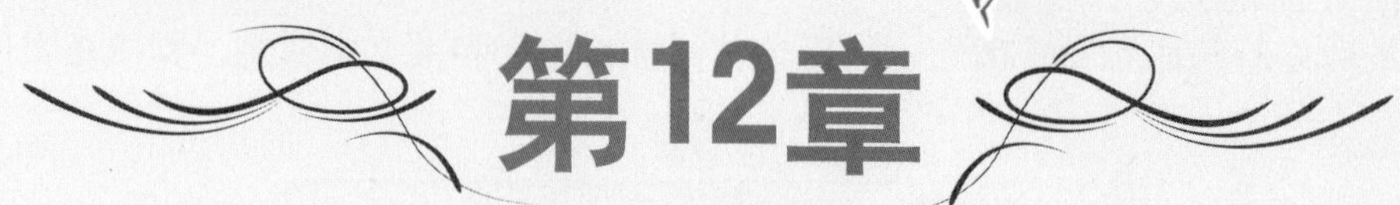

第12章

文字设计

文字在设计作品中起着非常重要的作用，它可以明确主题，帮助人们理解作品的含义，也可以起到美化画面、增强视觉效果的作用。本章将讲述如何使用CorelDRAW X4创建文字特效。

本章内容

- 文字设计相关知识
- 文字设计概述
- 设计过程精解
- 小结

12.1 文字设计相关知识

12.1.1 文字设计的要求

文字的主要功能是通过视觉向消费大众传达信息。要达到此目的，必须考虑文字的整体效果，给人以清晰的视觉印象，如图12-1所示。

图12-1 文字设计

文字设计同其他平面设计作品相同，不能天马行空的肆意所为，它必须根据不同的设计作品、设计风格，依据所服务对象的特点进行创意、编辑，即文字必须为作品服务。它要受到设计作品内容的限制，不能单纯的为了表现特效而忽略了作品的主题。在很多情况下，设计作品中的文字特效还是以表现作品主题为主要目标，所以一般不能做的太花哨，避免喧宾夺主。

1．统一风格

文字设计必须要注意字体的统一规范，这是字体设计最重要的原则。只有文本在外部形态上具有鲜明的统一感，才能在视觉传达上保证字体的可识别性和注目度，从而清晰准确地表达文字的含义。

2．统一笔画

字体的笔画粗细变化要有一定的规格和比例。在具体制作时，同一字内和不同字间相同笔画的粗细、形式需要统一，不能使字体变化太过繁杂而丧失了整体的统一性。字体笔画的粗细是构成字体整齐均衡的一个重要因素，也是使字体在统一与变化中产生美感的必要条件，初学文字设计的人只有认真掌握这条准则，才能从根本上保证文字设计取得成功。

3．统一方向

这里所说的统一方向在字体设计中有两层含义。

- 字体自身的斜笔画处理：每个字的斜笔画都要处理成统一的斜度，不论是向左还是向右斜的笔画都要以一定的倾斜度来统一，以加强其统一的整体感，如图12-2所示。

DUXFORD
Imperial War Museum

图12-2　倾斜的文字设计

- 表现动感的倾斜处理：有时为了营造一组文字的动感效果，往往将一组文字向同一方向倾斜。在使用这种设计时，除了要注意一组文字中的每一个字都按同一方向倾斜，还要注意每个字中的笔画也要尽可能地保持相同的倾斜度，这样才能做到在变化中保持统一。

12.1.2　文字设计的制作过程

文字设计的制作过程包括，设计定位、创意草图、方案深入和修改完成4个部分。

1．设计定位

根据作品要求确定文字的设计方向，即设计定位，这需要对相关资料的收集与分析。准备设计某一字体时，应当先考虑到字体需要传播什么信息内容，是为了传递信息还是为了增加画面的趣味性。然后需要考虑设计的切入点在哪里、创造的表现方式是否正确，以及表达是否清晰等问题。

2．创意草图

当有了较为详细的创意想法后，就需要用笔在纸上记录下来。然后考虑使用何种色彩、形态或肌理。随后需要收集相关的参考素材，以使设计方案具有可实施性。

3．方案深入

有了完整、详细、全面的创意想法后，接下来就是利用设计软件将这个想法勾勒出来，用专业的眼光审视一下。有时，运用软件来描述创意还可能达到一种意想不到的设计效果。

4．修改完成

在设计软件中，对设计方案进行仔细的加工和编辑，全面考虑形态、大小、粗细、色彩、纹样、肌理以及整体的编排，以达到预期的效果。

12.2 文字设计案例1

12.2.1 成品效果展示

图12-3是该文字设计实例完成后的效果。

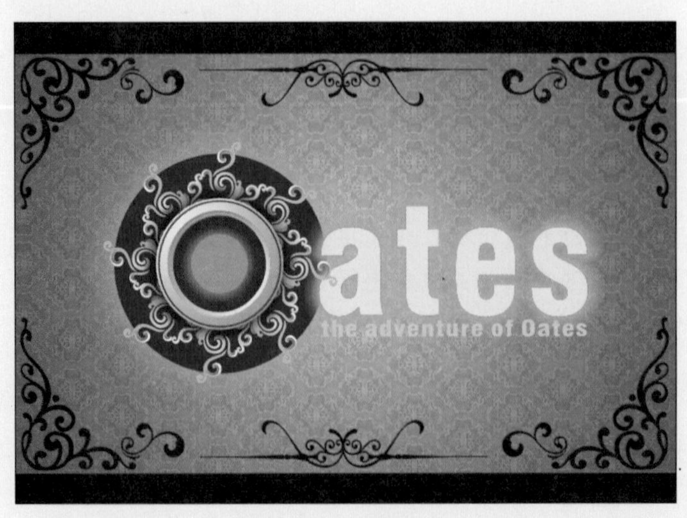

图12-3 完成效果

12.2.2 设计思路

首先设计制作的实例是个带有魔幻色彩的文字特效。主题为“奥茨历险记”，为了体现其带有魔幻色彩的效果，画面以欧式纹样风格为主，主色调采用绿色和黄色作为点睛色。

无论字形多么富于美感，如果失去了文字的可识别性，这一设计无疑是失败的。所以对单词Oates中的O进行变形设计时，整体形态还是围绕圆进行变化。在其四周添加了向外伸展的纹样，并将中间的圆环设计为立体效果，增强了其可欣赏性和注目度。从背景到4个角落的纹样，以及字母O四周的纹样，都采用欧式的图样变化。强化作品的地域性，更好的衬托出作品的风格。

12.2.3 制作要点

01 通过导入位图图片创建背景的纹理变化。

02 使用【贝塞尔工具】绘制欧式的装饰图形。

03 通过【交互式透明工具】和添加渐变创建立体效果。

04 通过【交互式阴影工具】强化图形的立体感。

12.2.4 设计过程精解

该文字设计的变化主要集中在对字母O的变形设计上。在制作时，要注意纹样的变化要协调，排列要整齐。因为绘制的图形较多，需要注意及时编组并合理划分图层。

01 执行【文件】|【新建】命令，新建一个绘图文档，单击属性栏中的【横向】按钮，设置文档方向为横向。在工具箱中双击【矩形工具】，自动依照绘图页面尺寸创建矩形。单击工具箱中的【填充工具】，在弹出的工具展示栏中选择【渐变】选项，打开【渐变填充】对话框，设置参数如图12-4所示，单击【确定】按钮完成渐变填充。

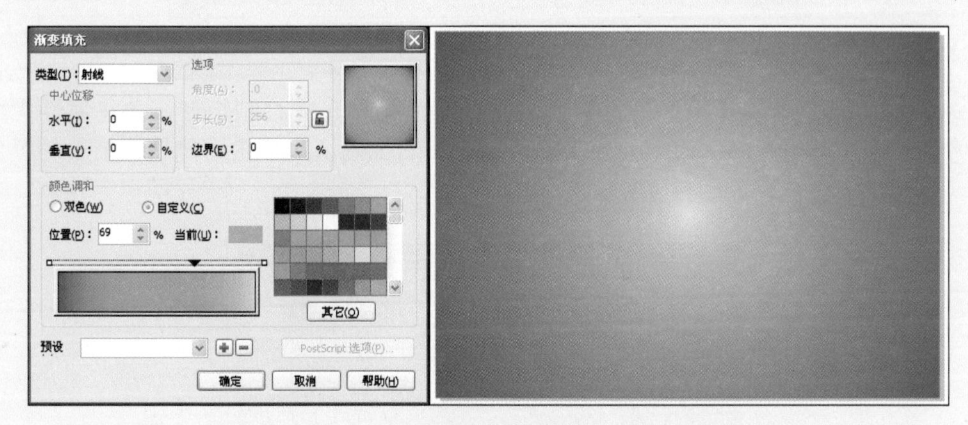

图12-4 填充渐变

02 执行【文件】|【导入】命令，导入随书附带光盘中的“第12章\素材\纹理01.tif”文件，调整图像大小与页面尺寸相等，如图12-5所示。

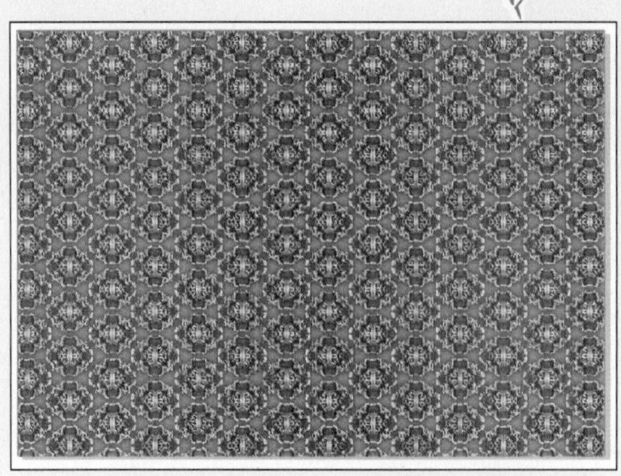

图12-5　导入素材

03 选择工具箱中的【交互式透明工具】，为页面中的位图图像添加透明效果，设置参数参照图12-6所示。

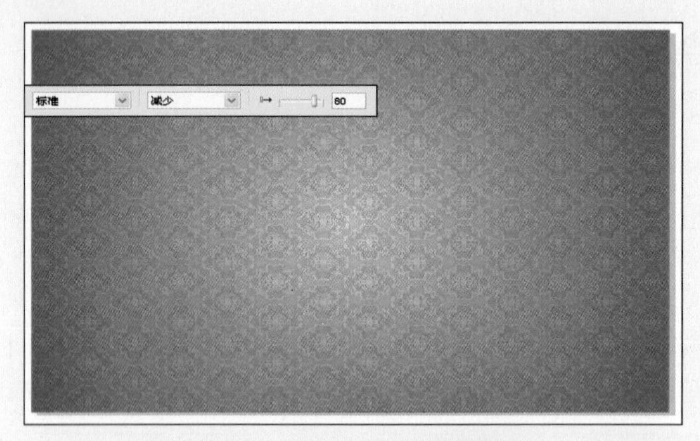

图12-6　添加交互式透明效果

04 选择工具箱中的【矩形工具】，在页面顶端和底端绘制矩形，并在属性栏中的【对象大小】文本框中输入297mm和14mm，按Enter键确认，单击右侧调色板上的黑色色块，为矩形填充黑色，如图12-7所示。

图12-7　绘制矩形

05 接下来绘制装饰图形。单击工具箱中的【手绘工具】，在弹出的工具展示栏中选择【贝塞尔工具】，在绘图页面中绘制如图12-8所示的曲线图形。选择绘制的曲线，单击属性栏中的【修剪】按钮修剪图形。为图形填充黑色，然后在右侧调色板上无填充按钮上右击，取消轮廓线的填充。

图12-8 绘制图形

06 使用【贝塞尔工具】继续绘制装饰图形，如图12-9所示。利用【形状工具】调整图形形状，为图形填充黑色并取消轮廓线的填充。

图12-9 绘制曲线图形

07 选择绘制的装饰图形，拖动图形向右移动的过程中右击，松开鼠标左键复制该图形，调整图形大小与位置，如图12-10所示，并将复制的装饰图形群组。

图12-10 复制图形

08在【对象管理器】左下角单击【新建图层】按钮，新建“图层 2”。使用【椭圆形工具】在页面绘制同心圆。选择绘制的两个正圆，在属性栏中单击【后剪前】按钮修剪图形为圆环，然后利用【填充工具】为图形填充紫色（R：32、G：1、B：48），如图12-11所示。

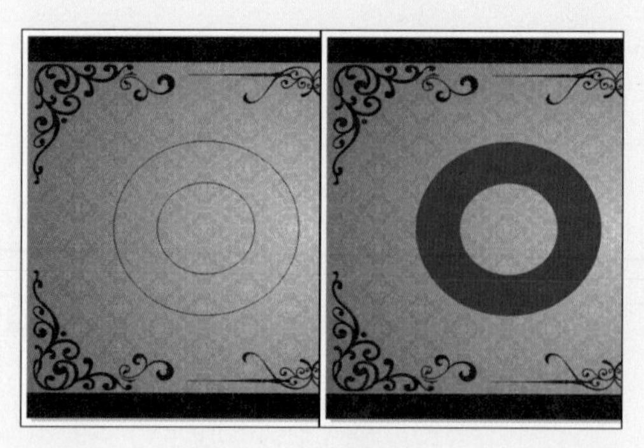

图12−11　修剪图形

09选择工具箱中的【交互式阴影工具】，单击圆环中心位置并拖动到圆环右边边缘，为圆环添加交互式阴影效果，设置参数如图12-12所示。

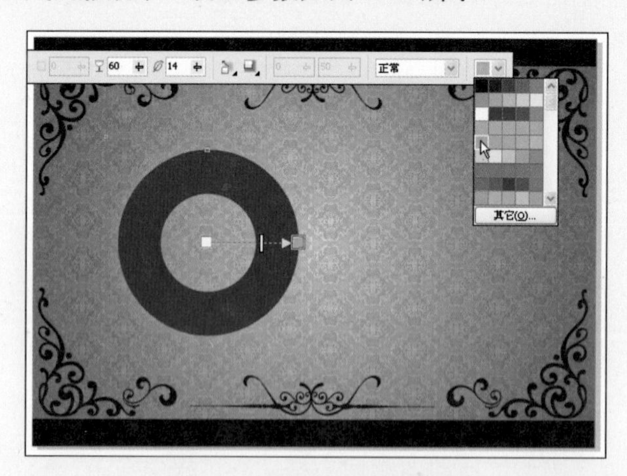

图12−12　添加交互式阴影效果

10使用【贝塞尔工具】绘制曲线图形，参照图12-13修饰图形。利用【形状工具】调整图形形状。

图12−13　绘制图形

⑪选择工具箱中的【填充工具】为图形填充颜色。为另一些图形填充渐变效果，设置参数参照图12-14所示，单击【确定】按钮完成渐变填充。

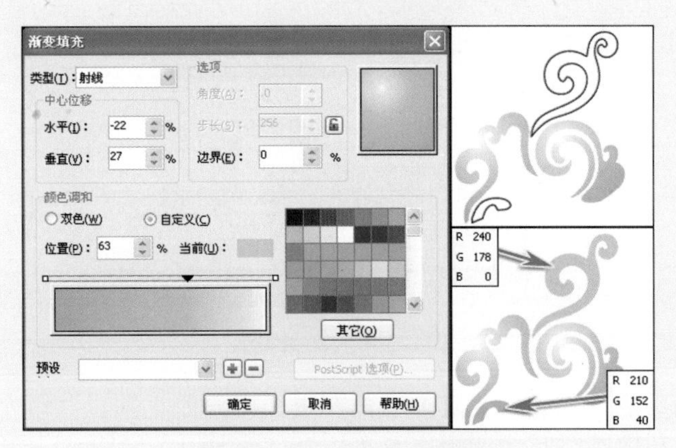

图12−14　为图形填充渐变

⑫使用【贝塞尔工具】绘制曲线图形并填充颜色。选择【交互式透明工具】为图形添加透明效果，如图12-15所示。选择绘制的所有图形，按Ctrl+G快捷键将其群组。

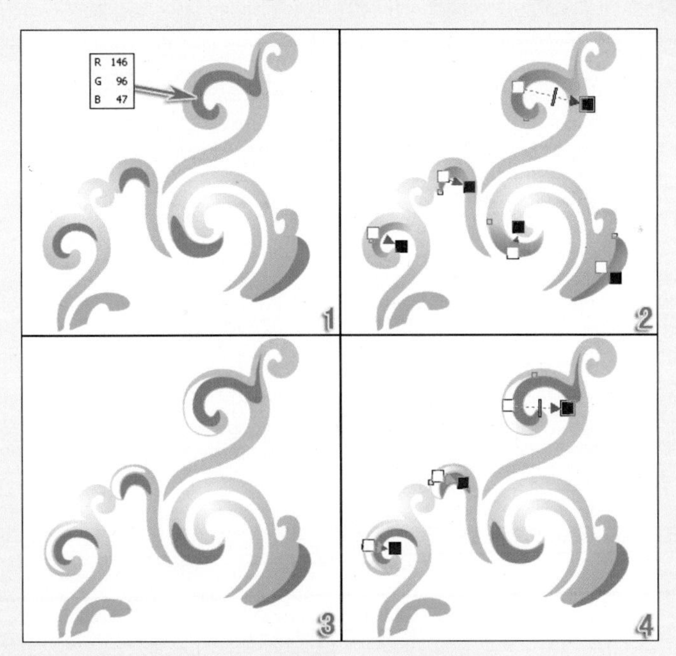

图12−15　添加交互式透明效果

⑬调整群组图形位置，双击群组图形转换为旋转状态，移动中心点到圆环中心位置。执行【窗口】|【泊坞窗】|【变换】|【旋转】命令，打开【变换】泊坞窗，设置【角度】参数为45度，单击【应用到再制】按钮8次，复制8个复本图形，如图12-16所示，并将复制的图形群组。

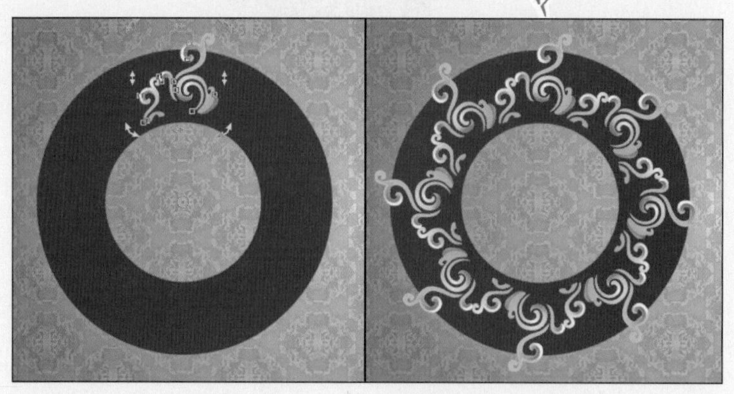

图12-16　复制图形

14 选择工具箱中的【椭圆形工具】，在页面中绘制正圆，并填充深褐色（R：32、G：1、B：48）。利用【交互式阴影工具】为正圆添加阴影效果，设置参数如图12-17所示。

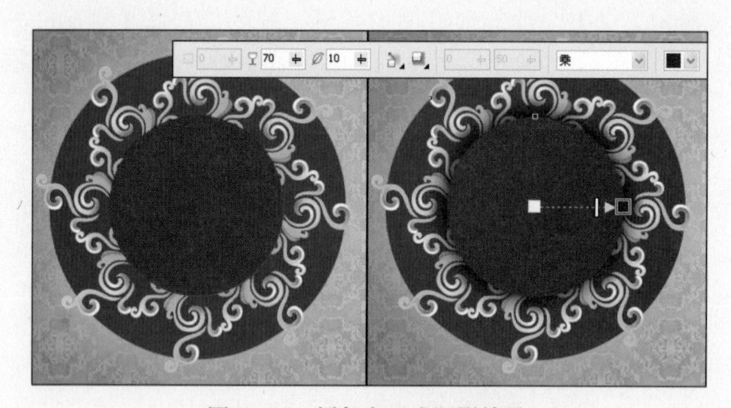

图12-17　添加交互式阴影效果

15 采用步骤 08 相同的方法绘制圆环，选择绘制的两个圆环，单击属性栏中的【焊接】按钮将图形焊接在一起。选择工具箱中的【填充工具】为图形填充渐变，参照图12-18所示设置参数。

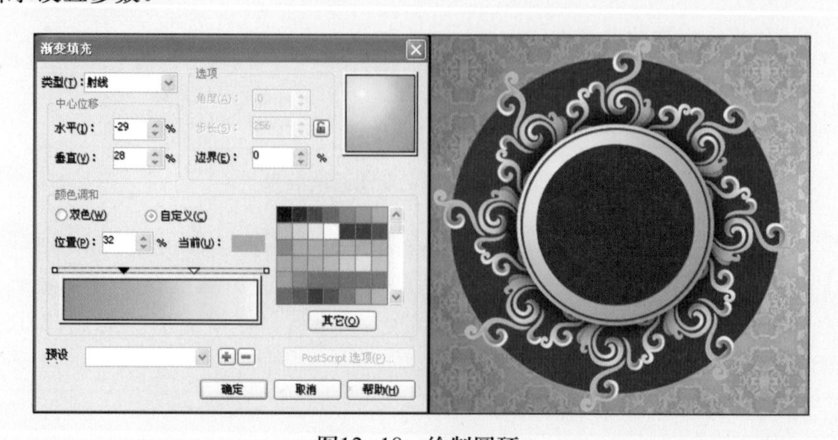

图12-18　绘制圆环

16 使用【椭圆形工具】 在页面中绘制正圆，并修剪正圆为圆环。利用【填充工具】 为图形填充渐变，设置参数如图12-19所示，单击【确定】按钮完成渐变填充。

图12-19　填充渐变

17 使用【椭圆形工具】 绘制圆环，并为图形填充渐变，参照设置如图12-20所示，单击【确定】按钮完成渐变填充。

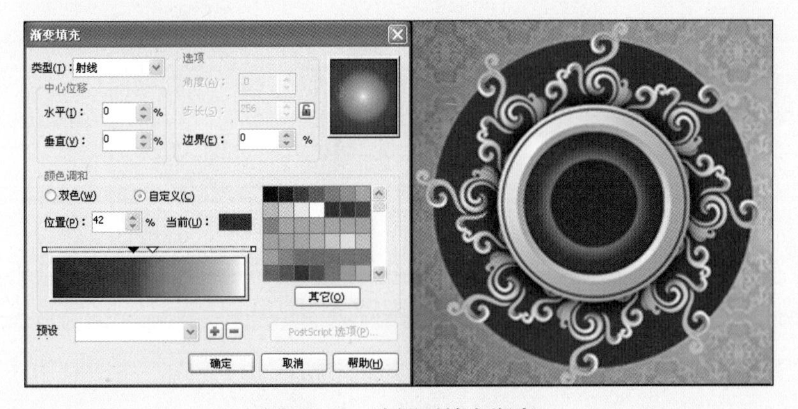

图12-20　为图形填充渐变

18 选择工具箱中的【椭圆形工具】，在页面中绘制正圆。使用【填充工具】 为图形填充绿色（R：0、G：143、B：80），调整图形位置如图12-21所示。

图12-21　绘制正圆

19 继续绘制圆环，并使用【填充工具】为图形填充渐变，设置参数如图12-22所示，单击【确定】按钮完成渐变填充。

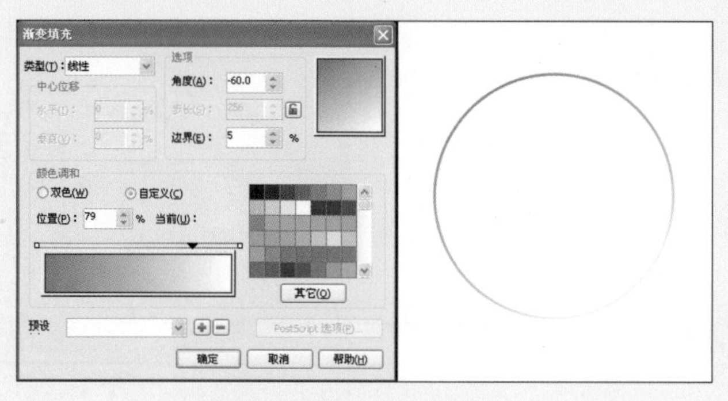

图12-22　填充渐变

20 选择步骤19绘制的圆环，执行【位图】|【转换为位图】命令，打开【转换为位图】对话框，参照图12-23所示设置参数，将图形转换为位图图像。然后调整位图图像大小与位置，并将绘制的圆环图形群组。

图12-23　将圆环转换为位图

21 选择工具箱中的【文本工具】，在页面中输入ates字样，然后利用【交互式阴影工具】为文本添加阴影效果，设置参数如图12-24所示。

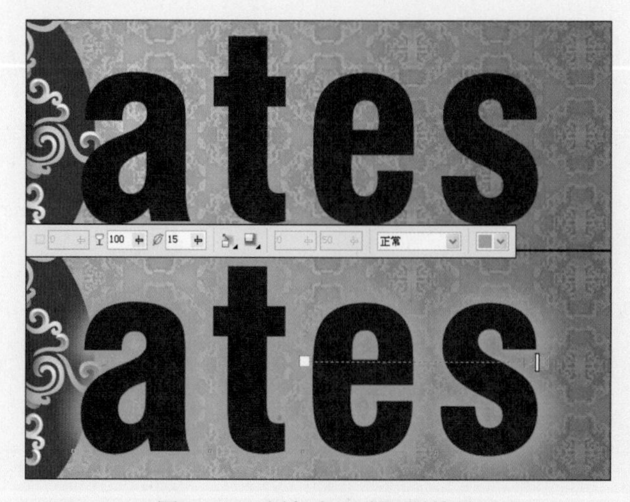

图12-24　添加交互式阴影效果

22 选择页面中的文本，按小键盘上+键，复制该文本。使用【填充工具】为文本填充黄色（R：255、G：245、B：0），调整图形位置如图12-25所示。

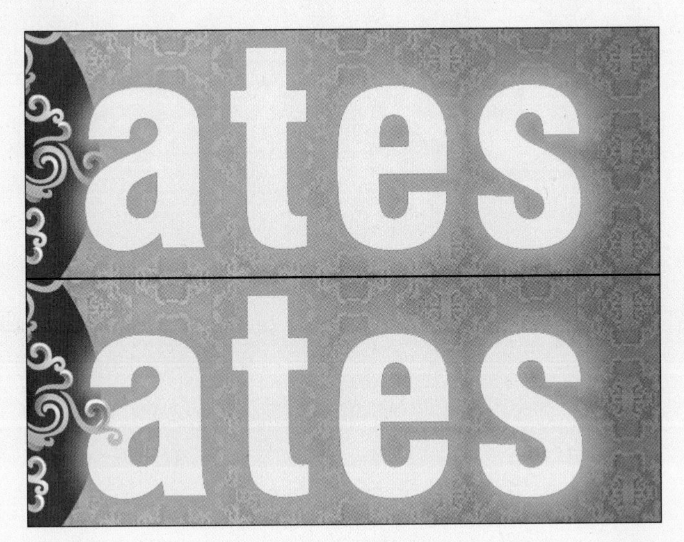

图12-25　复制图形

23 选择工具箱中的【文本工具】，在页面中添加装饰文本，完成该作品的绘制，如图12-26所示。

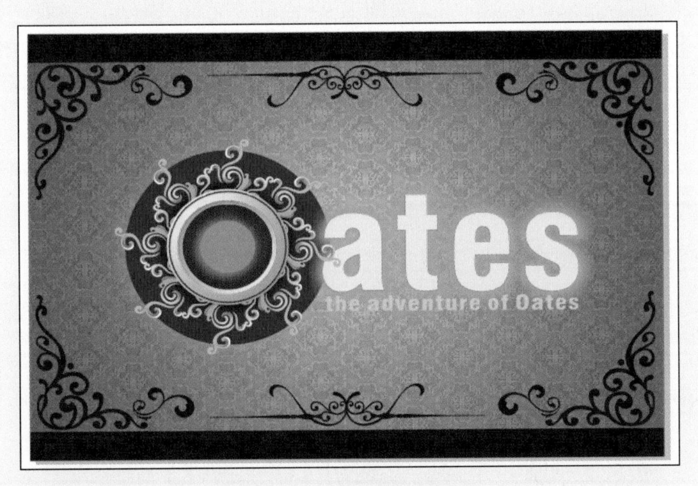

图12-26　添加装饰文本

12.3　文字设计案例2

12.3.1　成品效果展示

图12-27是该文字设计实例完成后的效果。

图12-27　效果图

12.3.2　设计思路

接下来要设计制作的是带有浪漫色彩的立体文字特效。主题为“情人节活动”，其中包括“2009”文本立体效果的创建，以及图文结合的“心心相印”字效。该画面整体色调采用暖色，背景是带有较强透视感的网格。通过交互式立体化工具为“2009”中的每个文本创建立体效果，增强视觉冲击力。在添加文本“心心相印”时，将两个“心”字替换为心图形，起到美化画面的作用。

12.3.3　制作要点

01 使用【添加透视】命令为背景添加透视效果。

02 使用【交互式立体化工具】为文本添加立体效果。

03 通过使用高斯式模糊效果为图形创建阴影。

12.3.4　设计过程精解

通过【变换】命令复制圆角矩形，并使用【添加透视】命令为图形添加透视效果，然后利用【图框精确剪裁】约束图形显示范围，完成背景的绘制。使用【交互式立体化工具】为文本添加立体效果，然后通过【转换为位图】命令将文本转换为位图图像并添加高斯式模糊效果。最后使用【文本工具】添加装饰性文本，完成该实例的绘制。

01 执行【文件】|【新建】命令，新建一个绘图文档。在属性栏中单击【横向】按钮，设置文档方向为横向。在工具箱中双击【矩形工具】，自动依照绘图页面尺寸创建矩形。为矩形填充黑色。

02 使用【矩形工具】在绘图窗口绘制矩形，在属性栏中的【对象大小】文本框中输入18mm和18mm，按Enter键确认。使用【形状工具】调整矩形的直角为圆角，如

图12-28所示。

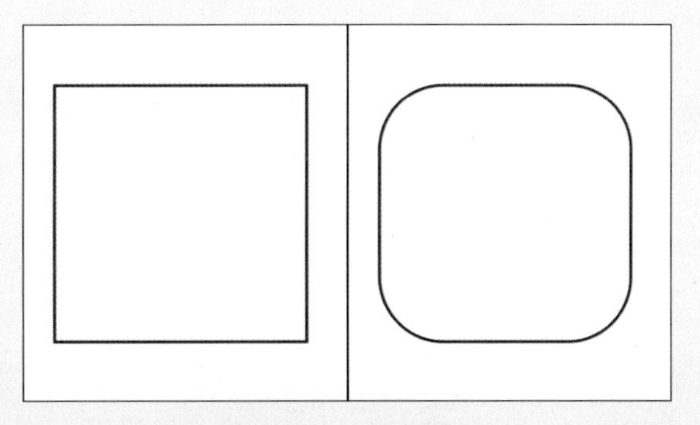

图12−28　调整图形

03 执行【窗口】|【泊坞窗】|【变换】|【位置】命令，打开【变换】对象管理器。设置【垂直】参数为22毫米，单击【应用到再制】按钮20次，复制圆角矩形。选择复制的所有圆角矩形，设置【水平】参数为22毫米，单击【应用到再制】按钮26次，复制图形，如图12-29所示。选择所有的圆角矩形，单击【焊接】按钮，将图形焊接在一起。

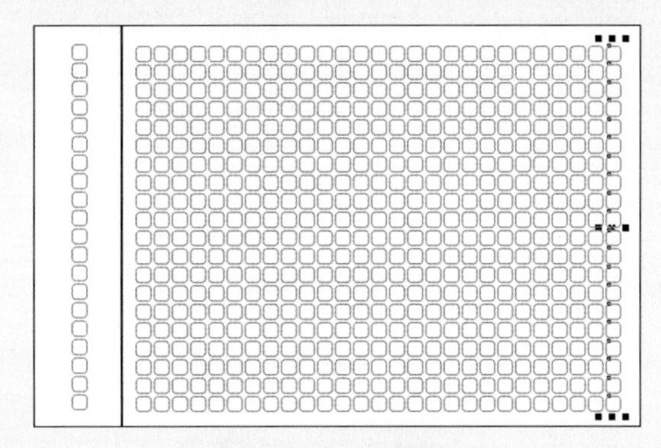

图12−29　复制图形

04 使用工具箱中的【填充工具】为图形添加渐变填充，参照图12-30所示设置参数，单击【确定】按钮完成设置。取消轮廓线的填充。

图12−30　为图形添加渐变填充

05 执行【效果】|【添加透视】命令，为图形添加透视效果，调整图形如图12-31所示。

图12-31 调整图形

06 拖动图形到页面左上角位置，执行【效果】|【图框精确剪裁】|【放置在容器中】命令，单击矩形，完成图形精确剪裁操作，如图12-32所示。

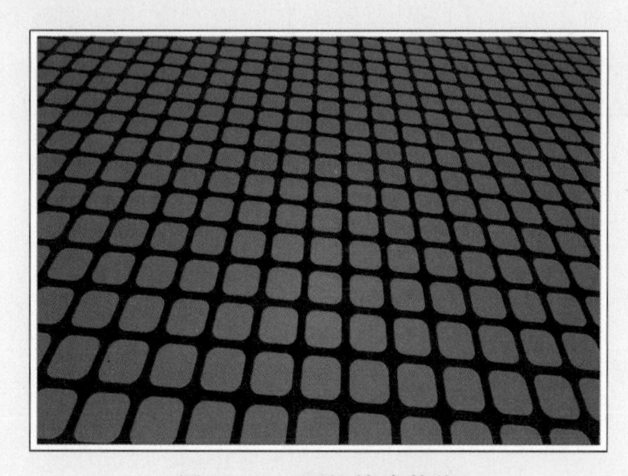

图12-32 图框精确剪裁

07 使用工具箱中的【文本工具】字在页面分别输入2、0、0、9字样，为文本填充洋红色（R：221、G：19、B：123）。执行【效果】|【添加透视】命令，为文本添加透视效果，如图12-33所示。

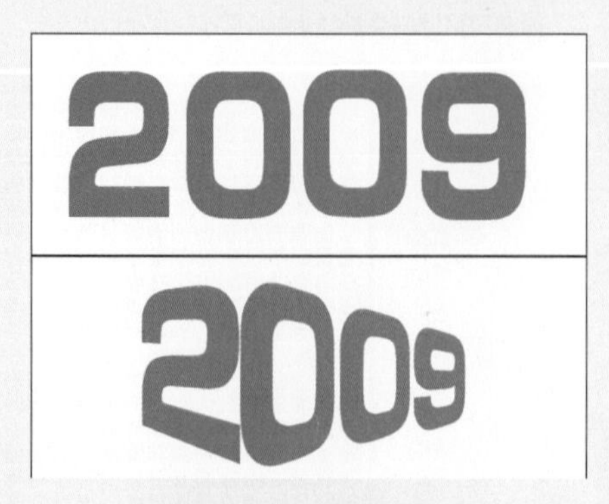

图12-33 添加文字

08 使用工具箱中的【交互式立体化工具】分别为图形添加立体效果，并为其设置颜色，如图12-34所示。

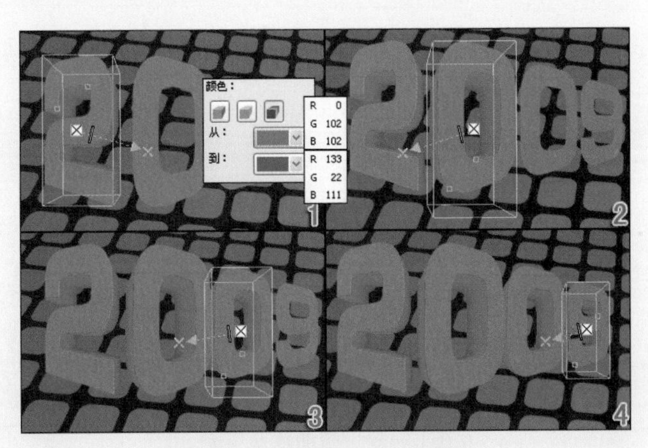

图12-34　为图形添加立体效果

09 选择2009字样图形，按小键盘上的+键复制该文本。使用【填充工具】为文本填充黄色（R：255、G：245、B：0）、白色和绿色（R：163、G：208、B：37）。使用相同的方法复制图形并填充黑色。执行【位图】|【转换为位图】命令，打开【转换为位图】对话框，参照图12-35所示设置参数，单击【确定】按钮完成设置。

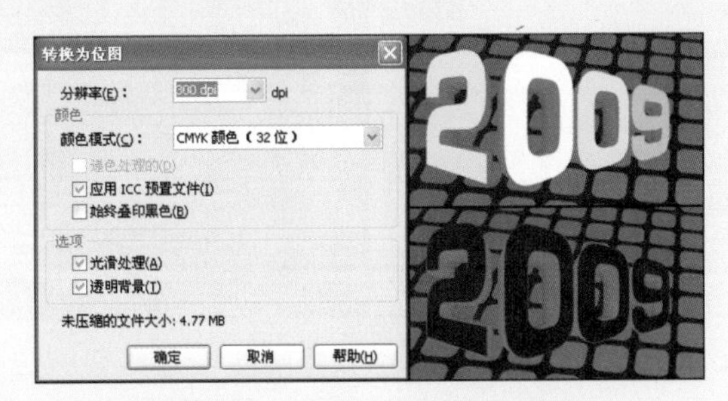

图12-35　将图形转换为位图

10 执行【位图】|【模糊】|【高斯式模糊】命令，打开【高斯式模糊】对话框，设置【半径】参数为20像素，单击【确定】按钮完成设置。调整图像位置，如图12-36所示。

图12-36　为图像添加模糊效果

11 使用工具箱中的【基本形状】绘制心形图形。利用【填充工具】为图形添加渐变填充，参照图12-37所示设置参数。

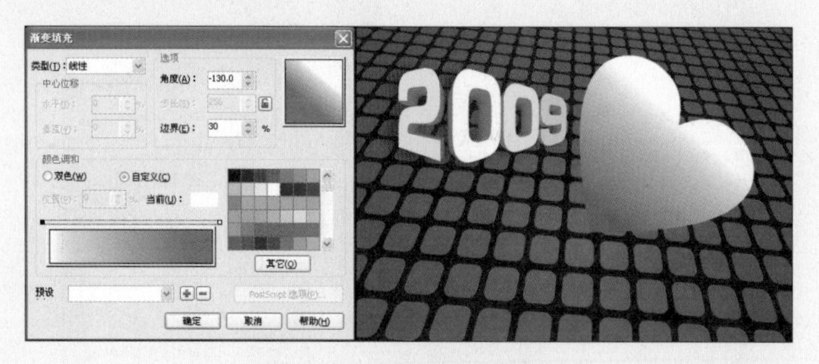

图12-37　添加渐变填充

12 继续绘制心形图形，并为其添加渐变填充，参照图12-38所示设置参数，单击【确定】按钮完成设置。

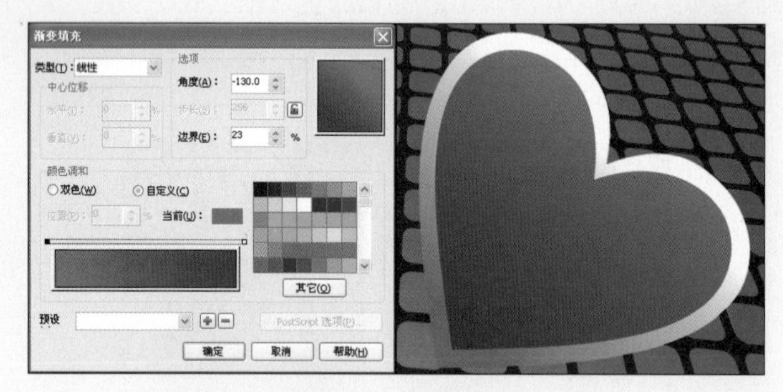

图12-38　设置颜色

13 按小键盘上的+键复制该图形，使用【填充工具】为图形添加图样填充，如图12-39所示。

图12-39　为图形添加图样填充

14 使用工具箱中的【交互式透明工具】为图形添加透明效果，如图12-40所示。继续绘制心形图形并添加透明效果。

图12-40　添加透明效果

15选择最底部的心形图形复制并填充黑色，使用步骤09~10相同的方法，将图形转换为位图图像，并添加高斯式模糊效果，设置【半径】参数为80像素。调整图像位置，如图12-41所示。

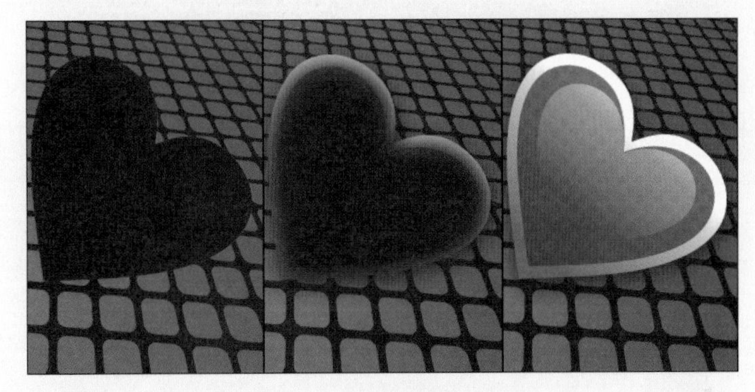

图12-41　添加模糊效果

16选择绘制的心形图形，拖动图形向左移动的过程中右击，然后松开鼠标左键复制该图形。调整图形大小与位置，如图12-42所示。

图12-42　复制图形

17使用工具箱中的【文本工具】字在页面输入“相印”字样，并填充洋红色（R：

221、G：19、B：123）。按小键盘上的+键复制该文本，填充轮廓线为黑色并设置轮廓宽度为2.8mm。使用相同的方法复制该文本，填充轮廓线为白色并设置轮廓宽度为5.6mm。依次调整文本位置，如图12-43所示。

图12-43　添加文本

18 最后使用工具箱中的【文本工具】字添加相关文本，完成该实例的绘制，如图12-44所示。

图12-44　添加相关文本

小结

好的文字设计可以起到画龙点睛的作用，它可以衬托和美化画面，并丰富作品的视觉效果。本章首先介绍了文字设计的相关知识，然后通过一个带有魔幻色彩的文字设计实例和另一个富有浪漫色彩的文字设计实例，分析了设计思路，讲解了制作中的注意事项。通过详细的实例设计制作步骤，轻松讲解了文字设计制作技法和设计流程。

希望读者通过本章的学习，理解和掌握文字设计的理论知识，能够灵活运用CorelDRAW X4的强大的功能，设计制作出优秀的文字设计作品。

第13章

宣传页设计

文字在设计作品中起着非常重要的作用，它可以明确主题，帮助人们理解作品的含义，也可以起到美化画面、增强视觉效果的作用。本章将讲述如何使用CorelDRAW X4创建文字特效。

本章内容

13.1 宣传页设计相关知识

宣传页是一种宣传效果好、价格低廉的广告宣传方式，它多以发放的方式派送到消费者手里。它不受时间和地域的限制，既可针对短期内的商品促销或服务活动进行宣传，也可以做成较为精致的单页或折页，使其具有收藏性，达到长期宣传的效应。图13-1所示是一张装饰墙纸的宣传页设计。

图13-1 宣传页

13.1.1 宣传页的特点

宣传页可以达到全面、详实、定向地宣传产品的目的，具有针对性强和独立的特点。

- 针对性：宣传页是以一个完整的宣传形式，针对特定范围，如销售季节或流行期、有关企业和人员、展销会和洽谈会、购买货物的消费者等，进行邮寄、分发、赠送。目的就是扩大企业、商品的知名度，推销产品和加强购买者对商品的了解。图13-2所示是一个告知指定日期内有优惠活动的宣传页广告。

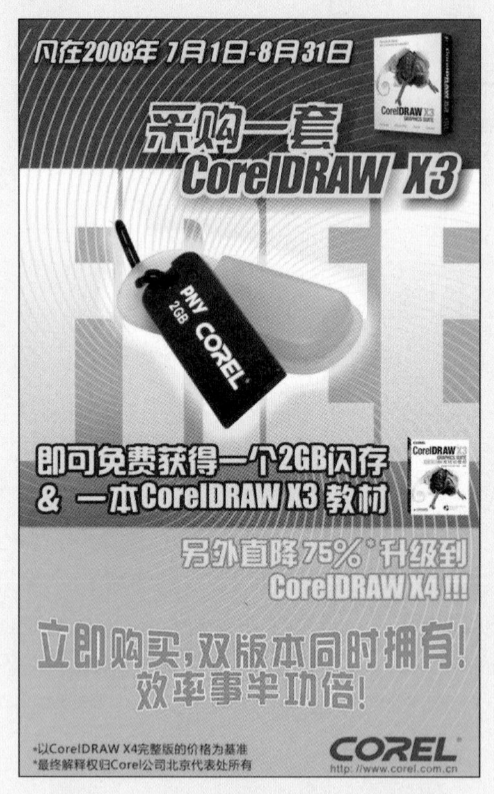

图13-2 关于产品优惠的宣传页设计

- 独立性：宣传页自成一体，不需要借助其他媒体，而且不会受到其他媒体的宣传环境、公众特点、版面、印刷、纸张等各种限制。

13.1.2 宣传页设计要素

在宣传页的设计中，应当从构思、形象表现、开本、印刷以及纸张等都提出较高的要求，让消费者爱不释手，使其充分为商品广告宣传服务。

- 纸张：在前期设计制作的过程中，应根据不同的形式和用途选择纸张，一般采用铜版纸、卡纸、玻璃卡等。
- 开本：开本有32开、24开、16开、8开等，还有长条开本和经折叠后形成新的形式。开本大的可用于张贴，开本小的利于邮寄。在设计特殊开本时，要注意纸张的合理利用。

- 折叠：折叠方法主要采用“平行折”和“垂直折”两种，并由此演化出多种形式。“平行折”即每一次折叠都以平行的方向去折；“垂直折”是每一次折叠都以垂直的方向去折。
- 整体设计：宣传页要抓住商品的特点，以富于艺术表现力的视觉语言吸引消费者。内页的设计要尽可能详细地传达出商品的信息内容。对于专业性强的精密复杂商品，实物照片与工作原理图应并存，以便于使用和维修。设计宣传页时，要注意封面用色要强烈而醒目，而内页色彩则要柔和一些，以便于消费者阅读。封面和内页的形式、内容要具有连贯性和整体性，统一风格，且要围绕一个主题。

13.2 数码相机的折页设计概述

13.2.1 成品效果展示

图13-3所示的图形，为数码相机折页设计完成后的效果。

图13-3 宣传页效果

13.2.2 设计思路

数码相机属于贵重消费品，而且是现代化的高科技产品，在为其设计宣传页时，要注意内容不能低俗、不能太过大众化，要能够体现出产品的时代性和特点。该宣传页在整体色调的安排上，采用纯净的蓝色作为主色调，给人以沉稳、智慧的心理感受，体现出产品的科技特点。并且该颜色与白色及暖色调搭配在一起，也能达到一种时尚的视觉效果。

宣传页的正面使用一个卡通美女形象作为装饰，并附上产品的图片及必要的产品信

息，使消费者在得到宣传页时，首先获得清爽的视觉感受，并了解到产品的主要信息。宣传页背面安排的是该产品较为详细的性能指标，使消费者可以了解产品的更多相关信息。

13.2.3 制作要点

01 添加辅助线设定宣传页的页面制作范围。

02 使用【填充工具】为宣传页设置底纹。

03 使用【贝塞尔工具】绘制出主体的装饰人物。

04 利用【填充工具】为装饰花朵添加渐变效果。

13.3 设计过程精解

13.3.1 绘制宣传页正面

该宣传页的正面包括主体的装饰人物、背景和文字信息3部分内容。

1. 绘制背景

该宣传页的单页尺寸为150mm×300mm，共4个页面，展开后尺寸为600mm×300mm，在绘制底色时要注意留出出血线的位置。

01 执行【文件】|【新建】命令，新建一个绘图文档。单击工具栏中的【选项】按钮，打开【选项】对话框，设置页面尺寸为600mm×300mm，将【出血】参数设置为3，设置出血线为3mm，如图13-4所示，单击【确定】按钮完成设置。

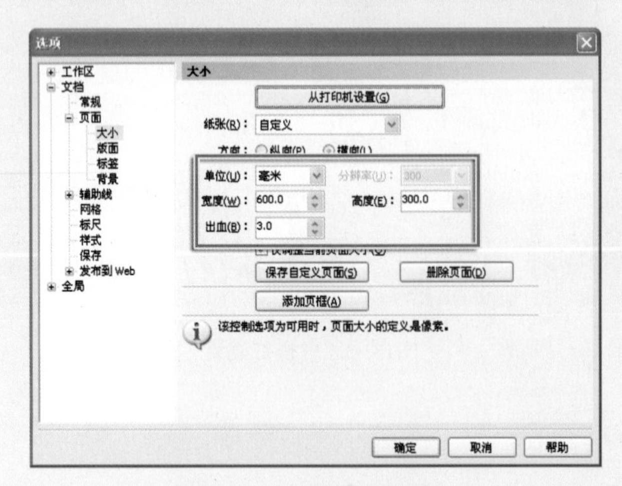

图13-4 【选项】对话框

02 执行【视图】|【显示】|【出血】命令，显示出血线，以方便接下来的绘制。在绘图页面中双击标尺打开【选项】对话框，参照图13-5所示，在页面中添加辅助线，将页面的区域划分开。

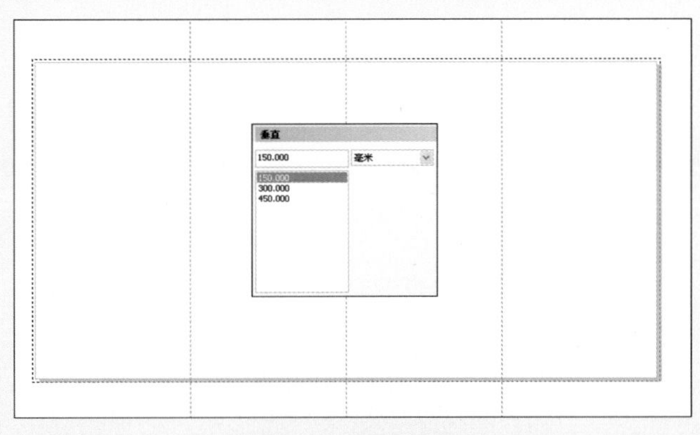

图13-5　添加辅助线

03 双击工具箱中的【矩形工具】，绘制出与页面同等大小的矩形，将图形填充为蓝色。执行【排列】|【变换】|【位置】命令，打开【变换】泊坞窗。参照图13-6所示，移动矩形位置并调整图形大小，通过单击【应用】按钮将矩形转换成大小为606mm×306mm并与页面中心对齐的矩形。

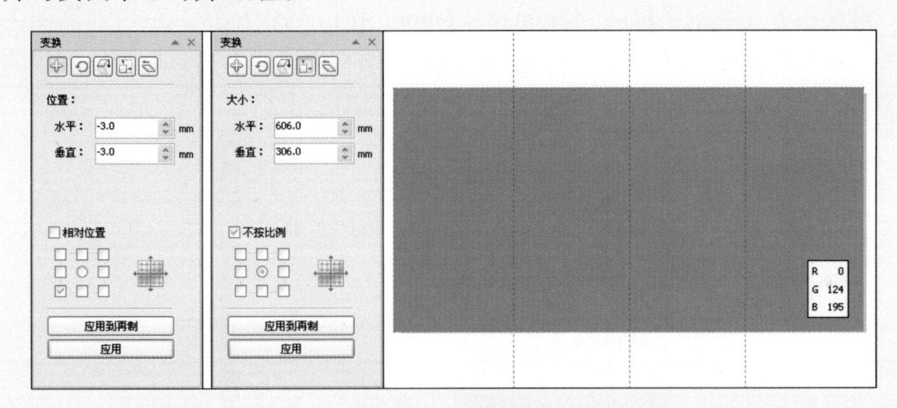

图13-6　创建矩形

04 按小键盘上的+键，复制该矩形。单击工具箱中的【填充工具】，在弹出的工具展示栏中选择【图样】选项，打开【图样填充】对话框，参照图13-7设置参数，为复制的矩形图样填充图案。

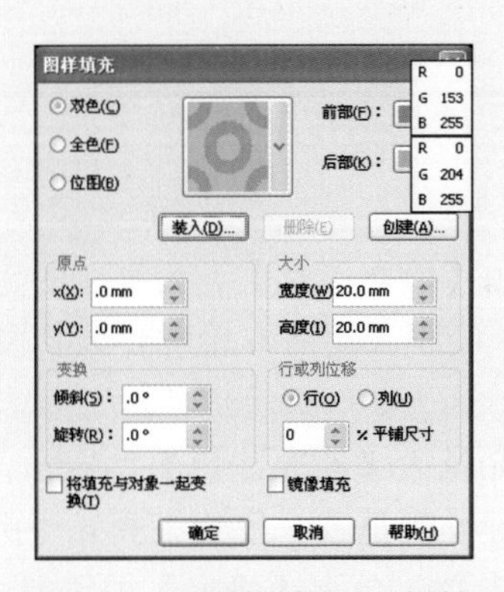

图13-7　【图样填充】对话框

05 单击工具箱中的【交互式调和工具】，在弹出的工具展示栏中选择【交互式透明工具】，为矩形添加透明效果，设置参数如图13-8所示。

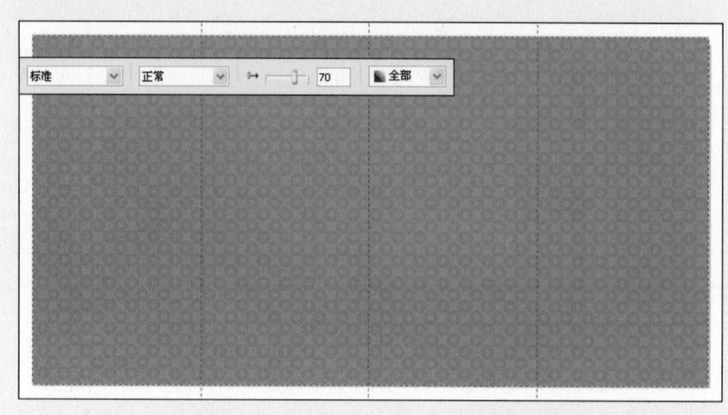

图13-8 为图形添加交互式透明效果

06 选择工具箱中的【矩形工具】，在页面左边贴齐辅助线的位置绘制矩形，在属性栏【对象大小】文本框中输入153mm和306mm，按Enter键确认。单击右侧调色板上的白色色块，为矩形填充白色。在右侧调色板上的无填充按钮右击，取消轮廓线的填充。如图13-9所示。为方便接下来的绘制，将“图层 1”锁定。

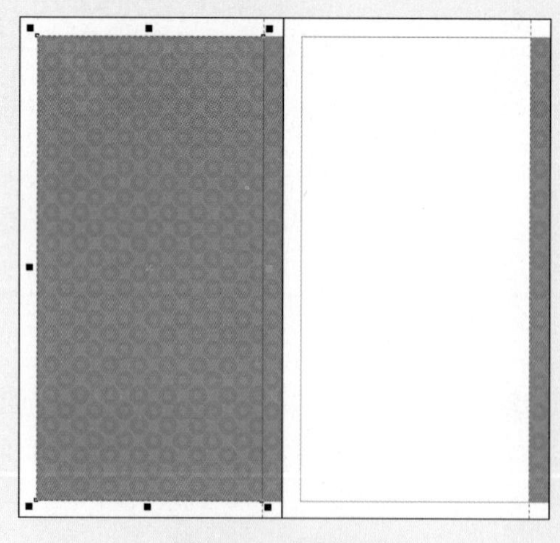

图13-9 绘制矩形

2. 绘制主体人物

接下来绘制主体人物。使用【填充工具】为绘制的正圆填充渐变，作为人物图形背景装饰。利用【贝塞尔工具】绘制人物基本轮廓并为其设置颜色，也可以执行【文件】|【导入】命令，导入位图图像。

01 在【对象管理器】左下角单击【新建图层】按钮，新建“图层 2”。使用【椭圆形工具】配合Shift+Ctrl快捷键绘制正圆。使用工具箱中的【填充工具】为正圆填充渐变效果，参照图13-10所示设置参数，单击【确定】按钮完成渐变填充。

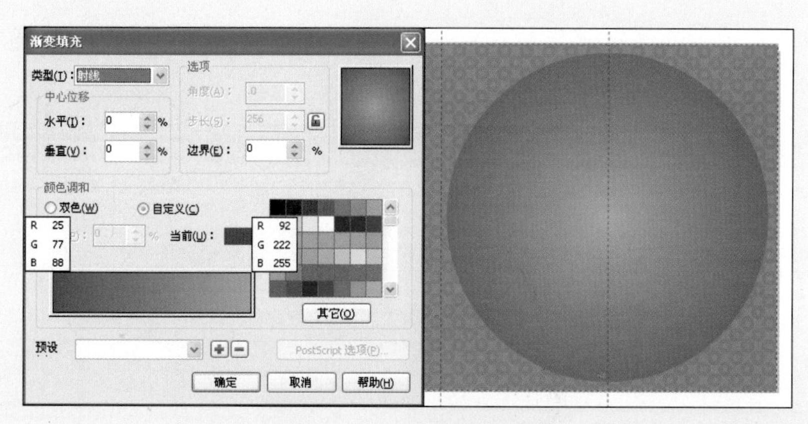

图13-10　为图形填充渐变

02 使用工具箱中的【椭圆形工具】绘制正圆，并使用【填充工具】为正圆填充渐变，设置参数如图13-11所示，单击【确定】按钮完成渐变填充。

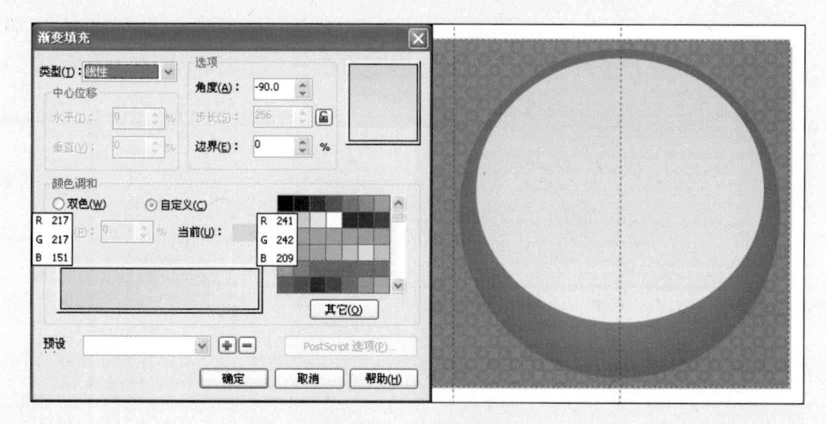

图13-11　填充渐变

03 接下来继续绘制正圆，使用【填充工具】，打开【渐变填充】对话框，在【类型】下拉列表中选择【线性】选项，调整【角度】参数为90度，设置颜色从橄榄色（R：168、G：168、B：107）至浅黄色（R：247、G：247、B：222）的渐变填充，如图13-12所示。

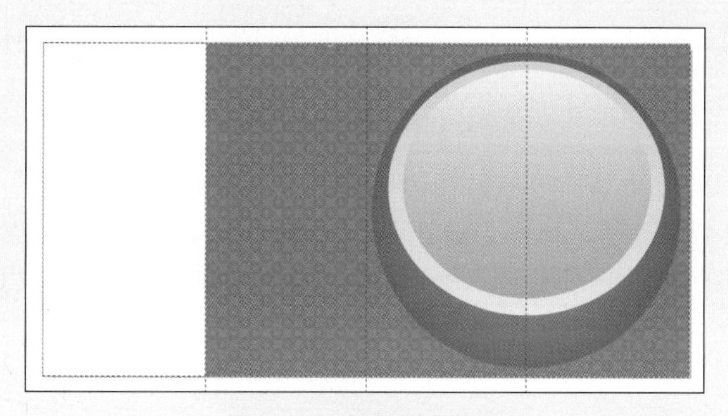
图13-12　调整图形位置

04使用工具箱中的【贝塞尔工具】，在绘图窗口中绘制人物图形，如图13-13所示。利用【形状工具】调整图形形状。

图13-13 绘制人物

05使用工具箱中的【填充工具】为图形填充颜色，并为绘制的裙子填充渐变，设置参数如图13-14所示。

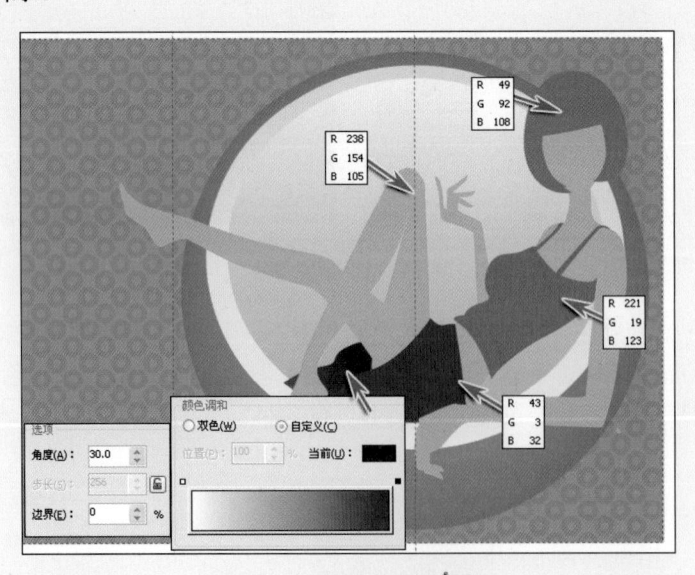

图13-14 为图形设置颜色

06使用【贝塞尔工具】为人物绘制眼睛，选择绘制的眼框图形，单击属性栏中的【后剪前】按钮修剪图形。利用【填充工具】为图形填充颜色，如图13-15所示。使用相同的方法绘制另一只眼睛。选择绘制的眼睛，按Ctrl+G快捷键将其群组。

07使用【贝塞尔工具】为人物绘制嘴唇图形。选择【填充工具】为图形填充深红色（R：102、G：0、B：0）。为嘴唇填充渐变，设置参数如图13-16所示，单击【确定】按钮完成渐变填充。

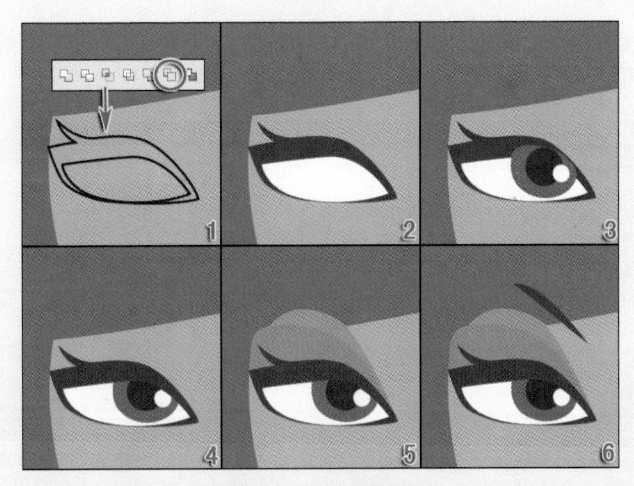

图13-15　绘制眼睛

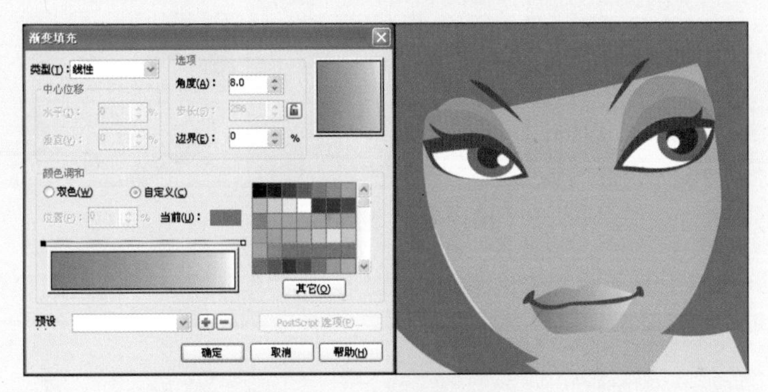

图13-16　调整图形位置

08选择工具箱中的【星形工具】，在人物右眼下方绘制五角星。利用【交互式网状填充工具】为星形图形添加网状填充，如图13-17所示。使用【贝塞尔工具】绘制投影效果，并填充桃黄色（R：232、G：118、B：82）。将脸部绘制的所有图形群组并调整图形位置。

图13-17　绘制图形

09 接下来为人物绘制头发图形。使用【贝塞尔工具】绘制如图13-18所示的曲线图形。利用【填充工具】为图形填充颜色，并取消轮廓线的填充。

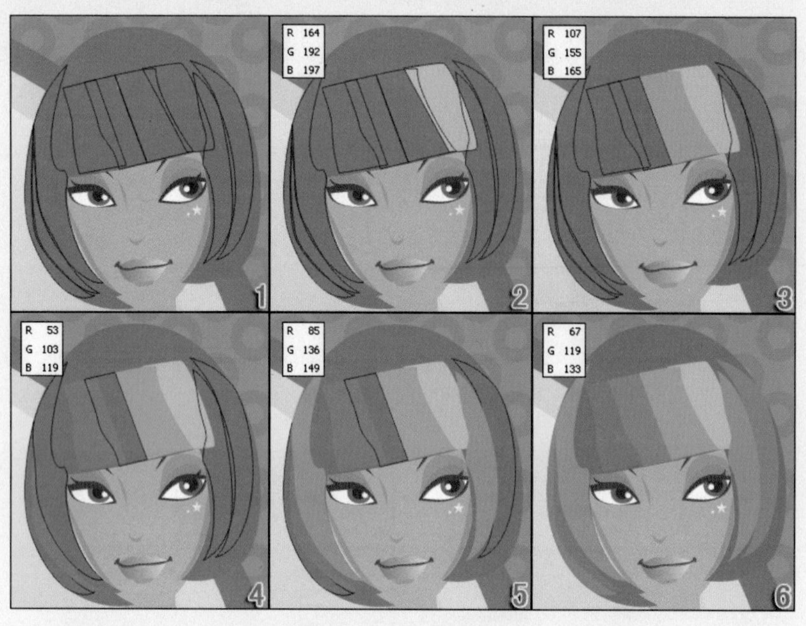

图13－18　绘制头发

10 使用【贝塞尔工具】继续绘制曲线图形，并填充黑色。调整图形位置如图13-19所示。将头发的所有图形群组。

图13－19　修饰图形

11 接下来开始绘制眼镜图形。选择【贝塞尔工具】绘制眼镜轮廓，并使用【填充工具】为镜框填充紫色（R：151、G：69、B：120）。为镜片填充渐变，设置参数如图13-20所示。

图13-20 填充渐变

12 选择【贝塞尔工具】为眼镜绘制亮点、阴影图形。使用【填充工具】分别为图形填充浅粉色（R：224、G：203、B：214）、深灰色（R：56、G：62、B：64）、蓝紫色（R：40、G：22、B：111），如图13-21所示。然后将绘制的眼镜图形群组。

图13-21 为眼镜绘制阴影

13 接下来使用【贝塞尔工具】为人物绘制投影效果。利用【填充工具】为图形填充桃黄色（R：225、G：107、B：70），并为人物绘制指甲。调整图形位置如图13-22所示。

图13-22 绘制图形

14 使用【贝塞尔工具】 为人物衣服绘制褶皱。利用【填充工具】 参照图13-23所示，为图形设置颜色，并将绘制的人物图形群组。

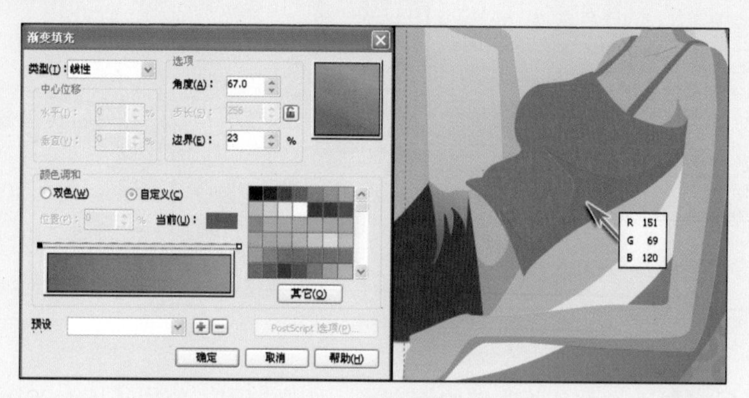

图13−23　为图形填充渐变

15 新建“图层 3”。执行【文件】|【导入】命令，打开附带光盘中的“素材文件\第13章\手机.tif”文件，按Enter键，将导入的位图图像自动放置在页面中心位置，如图13-24所示。

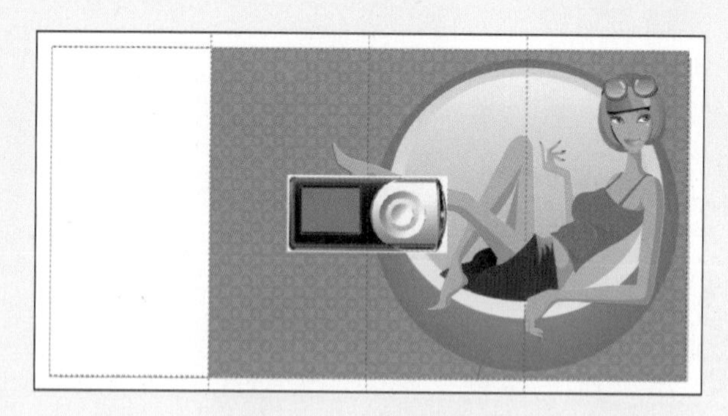

图13−24　导入素材

16 选择工具箱中的【形状工具】 ，单击选择手机图像，这时该图像的边框呈虚线显示，调整图像虚线边框上的节点位置，如图13-25所示，将多余的图像隐藏。

图13−25　调整图形节点

17 选择工具箱中的【矩形工具】，在页面上绘制与手机屏幕相同大小的矩形。使用【填充工具】为矩形填充渐变，设置参数如图13-26所示。继续在该矩形的底部绘制矩形，并填充黑色。

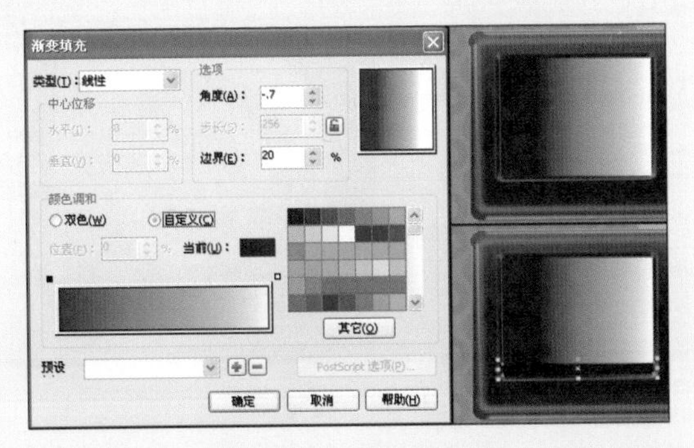

图13-26 绘制矩形

18 选择工具箱中的【椭圆形工具】，配合Shift+Ctrl快捷键绘制正圆，利用【交互式网状填充工具】为图形添加网状填充，设置颜色如图13-27所示。

图13-27 为图形添加网状填充

19 选择绘制的人物，拖动图形向左移动的过程中右击鼠标，然后松开鼠标左键复制该图形。调整图形大小与位置如图13-28所示，并为图形设置颜色。

图13-28 复制图形

20 使用相同的方法，选择绘制的所有图形，拖动图形向右移动的过程中右击鼠标，然后松开鼠标左键，复制该图形，调整图形大小与位置，如图13-29所示。

图13-29　复制图形

21 使用【文本工具】字，在页面中输入装饰文本，如图13-30所示。为方便接下来的绘制，将添加的文本信息群组。

图13-30　输入文本

22 选择步骤 21 群组后的图形，按小键盘上的+键复制该图形，调整图形大小与位置，如图13-31所示。

图13-31　复制图形

23 使用步骤22相同的方法，按小键盘上的+键复制图形，并调整图形大小与位置，效果如图13-32所示。

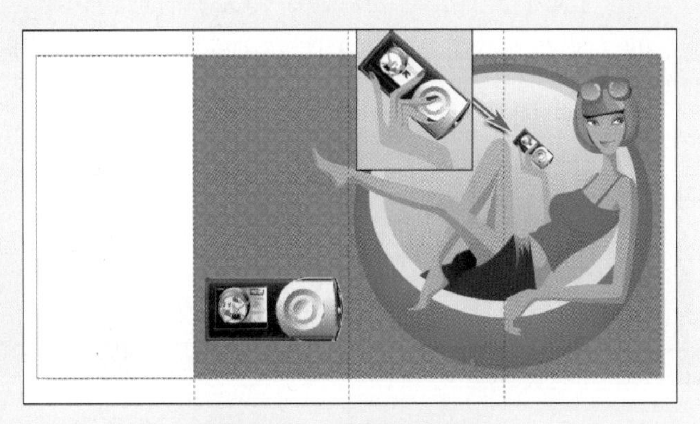

图13-32 调整图形位置

24 使用工具箱中的【矩形工具】在页面中绘制两个等大的矩形，在属性栏的【对象大小】文本框中输入18mm和36mm，按Enter键确认。使用【填充工具】为矩形填充浅绿色（R：216、G：222、B：210）、黑色，如图13-33所示。

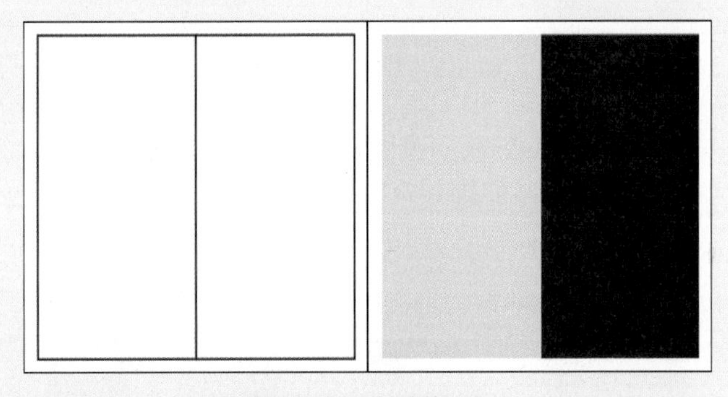

图13-33 绘制矩形

25 选择绘制的人物和网状填充图形，拖动图形向右移动的过程中右击鼠标，然后松开鼠标左键复制该图形，调整图形大小与位置，如图13-34所示，

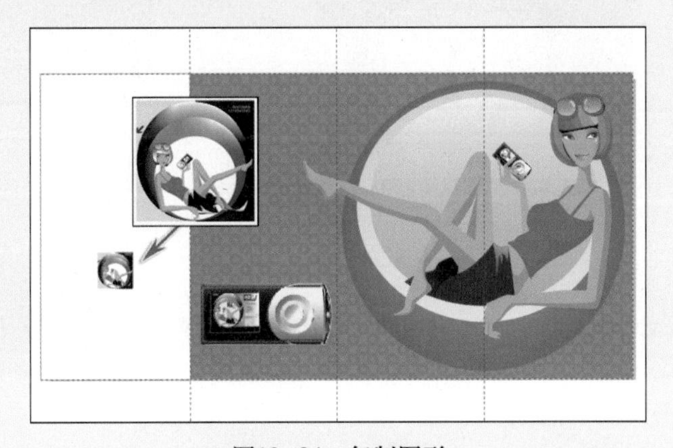

图13-34 复制图形

3．添加文本

下面使用工具箱中的【文本工具】字为页面添加文字信息。

01 选择工具箱中的【文本工具】字，为图形添加装饰文字。使用【箭头形状】绘制箭头形状，如图13-35所示。

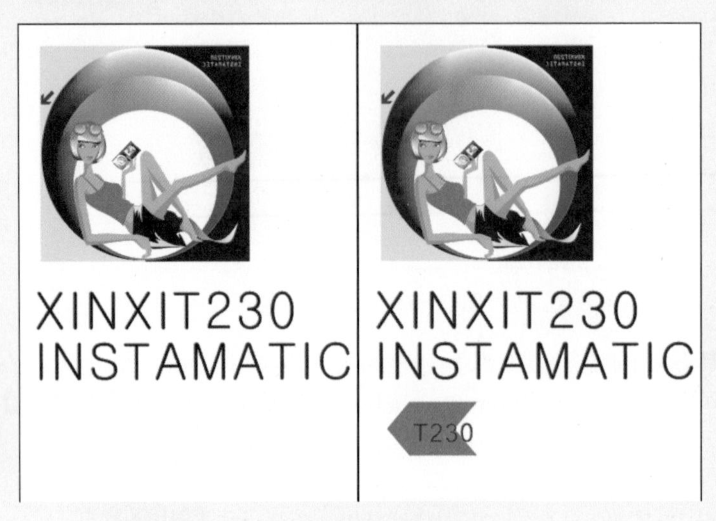

图13-35　添加装饰文字

02 选择工具箱中【文本工具】字，在数码相机图形上方位置输入文字信息，如介绍该产品的特点及基本功能等内容，如图13-36所示。

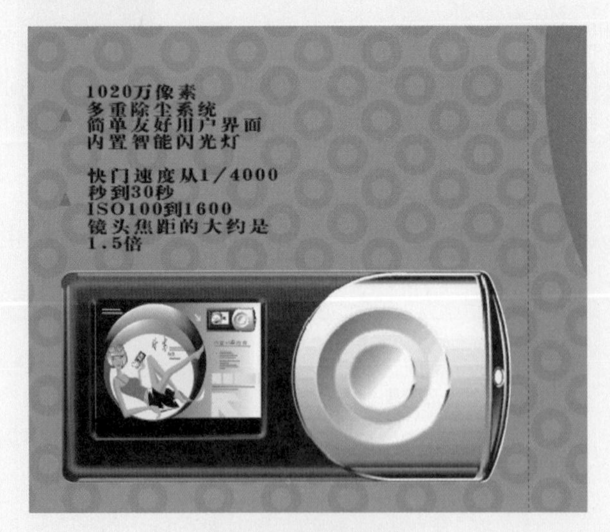

图13-36　输入文本

03 选择工具箱中的【文本工具】字，在绘图页面右下角输入文本，并填充洋红色（R：221、G：19、B：123）。按小键盘上的+键复制该文本，为复制的文本填充白色，调整文本位置，如图13-37所示。

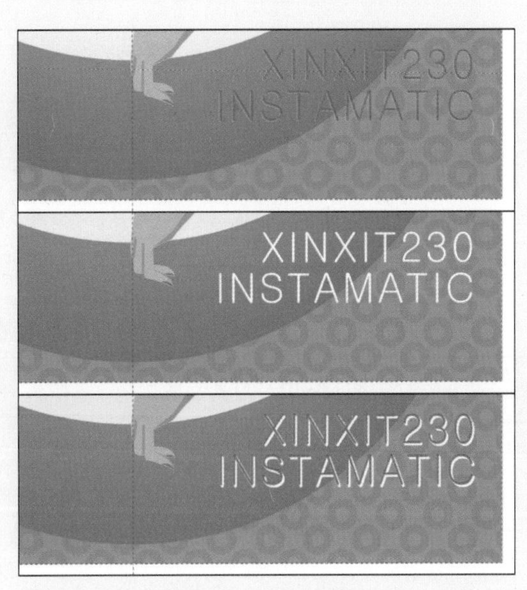

图13-37 复制图形

04 选择工具箱中的【文本工具】字继续绘制文本。单击工具箱中的【轮廓工具】，在弹出的工具展示栏中选择【画笔】选项，打开【轮廓笔】对话框，设置【颜色】选项为白色，【宽度】参数为1.mm，单击【确定】按钮完成轮廓线的设置。然后绘制矩形并添加相关文字信息，如图13-38所示。

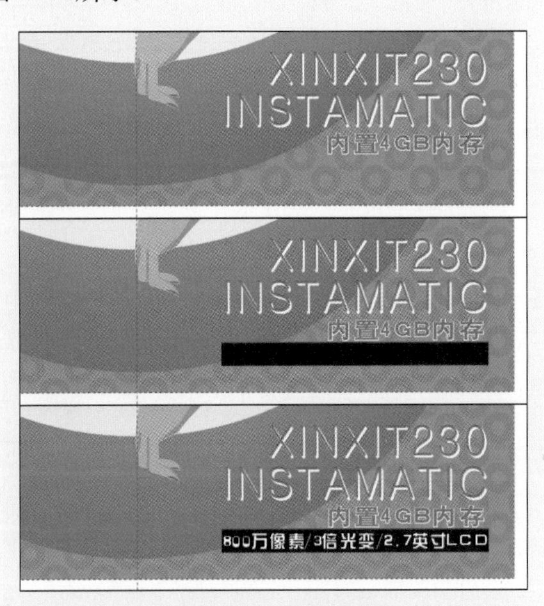

图13-38 添加文本

05 接下来使用工具箱中的【文本工具】字为页面添加装饰性文字，完成宣传页正面的绘制，如图13-39所示。

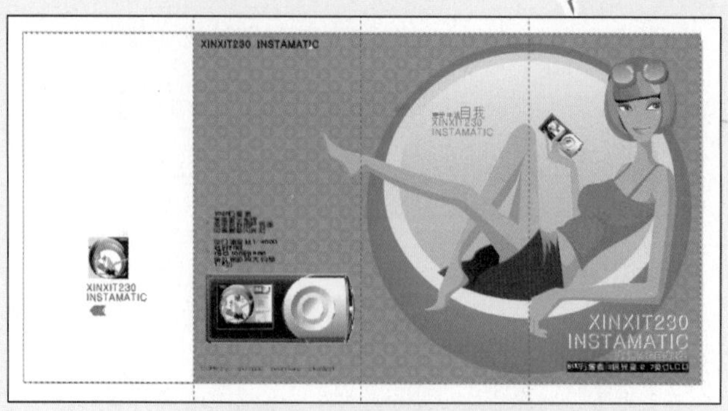

图13-39　完成效果

13.3.2　绘制宣传页背面

宣传页背面的内容主要是该产品的详细参数信息，并在右侧绘制了一些花朵作为背面的装饰。

01 执行【版面】|【再制页面】命令，将“页面 1”绘制的图形再制到“页面 2”中。选择页面中的部分图形及文本，按Delete键删除，调整图形大小与位置，如图13-40所示。

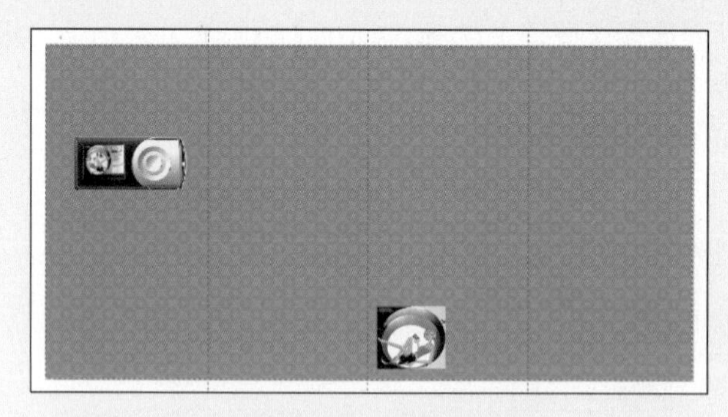

图13-40　再制页面

02 选择工具箱中【矩形工具】，在数码相机图像下方绘制矩形，填充蓝紫色（R：51、G：0、B：102）。利用【交互式透明工具】为图形添加透明效果，如图13-41所示。

图13-41　为矩形添加透明效果

03 选择工具箱中的【文本工具】字在页面中添加相关文字信息，如介绍产品的特点及功能等有关内容，如图13-42所示，并将添加的文本群组。

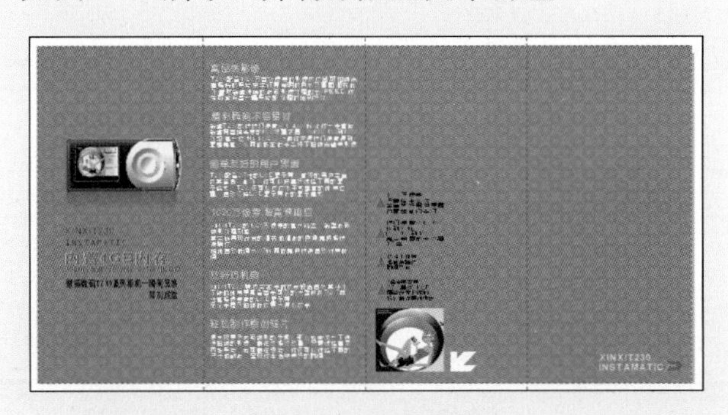

图13-42　添加文本

04 使用工具箱中的【贝塞尔工具】在页面右上角绘制花朵图形。利用【填充工具】为图形填充渐变，如图13-43所示。

图13-43　为图形添加渐变填充

05 使用【贝塞尔工具】绘制花芯，并为图形填充颜色。利用【交互式透明工具】为图形添加透明效果，如图13-44所示。将绘制的花朵图形群组。

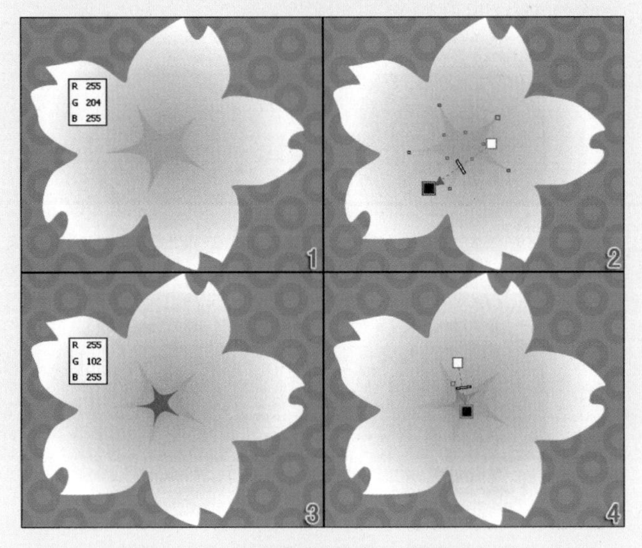

图13-44　为图形添加交互式透明效果

06选择群组的花朵图形，拖动图形向右移动的过程中右击鼠标，然后松开鼠标左键复制该图形，调整图形的大小、位置和颜色，如图13-45所示。

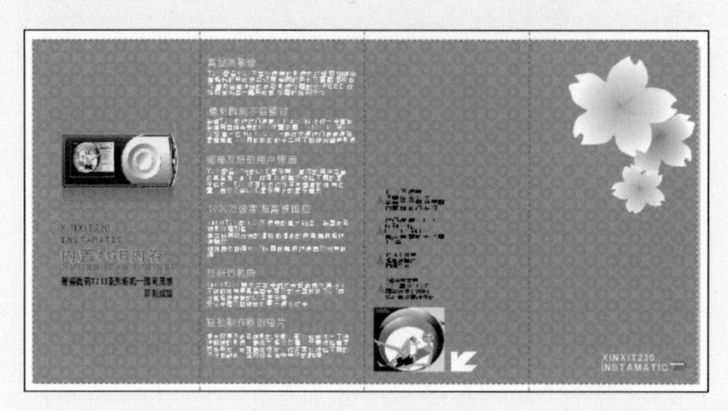

图13-45　复制图形

07选择工具箱中的【贝塞尔工具】绘制花瓣，并使用【填充工具】为图形填充渐变，设置参数如图13-46所示。

图13-46　为图形填充渐变

08选择绘制的花瓣图形，按小键盘上的+键复制该图形。调整图形大小、位置和颜色，如图13-47所示。将复制的图形群组。

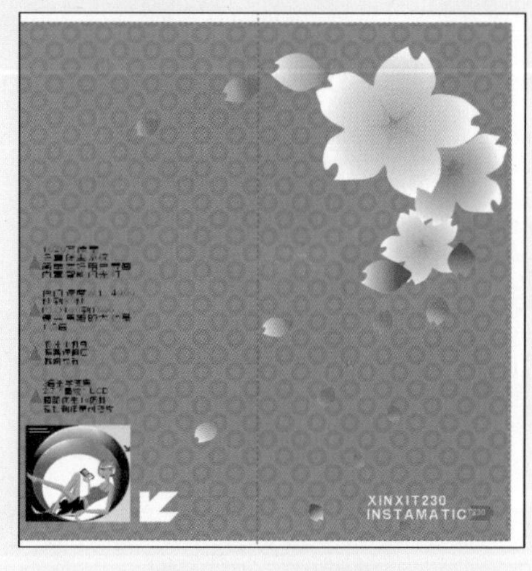

图13-47　复制图形

09选择工具箱中的【椭圆形工具】，在绘图页面中绘制椭圆形，单击右侧调色板上的白色色块，为图形填充白色。使用【交互式透明工具】为图形添加透明效果，如图13-48所示，将绘制的椭圆形群组。

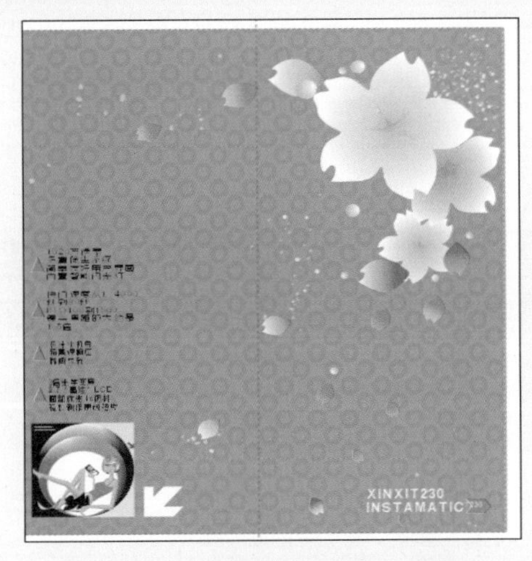

图13-48　为椭圆形添加透明效果4

10选择工具箱中的【贝塞尔工具】，在页面右侧绘制装饰曲线，完成该作品的绘制，如图13-49所示。

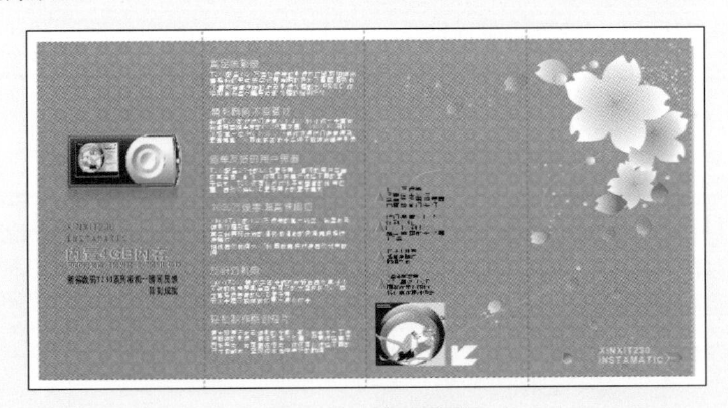

图13-49　完成效果

小结

宣传页是一种便捷、成本低廉的广告宣传方式，适合各种服务和产品的宣传。它可以将详细的图文信息传达给潜在的消费者。本章首先介绍了宣传页设计的相关知识，然后以数码相机的宣传页设计为例子，从创意构思到制作要点，再通过详细的设计制作步骤，将整个设计制作过程记录下来，讲解宣传页设计制作技能和设计流程。

希望读者通过本章的学习，理解和掌握宣传页设计的理论知识，能够灵活运用CorelDRAW X4的强大功能，设计制作出优秀的宣传页广告作品。

第14章

楼书设计

随着现代人生活节奏的加快和对高品质生活的需求，房地产业也得以迅猛发展，而楼书的设计也越来越受到重视。本章将就楼书设计的相关知识进行讲述，并通过设计一个古色古香的楼书手册的详细制作过程，向读者展示如何使用CorelDRAW X4来绘制楼书。

本章内容

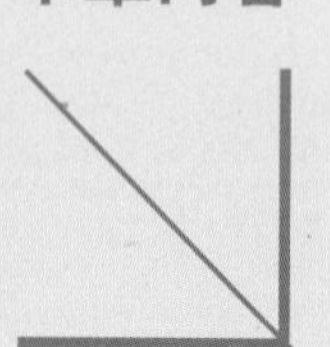

14.1 楼书设计的相关知识

14.1.1 什么是楼书设计

楼书设计就是房地产企业为了在消费者和社会环境中树立良好形象，并进行产品宣传的一种设计宣传方式。楼书设计是在结合楼盘的定位、特征、理念等内容的基础上创作的，包括楼书封面、字体、广告、插图、版面设计、内容编辑等的整体设计。

图14-1 楼书设计

14.1.2 楼书的特点

概括来说，楼书具有两个特点，实用性和艺术性。

- 实用性：实用性是楼书设计时首要考虑的因素，因为楼书是市场经济下的产物，是一种有着固定流通范围的商品，它担负着对整个楼盘进行解释和说明的作用，如图14-2所示效果。大多数设计师采用的创意方法是创造消费者所期盼的画境和叙述内容，这是符合消费者心理的创意行为。但在制作的过程中，要注重信息传达的是否真实、是否到位。一份盲目夸大的楼书，必将引起消费者的不信任感，从而造成事与愿违的结果。

图14-2 内容翔实的楼书设计

- 艺术性：楼书设计所独有的文化是楼书设计的灵魂，它需要使用艺术性的手法表现出来。这种艺术性的表现不单单是楼书外在的形式美，对楼书自身的内涵建设才是关键所在。

这就需要设计师学会运用包装来吸引更多的消费者，要突出楼书设计的形式感和重点信息的传递，要利用一切元素，如文字、图形、颜色和材质等多种手段的综合运用达到突显个性的作用。

14.1.3 楼书设计需注意的问题

楼书在设计的过程中，要注意创新、风格和品牌等问题。

- 缺乏创新：目前许多楼书设计，如果不仔细辨别名称，很难通过封面一眼辨别出该楼书的所属。主要原因就是缺乏创新，抄袭、模仿的现象太多。创新，是一份优秀楼书具有旺盛生命力的保证。
- 追随时代特点：设计应紧随时代潮流，楼书设计也不例外。但一些楼书设计缺乏市场调查，不注重消费者的感受，单纯为设计而设计，过于主观性，导致至今有些设计仍停留在上世纪90年代以前的水平，和市场、消费者脱节。
- 风格要统一：同一地产商，不同楼盘的两份楼书最好要有所关联。对于设计者来说，应注意各期楼书之间的风格统一。一些楼书的设计，不同的楼盘在用图和风格上存在很大变化，很难让消费者分辨该楼盘的真面目，容易使人产生混淆。
- 创建品牌文化意识：楼书设计是楼盘品牌形象的制高点，它直接影响受众对品牌的

认知度、好感度和美誉度。但一些楼书设计缺乏品牌意识，在构思布局、选取图片时不注意为VI系统服务，影响了企业形象的提升，不利于品牌文化的建设。

14.2 楼书设计概述

14.2.1 成品效果展示

图14-3所示的图形，为楼书设计完成后的效果。

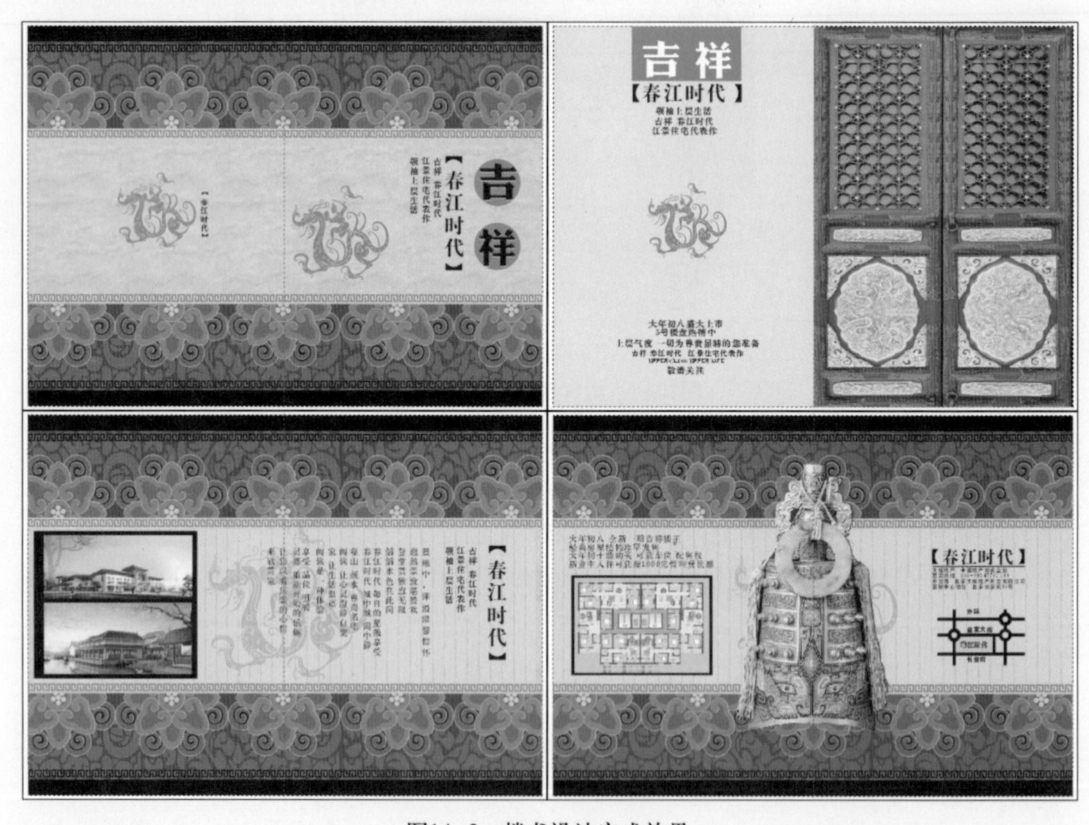

图14−3　楼书设计完成效果

14.2.2 设计思路

该楼书设计包括封面共10页内容，采用内页连续的方式表现，整体采用古色古香的中式风格。该楼书设计采用统一的底纹效果，使用色彩浓郁、变化繁复的中式纹样作为楼书的底纹，增强了画面的欣赏性和视觉冲击力。而整个底纹的变化也成为该楼书的制作重点和表现重点，它强化了画面的质感，展现并提升了楼书的文化底蕴，使消费者能够在看到第一眼的同时产生好感，拉近与商家的心理距离，使该地产商能够在人们的心中留下较好的形象，达到宣传与销售的目的。

14.2.3 制作要点

01 使用【贝塞尔工具】绘制变化繁复的底纹

02 通过【再制页面】的方式创建具有相同底纹的页面

03 通过【导入】位图作为装饰，增强画面的视觉效果

14.3 设计过程精解

在【选项】对话框中设置参数为页面添加辅助线，以方便接下来的绘制。然后利用【矩形工具】依照绘图页面尺寸创建矩形，使用【贝塞尔工具】绘制曲线图形为背景做简单装饰，再次选择【矩形工具】绘制若干矩形装饰图形。

使用工具箱中的【贝塞尔工具】绘制装饰图形，并利用【形状工具】调整图形形状。通过【图框精确剪裁】命令约束装饰图形的显示范围。选择工具箱中【文本工具】字为页面添加装饰文本。

1. 制作封面和封底

该楼书的单页尺寸为130mm×185mm，双页展开后的尺寸为260mm×185mm，在绘制时要注意留出出血线的位置。

01 执行【文件】|【新建】命令，新建一个绘图文档。在工具栏中单击【选项】按钮，打开【选项】对话框，设置页面尺寸为260mm×185mm，将【出血】参数栏设置为3，设置出血线为3mm。参数设置如图14-4所示，单击【确定】按钮完成设置。

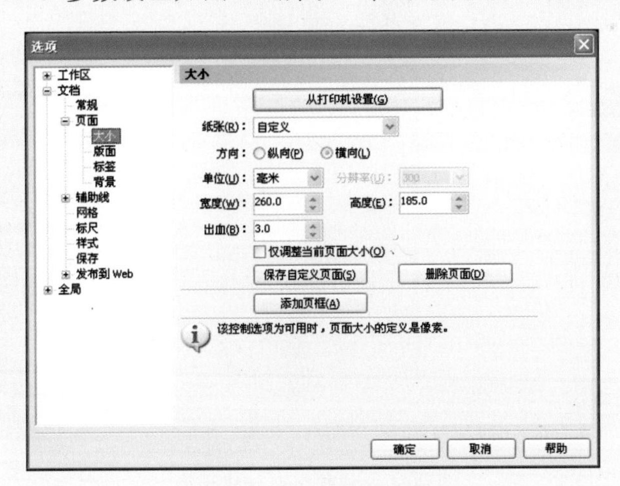

图14-4 【选项】对话框

02 在绘图页面中双击标尺打开【选项】对话框，选择【辅助线】|【垂直】选项，在【垂直】选项区中输入130，设置单位为毫米，单击【添加】按钮添加辅助线，如图14-5所示，设置完毕后单击【确定】按钮，完成辅助线的添加。

图14-5　添加辅助线

03 双击工具箱中的【矩形工具】，绘制出与页面同等大小的矩形，将图形填充为深褐色。执行【排列】|【变换】|【位置】命令，打开【变换】泊坞窗，参照图14-6所示移动矩形位置并调整图形大小，通过单击【应用】按钮将矩形转换成大小为266mm×191mm，并与页面中心对齐的矩形。

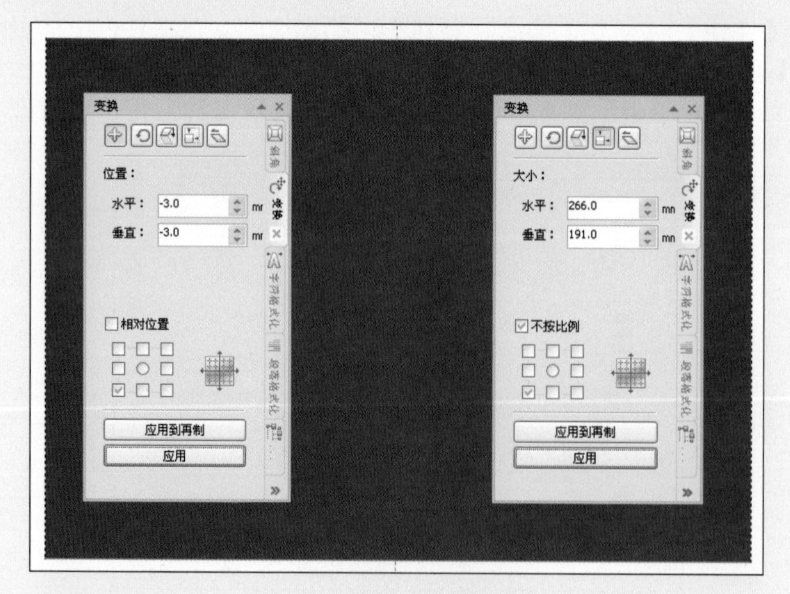

图14-6　依照页面创建矩形

04 使用工具箱中的【矩形工具】，在页面顶部和底部绘制矩形，在属性栏【对象大小】文本框中输入266mm、8mm，按Enter键确认。单击右侧调色板上的黑色色块，为矩形填充黑色并取消轮廓线的填充，如图14-7所示。

05 选择工具箱中的【贝塞尔工具】，在绘图窗口上绘制曲线图形，按小键盘上的+键复制该图形，调整图形位置，如图14-8所示。选择绘制的所有图形，单击属性栏中

的【焊接】按钮将图形焊接在一起。使用【填充工具】为图形填充深红色（R：137、G：5、B：7）。

图14-7　绘制矩形

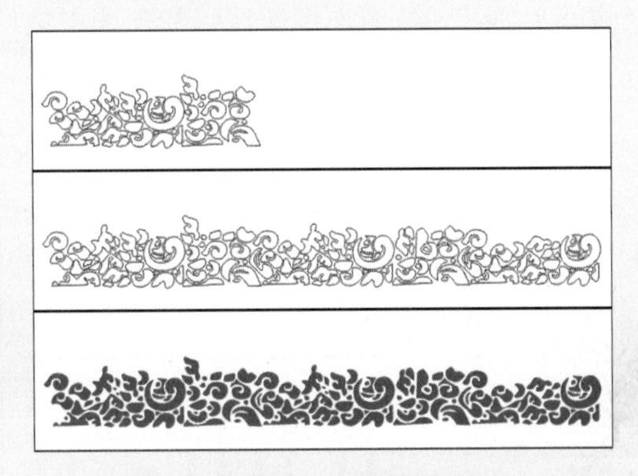
图14-8　绘制图形

06 选择绘制的曲线图形，拖动图形到页面的底部位置，并调整图形大小。使用【矩形工具】在页面左下角边缘位置绘制矩形。选择矩形和曲线图形，单击属性栏中的【修剪】按钮，修剪曲线图形，如图14-9所示。

图14-9　修剪图形

07 选择修剪后的曲线图形，向上拖动的过程中右击鼠标，然后松开鼠标左键复制该图形，调整图形位置如图14-10所示。

图14-10　复制图形

08 选择工具箱中的【矩形工具】□，在页面中绘制若干矩形，使矩形堆列为如图14-11所示形状，在堆列过程中使图形宽度相等。选择绘制的矩形，在属性栏中单击【焊接】按钮将图形焊接在一起，为图形填充黑色并取消轮廓线的填充。

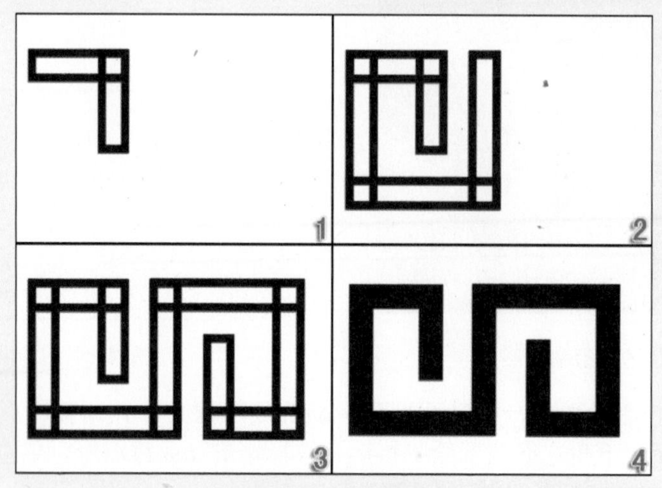

图14-11 焊接图形

09 选择焊接后的曲线图形，移动图形到页面的左上角位置，执行【窗口】|【泊坞窗】|【变换】|【位置】命令，打开【变换】对象管理器，设置【水平】参数为7.25mm。单击【应用到再制】按钮36次，复制36个图形副本，如图14-12所示。选择复制的图形，单击【焊接】按钮将图形焊接在一起。

图14-12 复制图形

10 为方便接下来的绘制工作，将“图层 1”锁定，新建“图层 2”。在工具箱中双击【矩形工具】□，创建矩形。使用工具箱中的【贝塞尔工具】绘制如图14-13所示的曲线图形。选择绘制的曲线图形，在属性栏中单击【焊接】按钮将图形焊接在一起，围绕图形边缘绘制装饰图形，并为图形填充颜色。

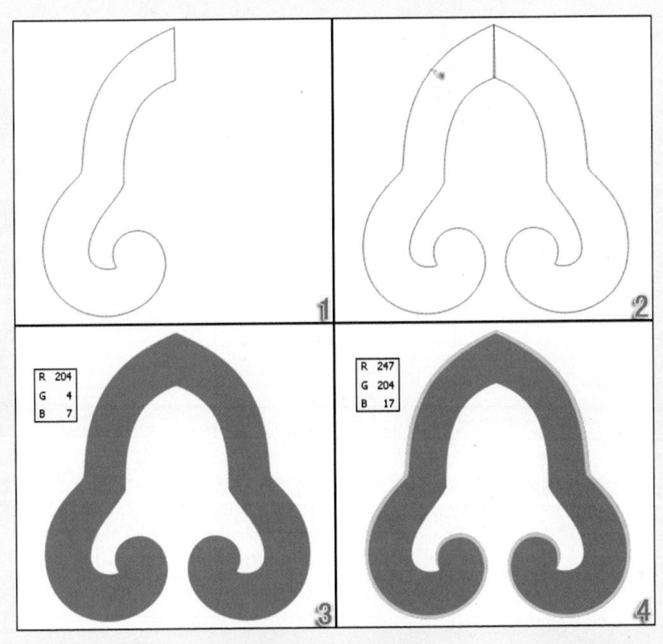

图14-13　焊接图形

11 使用工具箱中的【贝塞尔工具】绘制曲线图形，填充轮廓线并设置【轮廓宽度】为0.75mm。继续绘制曲线图形，并参照图14-14所示为图形设置颜色。

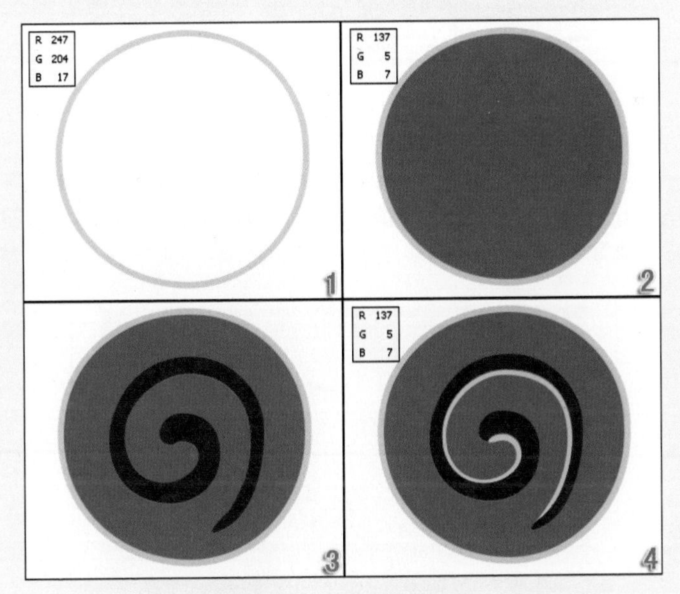

图14-14　绘制曲线图形

12 使用【椭圆形工具】，配合Shift+Ctrl快捷键绘制正圆，设置正圆【轮廓宽度】为0.75mm。利用【填充工具】参照图14-15所示为图形填充颜色。将绘制的正圆图形群组。

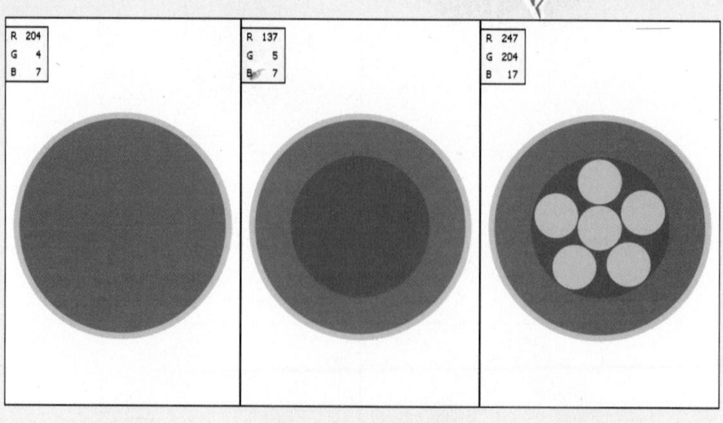

图14-15　绘制正圆

13 选择步骤10~11绘制的曲线图形，按小键盘上的+键复制图形。调整图形位置，如图14-16所示。使用【贝塞尔工具】绘制曲线图形，为图形填充深红色（R：137、G：5、B：7），并调整图形位置。

图14-16　绘制图形

14 选择绘制的装饰图形，按Ctrl+G快捷键将其群组。拖动图形向右移动的过程中右击鼠标，然后松开鼠标左键复制该图形，调整图形位置如图14-17所示，并将复制的图形群组。

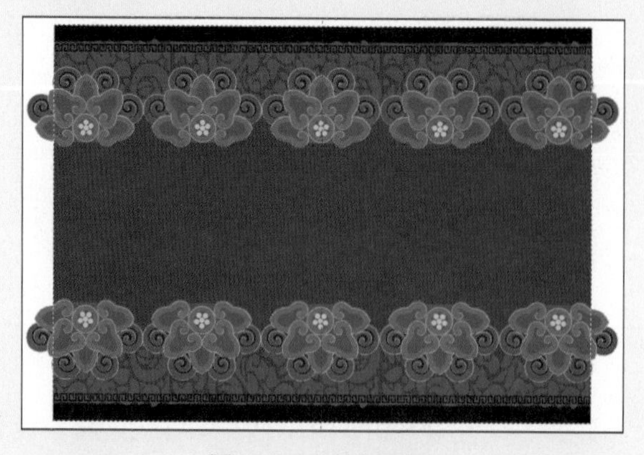

图14-17　复制图形

15 选择群组的装饰图形，执行【效果】|【图框精确剪裁】|【放置在容器中】命令，单击依照绘图页面尺寸创建的矩形，完成图框精确剪裁，如图14-18所示。

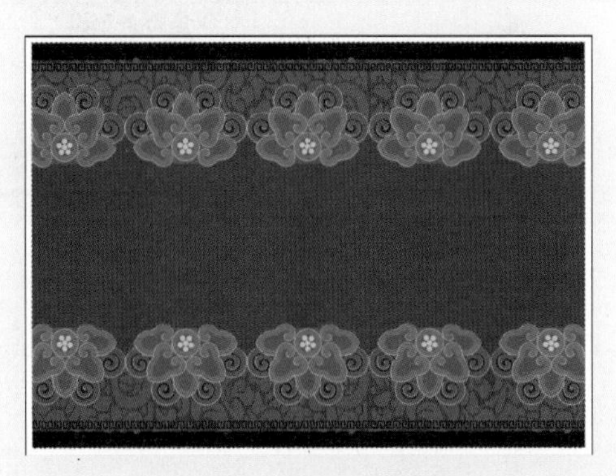

图14-18　图框精确剪裁

16 使用【矩形工具】绘制矩形，在属性栏的【对象大小】文本框中输入266mm、88mm，按Enter键确认。执行【排列】|【对齐和分布】|【在页面居中】命令，将矩形放置在页面中心位置。利用【填充工具】为矩形添加图样填充，设置参数如图14-19所示。

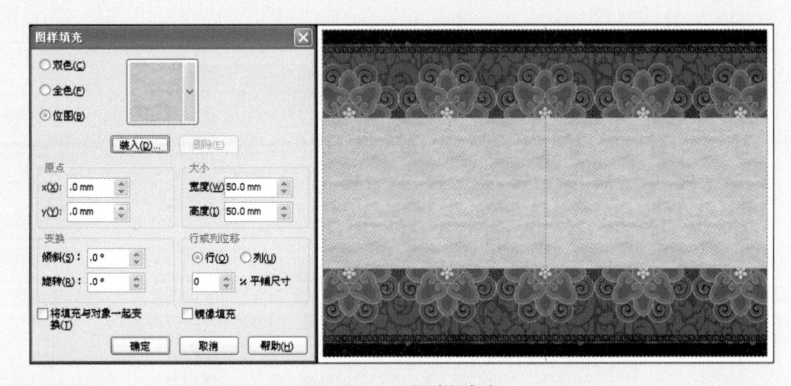

图14-19　图样填充

17 使用步骤 08~09 相同的方法绘制曲线图形，如图14-20所示。利用【填充工具】为图形填充红色（R：218、G：37、B：29）。

图14-20　绘制纹饰图形

18 新建“图层 3”。使用工具箱中的【贝塞尔工具】，在绘图窗口绘制装饰图形，如图14-21所示。利用【形状工具】调整图形形状，并将绘制的图形群组。

图14−21　绘制图形

19 选择绘制的装饰图形，拖动图形移动的过程中右击鼠标，然后松开鼠标左键复制该图形。为图形填充红色（R：218、G：37、B：29），调整图形大小与位置，如图14-22所示。

图14−22　复制图形

20 使用【椭圆形工具】，配合Shift+Ctrl快捷键绘制正圆。利用【文本工具】添加文本，按小键盘上的+键复制该文本。单击工具箱中的【轮廓工具】，在弹出的工具箱展示栏中选择【画笔】选项，打开【轮廓笔】对话框，设置参数如图14-23所示，为文本设置轮廓线并调整位置。

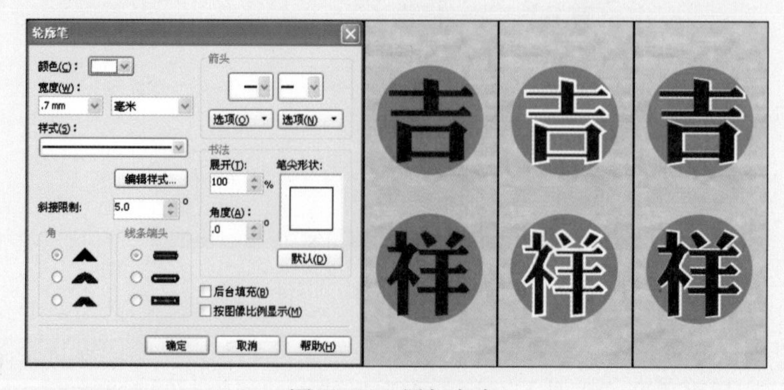

图14−23　添加文本

21 使用【文本工具】字在页面输入文本，完成“页面 1”的制作，如图14-24所示。

图14-24　完成效果

2. 制作页面2

首先通过【再制页面】命令，将“页面1”绘制的图形再制到“页面2”中，然后执行【文件】|【导入】命令，将位图图像导入绘图页面中，并使用【文本工具】字添加文本，完成“页面 2”的制作。

01 执行【版面】|【再制页面】命令，打开【再制页面】对话框，参照图14-25所示设置选项，将“页面1”绘制的图形再制到“页面2”中，选择页面中部分图形及文本，按Delete键删除。

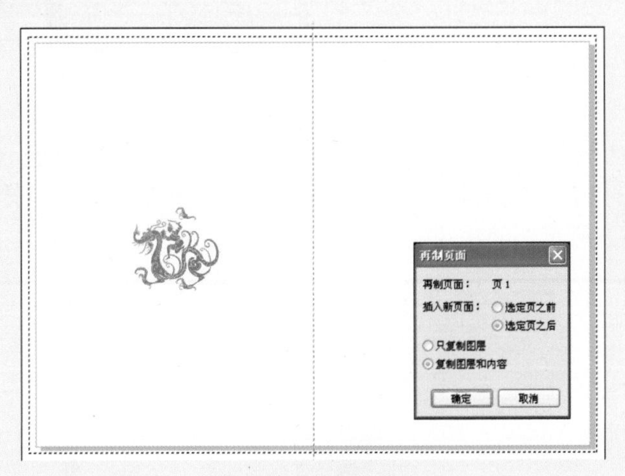

图14-25　再制页面

02 使用工具箱中的【矩形工具】□绘制矩形，在属性栏中的【对象大小】文本框中输入133mm、191mm，按Enter键确认。调整矩形的位置贴齐辅助线，并填充黄色（R：255、G：231、B：97），如图14-26所示。

图14-26 绘制矩形

03 执行【文件】|【导入】命令，打开“素材文件\第14章\素材01.tif”文件，按Enter键自动将素材放入到页面中心位置，然后调整图形的大小与位置，使素材01贴齐辅助线，如图14-27所示。

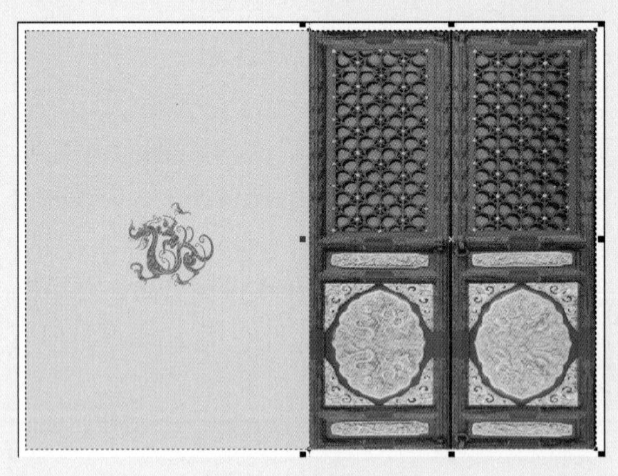

图14-27 导入素材

04 使用【矩形工具】在页面顶部绘制矩形，并为矩形填充红色（R：218、G：37、B：29）。执行【排列】|【对齐和分布】|【垂直居中对齐】命令，将矩形放置在页面顶端居中位置，如图14-28所示。使用【文本工具】添加文本。

图14-28 绘制矩形

05 使用工具箱中的【文本工具】字在页面输入相关文字信息，完成“页面 2”的绘制，如图14-29所示。

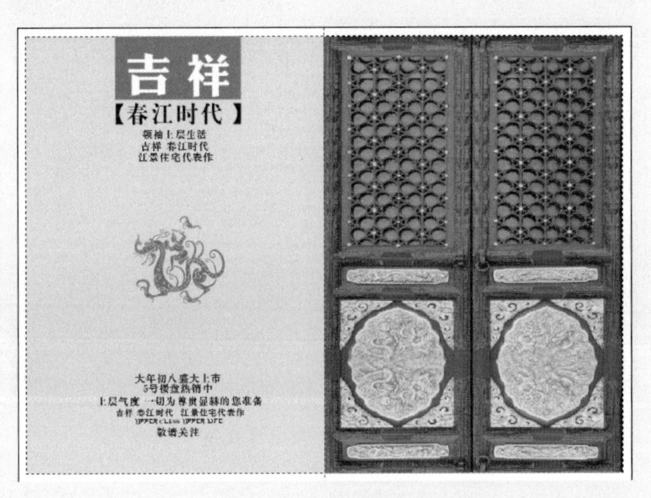

图14−29 完成效果

3. 制作页面3

执行【版面】|【再制页面】命令再制“页面 3”，通过【变换】命令复制图形，并导入素材图形，然后使用【文本工具】字为页面添加文字信息。

01 选择“页面 1”，执行【版面】|【再制页面】命令，打开【再制页面】对话框，分别选择【选定页之后】、【复制图层和内容】单选按钮，单击【确定】按钮完成页面再制，在状态栏中调整“页面 2”到“页面 3”后面。然后选择页面中的部分图形和文字，按Delete键删除，如图14-30所示。

图14−30 再制页面

02 使用工具箱中的【交互式透明工具】为页面上的装饰图形添加透明效果，设置参数如图14-31所示，并调整图形大小与位置。

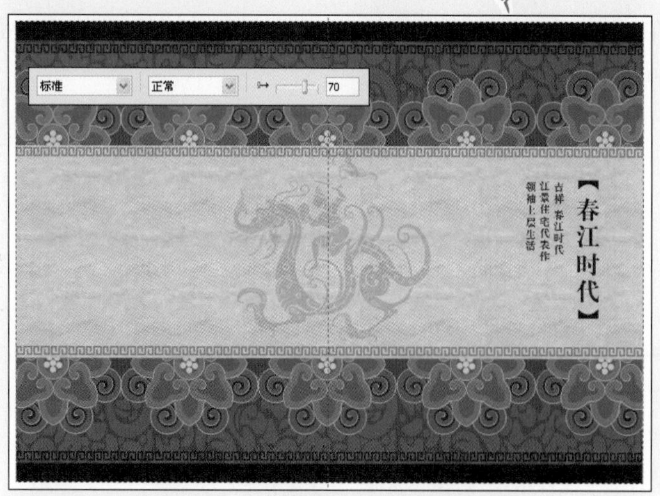

图14-31 为图形添加交互式透明效果

03 使用工具箱中的【矩形工具】绘制矩形，在属性栏【对象大小】文本框中输入5mm、77mm，按Enter键确认。执行【窗口】|【泊坞窗】|【变换】|【位置】命令，打开【变换】对象管理器，设置【水平】参数为6mm，单击【应用到再制】按钮复制矩形。再次单击【应用到再制】按钮43次，使复制的矩形平铺页面，并将复制的矩形群组。调整图形位置如图14-32所示，为图形填充黄色（R：247、G：214、B：81）。

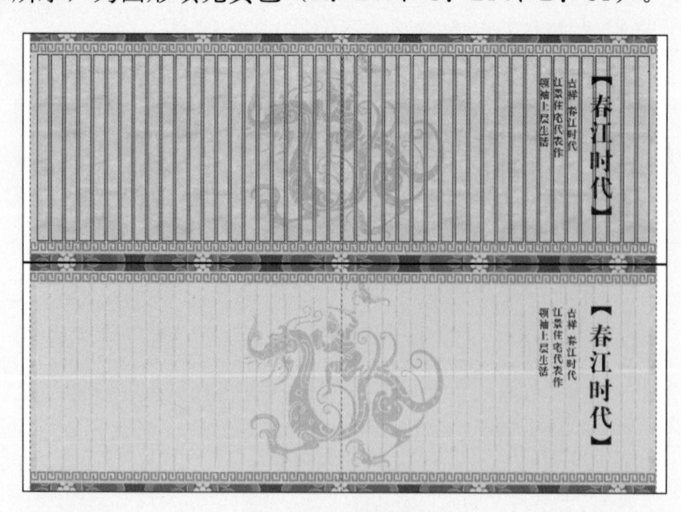

图14-32 复制矩形

04 使用工具箱中的【矩形工具】继续绘制矩形，在属性栏【对象大小】文本框中输入84mm、74mm，按Enter键确认。调整矩形位置贴齐辅助线，为图形填充黑色并取消轮廓线的填充，如图14-33所示。

05 执行【文件】|【导入】命令，导入附带光盘中的“素材文件\第14章\素材02.tif”、“素材文件\第14章\素材03.tif”文件，按Enter键自动将素材放入到页面中心位置，然后调整图形大小与位置，如图14-34所示。

图14-33　绘制矩形

图14-34　导入素材

06 使用工具箱中的【文本工具】字在页面输入相关文字内容，完成“页面 3”的绘制，如图14-35所示。

图14-35　完成效果

4．制作页面4

本页面的主要内容为楼书室内展示效果。执行【文件】|【导入】命令，将所需的位图图像导入。使用【挑选工具】调整位图形图像大小。为页面添加文字信息对楼书作简单介绍。

01 执行【版面】|【再制页面】命令，在【再制页面】对话框中分别选择【选定页之后】、【复制图层和内容】单选按钮，单击【确定】按钮再制页面。选择页面中的部分图形与文字，按Delete键删除，如图14-36所示。

图14–36 再制页面

02 使用工具箱中的【矩形工具】绘制矩形，在属性栏【对象大小】文本框中输入266mm、70mm，按Enter键确认。为矩形填充黑色。执行【排列】|【对齐和分布】|【在页面居中】命令，将矩形放置在页面居中位置，如图14-37所示。

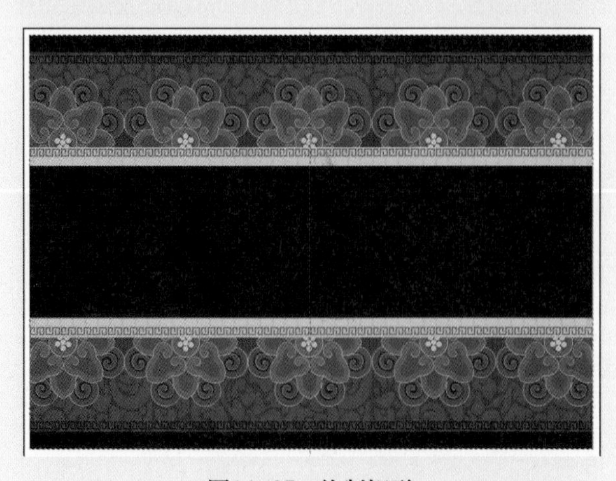

图14–37 绘制矩形

03 执行【文件】|【导入】命令，打开附带光盘中的“素材文件\第14章\素材05.tif”、“素材文件\第14章\素材06.tif”、“素材文件\第14章\素材07.tif”文件，按Enter键自动将素材放入到页面中心位置，然后调整图形大小与位置，如图14-38所示。

图14-38　导入素材

04 使用工具箱中的【文本工具】字在页面中输入相关文字内容，完成“页面 4”的绘制，如图14-39所示。

图14-39　完成效果

5．制作页面5

执行【文件】|【导入】命令导入位图图像，使用【形状工具】调整位图图像节点位置，使部分图像被隐藏。选择【矩形工具】和【椭圆形工具】绘制简单的地图图形，并通过【造形】命令修剪图形，用作简单的楼书位置介绍，完成该楼书的设计。

01 执行【版面】|【再制页面】命令，在【再制页面】对话框中分别选择【选定页之后】、【复制图层和内容】单选按钮，单击【确定】按钮再制“页面 5”。调整页面中图形如图14-40所示。

图14-40　再制页面

02 使用工具箱中的【矩形工具】绘制矩形，为矩形填充黑色并取消轮廓线的填充。执行【文件】|【导入】命令，打开附带光盘中的“素材文件\第14章\素材04.tif”文件，按Enter键自动将位图放置到页面中心位置，调整图像大小与位置，如图14-41所示。

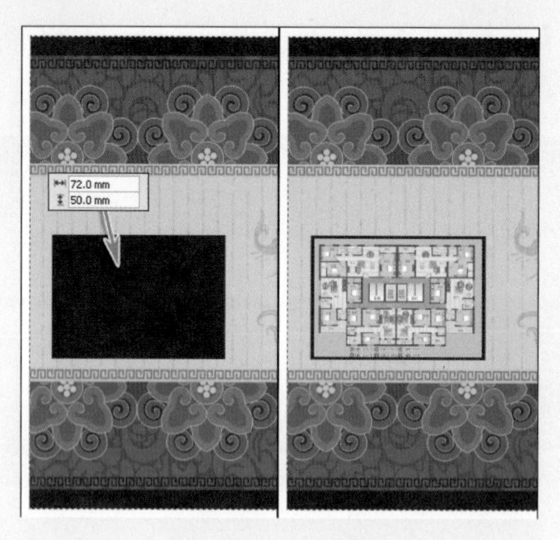

图14-41　导入素材

03 执行【文件】|【导入】命令，打开附带光盘中的“素材文件\第14章\素材08.tif”文件。使用【形状工具】调整图像形状，如图14-42所示，将背景图像隐藏。

图14-42　调整图像外观

04 使用工具箱中的【矩形工具】绘制矩形，如图14-43所示。选择绘制的矩形，在属性栏中单击【焊接】按钮将图形焊接在一起，为图形填充黑色并取消轮廓线的填充。

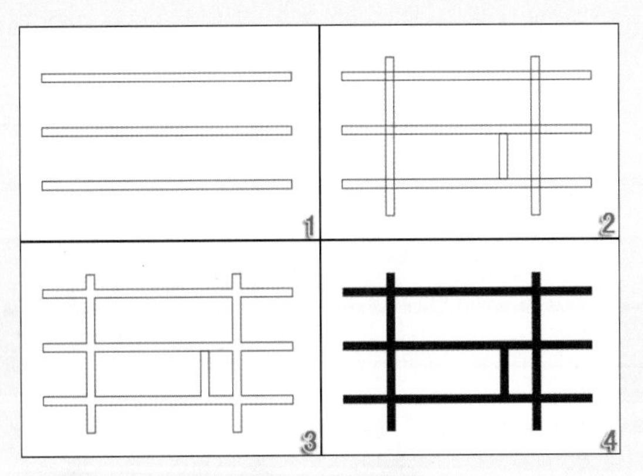

图14-43　焊接图形

05 选择工具箱中的【椭圆形工具】，配合Shift+Ctrl快捷键绘制正圆。选择正圆和焊接后的曲线图形，单击属性栏中的【修剪】按钮修剪图形。继续绘制正圆和矩形，并使用【填充工具】为矩形填充黄色（R：255、G：204、B：0）。再次单击【修剪】按钮修剪图形，如图14-44所示。

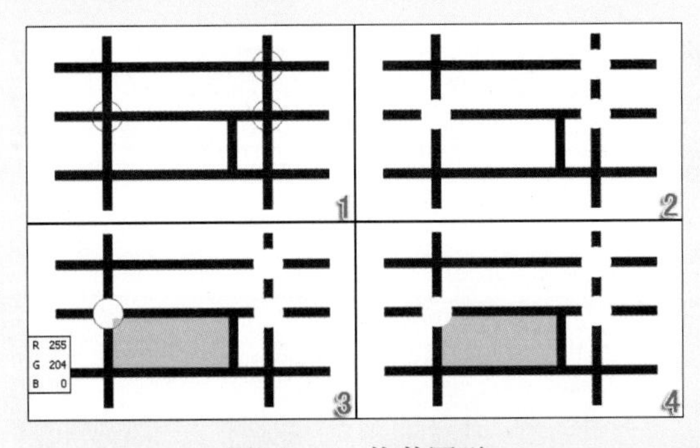

图14-44　修剪图形

06 使用工具箱中的【椭圆形工具】绘制正圆，选择绘制的两个正圆。在属性栏中单击【修剪】按钮，修剪正圆为圆环，为图形填充黑色并取消轮廓线的填充，如图14-45所示。

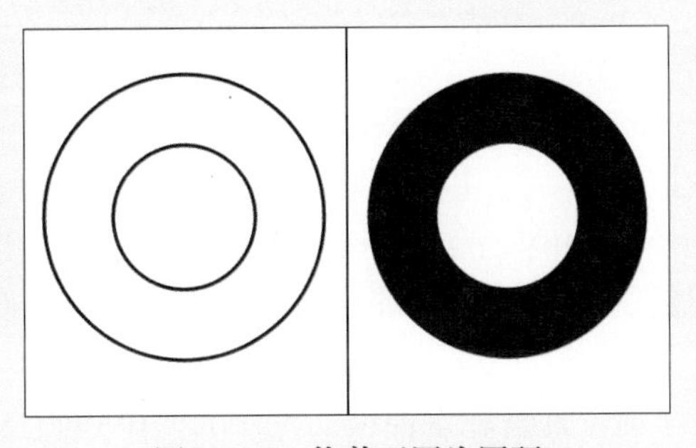

图14-45　修剪正圆为圆环

07 选择绘制的圆环，拖动图形向下移动的过程中右击鼠标，松开鼠标左键复制该图形，并调整图形位置。使用【文本工具】字输入“春江时代”字样。按小键盘上的+键复制该文本，然后利用【轮廓工具】为复制的文本设置轮廓宽为0.35mm，调整图形位置如图14-46所示。

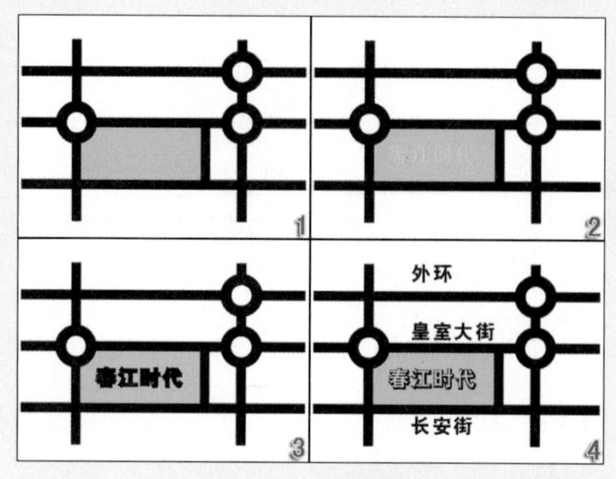

图14−46　复制图形

08 使用【文本工具】字在页面添加相关文字信息，完成该楼书的设计，如图14-47所示。

图14−47　完成效果

小结

楼书是楼盘销售信息的集合，它主要面对的是客户，楼书的重要性是不言而喻的。本章首先介绍了楼书设计的相关知识，然后以一个色彩浓郁的中式楼书设计为题制作楼书手册，并详细记录了创意思路、制作要点，进而通过翔实的制作步骤，讲解了楼书设计制作中的技巧和设计流程。

希望读者通过本章的学习，理解和掌握楼书设计的理论知识，灵活运用CorelDRAW X4的强大功能，设计制作出优秀的楼书手册。

第15章 POP广告

POP可以说是产品销售的终端宣传方式，它一般出现在超市、商店、专卖店的店外和店内，以悬挂、堆放、张贴等形式对产品进行宣传。本章将讲述POP的相关知识，以及如何在实际设计制作中掌握POP广告的设计手法。

本章内容

- POP设计相关知识
- POP设计概述
- 设计过程精解
- 小结

15.1 POP设计相关知识

POP广告是人们较为常见的一种广告宣传方式，可以说和日常生活息息相关。例如，产品海报、商场内外悬挂的横幅和竖幅等。POP以亲和的态度、轻松诙谐地表达方式向消费者传达了诸多商品信息，使得消费者还未进入商场就会被某些感兴趣的有关信息所吸引，如图15-1所示。

图15-1 POP广告

15.1.1 什么是POP广告

POP（Point of Purchase Advertising）广告是销售场所的广告，是一切购物场所内外（例如购物中心、商场、超市等消费场所）所做的现场广告的总称。设计到位、表达清楚明了的POP广告能刺激消费者的购买欲，如消费者事先计划好要购买哪些物品，往往到达目的地后会在原有的基础上加大购买量，究其原因就是广告发挥了作用。商家正是利用了广告优秀的宣传效果增长了销售量，而POP广告就是可以起到促销作用的广告，如图15-2所示。

图15-2　商场的POP宣传广告

15.1.2 POP广告的作用

POP广告的成本较低，但广告价值很高。POP广告起源于超级市场，但现在许多非超市的其他商场也可以见到它，甚至在小商店、零售点等，只要是销售场所，都可以出现它的身影。POP在商业运作中的应用范围如此之广，也说明了POP广告的强大作用。

- 新产品告知：大多数POP广告属于新产品的告知宣传广告。新产品经过研发最终出售的时候，可采用POP广告进行促销活动，全面地吸引消费者视线，刺激其购买欲望，达到较好的宣传效果。
- 吸引顾客：POP广告的另一个作用就是吸引消费者。消费者在实际购买中很多都是临时做出购买决定的。很显然，顾客的流量越大，商家的销售量就越多。因此，POP广告的首要任务就是要吸引顾客进入商家的大门。
- 刺激消费：POP广告对于任何经营形式的商业场所，都具有招揽顾客、促销商品的作用，激发消费者最终购买是POP广告的最终目的。为此，设计广告时必须抓住消费者的兴趣所在，到底是商品哪方面的特质吸引了他们。只要宣传到位且满足或迎合了顾客的心理，使销售变为现实也就顺其自然了。

- 假日促销功能：对于商家来说，假日消费高峰可以说是翘首企盼的，铺天盖地的广告就会纷至沓来，POP广告自然也当仁不让。POP广告可以给消费者带来独特的购买环境，创建出欢乐的气氛，为节假日销售量的增加起到了推波助澜的作用。

15.1.3 POP广告的分类

POP属于设计中一个非常综合的概念，包含了很多内容，要通过系统地学习才能完全掌握。综合起来，可以分为三大方面，分别是按时间性、按材料、按陈列的位置和方式的不同来进行分类的。

- 时间性

POP广告具有很强的时间性及周期性，按照不同的使用周期可分为三个类型，长期POP广告、中期POP广告和短期POP广告。

通常，使用周期在一个季度以上的POP广告称为长期POP广告；使用周期为一个季度左右的POP广告称为中期POP广告；使用周期在一个季度以内的POP广告称为短期POP广告。具体包括柜台展示POP展示卡、展示架以及商店的大减价、大甩卖招牌等，如图15-3所示。

图15-3　短期POP广告

对于长期POP广告，为了能使POP广告达到长期宣传的效用，就必须提升广告的质量，要尽量做到给人印象深刻，使人过目不忘。

短期POP广告受进货数量以及销售情况影响，通常使用时间非常短，可以在一周甚至一天或几个小时后就无使用价值了。只要商品下架，所属POP也就没有价值了。所以这类POP制作相对简单一些，成本也较前两者低，但就设计本身而言，要抓住商品的特点，使人们能够在短时间内了解信息或做出购买的决定。

- 材料

POP广告根据产品的档次不同，可以采用高档到低档不同的材料。一般有金属材料、木料、塑料、纺织面料、人工仿皮、真皮和各种纸制材料等。其中金属材料、真皮等多用

于高档商品的POP广告。塑料、纺织面料、人工仿皮等材料多用于中档商品的POP广告。而纸制材料一般都用于中、低档商品和短期的POP广告材料。

从材料角度上来说，通常消费者在超市或商场见到的POP广告都是由纸制材料加工而成的，用纸制作POP非常方便，而且大部分成本较低，是POP材料中使用最频繁的一种。除常见的纸外，POP还可使用许多材料来制作，材料也有高低档次之分，具体使用哪一种，要参照产品的档次与商家的宣传费用计划来定。

陈列空间和方式

POP广告在陈列空间和陈列方式上也是不同的。摆放的方位与具体位置对POP广告的设计会产生很大的影响。由此，可把POP广告分为，柜台展示POP、壁面POP、天花板POP、柜台POP和地面立式POP 5个种类。

- 柜台展示POP：放在柜台上的小型POP广告被称为柜台展示POP，柜台展示POP又可细分为展示卡和展示架。展示卡主要标明商品的价格、产地、等级等功能，另外还可以简单说明商品的性能、特点、作用等，它可以放在柜台或商品旁，也可以直接放在较大的商品上。放在柜台上，说明商品的价格、产地、等级等作用的POP称为展示架。它只能陈列较少的商品，它的最终目的是借商品说明广告内容。

  柜台展示POP中，展示卡的文字篇幅较少为好。展示架一般体积比较小，数量较少的商品适合放在展示架上，例如，珠宝首饰、手表、钢笔、药品等。
- 壁面POP广告：壁面POP广告是陈列在销售场所壁面上的POP广告形式。它可以陈列的地方有商场墙壁、柜台及货架的立面等处。商场壁面POP可分为平面和立体两种形式。例如招贴广告就属于平面的壁面POP。立体壁面POP由于墙体等展示条件的限制，实际上主要以浮雕的形式出现，即半立体造型。
- 天花板POP广告：又称为吊挂POP广告，它经常出现在销售场所的上方空间，是一种可以有效利用空间的POP广告。该POP广告类型的应用范围比较广，使用数量最大，使用效率也是最高的。从视觉效果上来说，吊挂POP优于壁面POP，壁面POP容易被行人或商品遮挡，吊挂POP却不会出现此类问题，它可以最有效地利用上部空间，还可以适当利用下部空间作为延伸。
- 柜台POP广告：柜台POP广告是放置于销售场所内部地面上的POP广告体，主要适用于专业销售地点，如珠宝商店、音响商店等。它以放置商品为主要目的。在设计柜台POP广告时，考虑到使用功能，就要涉及到人体工程学的相关问题。

  柜台POP通常造价较高，适用于销售周期比较长的产品，一个季度以上的商品就比较适合。
- 地面立式POP广告：地面立式POP广告也是置于商场地面上的广告体。与柜台POP不同的是，它可以放置在销售场所的地面上，也可以放置在消费者必经的通道中。

如果体积不够大，立式POP广告不容易被人们发现，所以在设计制作立式POP时，要考虑到体积因素，它的高度一般要超过人的身高。由于其体积庞大，一般都为立体造型，所以在设计时还需要注意力学和视觉传达知识的综合运用。

15.2 POP设计概述

15.2.1 成品效果展示

图15-4所示的图形，为服饰POP系列广告设计完成后的效果。

图15-4 服饰POP广告

15.2.2 设计思路

本章要制作的是关于服饰的POP广告设计，这是一个系列的POP广告，包括了立式、张贴式、台式和吊旗式POP广告，目的就是通过店内大量的广告，在短时间内迅速提升销售量。该系列POP广告的色调采用统一的金黄色为主色调，画面主题为专卖店的打折信息，该信息在画面中占有相当重要的份量，是整个POP广告中最主要的信息。为了丰富画面效果，采用一个时尚、靓丽的女孩形象作为画面的主要装饰，以起到衬托主题的作用。

15.2.3 制作要点

01 使用【贝塞尔工具】绘制人物。

02 使用【图框精确剪裁】命令来控制背景图案。

03 利用【图层】来制作和管理POP广告。

04 利用【艺术笔工具】绘制POP字体。

15.3 设计过程精解

15.3.1 立式POP广告

现在制作的是立式POP广告。首先使用工具箱中的【贝塞尔工具】勾勒人物的基本轮廓，然后利用【填充工具】为人物设置颜色。继续使用【贝塞尔工具】绘制装饰图形，并执行【效果】|【图框精确剪裁】|【放置在容器中】命令，将图框精确剪裁，为人物图形制作背景效果。选择工具箱中的【文本工具】为页面添加文本信息。

01 执行【文件】|【新建】命令，新建一个绘制文档。

02 单击工具箱中的【手绘工具】，在弹出的工具展示栏中选择【贝塞尔】选项，在绘图页面中绘制曲线图形，如图15-5所示。利用工具箱中的【形状工具】调整图形形状。

图15-5 绘制人物

03 选择人物图形中脸、脖子、胳膊、腿图形填充轮廓线。单击工具箱中的【轮廓工具】，在弹出的工具展示栏中选择【颜色】选项，打开【轮廓色】对话框，填充深褐色（R：80、G：41、B：40）。使用【填充工具】参照图15-6所示为图形填充颜色。

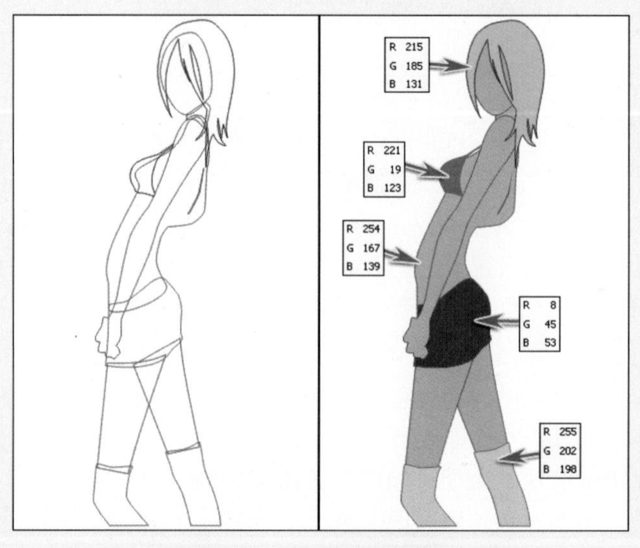

图15-6 为图形填充颜色

04 选择工具箱中的【贝塞尔工具】，为人物脸部绘制眼睛，参照图15-7所示为图形填充颜色。利用【交互式透明工具】为图形添加线性透明效果。

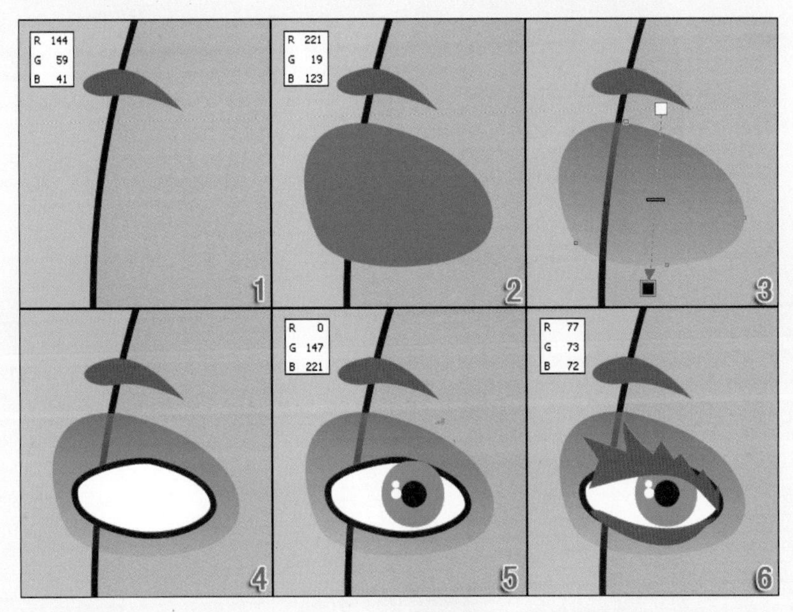

图15-7 绘制眼睛

05 选择眼睛的所有图形，按Ctrl+G快捷键将图形群组。拖动图形向右移动的过程中右击鼠标，然后松开左键复制该图形，调整图形位置如图15-8所示。

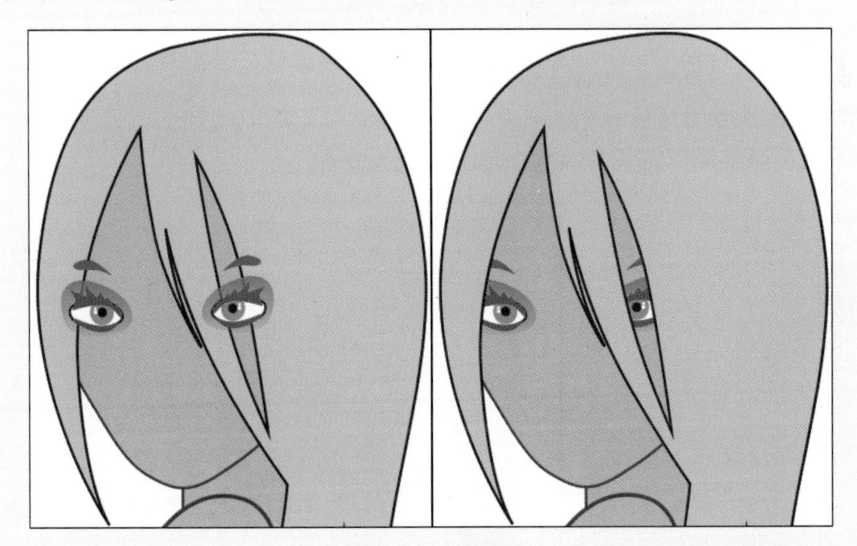

图15-8 复制图形

06 选择工具箱中的【贝塞尔工具】，为人物绘制鼻子、嘴，如图15-9所示。使用【填充工具】分别为图形填充深褐色（R：80、G：41、B：40）、橙黄色（R：80、G：41、B：40）、深红色（R：80、G：41、B：40），并将绘制的图形群组。

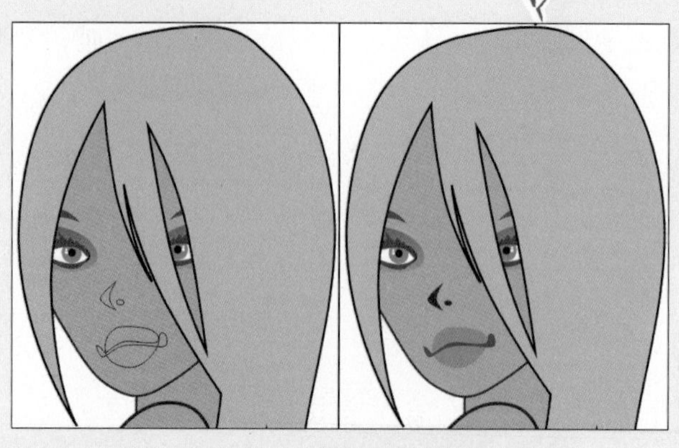

图15-9　绘制鼻子和嘴

07选择人物的头发图形，使用【填充工具】为图形添加渐变填充，打开【渐变填充】对话框，参照图15-10所示设置参数，单击【确定】按钮完成渐变填充。

图15-10　为头发填充渐变

08选择工具箱中的【贝塞尔工具】，在页面中绘制曲线图形，参照图15-11所示为图形填充颜色，调整图形位置并将绘制的曲线图形群组。

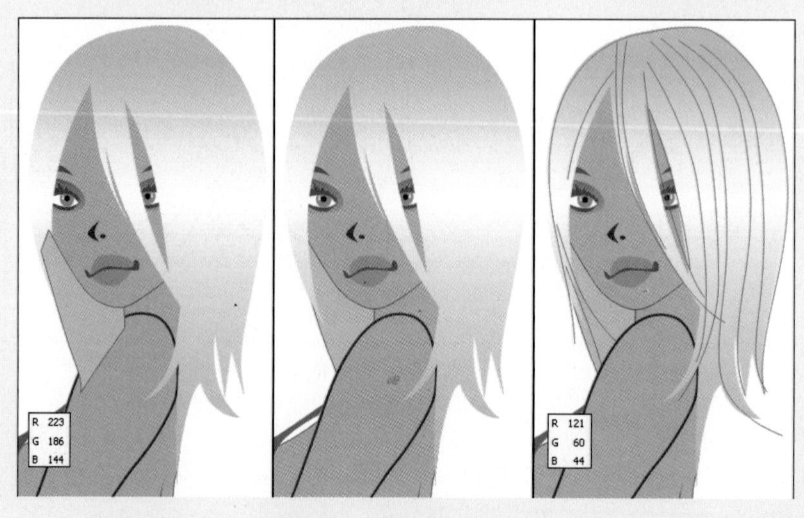

图15-11　修饰头发图形

09 接下来使用【填充工具】为人物的裙子填充渐变，在【渐变填充】对话框中参照图15-12所示设置参数，单击【确定】按钮完成渐变填充。

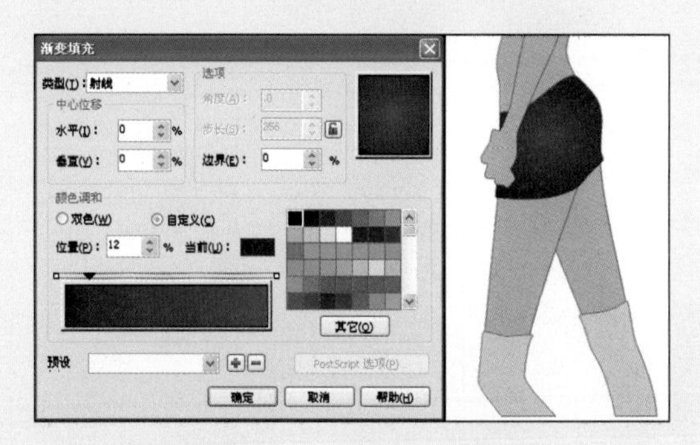

图15－12　为裙子填充渐变

10 使用工具箱中的【贝塞尔工具】为裙子绘制纹理，如图15-13所示。调整图形位置并将绘制的曲线图形群组。

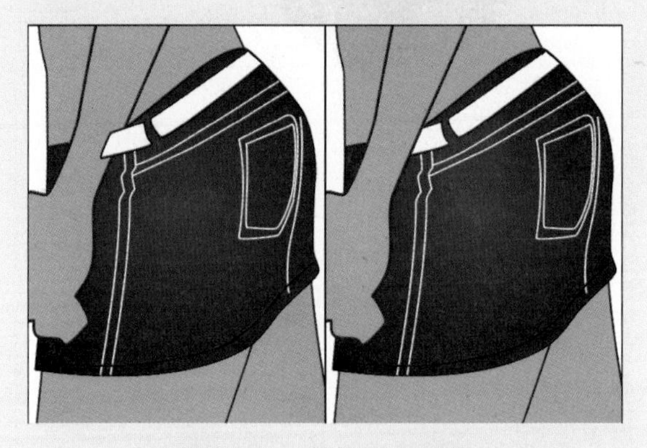

图15－13　修饰裙子图形

11 为图形绘制投影效果。选择工具箱中的【贝塞尔工具】，在人物图形上绘制曲线图形，参照图15-14所示为绘制的图形填充颜色，然后将绘制的图形群组。

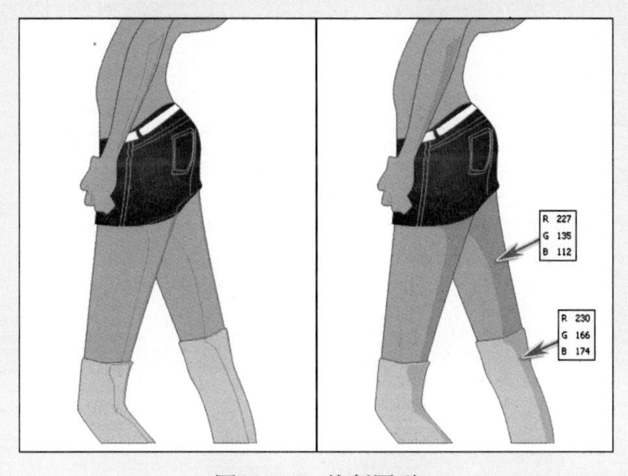

图15－14　绘制图形

⑫选择工具箱中的【贝塞尔工具】，在绘图页面中绘制提包，使用【填充工具】分别为图形填充橙黄色（R：253、G：126、B：85）、深红色（R：198、G：51、B：96），如图15-15所示。

图15-15　绘制提包

⑬使用工具箱中的【贝塞尔工具】继续绘制曲线，为图形作装饰，如图15-16所示。选择提包的所有曲线图形将其群组，并调整图形位置。

图15-16　调整图形位置

⑭使用工具箱中的【贝塞尔工具】绘制图形，然后利用工具箱中的【填充工具】分别为图形填充黑色、绿色（R：0、G：146、B：63），如图15-17所示。然后将人物的所有图形群组。

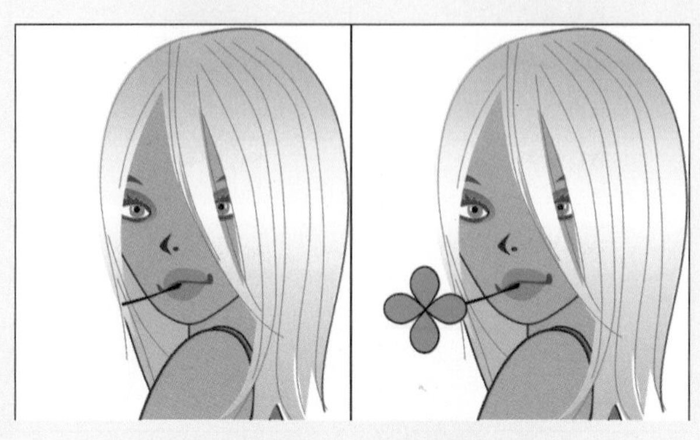

图15-17　绘制图形

15选择工具箱中的【矩形工具】□，在页面中绘制矩形，并在属性栏中的【对象大小】文本框中输入314mm、314mm，按Enter键确认，为矩形填充橘黄色（R：255、G：193、B：94）并取消轮廓线的填充。继续绘制矩形，并调整【对象大小】为314mm、157mm，如图15-18所示。

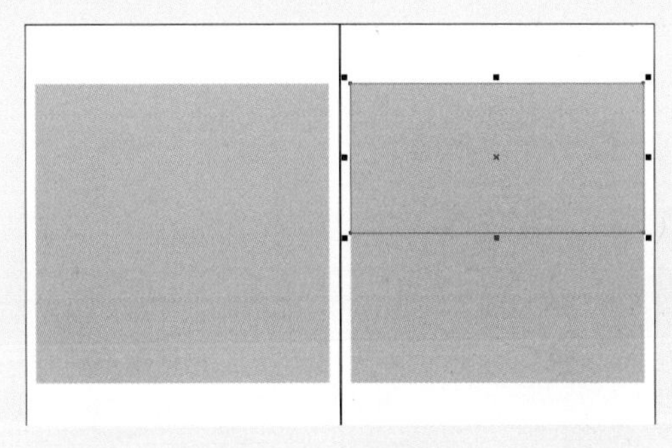

图15−18　绘制矩形

16选择工具箱中的【贝塞尔工具】，参照图15-19所示绘制曲线图形，并分别为图形填充白色、橘红色（R：227、G：99、B：32）。选择绘制的曲线图形，执行【效果】|【图框精确剪裁】|【放置在容器中】命令，单击页面中略小的矩形，完成图框精确剪裁，并取消轮廓线的填充，如图15-19所示。

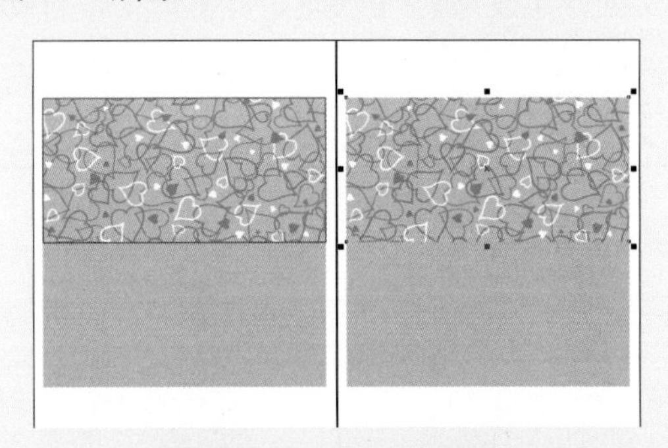

图15−19　图框精确剪裁

17选择图框精确剪裁图形，拖动图形向下移动的过程中右击鼠标，然后松开鼠标左键复制该图形，调整图形位置如图15-20所示，并将绘制的所有图形群组。然后复制群组的曲线图形到绘图页面中，并调整图形大小与位置。

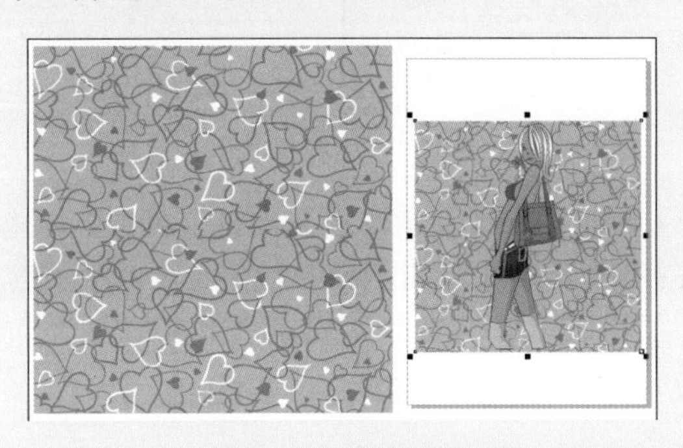

图15−20　复制图形

⑱选择工具箱中的【贝塞尔工具】，在人物边缘绘制曲线图形，并为轮廓线填充青色（R：0、G：147、B：221），在属性栏中设置【轮廓宽度】为1.0mm，选择步骤⑰复制的群组图形，执行【效果】|【图框精确剪裁】|【放置在容器中】命令，单击绘制的曲线图形，完成图框精确剪裁，如图15-21所示。

图15−21　图框精确剪裁

⑲选择绘制的人物，执行【效果】|【创建边界】命令，自动依照选择图形的边界创建路径，在右侧调色板上右击白色色块，为路径轮廓线填充白色，并在属性栏中设置【轮廓宽度】为2.8mm，调整路径位置如图15-22所示。

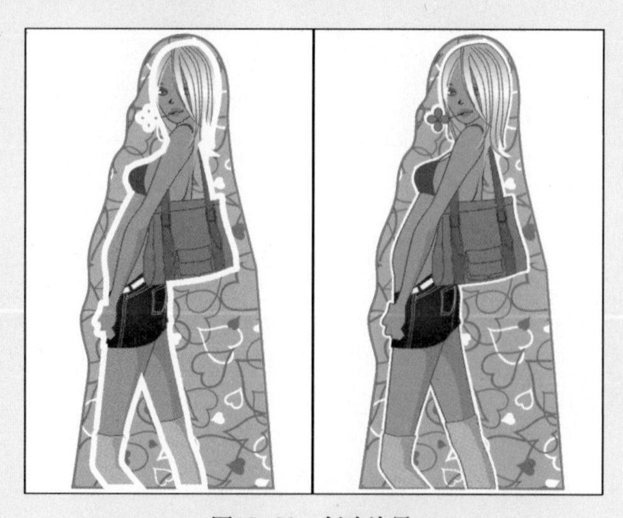

图15−22　创建边界

⑳在【对象管理器】左下角的【新建图层】按钮上单击，新建“图层 2”。单击工具箱中的【手绘工具】，在弹出的工具展示栏中选择【艺术笔工具】，在绘图页面中绘制“九.五折”字样图形，如图15-23所示。分别绘制全部笔划图形，执行【排列】|【拆分选定28对象于图层1】命令，将图形拆分为曲线。

图15-23　绘制图形

21 在拆分后的“九.五折”字样图形中，分别选择图形中间的曲线，按Delete键删除，如图15-24所示。选择“九”字样图形的曲线，单击属性栏中的【焊接】按钮将图形焊接在一起，采用同样的方法分别将“五”、“折”图形焊接。

图15-24　将图形焊接

22 使用【填充工具】为“九.五折”字样图形填充洋红色（R：221、G：19、B：123），并取消轮廓线的填充。按小键盘上的+键，复制页面中的“九.五折”字样图形，为轮廓线填充白色，并设置【轮廓宽度】为2.8mm，调整图形位置，如图15-25所示。

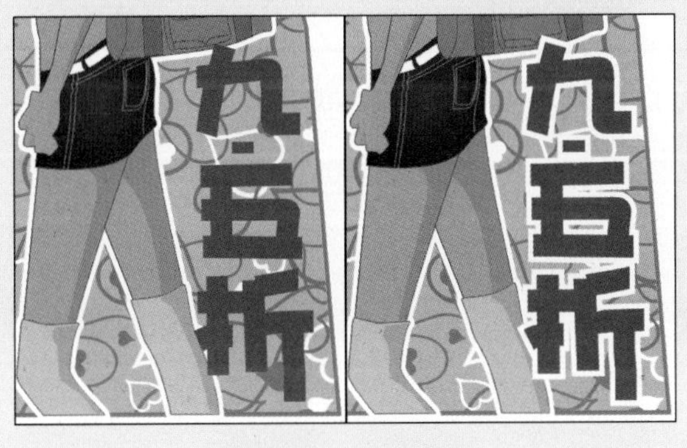

图15-25　复制图形

23选择工具箱中的【贝塞尔工具】，在绘图页面中绘制曲线图形，如图15-26所示，并调整图形位置。

24选择工具箱中的【矩形工具】，在绘图页面中绘制两个大小不等的矩形，为略小的矩形填充黑色并取消轮廓线的填充。利用【贝塞尔工具】绘制若干直线，并将绘制的直线群组，执行【效果】|【图框精确剪裁】|【放置在容器中】命令，单击矩形完成图框精确剪裁，如图15-27所示。

图15-26 绘制图形

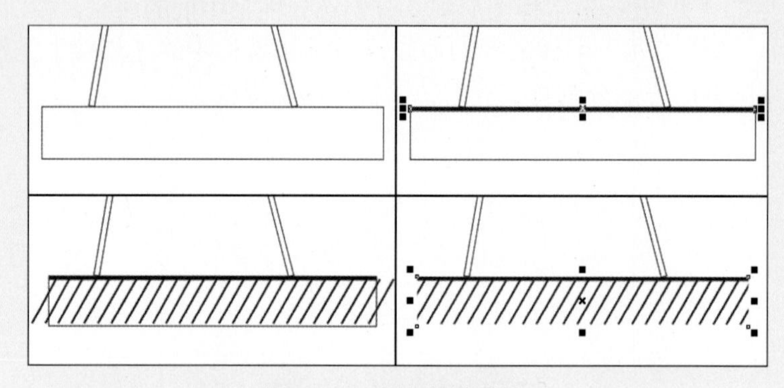
图15-27 图框精确剪裁

25选择绘制的人物图形，拖动图形向左移动的过程中右击鼠标，复制该图形，如图15-28所示，以方便接下来的绘制。

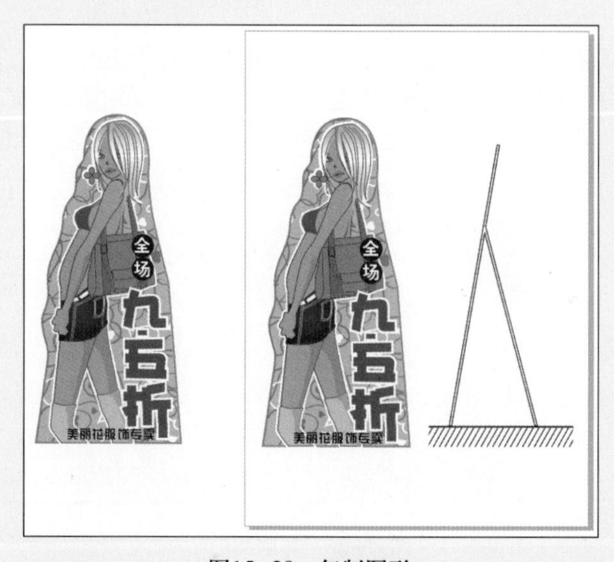

图15-28 复制图形

15.3.2 张贴式POP广告

在工具箱中双击【矩形工具】，自动依照绘图页面尺寸创建矩形，并执行【效果】|【图框精确剪裁】|【放置在容器中】命令，将图框精确剪裁制作背景效果。使用【艺术笔工具】绘制字样图形为广告作装饰，通过【后剪前】按钮修剪矩形，完成张贴式POP广告的制作。

01 在工作界面状态栏上单击按钮，新建“页面 2”。在工具箱中双击【矩形工具】，自动依照绘图页面尺寸创建矩形，如图15-29所示。

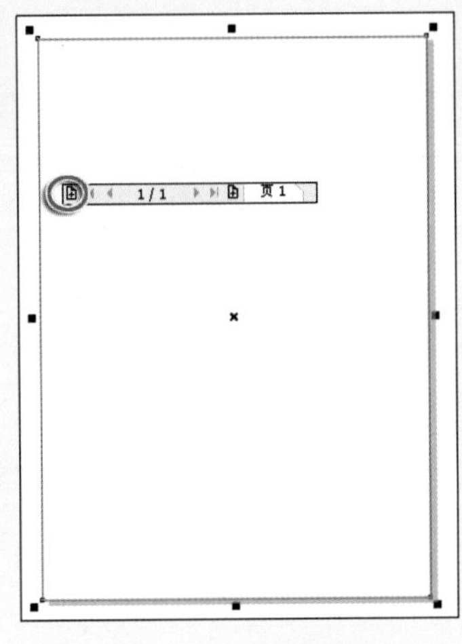

图15-29 绘制矩形

02 选择绘制的曲线图形，按小键盘上的+键复制该图形，并执行【效果】|【图框精确剪裁】|【放置在容器中】命令，单击依照绘图页面尺寸创建的矩形，完成图框精确剪裁，如图15-30所示。

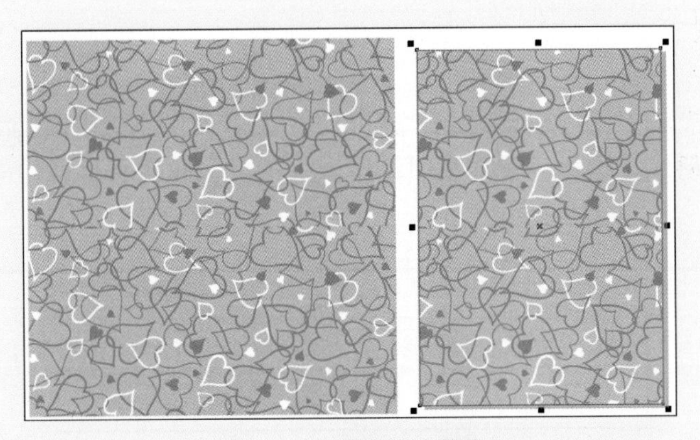

图15-30 图框精确剪裁

03 选择复制的人物图形，拖动图形向右移动的过程中右击鼠标，然后松开鼠标复制该图形，并调整图形大小与位置，如图15-31所示。选择依照图形边界创建的路径，在属性栏中设置【轮廓宽度】为5.0mm。

图15-31　复制图形

04 选择工具箱中的【艺术笔工具】，在页面中绘制“美丽花服饰专卖”字样图形，如图15-32所示，选择绘制的图形，执行【排列】|【拆分】命令，将图形拆分为曲线。

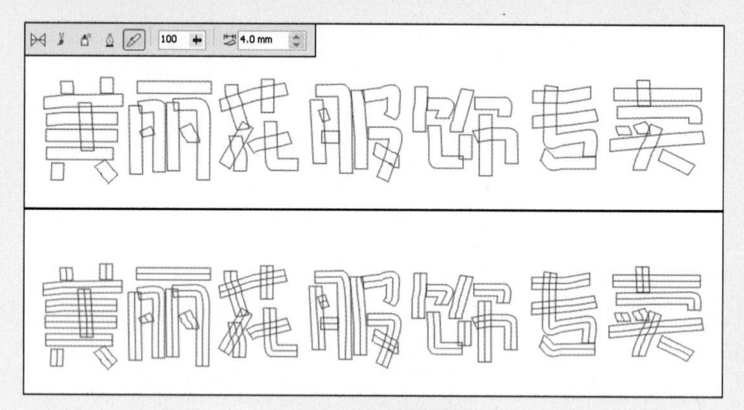

图15-32　绘制图形

05 在拆分后的“美丽花服饰专卖”字样图形中，分别选择图形中间的曲线按Delete键删除，如图15-33所示，选择“美丽花服饰专卖”曲线，单击属性栏中的【焊接】按钮将图形焊接。

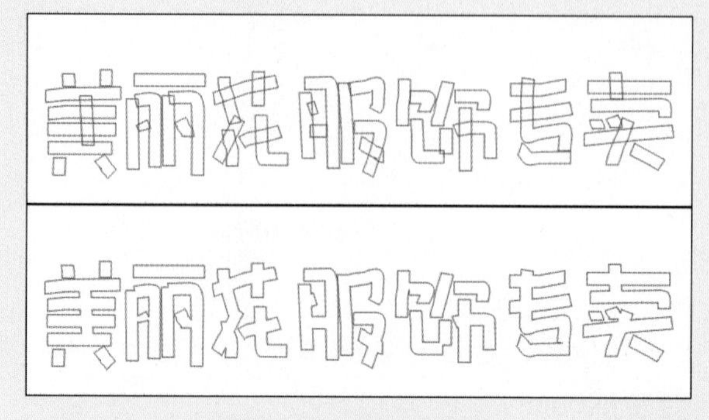

图15-33　将图形焊接

06使用【填充工具】为页面中的“美丽花服饰专卖”字样图形填充天蓝色（R：0、G：124、B：195），如图15-34所示。按小键盘上的+键复制该图形，为图形填充绿色，轮廓线填充白色，设置【轮廓宽度】为1.5mm，并调整图形位置。

图15-34 复制图形

07选择工具箱中的【矩形工具】，在绘图页面中绘制若干个矩形，并使用【形状工具】调整矩形的直角为圆角，然后选择页面中间位置的两个矩形，在属性栏中单击【后剪前】按钮修剪图形，如图15-35所示。

图15-35 修剪矩形

08选择工具箱中的【矩形工具】绘制矩形，然后利用【形状工具】调整矩形直角为圆角，双击在曲线图形边缘添加节点并将左上角节点删除，如图15-36所示。

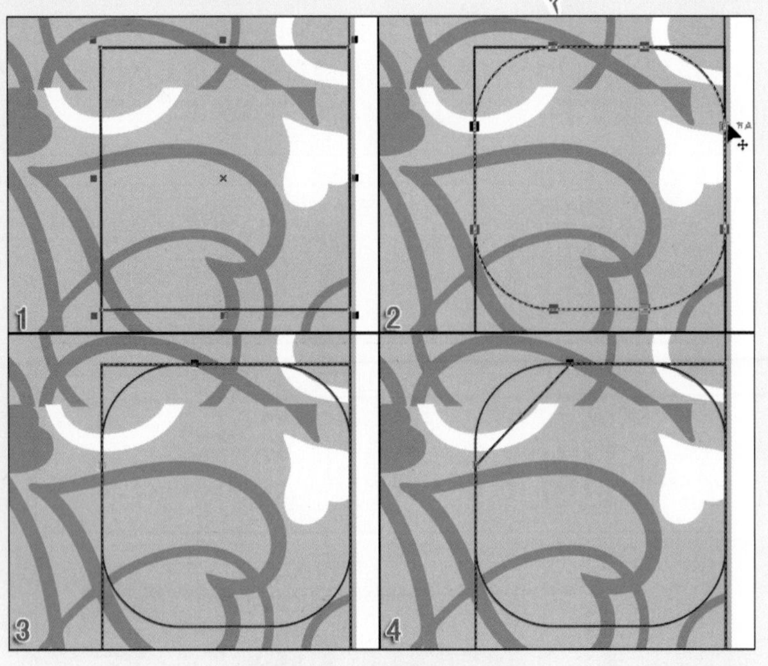

图15-36　调整图形节点

09选择绘制的矩形和曲线图形，单击属性栏中的【焊接】按钮将图形焊接在一起，使用【填充工具】为图形填充紫色（R：151、G：69、B：120），并取消轮廓线的填充，如图15-37所示。

图15-37　焊接图形

10选择页面中的“九”、“五”、“折”字样图形，拖动图形向右移动的过程中右击鼠标，然后松开鼠标左键复制该图形，并调整图形大小与位置，如图15-38所示。

图15-38　复制图形

11 选择页面中的“九五折”字样图形，按小键盘上的+键复制该图形，为图形轮廓线填充白色，设置“九”、“五”字样图形的【轮廓宽度】为3.0mm，“折”字样图形的【轮廓宽度】为2.0mm，采用同样的方法复制“九”、“五”字样图形，设置【轮廓宽度】为7.0mm，并填充轮廓线为黑色，如图15-39所示。

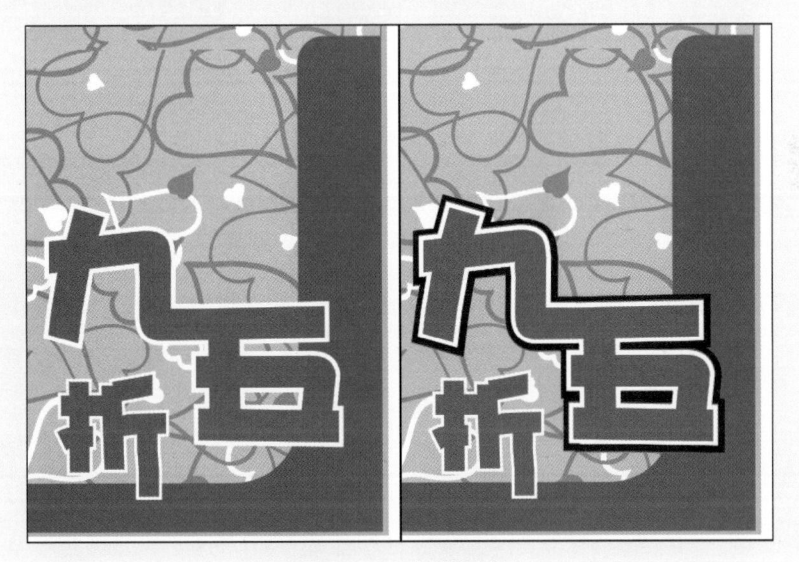

图15-39　复制图形

12 选择工具箱中的【贝塞尔工具】，在绘图页面中绘制曲线图形，为图形填充黄色（R：255、G：245、B：0），轮廓线填充红色（R：218、G：37、B：29），并调整图形位置，如图15-40所示。

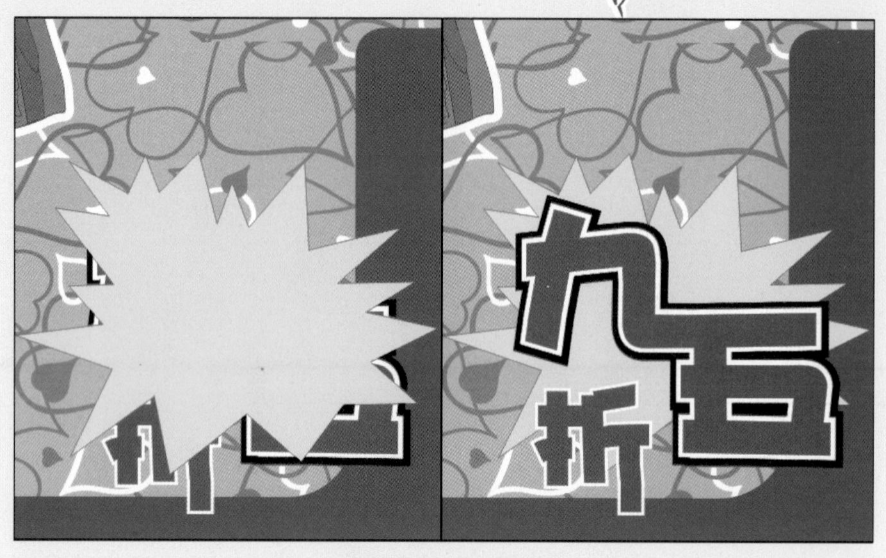

图15-40　绘制图形

13 选择页面中的“全场”字样图形并复制，调整图形大小与位置，如图15-41所示。使用【文本工具】字在页面下方输入文字信息。

图15-41　添加文字

14 选择绘图页面中的“九”、“五”、“折”字样图形，拖动图形向左移动的过程中右击鼠标，然后松开鼠标左键复制该图形，如图15-42所示，以方便接下来的绘制。

图15-42　复制图形

15.3.3　台式POP广告

接下来制作台式POP广告。选择工具箱中的【矩形工具】□绘制矩形，通过图框精确剪裁制作背景效果。按小键盘上的+键复制选择的曲线图形，绘制完成简单的POP广告。

01 新建“页面 3”。选择工具箱中的【矩形工具】□，在绘图页面中绘制矩形，并在属性栏中设置【对象大小】参数，如图15-43所示。

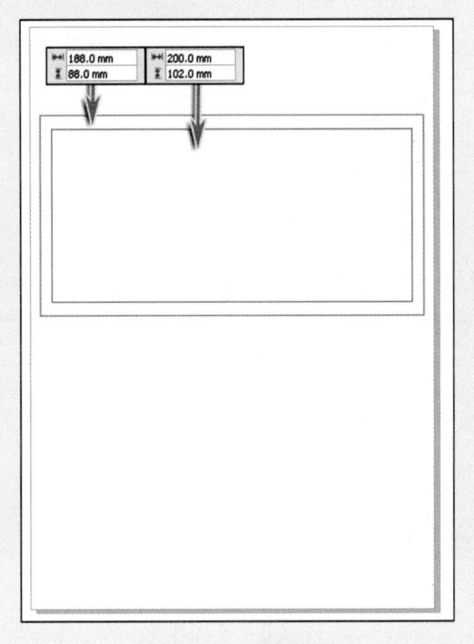

图15-43　绘制矩形

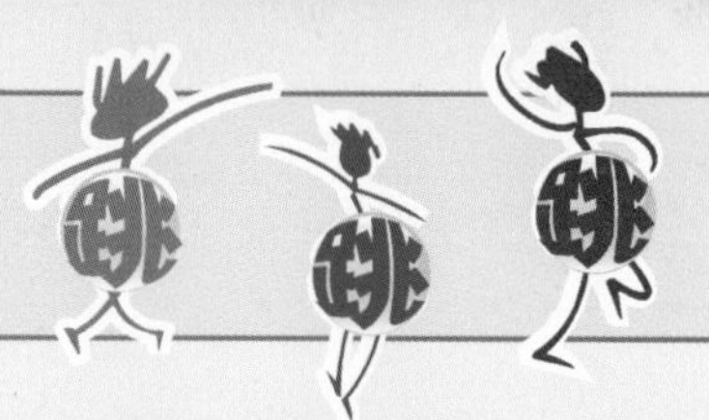

02 复制页面中绘制的曲线图形，执行【效果】|【图框精确剪裁】|【放置在容器中】命令，单击绘图页面中较小的矩形，完成图框精确剪裁，并取消轮廓线的填充，如图15-44所示。

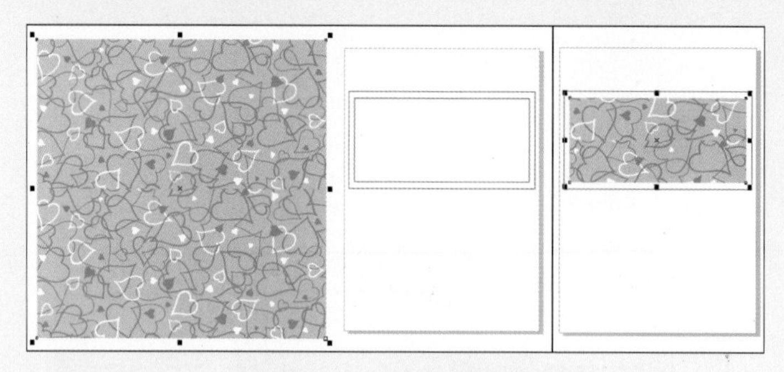

图15−44 图框精确剪裁

03 选择复制的人物图形，拖动图形向右移动的过程中右击鼠标，然后松开鼠标复制该图形，调整图形大小与位置，如图15-45所示。选择依照图形边界创建的白色路径，在属性栏中设置【轮廓宽度】为2.0mm。

图15−45 复制图形

04 选择工具箱中的【贝塞尔工具】在头部位置绘制曲线图形，在右侧调色板上单击白色色块，为图形填充白色并调整图形位置，如图15-46所示。

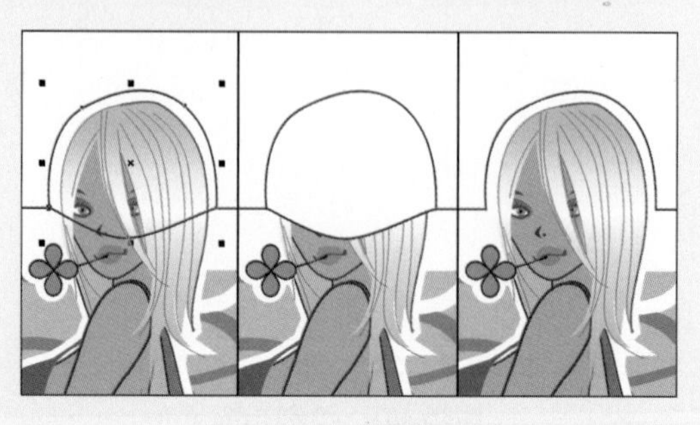

图15−46 绘制图形

05选择页面中的“九五折”、“全场”、“美丽花服饰专卖”字样图形，拖动图形向右移动的过程中右击鼠标，然后松开鼠标左键复制图形，调整图形位置与大小，如图15-47所示。

图15-47　复制图形

06使用【贝塞尔工具】绘制曲线图形。选择工具箱中的【矩形工具】，在绘图页面中绘制两个大小不等的矩形，为略小的矩形填充黑色并取消轮廓线的填充。继续使用【贝塞尔工具】绘制若干直线，并将绘制的直线群组。执行【效果】|【图框精确剪裁】|【放置在容器中】命令，单击矩形完成图框精确剪裁，如图15-48所示。

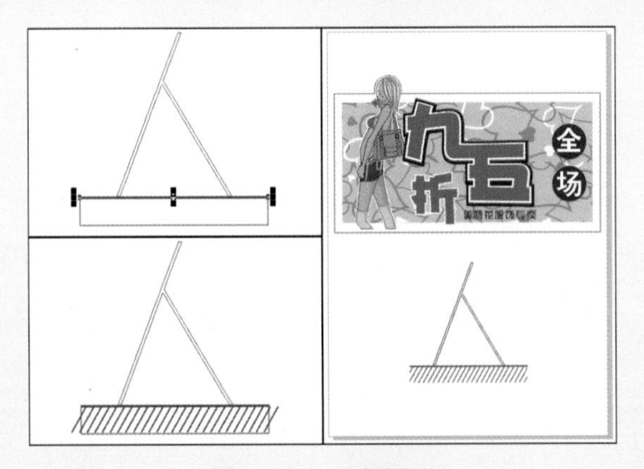

图15-48　绘制图形

15.3.4　吊旗式POP广告

选择工具箱中的【矩形工具】绘制矩形，并使用【椭圆形工具】配合Shift+Ctrl快捷键绘制正圆。单击【焊接】按钮将绘制的矩形和正圆焊接在一起，以制作吊旗式POP广告的基本形状。为图形图框精确剪裁制作背景，选择工具箱中的【文本工具】为页面添加文字信息，并围绕路径创建文本，完成吊旗式POP广告的绘制。

01新建“页面 4”。选择工具箱中的【矩形工具】，在绘图页面中绘制矩形，并使用【椭圆形工具】配合Shift+Ctrl快捷键绘制正圆，如图15-49所示。选择绘制的矩形和正圆，在属性栏中单击【焊接】按钮将图形焊接在一起。

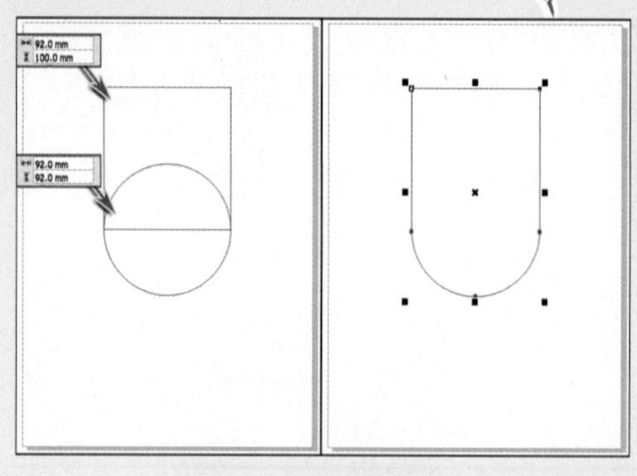

图15-49 焊接图形

02 复制页面中绘制的曲线图形，执行【效果】|【图框精确剪裁】|【放置在容器中】命令，单击上一步中制作的图形，完成图框精确剪裁，并取消轮廓轮的填充，如图15-50所示。

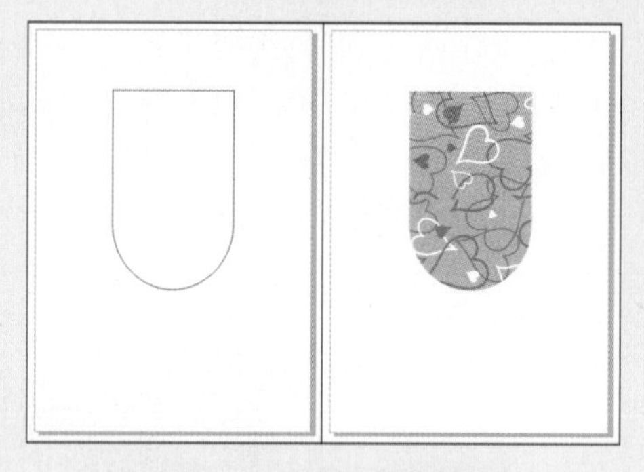

图15-50 图框精确剪裁

03 选择页面中的“九五折”、“全场”、“美丽花服饰专卖”字样图形，拖动图形向右移动的过程中右击鼠标，然后松开鼠标左键复制该图形，调整图形大小与位置，如图15-51所示。

图15-51 复制图形

04 使用【贝塞尔工具】在绘图页面中绘制曲线。选择工具箱中的【文本工具】，在属性栏中单击【将文本更改为水平方向】按钮，单击曲线图形并输入“美丽花服饰专卖全国连锁北京店”字样，设置字体颜色为紫红色（R：255、B：0、B：255），调整文本位置，如图15-52所示。

图15-52 添加文字

小结

POP广告是一种便捷、价格低廉的广告宣传方式，是众多商场、超市、专卖店不可或缺的促销方法。本章首先介绍了POP设计的相关知识，然后以美丽花服饰系列POP广告设计为题，通过创意思路分析、制作要点指点，实例设计制作步骤描述，轻松讲解了POP设计制作技巧和设计流程。

希望读者通过本章的学习，理解和掌握POP设计的理论知识，能够灵活运用CorelDRAW X4的强大功能，设计制作出优秀的POP广告作品。

第16章 插画设计

插画设计是一种独特的多样化设计类别。在现代设计领域中，它是具有极强表现力的一种设计手法。它与绘画有着不可分割的密切关系，它的许多表现技法都运用到绘画当中的手法。通过插画，作者往往可以充分表达自己的情感与思想，也可以在其中表现出明确的商业信息。由于它是多变的，有着非同一般的魅力，所以吸引了不少的爱好者来学习插画设计的相关内容。本章将向大家介绍插画设计的相关知识，以及如何在CorelDRAW X4中创建插画。

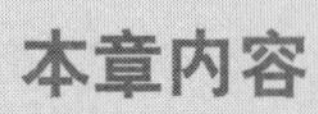

本章内容

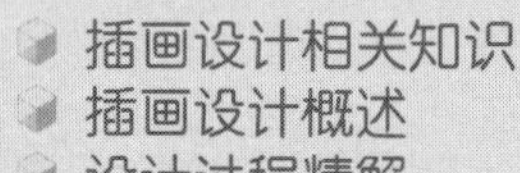

- 插画设计相关知识
- 插画设计概述
- 设计过程精解
- 小结

16.1 插画设计相关知识

插画设计是一种艺术特色很强的设计手法，利用美好的画面，在带给人们信息的同时，也让人们得到了视觉享受。在信息技术高速发展的今天，人们的生活中到处充满了商业信息，插画设计已经成为现代社会不可或缺的艺术形式。因此，如何更好地学习有关插画设计的知识，是本章的学习目的。插画的应用范围很广，如出版物、商业宣传、商业形象设计、影视多媒体等诸多方面，如图16-1所示。

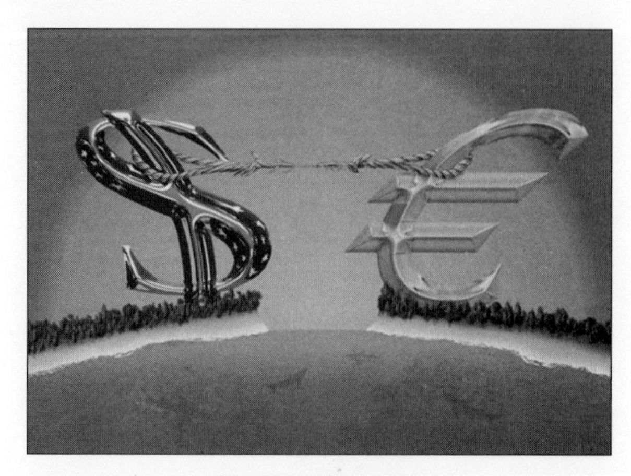

图16-1 商业插画

16.1.1 什么是插画

插画从狭义上来说，是指插附在书刊中的图画。有的印在正文中间，有的用插页方式，对正文内容起补充说明或艺术欣赏作用，这种定义主要是针对书籍插图。从现代意义上说，插画就是平常所看的报纸、杂志、各种刊物或儿童图画书里，在文字间所加插的图画。它趣味性十足，能使文字部分更加的生动，无论运用在哪个领域，都可以给人留下深刻的印象，有极强的艺术感染力。

插画是现代设计中常见的一种艺术形式，它以其直观的形象性，真实的生活感和美的感染力，在现代设计中占有重要的地位，如图16-2所示。

图16–2 漂亮的插画

16.1.2 插画的功能与作用

现代插画与传统概念上的艺术插画有很大的不同，现代插画更具有商业特征，它的目的在于表现商品所承载的信息，它可以使人们对这些信息正确接收、把握，并得到美的享受，因此说它是为商业活动服务的。

一般意上的艺术插画有3个功能和目的，即作为文字的补充；让人们得到感性认识的满足；表现艺术家的美学观念和表现技巧，甚至表现艺术家的世界观和人生观。现代插画有着极强的功能性，纯艺术表现手法往往会使现代插画的功能减弱。因此，设计时不能让插画的主题发生歧义，必须要做到主题鲜明、表达准确。

现代插画的基本功能就是将信息以最简明的方式传达给消费者，激发人们的兴趣，使消费者在审美的过程中自然地接受宣传的内容，达到刺激消费的目的。现代插画可以展示生动具体的产品和服务形象，直观地传递信息，潜移默化地增强广告的说服力。

16.1.3 插画的分类

插画可以按照许多标准来进行分类。从应用角度上来说，插画可分为文学插图和商业插画。文学插图是再现文章情节、体现文学精神的可视艺术形式；而商业插画是一种传递商品信息，集艺术与商业于一体的图像表现形式。

按现在的市场定位，可以将插画分为矢量时尚、卡通低幼、写实唯美等类别。根据制作方法可将插画分为手绘、矢量、商业等。按插画的绘画风格分类有日式卡通和插画、欧美插画、香港插画、韩国插画等，如图16-3所示。

图16-3　欧美插画

另外从材料上分，有手工制作的折纸和布纹等。在插画设计领域，风格多种多样，可以供设计人员尽情发挥，希望读者通过本章的学习，可以掌握有关插画设计的一些知识。

16.2　插画设计案例1

16.2.1　成品效果展示

图16-4所示的图形，为视觉艺术设计插画完成后的效果。

图16-4　视觉艺术设计

16.2.2　设计思路

接下来要制作的是关于视觉艺术设计的插画实例，插画本身就具有强烈的视觉表现力，通过插画，可以传达很多方面的信息。本例以淡雅的背景色为衬托，绘制了实例的主体曲线图形，运用颜色的配比，使整个曲线图形具有了立体感，像丝绸飞舞。在此基础上，添加了花朵图形，为整个插画进行点缀。最后添加了相关文字信息，充分体现了插画的艺术特色。

16.2.3 制作要点

01 使用【交互式网状填充工具】为背景添加网状填充效果。

02 使用【贝塞尔工具】绘制曲线图形。

03 使用【交互式调和工具】为绘制的花朵图形添加调和效果。

04 使用【文本工具】字为页面添加装饰性文本。

16.2.4 设计过程精解

01 执行【文件】|【新建】命令，新建一个绘图文档，在属性栏中单击【横向】按钮，使文档方向为横向。在工具箱中双击【矩形工具】，自动依照绘图页面尺寸创建矩形。

02 使用工具箱中的【交互式网状填充工具】为矩形添加网状填充效果，参照图16-5所示设置颜色。

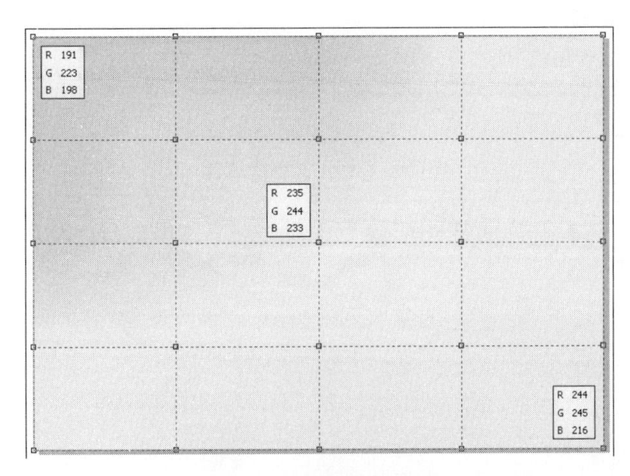

图16-5 添加网状填充

03 使用工具箱中的【贝塞尔工具】绘制曲线图形，如图16-6所示，然后使用【形状工具】调整图形形状。

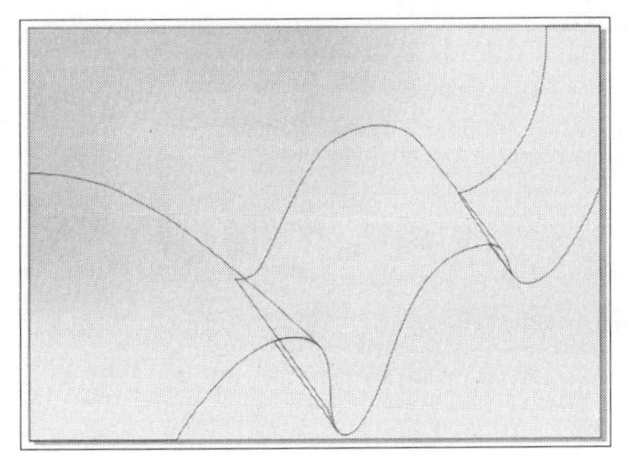

图16-6 绘制图形

04 使用【交互式网状填充工具】为绘制的图形添加网状填充，参照图16-7所示设置颜色。

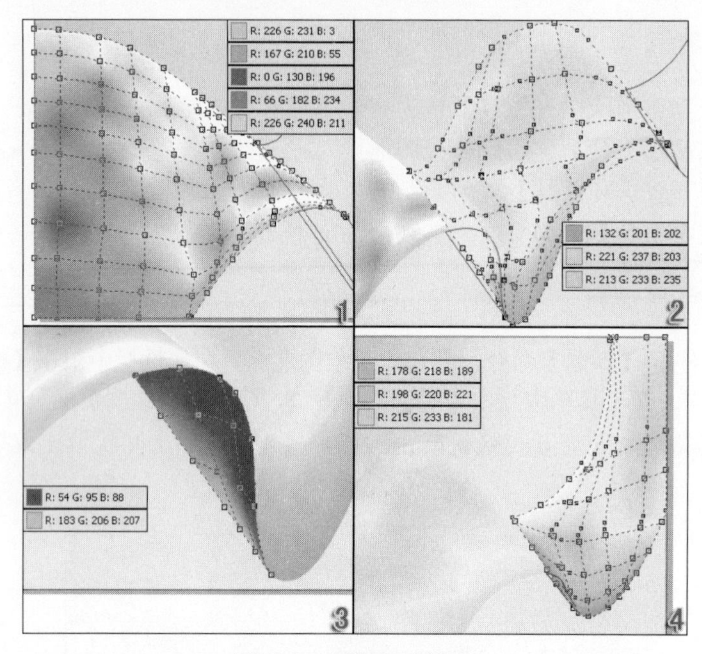

图16−7　添加网状填充

05 使用【填充工具】为曲线图形填充深绿色（R：52、G：89、B：81），如图16-8所示，然后调整图形位置。

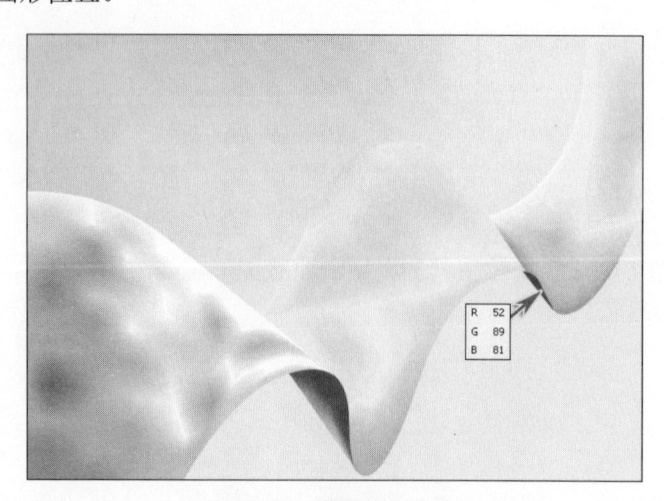

图16−8　调整图形位置

06 为方便接下来的绘制，将“图层 1”锁定，新建“图层 2”。使用工具箱中的【贝塞尔工具】在页面左下角位置绘制曲线图形。使用【填充工具】为图形添加底纹填充，参照图16-9所示设置参数，单击【确定】按钮完成设置。

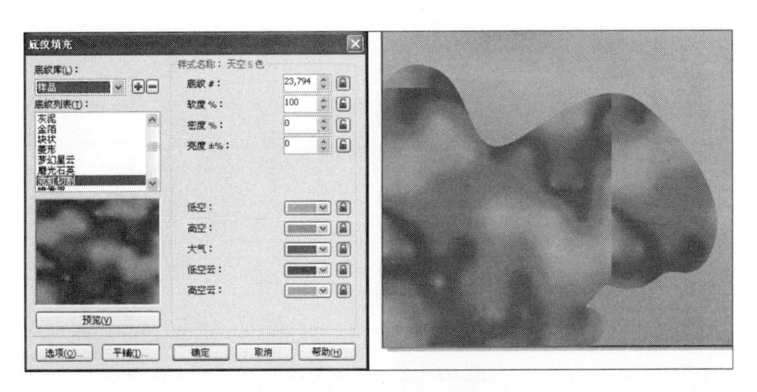

图16-9　添加底纹填充

07使用工具箱中的【交互式透明工具】为图形添加透明效果，设置参数如图16-10所示。

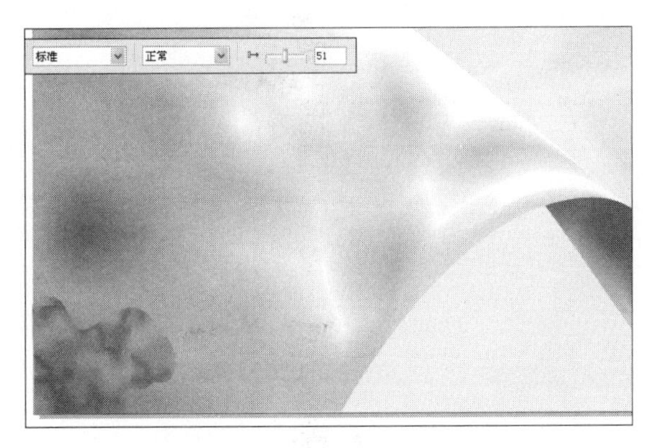

图16-10　添加交互式透明效果

08使用工具箱中的【贝塞尔工具】在页面绘制曲线图形。使用【填充工具】为图形添加底纹填充，参照图16-11所示设置参数，单击【确定】按钮完成设置。

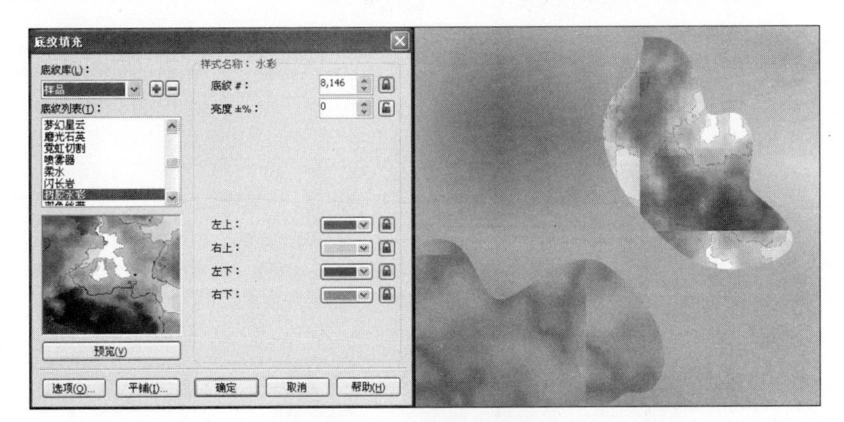

图16-11　添加底纹填充

09使用相同的方法，绘制曲线图形并为其添加底纹填充，按小键盘上的+键复制该图形，调整图形大小与位置，如图16-12所示。

图16-12　复制图形

⑩使用工具箱中的【交互式透明工具】为图形添加透明效果，如图16-13所示。

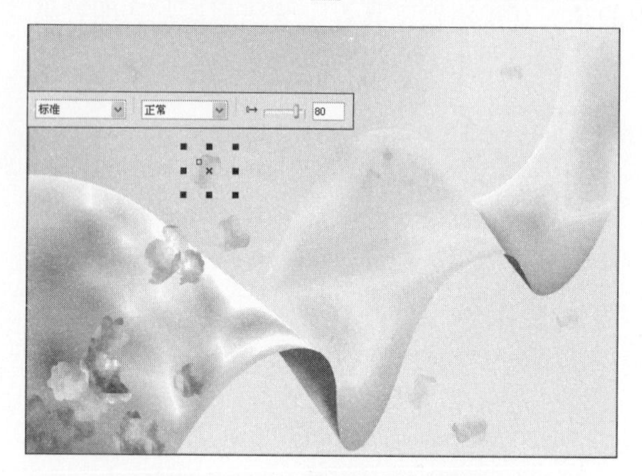

图16-13　为图形添加透明效果

⑪新建“图层 3”。使用工具箱中的【贝塞尔工具】绘制树叶图形。利用【交互式调和工具】为图形添加调和效果，按小键盘上的+键复制该图形，调整图形大小与位置，如图16-14所示，将绘制的图形群组。

图16-14　绘制树叶并添加调和效果

⑫使用【贝塞尔工具】绘制曲线图形，并为其添加底纹填充效果。调整图形位置，如图16-15所示。

图16-15　绘制图形

⑬新建“图层 4”。使用【贝塞尔工具】绘制花朵图形，并为图形填充颜色，然后使用【交互式调和工具】为图形添加调和效果，双击花瓣图形，使其处于旋转状态，调整中心点到圆心位置，旋转图形的过程中右击鼠标，松开鼠标左键复制该图形，使用相同的方法复制图形，如图16-16所示效果，将绘制的花朵图形群组。

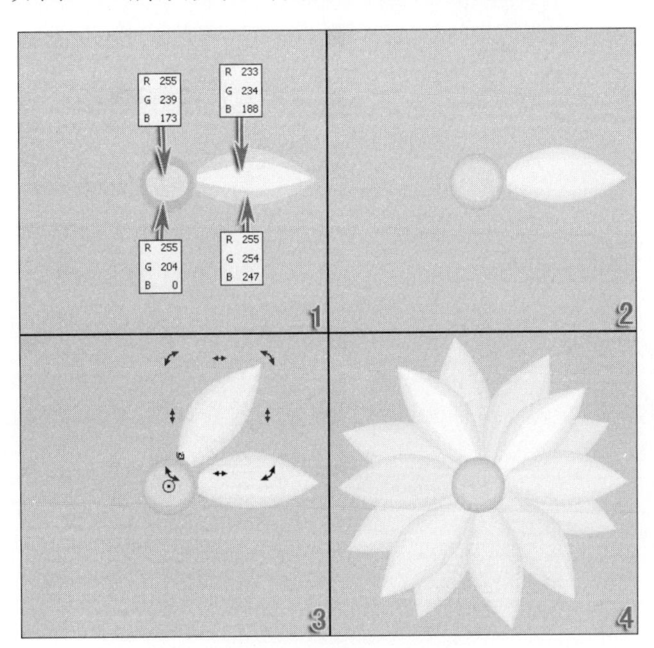

图16-16　绘制花朵图形

⑭拖动花朵图形向右移动的过程中右击鼠标，然后松开鼠标左键复制该图形，调整图形的大小与位置，如图16-17所示。

图16-17　复制花朵

15 使用工具箱中的【文本工具】字为页面添加装饰性文本，完成该实例的绘制，如图16-18所示。

图16-18　完成效果

16.3　插画设计案例2

16.3.1　成品效果展示

图16-19所示的图形，为卡通插画设计完成后的效果。

图16-19　卡通插画设计

16.3.2 设计思路

卡通插画是插画类型中非常受欢迎的一种，它造型生动活泼，色彩对比强烈，有很强的视觉冲击力。在本例中，首先绘制背景图形，并添加纹理效果。然后创建了插画的主体图形。色彩明艳的卡通蘑菇图形搭配变形的彩虹图形，使整个画面立即鲜活起来，充分表现出了卡通插画的特色。

16.3.3 制作要点

01 使用【交互式填充工具】为背景添加纹理。
02 使用【交互式透明工具】为背景添加透明效果。
03 使用【贝塞尔工具】绘制主体图形。
04 使用【文本工具】为页面添加装饰性文本。

16.3.4 设计过程精解

01 执行【文件】|【新建】命令，新建一个绘图文档。单击工具箱中的【选项】按钮，打开【选项】对话框，参照图16-20所示设置参数，单击【确定】按钮完成设置。

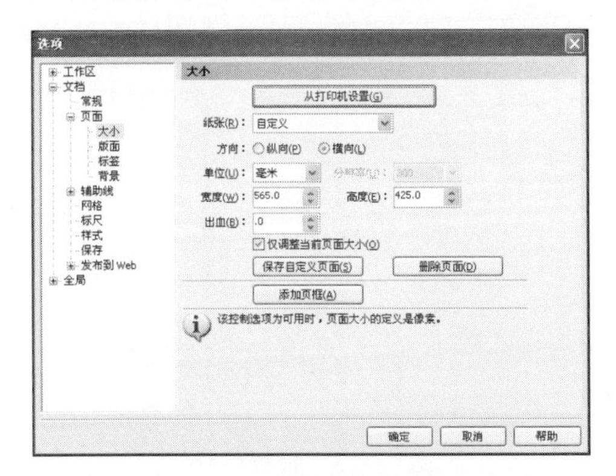

图16-20 【选项】对话框

02 双击工具箱中的【矩形工具】，自动依照绘图页面尺寸创建矩形，为矩形填充天蓝色（R：117、G：197、B：240），如图16-21所示。

图16-21 创建矩形

04 按小键盘上的+键复制矩形，选择工具箱中的【交互式填充工具】，在【填充类型】下拉列表中选择【全色位图】选项，如图16-22所示。执行【文件】|【导入】命令，打开附带光盘中的“素材文件\第16章\素材01.tif”文件，按Enter键将图像放置在页面的中心位置。

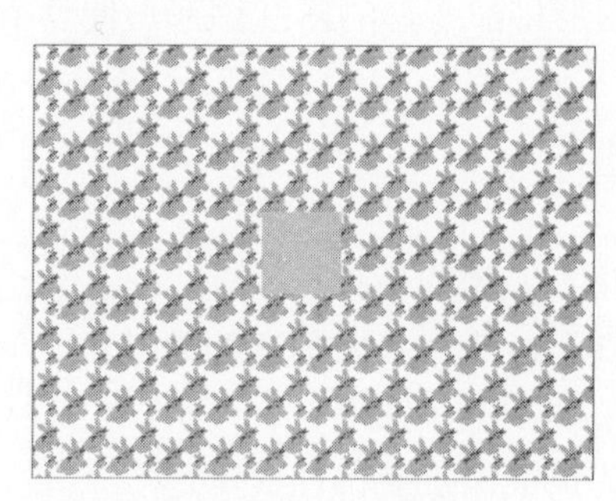

图16-22　导入素材

05 接下来新建图样。在【交互式填充工具】属性栏中单击【创建图样】按钮，打开【新建图样】对话框。采用默认设置，单击【确定】按钮后鼠标呈捕捉状态，捕捉将要新建的图样，如图16-23所示。这时弹出【创建图样】对话框，单击【确定】按钮的同时会弹出【保存向量图样】对话框，输入路径并单击【确认】按钮完成新建图样的操作。

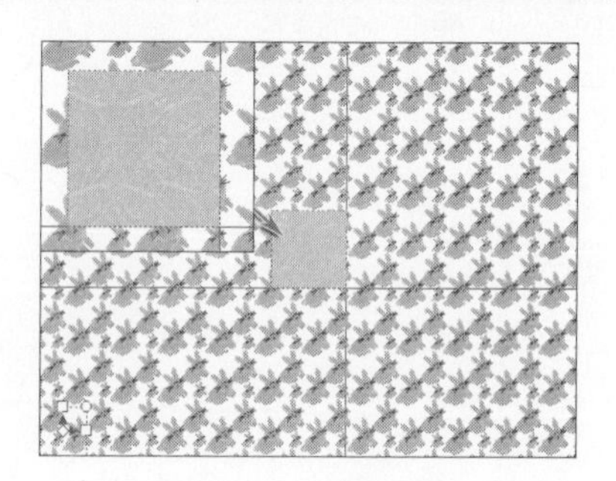

图16-23　捕捉图样

06 使用工具箱中的【交互式透明工具】为图形添加透明效果，设置参数如图16-24所示，并将导入的位图图像删除。

图16-24　添加交互式透明效果

07使用工具箱中的【贝塞尔工具】绘制条状图形，然后利用【填充工具】为图形设置颜色，如图16-25所示。

图16-25　绘制条状图形

08新建“图层 2”。使用【贝塞尔工具】绘制蘑菇图形的轮廓。使用【填充工具】为图形填充颜色，参照图16-26所示。

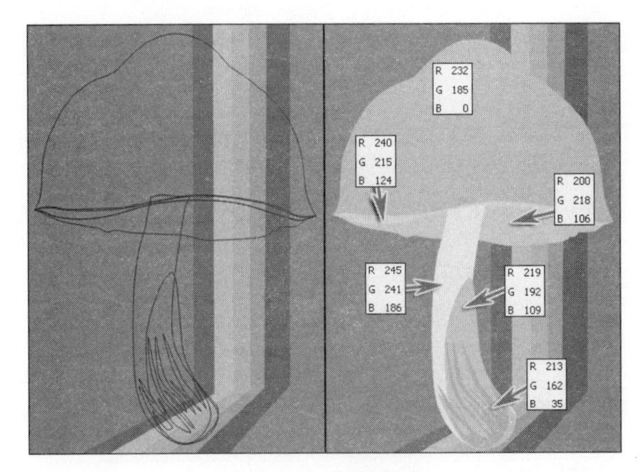

图16-26　绘制蘑菇

09接下来为蘑菇绘制细部图形，并参照图16-27所示为图形填充颜色。

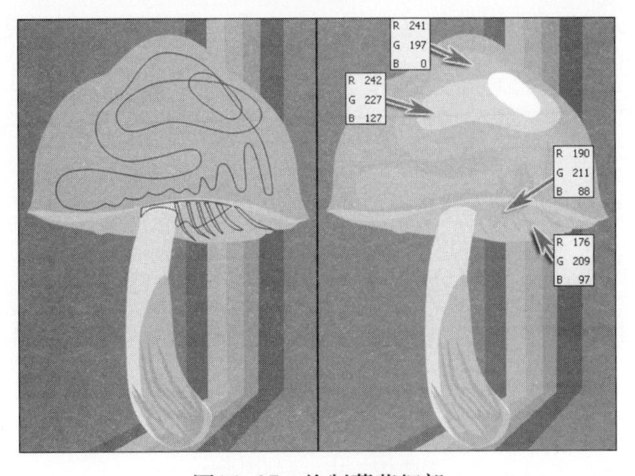

图16-27　绘制蘑菇细部

10 使用工具箱中的【交互式透明工具】为图形添加透明效果，设置参数如图16-28所示。然后为蘑菇绘制露珠图形。

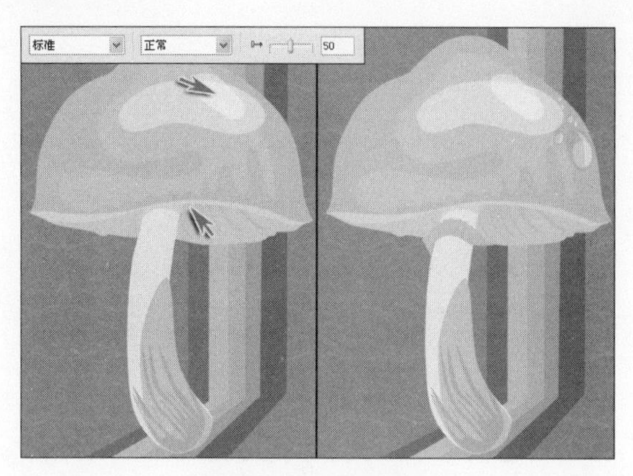

图16−28　绘制露珠

11 将绘制的蘑菇图形群组，使用步骤08~10相同的方法继续绘制小蘑菇，如图16-29所示，并将其群组。

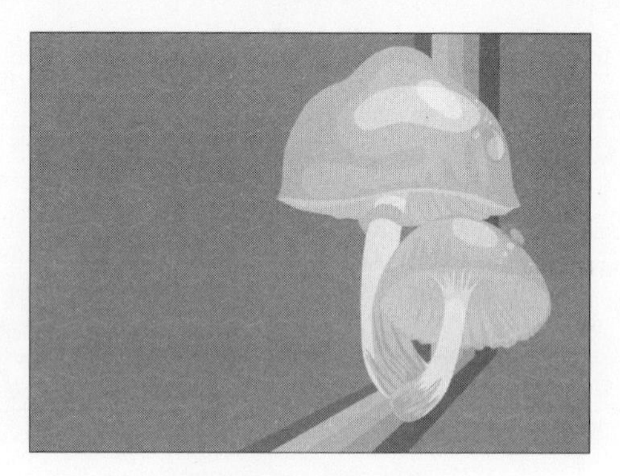

图16−29　绘制小蘑菇

12 使用工具箱中的【贝塞尔工具】继续绘制蘑菇图形，并使用【填充工具】为图形填充颜色，如图16-30所示。使用【椭圆形工具】为蘑菇绘制斑点并将绘制的蘑菇图形群组。

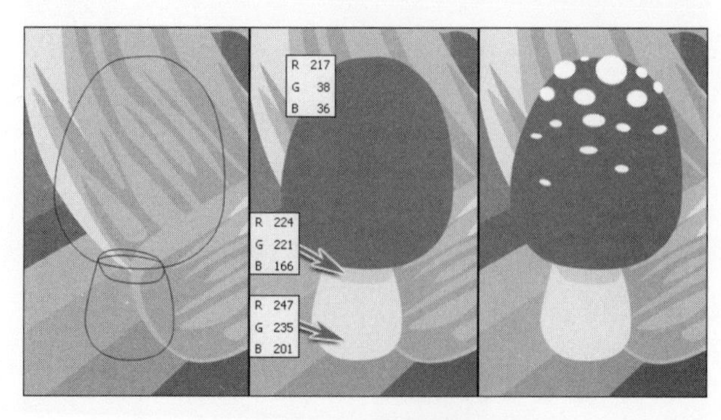

图16−30　绘制图形

13 使用相同的方法绘制蘑菇图形，如图16-31所示，调整图形位置并将其群组。

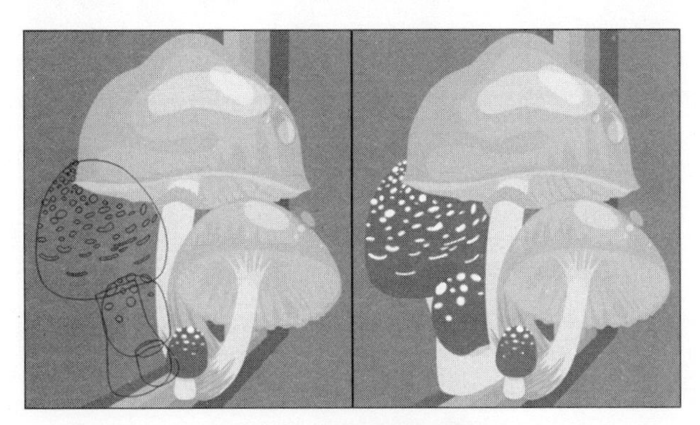

图16−31　继续绘制蘑菇

14 使用工具箱中的【贝塞尔工具】绘制阴影图形，为图形填充深红色（R：129、G：41、B：42）。利用【交互式透明工具】为图形添加透明效果，如图16-32所示，并调整图形位置。

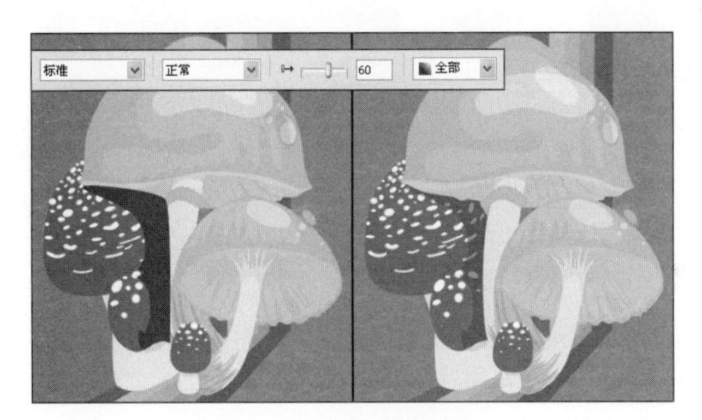

图16−32　绘制阴影图形

15 接下来使用工具箱中的【贝塞尔工具】绘制树叶图形，如图16-33所示。调整图形位置并将其群组。

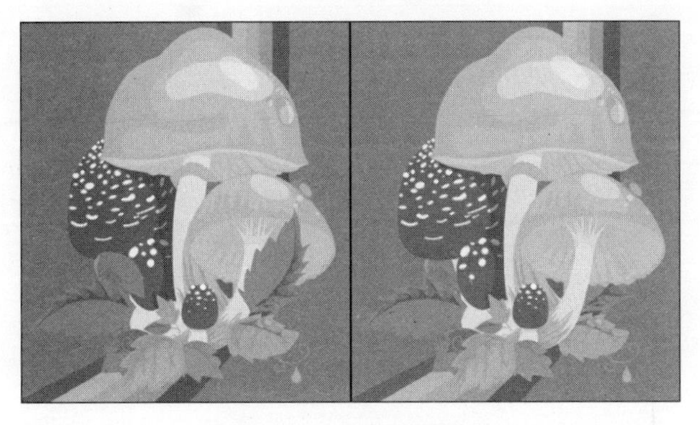

图16−33　绘制树叶图形

16 继续绘制植物图形，参照图16-34所示为图形设置颜色，调整图形位置并将其群组。

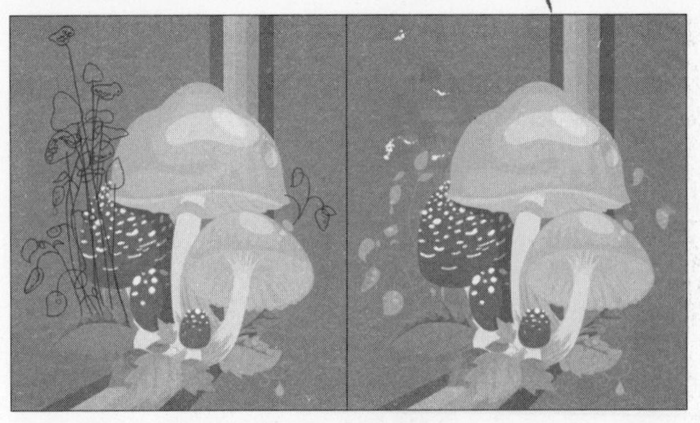

图16-34　继续绘制树叶图形

17 使用【贝塞尔工具】绘制树根图形，选择绘制的曲线图形，单击【修剪】按钮，修剪图形并为图形填充深褐色（R：97、G：52、B：43），如图16-35所示。

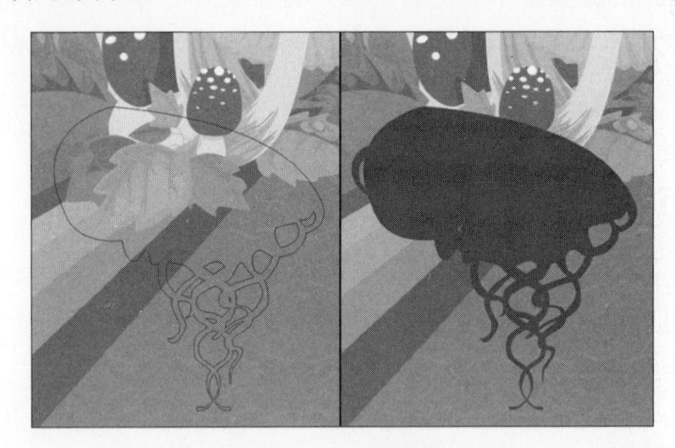

图16-35　绘制树根图形

18 使用工具箱中的【贝塞尔工具】绘制曲线图形，为图形填充深灰色（R：126、G：113、B：101），然后利用【交互式透明工具】为图形添加透明效果，如图16-36所示，并绘制装饰图形。

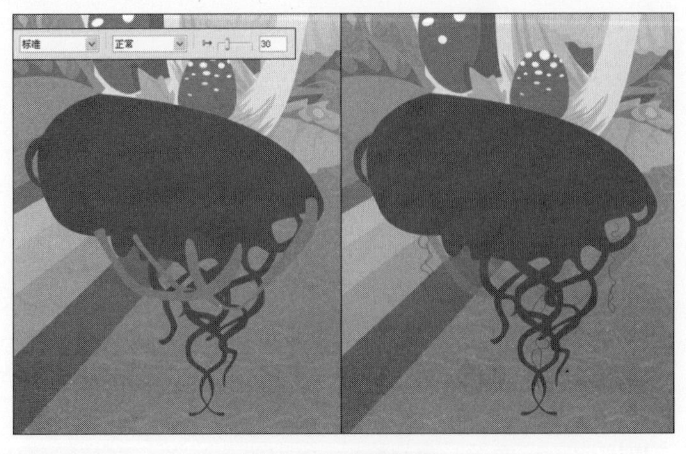

图16-36　绘制图形

⑲使用工具箱中的【贝塞尔工具】继续绘制植物图形，如图16-37所示，调整图形位置并将其群组。

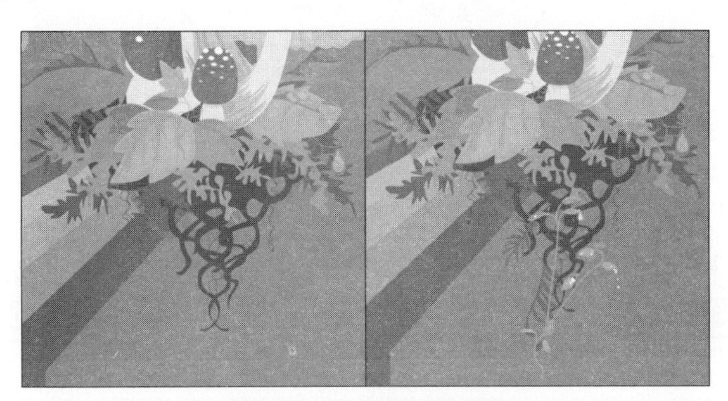

图16-37　绘制树叶图形

⑳最后使用工具箱中的【文本工具】为页面添加装饰文本，完成该实例的绘制，如图16-38所示效果。

图16-38　完成效果

小结

插画设计一直紧跟时代的发展脚步，作为一种时尚的设计手法，它已经越来越多地融入到人们的生活当中。在本章中，首先介绍了插画设计的相关常识，分别从它的定义、功能与作用以及分类入手，为读者详细介绍了插画的基础知识。然后，以两个实例诠释了插画在CorelDRAW X4中是如何创作出来的。在实例中，步骤介绍详细清晰，非常容易理解。

希望读者通过本章的学习，理解和掌握插画设计的理论知识，能够在CorelDRAW X4中创作出独特的插画作品，为将来的设计之路打下良好的基础。

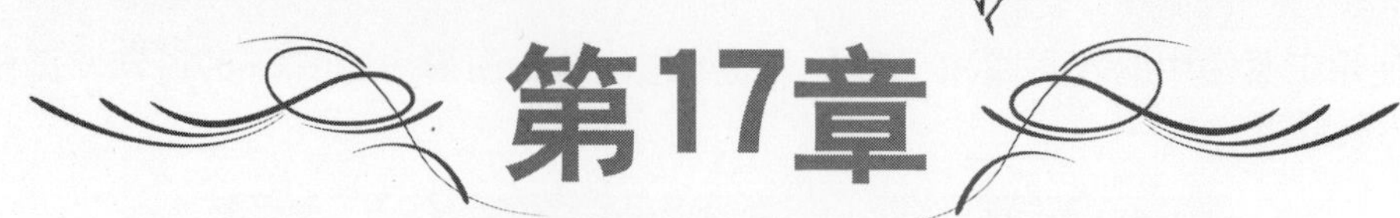

第17章

广告设计

广告设计是以宣传服务或产品为主要目的，以夸张、拟人、写实等不同的表现方法，来述说产品的特点和功能。本章将讲述广告设计的相关知识，并以两个广告作品的设计和制作过程，向读者展示如何使用CorelDRAW X4来设计制作广告。

本章内容

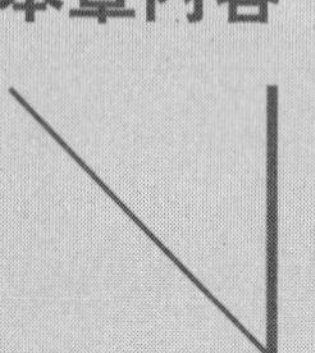

- 广告设计相关知识
- 广告设计概述
- 设计过程精解
- 小结

17.1 广告设计相关知识

17.1.1 广告的概念

商业的不断繁荣引发了竞争，从而使商业宣传走向一个又一个的高峰。广告作为一个非常重要的载体，有其自身的发展史。最初广告使用的是白描手法，即直截了当地阐述产品特性，简单朴素。随着科学技术的飞速发展，广告逐步吸引了人们的目光，成为人们认识新产品的一个重要渠道，如图17-1所示。

图17-1 广告设计

广告（advertisement，缩写为ad）是向大众介绍产品、信息等的一种宣传方式，一般通过报刊杂志、电视等媒介传播。

现代社会，广告有许多传播途径，并且已经成为一个包含多方面知识的综合产物。完成一个相对优秀的广告，需要一个同样优秀的团队努力创作，这是一个相当复杂的过程。

广告分为广义与狭义两类。广义的广告包括非商业广告和商业广告，狭义的广告仅指商业广告。商业广告是以营利为目的的广告。非商业广告可以理解为现在电视媒体上常见的公益广告。无论是哪一种广告，目的都是传播信息，让更多的人了解广告中所要表达的内容。

17.1.2 广告的作用

无论是对企业、公司还是针对消费者而言，广告的作用都是不容忽视的，下面为读者介绍广告的作用。

- 传达信息：广告最基本的功能就是传达信息。无论采用哪种广告形式，都可以使消费者有效地了解到商家所要表达的产品信息。例如，可以帮助消费者认知商标、商品性能、有什么用途、如何使用以及如何加以保养等，另外还可以知道购买地点及购买途径。有时，商品价格也会在广告中说明，以起到吸引消费者注意、促进消费者购买欲的作用。
- 促进竞争：广告是商品的宣传媒介，高质量的广告可以起到提升商品价值的作用。广告质量的高低会直接影响到商品的销量，那么在竞争激烈的时代，它促进竞争的作用也就越发地突显出来了。谁的广告做得好并且宣传到位，谁就有可能会更多地占有市场。从这个角度分析，广告确实带动了商家的竞争意识，有竞争才会有进步。
- 丰富生活：如果仔细考究一个好的广告，可以发现它就是一件艺术品，并且是独特的，精美的，吸引人的。作为商品的宣传方式，它不仅可以向消费者真实地反映商品的各种特性，而且可以通过形象的广告作品引起人们对于生活的联想，改变旧的消费观念，得到感观享受，并潜移默化地打通人们的消费思路，影响人们的消费观念，促进购买欲望。优秀的广告除了在视觉上可以给人们带来美的享受外，还可以帮助消费者树立良好的道德观、人生观，提升人们的精神文明程度，陶冶人们的情操，并且帮助消费者对科学知识有进一步的认知。

17.1.3 广告的设计手法

如果说广告是商品宣传的前站，那么广告设计就是这一切的前提。好的广告肯定是由设计人员经过信息搜集，反复思量，考虑诸多因素后才诞生的。相对简单的平面广告，可以由单人完成，但大多数情况下，都需要团队的配合，毕竟广告是一个综合体。不夸张地说，它也是包罗万象的，其制作过程也是相当复杂的。广告设计手法有很多种，下面将具体介绍几种广告设计手法。

- 直接展示法：这是一种直抒胸臆的设计表现手法，它以直白的表达方式产生了高强度的亲和力。它将产品直接推到消费者面前，所以在设计时要注意元素的合理分配，主要任务要集中于产品自身的闪光点，使产品增强感染力，达到宣传效果。

- 突出特征法：就是要将产品或主题中与众不同的特点十分鲜明地表达出来，然后放置于广告画面的主要部位并加以烘托处理，使观众在看到广告的第一眼时，就可以知道这个广告要表达什么信息，进一步对广告产生兴趣，达到促销的目的。
- 对比衬托法：是从事物的两个方面形成对立冲突后，突出事物特点的表现手法。这种手法更能强有力地为消费者展现产品的特质，加强产品在人们心中的印象，并且可以展示广告主题的不同表现层次和深度。
- 合理夸张法：夸张相较其他设计手法，可以更加鲜明地强调或揭示事物的本质，增强艺术表现力。
- 运用联想法：在设计中运用联想，可以突破时间与空间的界限，从而加大艺术元素的容量，加强画面意境的表现力。通过联想，人们可以在产品上或多或少地看到自己在生活中的经验，很容易产生共鸣。
- 富于幽默法：把幽默运用到广告中会使广告充满情趣，运用搞笑的情节，巧妙的安排，会把广告升华为带有极强表现力的宣传品。
- 借用比喻法：比喻手法是相对其他广告设计手法而言比较含蓄的一种。它是指在设计过程中，借用与宣传对象本质不同但在某一点相似的事物来说明宣传对象，达到婉转表达的艺术效果。

广告设计手法多种多样，东西越多就越需要斟酌，在设计过程中要灵活运用这些方法。它们可以体现在大的方面，也可以体现在小的元素中，只要搭配合理，相信就会制作出品质优良的广告作品。

17.2 服装专卖店的广告设计

17.2.1 成品效果展示

设计制作完成的效果如图17-2所示。

图17-2 设计完成的效果

17.2.2 设计思路

该广告作品是一个店面形象广告，是为提升和统一店面形象而设计制作的。广告的画面以一个穿着时尚的女孩形象为主，体现该专卖店的服饰风格和针对的消费人群。画面的色调以玫红色为主，凸显女性柔美、时尚的个性。店面的名称采用极简的变形手法，将字母连接在一起，既不影响信息的识别，又增强了画面的视觉欣赏性。

17.2.3 制作要点

01 使用【填充工具】为画面添加图样填充。
02 使用【贝塞尔工具】绘制主体人物图形。
03 使用【图框精确剪裁】命令约束人物图形的显示范围。
04 使用【矩形工具】创建店面名称的文字变化。

17.2.4 设计过程精解

首先在工具箱中双击【矩形工具】，自动依照绘图页面尺寸创建矩形，使用【填充工具】为图形填充颜色，比如图样填充。通过【贝塞尔工具】绘制主体人物图形，并为其设置颜色。利用【图框精确剪裁】命令具体调整图形显示范围。最后选择【矩形工具】绘制矩形，以创建出美观大方的店名图形。

01 执行【文件】|【新建】命令，新建一个绘图文档。

02 在工具箱中双击【矩形工具】，自动依照绘图页面尺寸创建矩形。单击工具箱中的【填充工具】，在弹出的工具展示栏中选择【颜色】选项，打开【均匀填充】对话框，在【模型】下拉列表中选择RGB颜色模式，填充灰色（R：229、G：229、B：229），如图17-3所示。

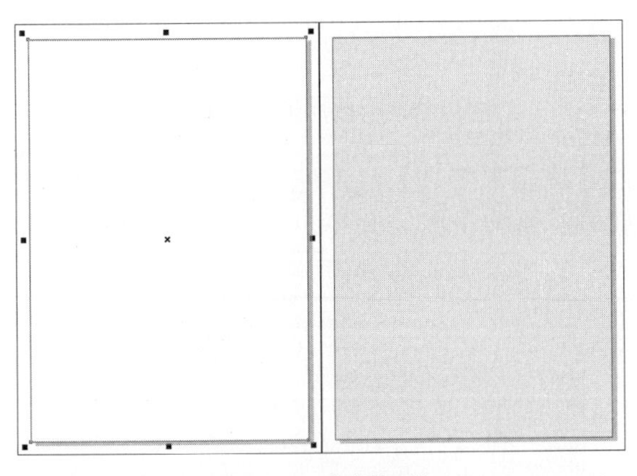

图17-3 绘制矩形

03 选择矩形，按小键盘上的+键复制矩形。使用工具箱中的【填充工具】为复制的矩形图样填充，打开【图样填充】对话框，参照图17-4设置参数，单击【确定】按钮完成图样填充。

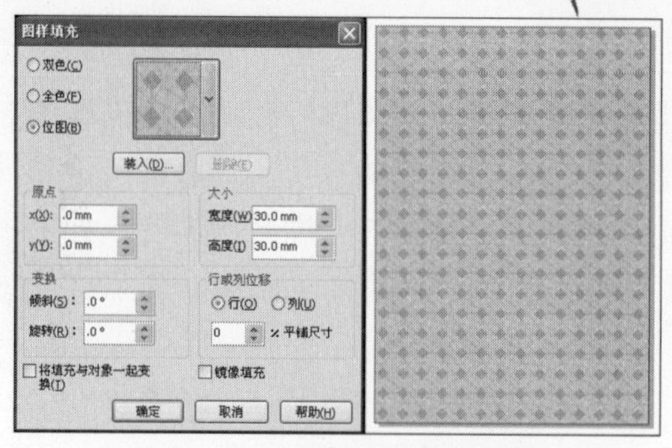

图17-4 为图形添加图样填充

04单击工具箱中的【交互式调和工具】，在弹出的工具展示栏中选择【透明度】选项，为矩形添加透明效果，设置参数如图17-5所示。

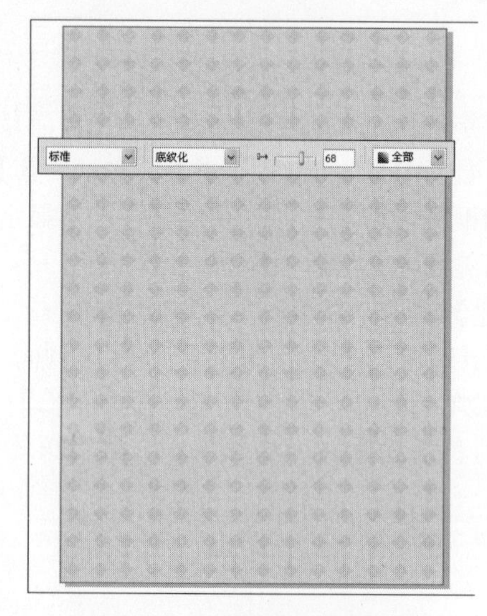

图17-5 为图形添加透明效果

05选择工具箱中的【椭圆形工具】，配合Shift+Ctrl快捷键绘制两个正圆，单击属性栏中的【修剪】按钮，修剪正圆为圆环，为圆环填充白色并取消轮廓线的填充，如图17-6所示。

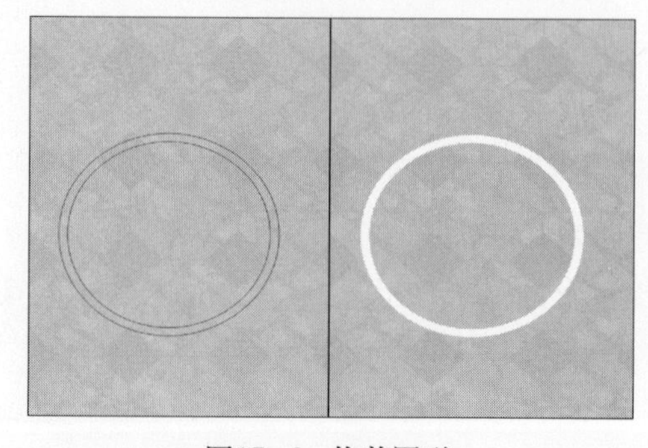

图17-6 修剪图形

06使用步骤05相同的方法，绘制圆环，按小键盘上的+键，复制图形，如图17-7所示。使用属性栏中的【修剪】按钮，修剪页面边缘突出的图形，选择绘制的图形，按Ctrl+G快捷键将其群组。

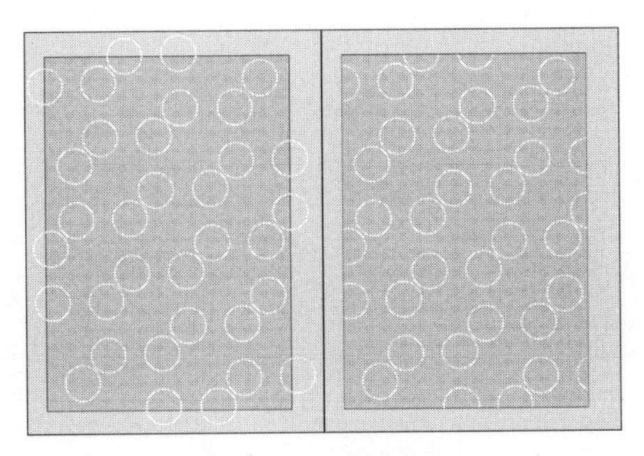

图17–7　复制图形

07使用工具箱中的【椭圆形工具】绘制正圆，如图17-8所示。使用步骤06相同的方法，复制并修剪页面边缘突出的正圆，选择正圆和修剪后的曲线图形，在右侧调色板上单击白色色块，为图形填充白色，再在调色板的无填充按钮上右击，取消轮廓线的填充，并将绘制的图形群组。

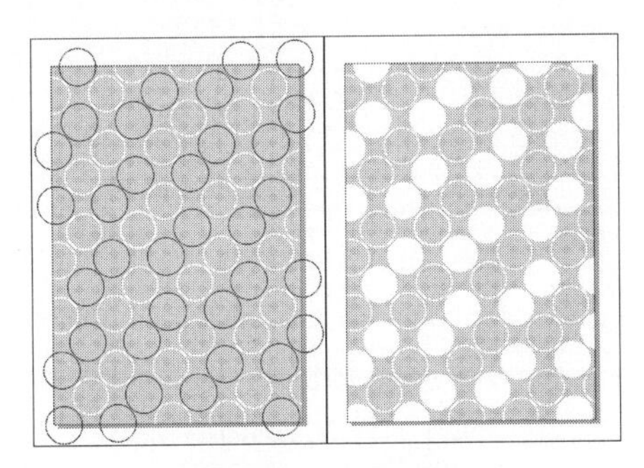

图17–8　绘制正圆

08单击【对象管理器】左下角【新建图层】按钮，新建“图层 2”。选择工具箱中的【贝塞尔工具】，在绘图页面右上角绘制曲线图形，如图17-9所示。为图形填充白色并取消轮廓线的填充，然后将绘制的图形群组。

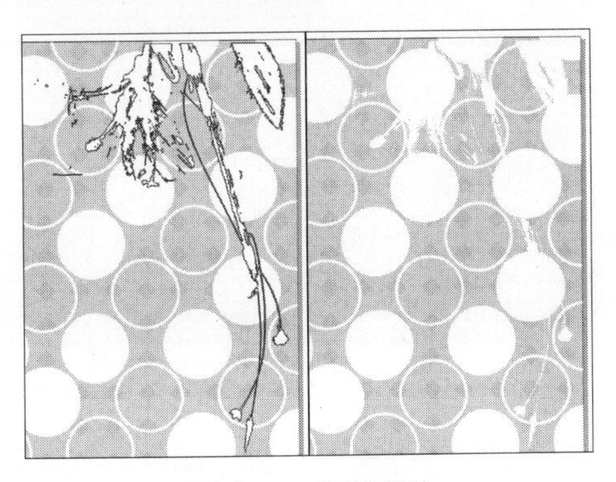

图17–9　绘制图形

09选择工具箱中的【贝塞尔工具】在绘图页面上继续绘制曲线，为图形制作装饰效果，并为图形填充黑色，将绘制的图形群组，如图17-10所示。

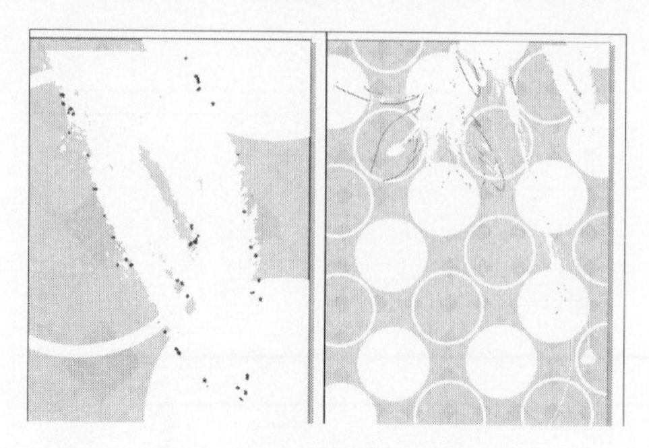

图17-10 绘制曲线图形

10选择步骤08~09绘制的曲线图形，拖动图形向左下方移动的过程中右击鼠标，然后松开鼠标左键复制该图形，为图形填充白色，继续绘制曲线图形，并调整图形位置，如图17-11所示。

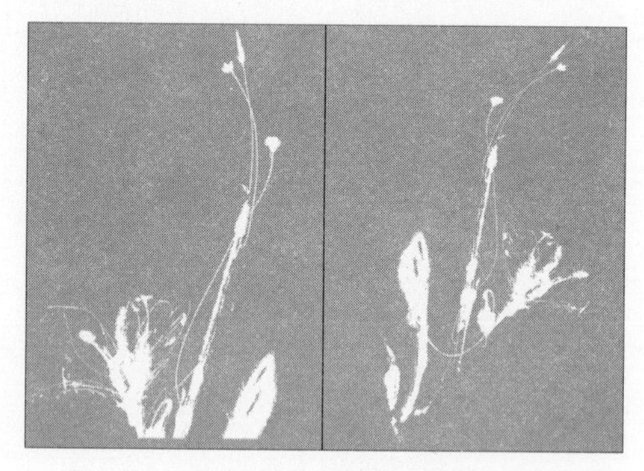

图17-11 复制图形

11选择工具箱中的【贝塞尔工具】，参照图17-12所示在绘图页面上绘制曲线图形，并将绘制的图形群组。

图17-12 绘制图形

12选择绘制的曲线图形，使用【挑选工具】调整图形位置，如图17-13所示，并将绘制的图形群组。

图17-13　调整图形位置

⑬选择工具箱中的【贝塞尔工具】，在页面中绘制人物轮廓，使用工具箱中的【形状工具】调整图形形状，然后利用【填充工具】参照图17-14所示为图形填充颜色。

图17-14　绘制人物

⑭选择工具箱中的【贝塞尔工具】，为人物绘制眼镜轮廓，参照图17-15所示为图形填充颜色，然后利用【交互式透明工具】为图形添加线性透明效果。

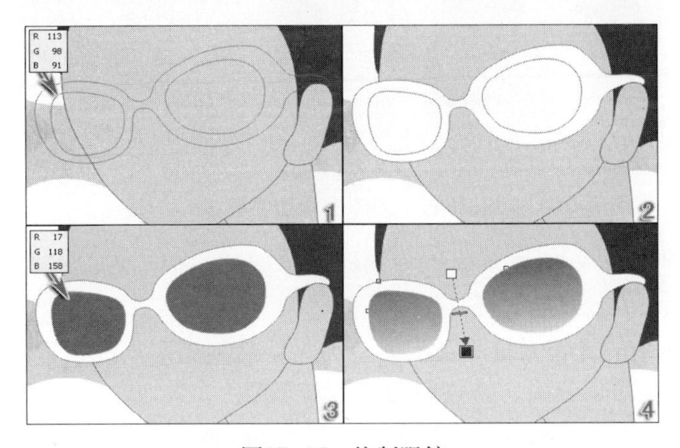

图17-15　绘制眼镜

⑮选择工具箱中的【贝塞尔工具】，为人物绘制眉毛、鼻子、嘴。使用【填充工具】分别为图形填充颜色，如图17-16所示，并取消眉毛、鼻子图形的轮廓线填充。

图17−16　绘制鼻子、嘴

⑯接下来为人物绘制腮红。使用工具箱中的【椭圆形工具】绘制椭圆形，并分别为椭圆形填充橘黄色（R：229、G：229、B：229）、泥灰色（R：229、G：229、B：229）、肤色（R：229、G：229、B：229），取消轮廓线的填充，然后利用【交互式调和工具】为图形添加调和效果，如图17-17所示。

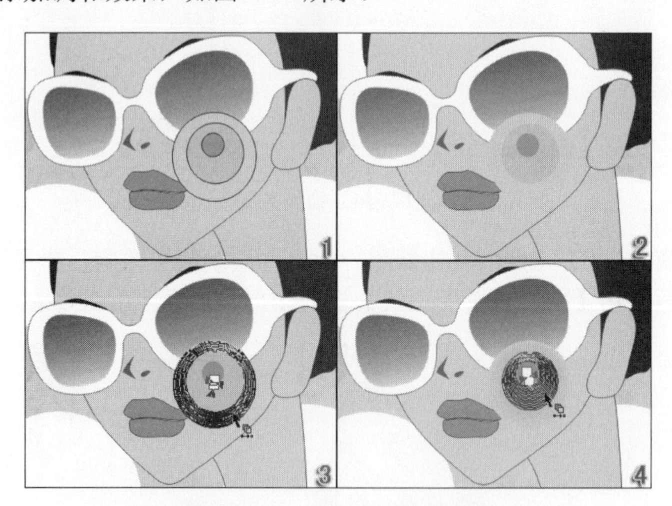

图17−17　为图形添加调和效果

⑰使用相同的方法为脸部左侧绘制腮红，并调整图形位置，如图17-18所示。使用【贝塞尔工具】为人物绘制耳环。

⑱选择工具箱中的【艺术笔工具】，为人物绘制头发，设置参数如图17-19所示。在右侧调色板上单击黑色色块，为绘制的图形填充黑色，并取消轮廓线的填充，然后将绘制的头发图形群组。

图17-18 绘制耳环

图17-19 绘制头发

19 选择工具箱中的【贝塞尔工具】，为人物的裙子绘制纹理，如图17-20所示。为图形填充颜色，并将绘制的图形群组。

图17-20 绘制图形

20使用工具箱中的【贝塞尔工具】在人物胳膊位置绘制曲线图形。使用【填充工具】分别为图形填充褐色（R：166、G：97、B：56）、黑色，取消轮廓线的填充，使用步骤17相同的方法，为绘制的椭圆形添加调和效果，如图17-21所示。

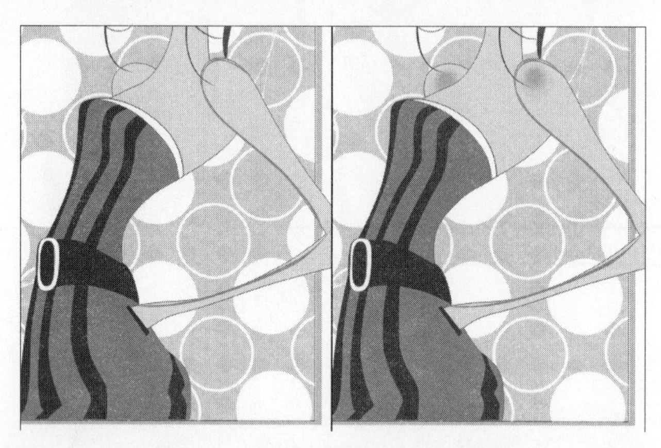

图17−21　为图形添加调和效果

21使用工具箱中的【贝塞尔工具】绘制饰品包，参照图17-22所示，为图形填充颜色。选择绘制的图形，按Ctrl+G快捷键将图形群组，并调整图形位置。

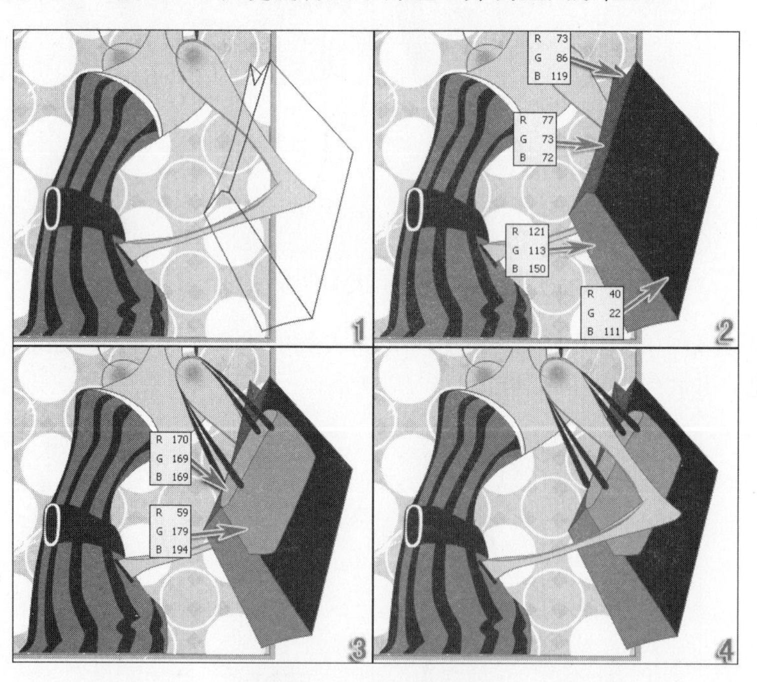

图17−22　绘制饰品包

22选择步骤11绘制的曲线图形并复制，如图17-23所示，依次为图形填充黄色（R：255、G：245、B：0）、橘红色（R：231、G：120、B：23）、红色（R：218、G：37、B：29），调整图形位置与大小，并将复制的图形群组。

图17-23　绘制图形

23在【对象管理器】左下角单击【新建图层】按钮，新建“图层 3”。双击工具箱中的【矩形工具】，依照绘图页面尺寸创建矩形。选择绘制人物的所有图形，执行【效果】|【图框精确剪裁】|【放置在容器中】命令，单击创建的矩形完成图框精确剪裁。在图框上右击鼠标，在弹出的工具展示栏中选择【编辑内容】选项，调整图形位置如图17-24所示。在图框上右击，在弹出的工具展示墙中选择【结束编辑】，停止编辑内容。

图17-24　图框精确剪裁

24新建“图层 4”。在工具箱中双击【矩形工具】创建矩形。继续绘制矩形，使用【形状工具】调整矩形直角为圆角，如图17-25所示。选择页面中的两个矩形，在属性栏中单击【修剪】按钮修剪图形，为图形填充洋红色（R：221、G：19、B：123），将轮廓线设置为无。

图17-25　修剪图形

25选择工具箱中的【矩形工具】，在绘图页面左上角绘制矩形，调整矩形位置如图17-26所示，使图形宽度相等。

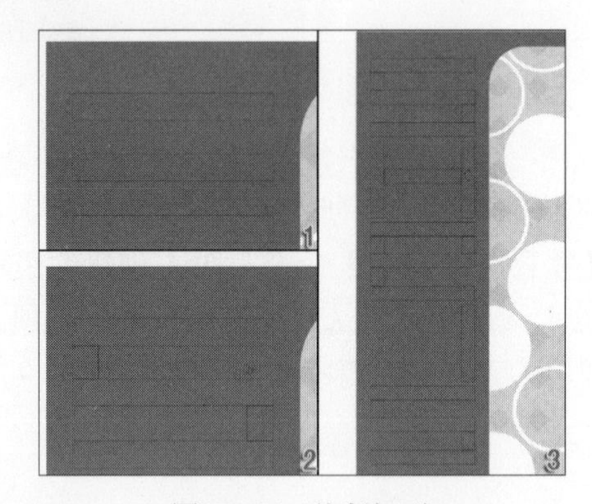

图17-26　绘制矩形

26选择绘制的矩形，执行【排列】|【转换为曲线】命令，将绘制的矩形转换为曲线，调整曲线形状如图17-27所示，选择曲线图形，单击属性栏中的【焊接】按钮将图形焊接在一起，为图形填充白色。

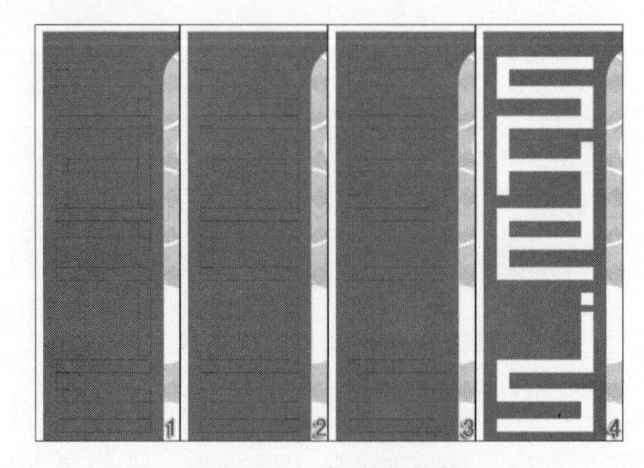

图17-27　将图形焊接

27选择焊接后的曲线图形，按小键盘上的+键复制该图形，为轮廓线填充黑色，并设置【轮廓宽度】为0.8mm，调整图形位置如图17-28所示。使用相同的方法复制该图形，为

轮廓线填充天蓝色（R：117、G：197、B：240），设置【轮廓宽度】为2.8mm。

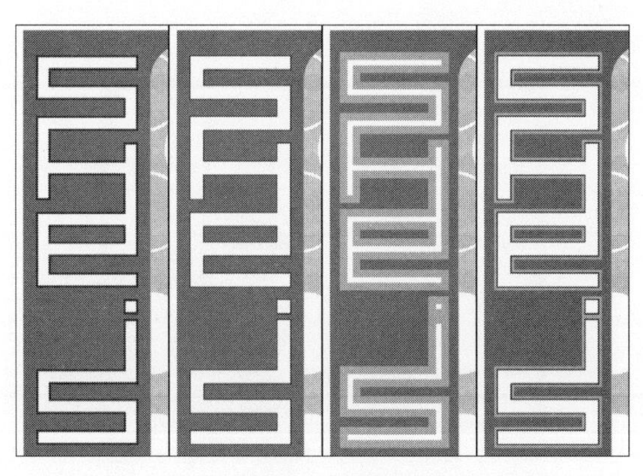

图17-28　复制图形

28 使用工具箱中的【贝塞尔工具】，在绘图页面左下角绘制曲线图形，如图17-29所示，为图形填充白色并取消轮廓线的填充。

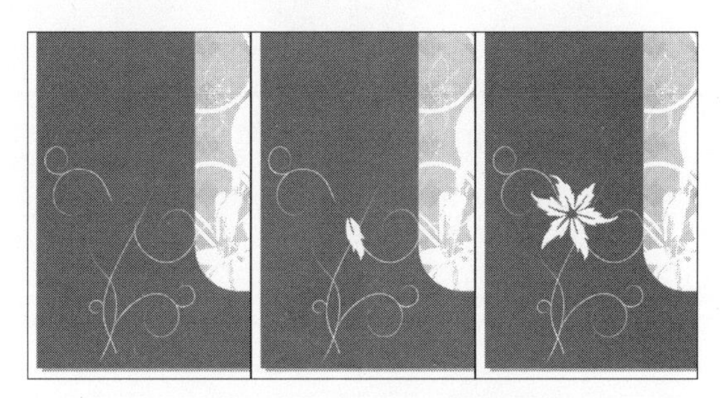

图17-29　绘制曲线图形

29 使用【贝塞尔工具】继续绘制曲线图形，如图17-30所示，并将绘制的曲线图形群组。然后利用【椭圆形工具】绘制椭圆形，为椭圆形填充灰色（R：150、G：149、B：148），并将绘制的椭圆形群组。

图17-30　绘制图形

30选择工具箱中的【文本工具】字，在绘图页面中添加装饰文字，完成该作品的绘制，如图17-31所示。

图17-31　完成效果

17.3　手机广告设计

17.3.1　成品效果展示

图17-32所示的画面即手机广告设计完成后的效果图。

图17-32　手机广告设计

17.3.2 设计思路

该广告是为推出一款新的智能手机而做的宣传品，这是个50cm×80cm页面的广告作品。在制作的过程中，主要表现该手机样式美观、功能强大这两个特点。画面的美观性是该作品的关键，为了表现这一特点，该广告采用唯美的设计风格，画面不添加过多的装饰物。在页面右侧绘制该手机图形，而左上部是一只漂亮的蝴蝶图形，两个图形在视图中起到相互呼应的视觉效果。然后将该手机的主要功能通过文字体现出来，安排在画面的下侧，使人们可以详细地了解到该手机的主要参数特征。

17.3.3 制作要点

01 使用【交互式网状填充工具】创建背景。
02 使用描摹位图命令将位图转换为矢量图。
03 使用【贝塞尔工具】绘制手机图形。
04 使用【文本工具】创建段落文本。

17.3.4 设计过程精解

首先创建背景图形，使用【交互式网状填充工具】为背景图形添加网状填充效果。使用【贝塞尔工具】绘制主体手机图形，通过【导入】命令导入蝴蝶图像，并利用【描摹位图】命令将素材图像转换为矢量图，作为装饰图形。最后为页面添加相关文字信息，如介绍产品及功能等内容，以完成该实例的绘制。

01 执行【文件】|【新建】命令，新建一个绘图文档。在工具栏中单击【选项】按钮，打开【选项】对话框，为页面设置【出血线】为3.0毫米，单击【确定】按钮完成设置。

02 选择工具箱中的【矩形工具】，依照出血线绘制矩形，调整矩形到页面居中位置，并为图形添加网状填充效果，参照图17-33所示设置颜色。

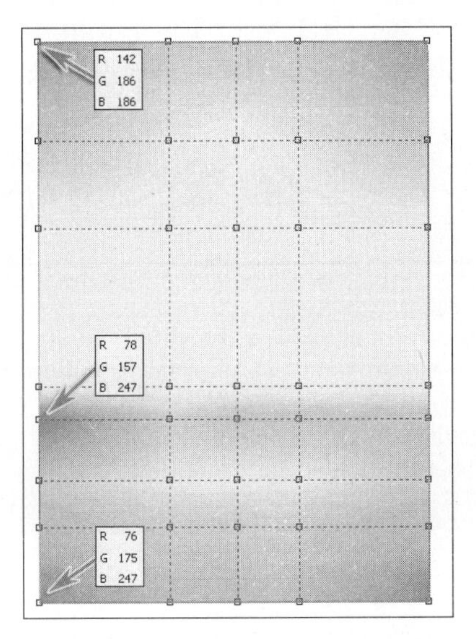

图17-33 为图形添加网状填充效果

03 使用【矩形工具】绘制矩形，调整矩形直角为圆角。在属性栏中单击【转换为曲线】按钮，将矩形转换为曲线。使用【形状工具】调整图形形状，参照图17-34所示效果，并为图形设置颜色。

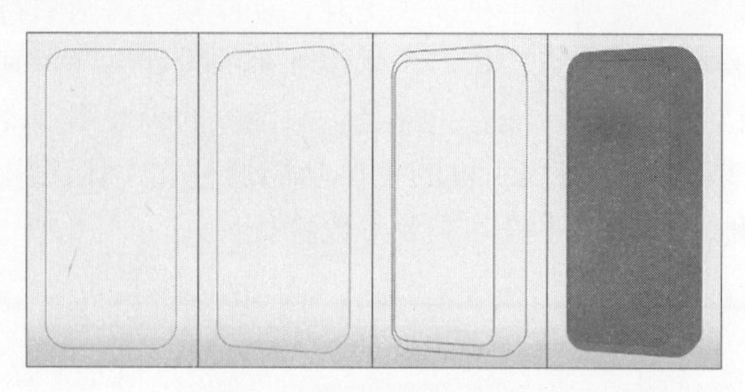

图17−34　绘制手机形状

04 使用【贝塞尔工具】绘制曲线，选择曲线和渐变填充的圆角图形，单击【相交】按钮，修剪图形，并为图形添加渐变填充效果，参照图17-35所示设置颜色。

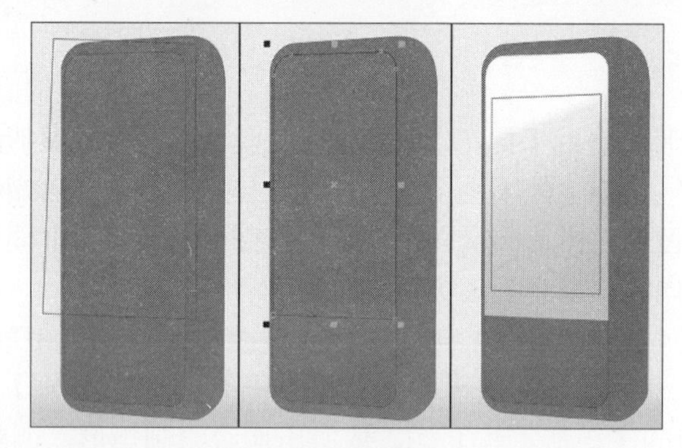

图17−35　修剪图形

05 使用工具箱中的【贝塞尔工具】和【矩形工具】为手机绘制按键图形，如图17-36所示，然后使用【形状工具】调整矩形直角为圆角。

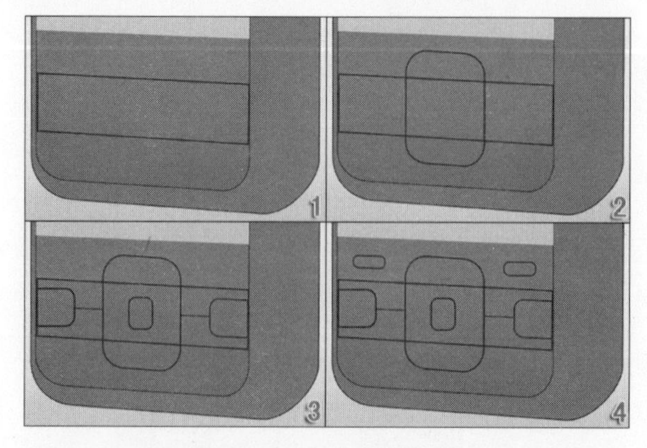

图17−36　绘制按键图形

06 使用【填充工具】为图形添加渐变填充效果，参照图17-37所示设置参数。

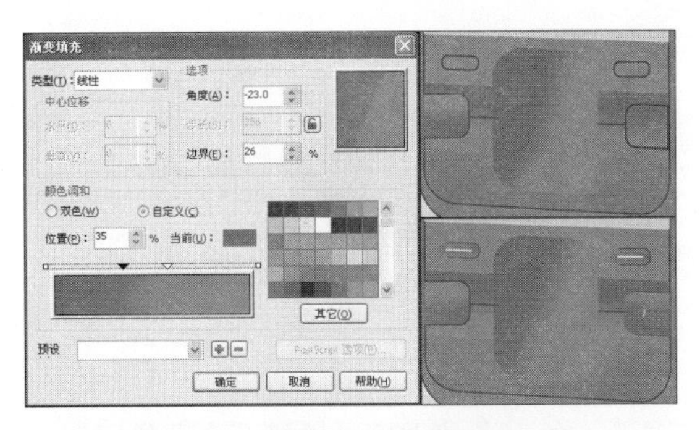
图17-37　为图形添加渐变填充效果

07使用【贝塞尔工具】和【矩形工具】为手机绘制细节图形，参照图17-38所示设置颜色，选择绘制的按键图形，单击【群组】按钮，将图形群组。

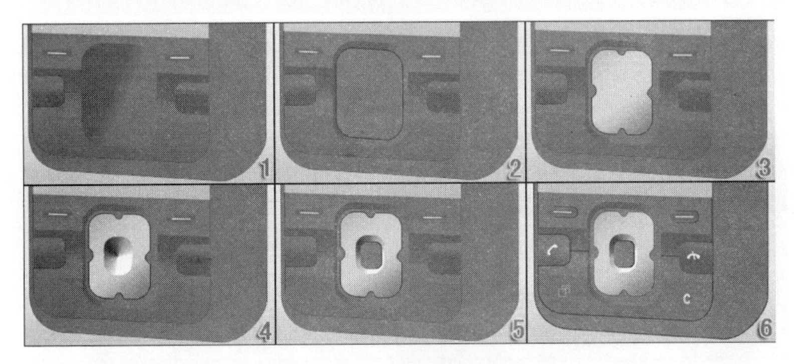
图17-38　绘制细节图形

08执行【文件】|【导入】命令，打开附带光盘中的“素材文件\第17章\素材.tif”文件，导入素材图像，调整图形大小与位置。执行【效果】|【图框精确剪裁】|【放置在容器中】命令，单击矩形完成图框精确剪裁，如图17-39所示，并为页面添加相关装饰图形。

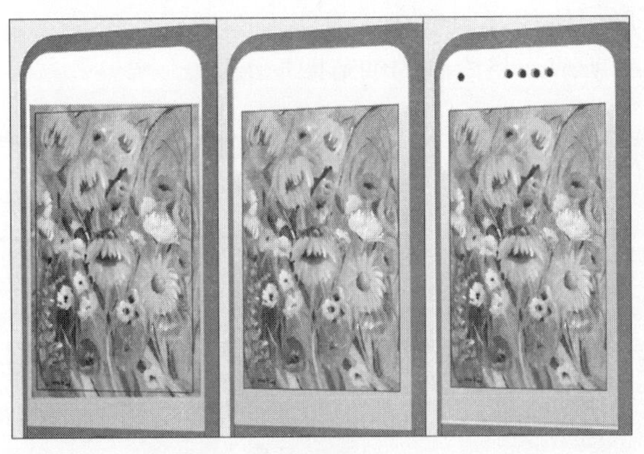
图17-39　导入素材

09为方便接下来的绘制，将部分图形隐藏。使用【矩形工具】绘制矩形，调整矩形直角为圆角，拖动图形向左移动的过程中右击鼠标，松开鼠标左键复制该图形，选择两个圆矩形，单击【修剪】按钮修剪图形，如图17-40所示。

图17-40　修剪图形

10 使用【贝塞尔工具】绘制曲线图形。选择两个曲线图形，单击【焊接】按钮，将图形焊接在一起，并为图形添加渐变填充效果，如图17-41所示。

11 选择渐变填充的曲线图形，按小键盘上的+键复制该图形，继续复制曲线图形，分别为图形填充白色和黑色，然后依次调整图形位置，效果如图17-42所示。

图17-41　为图形添加渐变填充效果

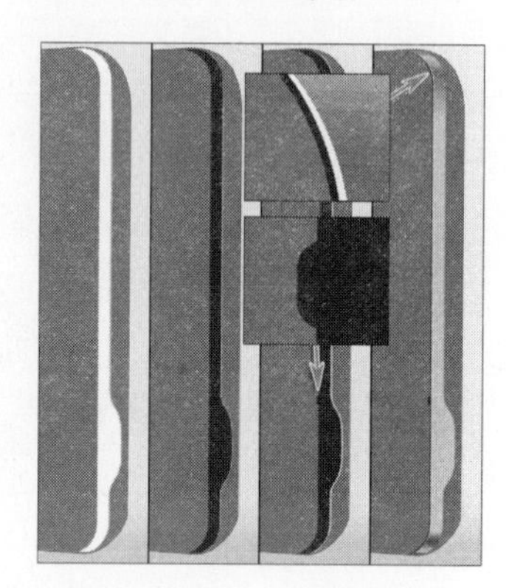

图17-42　复制图形

12 使用工具箱中的【矩形工具】绘制按钮图形，调整图形位置与颜色，如图17-43所示，选择绘制的按钮图形，将其编组。

13 显示隐藏的图形。使用【贝塞尔工具】为手机绘制细节图形，并为图形添加渐变填充效果，如图17-44所示，将绘制的细节图形编组。

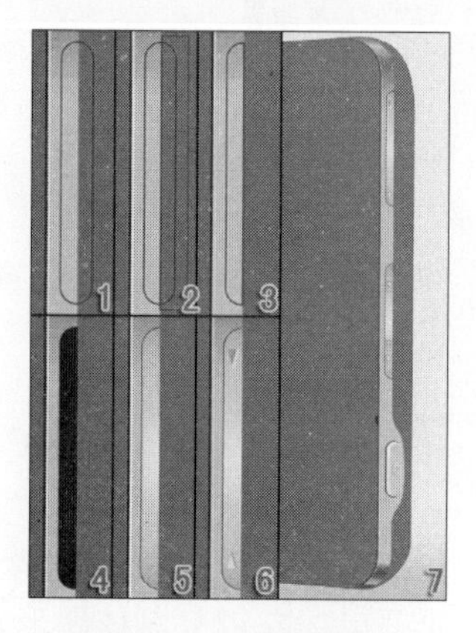

图17-43　绘制按钮

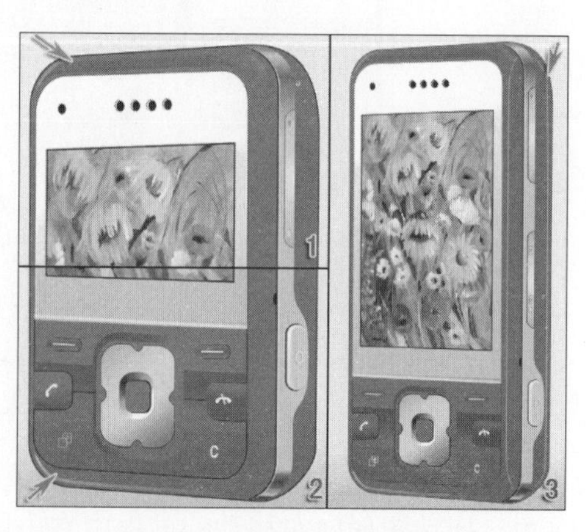

图17-44　绘制细节图形

14新建“图层 3”。选择手机图形，按小键盘上的+键复制图形，并将其编组。执行【效果】|【添加透视】命令，调整图形透视效果，如图17-45所示。

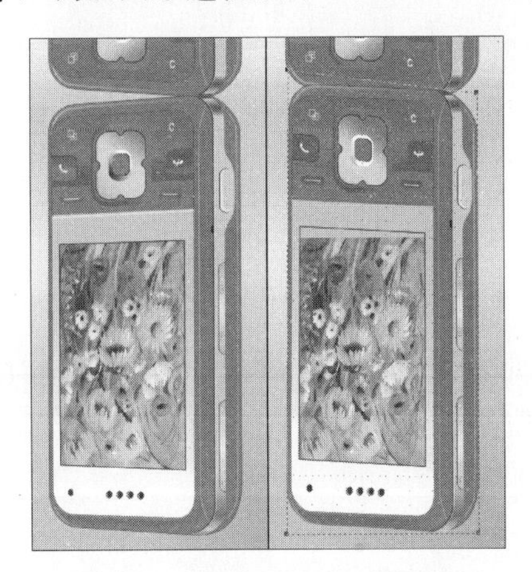

图17-45　为图形添加透视效果

15执行【位图】|【转换为位图】命令，打开【转换为位图】对话框，参照图17-46所示设置参数，将图形转换为位图。

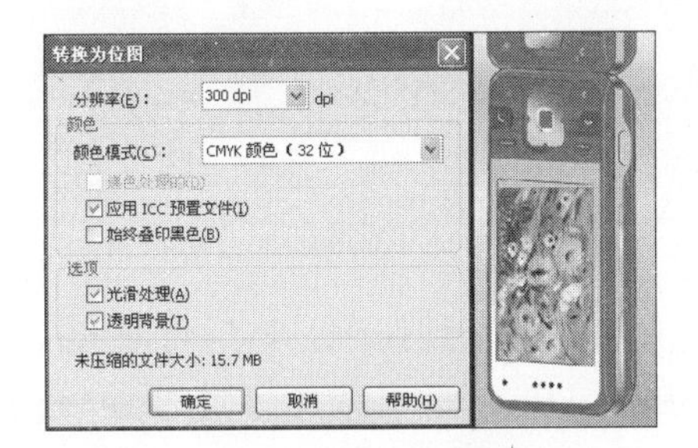

图17-46　将图形转换为位图

16使用【交互式透明工具】为手机图形添加透明效果，如图17-47所示。使用【椭圆形工具】绘制椭圆形，并为图形填充黑色，然后调整“图层 3”位置到“图层 2”下面。

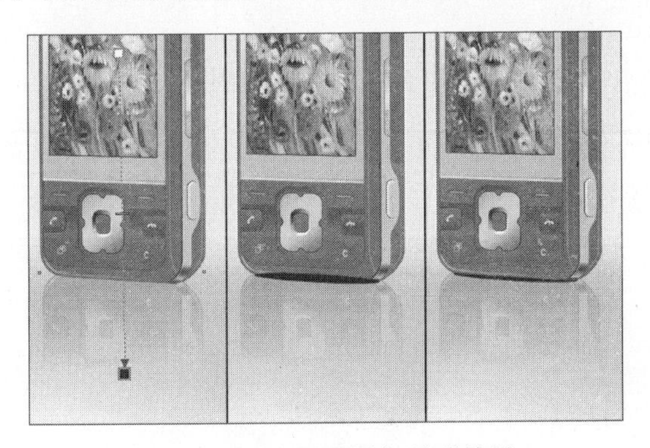

图17-47　为图形添加透明效果

17选择黑色椭圆形，按小键盘上的+键复制该图形，执行【位图】|【转换为位图】命令，将图形转换为位图，然后为图像添加高斯式模糊效果，在【高斯式模糊】对话框中设

置【半径】参数为20像素，如图17-48所示。

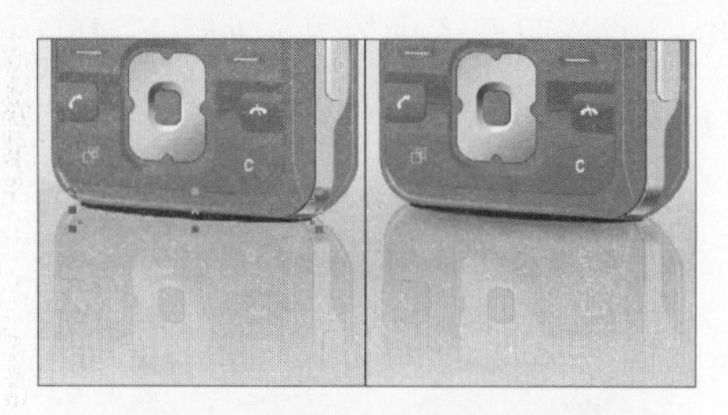

图17-48 为图像添加高斯式模糊效果

18 继续绘制椭圆形，将图形转换为位图，并为图像添加高斯式模糊效果，设置【半径】参数为100像素，然后使用【贝塞尔工具】绘制曲线图形，调整图形颜色与位置，并为图形添加透明效果，如图17-49所示。

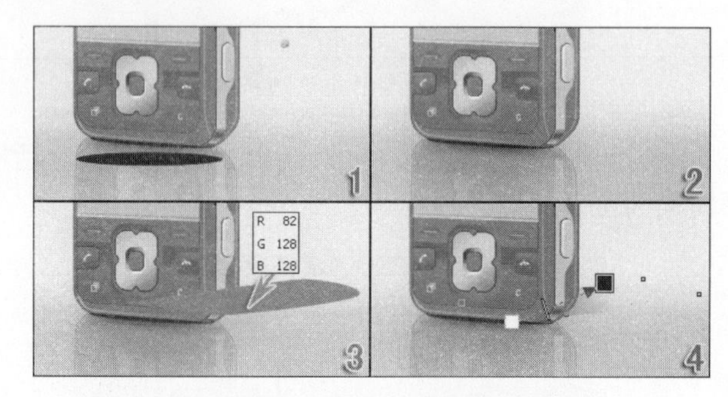

图17-49 为图形添加透明效果

19 接下来将曲线图形复制，粘贴至视图中。然后将图形转换为位图，为其添加高斯式模糊效果，设置【半径】参数为100像素，并为图像添加线性透明效果，如图17-50所示。

图17-50 为手机图形添加投影效果

20 新建“图层 4”。执行【文件】|【导入】命令，打开附带光盘中的“素材文件\第17章\蝴蝶.tif”文件，导入素材图像，如图17-51所示。

图17-51 导入素材

21 执行【位图】|【描摹位图】|【高质量图像】命令，打开PowerTRACE对话框，参数保持默认设置，单击【确定】按钮完成描摹位图的操作，并将图形边缘多余的图形删除，如图17-52所示。

图17–52　描摹位图

22 选择蝴蝶图形，执行【效果】|【调整】|【色度/饱和度/亮度】命令，打开【色度/饱和度/亮度】对话框，参照图17-53所示设置参数，单击【确定】按钮完成设置。

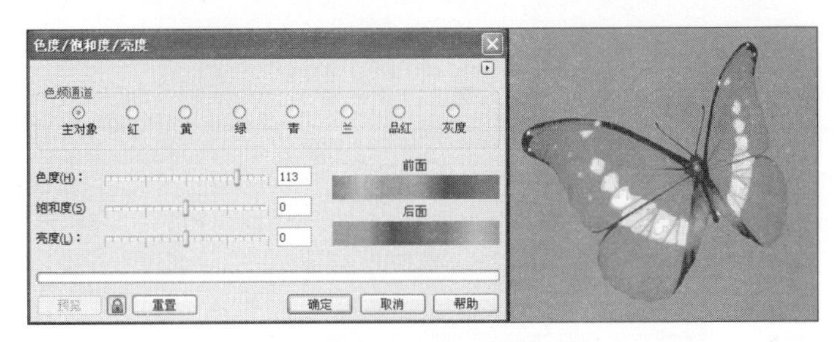

图17–53　调整图形颜色

23 使用【椭圆形工具】绘制两个椭圆形，选择绘制的椭圆形，单击【前剪后】按钮，修剪图形。为图形填充蓝色（R：0、G：153、B：255），并输入相关文字，如图17-54所示。

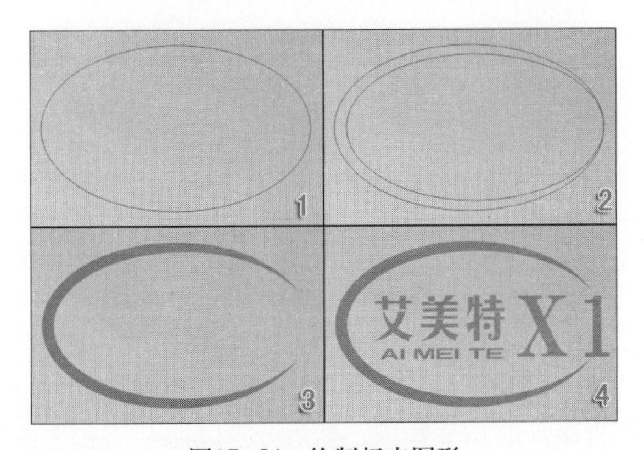

图17–54　绘制标志图形

24 选择蝴蝶和标志图形，调整图形的大小与位置。使用【文本工具】为页面添加相关文字信息，如介绍产品参数、功能等内容，如图17-55所示。

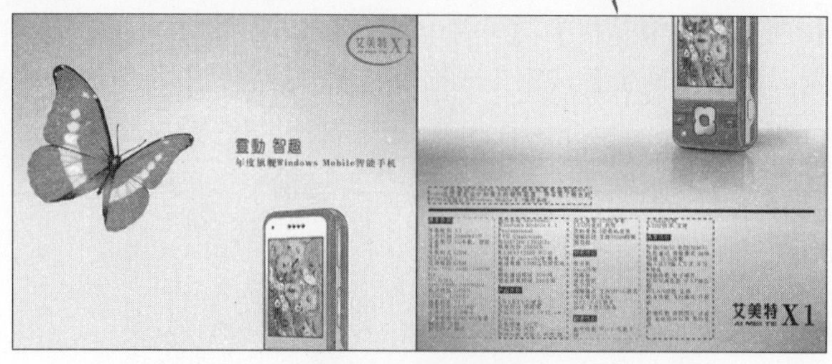

图17-55 添加文字

25 执行【文件】|【导入】命令，打开附带光盘中的“素材文件\第17章\01.tif”～“素材文件\第17章\12.tif”文件，导入素材文件，调整图像大小与位置，如图17-56所示。

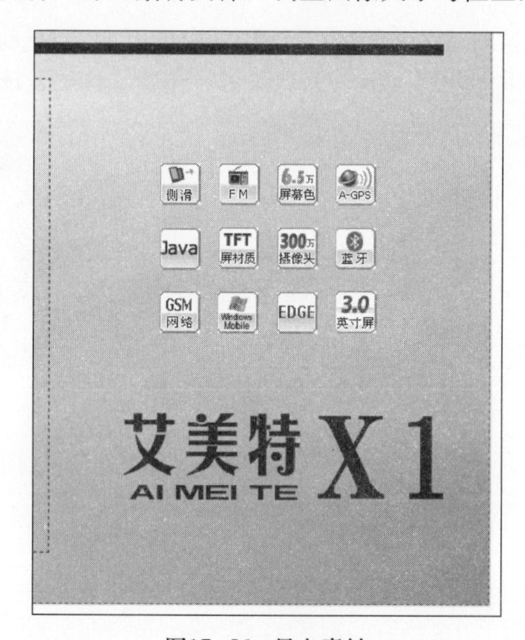

图17-56 导入素材

小结

广告设计作为一门综合的学科，融合了绘画、摄影、美学、心理学等众多专业知识。在具备了这些基本知识后，一幅广告的成功与否，就在于广告的立意是否到位、创意是否独特。

本章首先介绍了广告设计的相关知识，然后分别以服装店和手机广告设计为题，分析了创意思路、罗列了制作要点，通过详细的实例设计制作步骤，讲述了广告设计的制作技巧和设计流程。

希望读者通过本章的学习，理解和掌握广告设计的理论知识，能够灵活运用CorelDRAW X4的强大功能，设计制作出优秀的广告作品。

第18章 封面设计

封面设计是通过艺术形象的形式反映书籍的内容，它和产品包装的作用是相似的，起到了一个无声售货员的作用。本章将讲述封面设计的相关知识，并通过一个封面设计实例的制作过程，向读者展示封面设计制作过程中的技巧和方法。

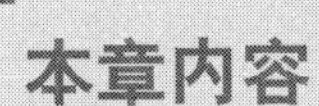

本章内容

- 封面设计相关知识
- 封面设计概述
- 设计过程精解
- 小结

18.1 封面设计相关知识

书籍装帧可以说是对书的整体设计或是书的艺术设计，它是指书籍生产过程中的装潢设计工作，包括文字版面的格式、字体、字号、封面图形、扉页、衬页的设计，以及封面材料的选择，装订方式的确定等，这些都是书籍装帧的一部分。如图18-1所示效果，这是完成后的书籍展示效果。

图18-1　书籍装帧

18.1.1 书籍装帧

书籍装帧通过封面、环衬、扉页的设计，步步接近正文。其中情感色彩较浓厚的文艺书籍，其变化形态应大些、活泼些；而严肃的理论专著，设计中则要求层次分明、有严谨的秩序感，以利于与书籍的主题相契合。

- 封面：封面是书籍装帧设计的一个重点，它将集中体现书籍的主题。封面的形式要素同样包括了文字和图形两大类，它从构思到表现都要讲究一种写意美。
- 环衬：在打开书籍的正反面封面后，会看到一张连接封面和内页的版面，叫做环衬。这是为了保护封面和内心的牢固不脱离。
- 扉页：在书籍的目录或前言的前面设有扉页，它包括扩页、空白页、像页、卷首插页或丛书名、正扉页（书额）、版权页、赠献题词或感谢、空白页等。在创建扉页时需要注意，太多的扉页会显得喧宾夺主．因此它的数量必须根据书的特点和装帧的需要而定。
- 目录：目录可显示出结构层次的先后，它是全书内容的纲领。在设计时要求条理清晰，能够使读者迅速了解全书的层次内容。目录一般放在扉页或前言的后面，也有的放在正文之后。目录的字体大小与正文相同，大的章节标题可适当大一些，以与其他内容区分开。
- 版权页：版权页包括了书名、作者、编者、评者的姓名；以及出版者、发行者和印刷者的名称及地点；书刊出版营业许可证号码；开本、印张和字数；出版年月、版次、印次和印数；统一书号和定价等等。版权页一般安排在正扉页的反面，或者正文后面的空白页反面。
- 页码和书眉：用来表示页数的数字叫做页码，表示书名或章节的文字叫做书眉。利用书心外的空间，使用小字在天头、地脚或书口处设计，为读者在阅读时带来方便，并丰富画面效果。但需要注意的是整本书的书眉和页码要前后位置相统一。

18.1.2 设计要素

封面设计包括对封面、封底和书脊内容的设计安排，是整个书籍装帧设计中的重点工作内容。在具体设计制作的过程中，需要注意下面几个问题。

- 信息传达必须准确：封面中书名、作者、出版社、价格等基本文字信息的传达一定要准确。如图18–2所示效果，书籍的名称要摆放在封面的显著位置，主标题使用较大的文字，且与其他文字信息的色彩区分开，大标题的安排一定要清晰。
- 主题表述要清晰：这里所说的主题，是指封面设计中要表现出书籍的主题思想，要做到条理清晰、内容到位。
- 画面需美观：当书籍的基本信息表达准确后，接下来就是综合色彩、文字和构图等手段，力求使整个封面更加美观、大方，符合当代特点及人们的审美情趣。

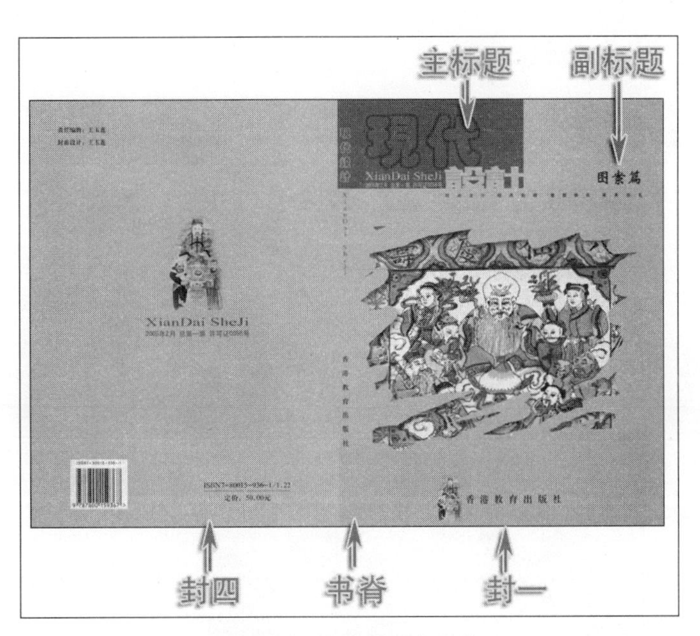

图18-2　书籍的基本信息

18.1.3　封面设计中需注意的问题

思想性、艺术性和新颖性，这是在进行封面设计的时候需注意的4点内容。

- 思想性：封面设计应抓住书籍的精神内涵，将设计师的意念转化并升华为书籍的形象，以完整、充分的体现出设计师的设计思想。
- 艺术性：封面设计融合了绘画、摄影、书法、篆刻等多种艺术门类。在表现书籍的主题思想与精神内涵时，设计师需要多角度地使用不同的艺术形式及表现手法，使其成为有独特创意的艺术形象。封面设计是通过图形、色彩、字体来揭示书籍的内容，使用独特的图形视觉形象，可以起到吸引读者、帮助读者加深对书籍内容的理解、使读者获得美的享受的作用。
- 新颖性：在设计的过程中，要吸收国内外新的设计理念，运用现代工艺和现代科技手段，设计出既新颖又独具特色的艺术形象。设计要追求个性、追求民族的艺术风格，培养艺术生命力。只有运用本民族的艺术形式反映民族的生活，才能更为广大民众所接受与理解，如图18-3所示效果。

图18-3　创意新颖的封面

18.2 封面设计概述

18.2.1 成品效果展示

图18-4是接下来要制作的儿童类书籍的封面设计。

图18-4 封面设计的完成效果

18.2.2 设计思路

本章要制作的是个儿童类的书籍封面。在设计制作的过程中，强调的是简单、趣味的画面风格。封一的画面采用了手绘风格的绘画效果，然后通过排列整齐的底纹背景，衬托着插画风格的主题人物，给人一种神秘、活泼、清爽的感觉，从画面语言上吸引住人们的目光，很好的反映出书籍的主题思想。

18.2.3 制作要点

01 利用【贝塞尔工具】绘制主题人物形象。

02 使用【图框精确剪裁】命令约束图形，以使其整齐显示。

03 利用【填充工具】创建图样填充，制作背景纹理。

04 利用【插入条形码】命令自动生成条形码。

18.3 设计过程精解

18.3.1 为页面添加辅助线并绘制主体图形

通过【选项】对话框设置页面尺寸，并添加辅助线。使用【贝塞尔工具】绘制插画人物的基本轮廓，并利用【填充工具】为图形设置颜色。选择【图框精确剪裁】命令约束装饰图形的显示范围。

01 执行【文件】|【新建】命令，新建一个绘图文档。单击工具栏中的【选项】按钮，打开【选项】对话框，设置页面尺寸为378mm×260mm，这是该封面设计的实际尺寸，即封一（184mm）、书脊（10mm）和封底（184mm）加在一起的尺寸。将【出血】参数栏设置为3，设置出血线为3mm，并为页面添加辅助线，如图18-5所示，单击【确定】按钮完成设置。其中书脊的厚度是通过将书籍的总页数除以2，再乘以纸张厚度得出的。计算书脊厚度时，要通过供纸商确认精确的纸张厚度。

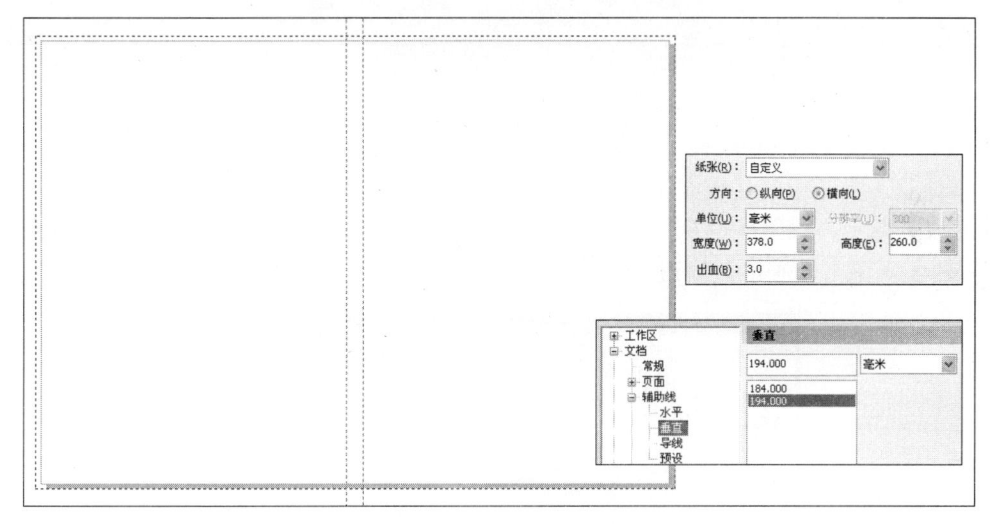

图18-5 添加辅助线

02 使用工具箱中的【贝塞尔工具】在页面绘图插画人物，如图18-6所示。使用【形状工具】调整图形形状。

图18-6 绘制图形

03 使用工具箱中的【填充工具】为插画图形设置颜色，如图18-7所示。

图18-7　为图形设置颜色

04使用工具箱中的【填充工具】为椭圆形填充渐变效果，在【类型】下拉列表中选择【射线】选项，设置颜色从天蓝色（R：0、G：124、B：195）至白色的渐变填充，如图18-8所示，单击【确定】按钮完成设置。

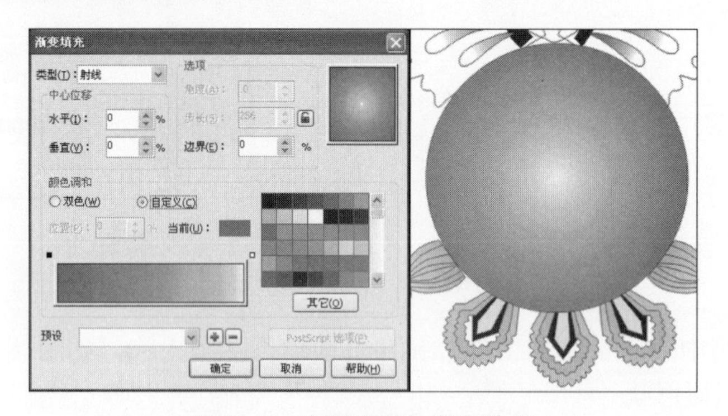

图18-8　为图形添加渐变效果

05使用工具箱中的【贝塞尔工具】绘制人物图形，并利用【形状工具】调整图形形状，如图18-9所示。为图形填充黑色并取消轮廓线的填充。选择绘制的人物图形，按Ctrl+G快捷键将其群组。

图18-9　绘制人物图形

06 使用工具箱中的【贝塞尔工具】绘制装饰图形。选择绘制的图形，执行【窗口】|【泊坞窗】|【变换】|【旋转】命令，打开【变换】对象管理器，设置【角度】参数为30度，单击【应用到再制】按钮12次，复制12个图形副本，得到一个完整的圆图形，参照图18-10所示效果。将复制的图形群组。

图18-10　复制图形

07 使用工具箱中的【贝塞尔工具】继续绘制装饰图形，如图18-11所示，并将绘制的曲线图形群组。

图18-11　绘制图形

08 选择绘制的所有装饰图形移动到左上角位置，执行【效果】|【图框精确剪裁】|【放置在容器中】命令，单击椭圆形完成图框精确剪裁的操作，如图18-12所示。

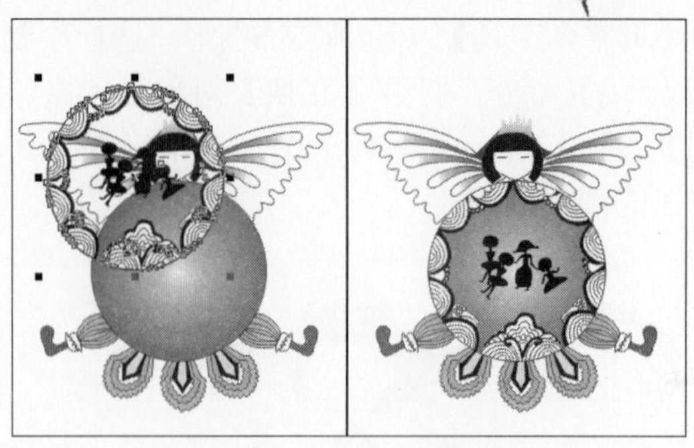

图18-12　图框精确剪裁

09 使用工具箱中的【交互式阴影工具】为插画人物的翅膀添加阴影效果，参照图18-13所示设置参数。使用相同的方法为人物的头饰添加阴影效果。

图18-13　为图形添加交互式阴影效果

10 选择工具箱中的【贝塞尔工具】，在页面绘制曲线图形，并使用【交互式网状填充工具】为图形添加网状填充效果，如图18-14所示。拖动图形向右移动的过程中右击鼠标，然后松开鼠标左键复制该图形，单击【水平镜像】按钮，将图形翻转并调整图形位置。

图18-14　为图形添加网状填充效果

11 使用工具箱中的【贝塞尔工具】绘制装饰图形，如图18-15所示，为图形填充黑色并取消轮廓线的填充。

图18-15　绘制图形

12 绘制树叶形状图形，使用【填充工具】为图形填充渐变效果，参照图18-16所示设置参数，单击【确定】按钮完成设置。

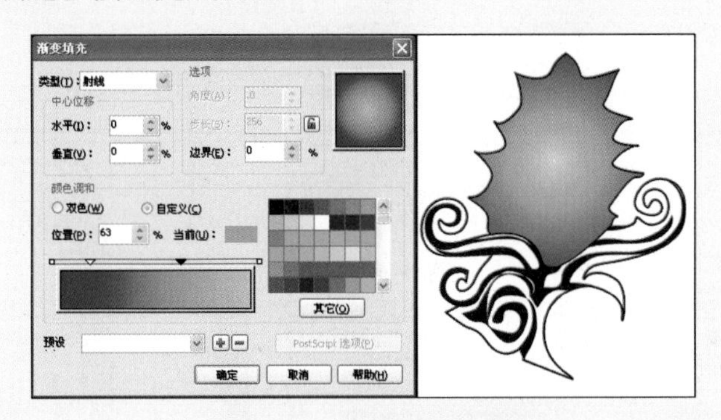

图18-16　为图形填充渐变

13 使用工具箱中的【贝塞尔工具】继续绘制装饰图形，然后利用【填充工具】为图形填充颜色，如图18-17所示，将绘制的图形群组。

图18-17　绘制图形

14 拖动装饰图形向右移动的过程中右击鼠标，然后松开鼠标左键复制该图形，调整图形位置，并绘制椭圆形。如图18-18所示。

图18−18　复制图形

15 使用工具箱中的【贝塞尔工具】绘制曲线图形，利用【填充工具】为图形填充渐变效果，如图18-19所示，设置图形的轮廓宽度为0.5mm。将绘制的图形群组。

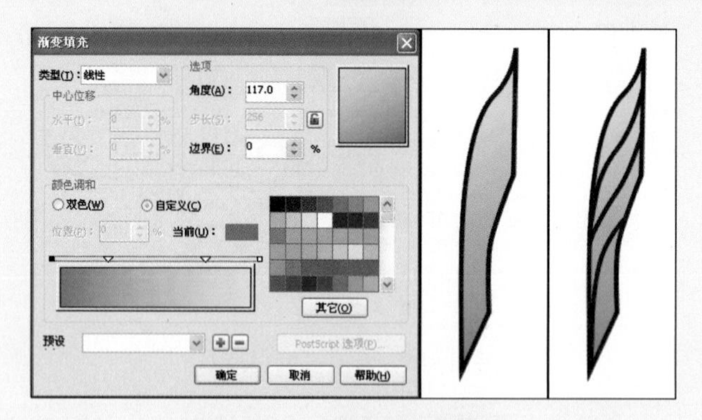

图18−19　为图形填充渐变

16 选择群组的装饰图形，按小键盘上的+键复制该图形，调整图形位置，如图18-20所示。

图18−20　复制图形

17 使用工具箱中的【贝塞尔工具】绘制曲线图形，如图18-21所示，选择绘制的图形，在属性栏中单击【修剪】按钮，修剪图形。为图形填充黑色并取消轮廓线的填充。

图18-21　绘制图形

18 使用工具箱中的【贝塞尔工具】继续绘制图形，然后利用【填充工具】为图形添加渐变效果，参照图18-22所示设置参数，单击【确定】按钮完成设置。

图18-22　为图形填充渐变

19 使用【贝塞尔工具】绘制图形，利用【填充工具】为图形填充红色（R：218、G：37、B：29）和白色，并将绘制的所有装饰图形群组，按小键盘上的+键复制该图形，单击【垂直镜像】按钮，将图形翻转，如图18-23所示。

图18-23　复制图形

20使用【贝塞尔工具】绘制条状图形，利用【填充工具】为图形填充颜色，如图18-24所示。将绘制的图形群组。

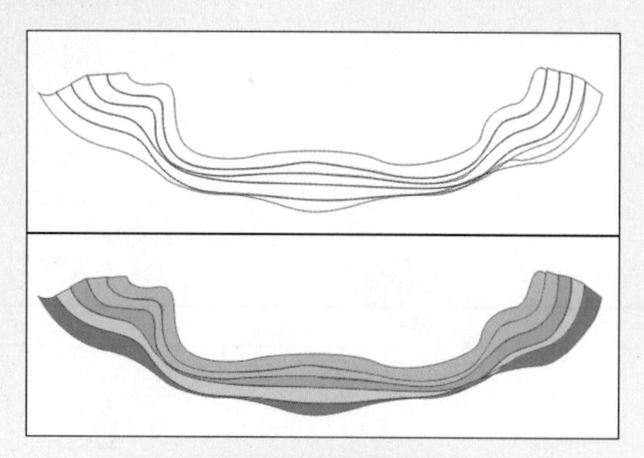

图18-24　绘制图形

21调整条状图形位置。选择绘制的所有图形，拖动图形向左移动的过程中右击鼠标，然后松开鼠标左键复制该图形，调整图形大小与位置，如图18-25所示。

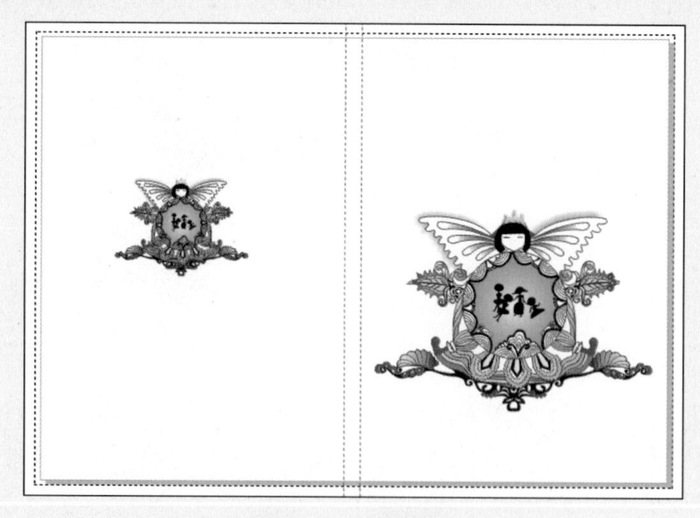

图18-25　复制图形

18.3.2　绘制背景并为页面添加文本

接下来绘制背景，使用【填充工具】为背景图样填充图案。利用【交互式透明工具】为图形添加交互式透明效果。最后使用【文本工具】为页面添加相关文字信息，完成儿童书封面设计的制作。

01新建“图层 2”。双击工具箱中的【矩形工具】，绘制出与页面同等大小的矩形，将图形填充为蓝色（R：117、G：197、B：240）。执行【排列】|【变换】|【位置】命令，打开【变换】泊坞窗，参照图18-26所示，移动矩形位置并调整图形大小。通过单击【应用】按钮，将矩形转换成大小为384mm×266mm并与页面中心对齐的矩形。

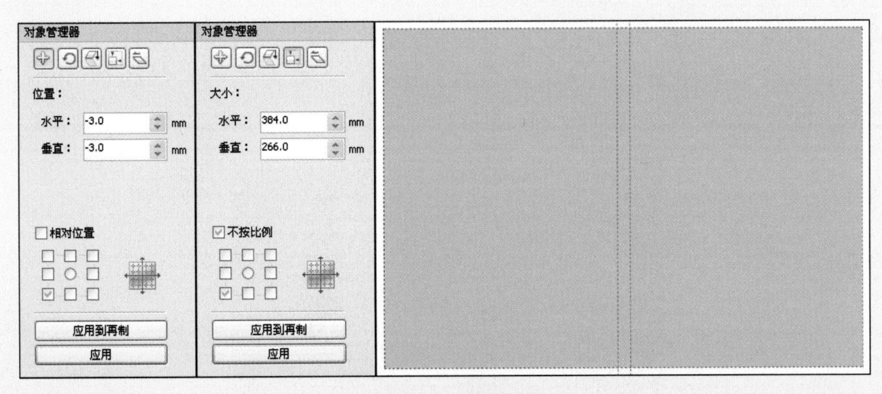

图18-26　绘制矩形

02 按小键盘上的+键复制矩形。利用【填充工具】为矩形添加图样填充效果，设置参数如图18-27所示，单击【确定】按钮完成设置。

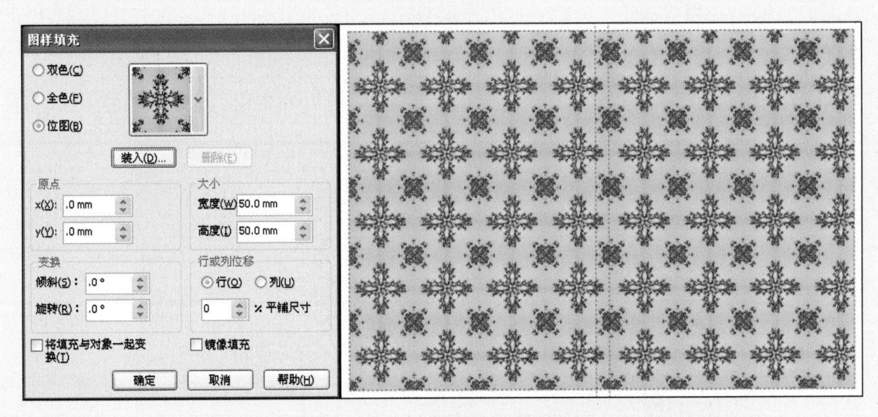

图18-27　为矩形图样填充

03 使用工具箱中的【交互式透明工具】为矩形添加透明效果，参照图18-28所示设置参数。

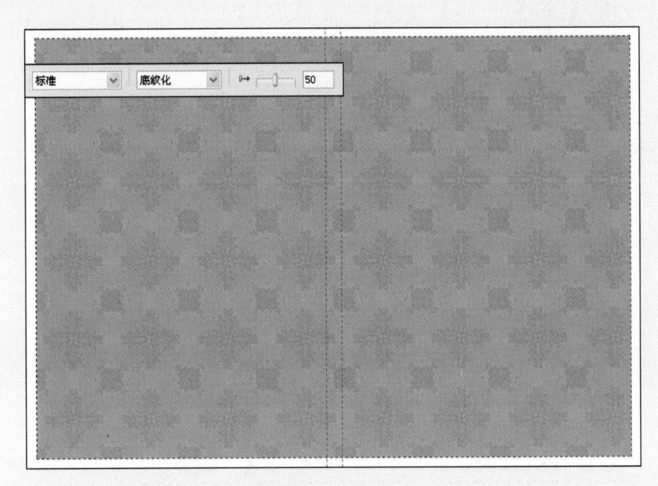

图18-28　为矩形添加交互式透明效果

04新建“图层 3”。使用工具箱中的【贝塞尔工具】绘制“七彩虹”字样图形，选择绘制的“七彩虹”字样图形，单击【修剪】按钮，修剪图形，如图18-29所示，并为图形填充洋红色（R：221、G：19、B：123）。

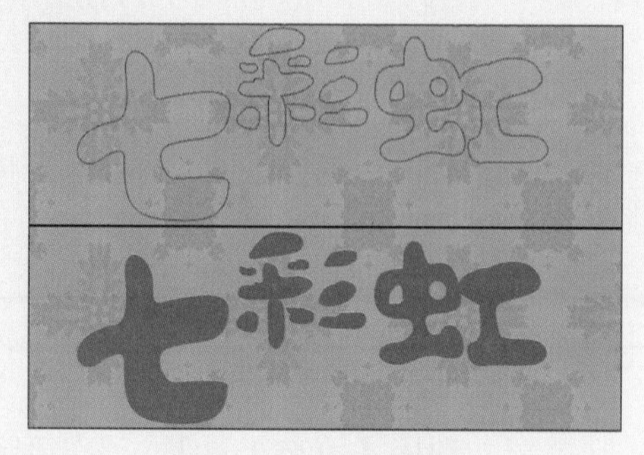

图18−29　绘制图形

06按小键盘上的+键复制“七彩虹”字样图形，填充轮廓线为白色，在属性栏中设置【轮廓宽度】参数为2.8mm。调整图形位置到字样图形的下面，如图18-30所示，使用相同的方法复制图形，填充轮廓线为黑色并设置轮廓宽度为5.6mm，调整图形位置到最下面。

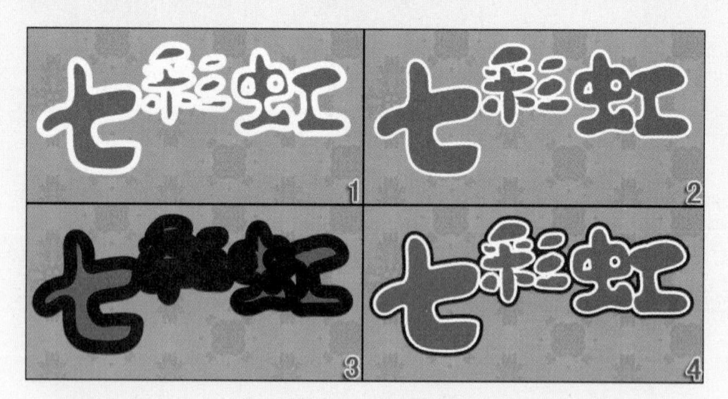

图18−30　复制图形

07使用工具箱中的【文本工具】为页面添加相关的文字信息，如图18-31所示。

图18−31　添加文本

18.3.3 生成条形码

在CorelDRAW X4中可以根据需要自动生成条形码，下面是具体的操作步骤。

01 单击【编辑】|【插入条形码】命令，弹出如图18-32所示的对话框。

图18-32 条形码向导对话框

02 在【从下列行业标准格式中选择一个】下拉列表中，选择条形码的类型格式，这里选择【EAN-13】类型格式，然后在【输入12个数字】文本框中输入数字“978703019417”，第13位数字会自动生成，如图18-33所示。

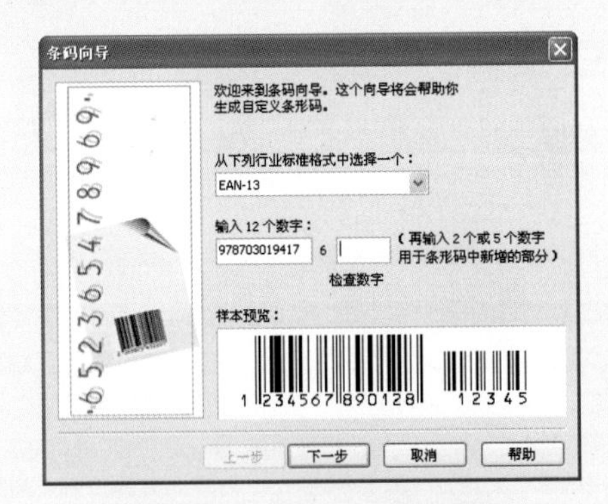

图18-33 选择行业标准格式

03 输入数值后，单击【下一步】按钮，打开下一个对话框，如图18-34所示。

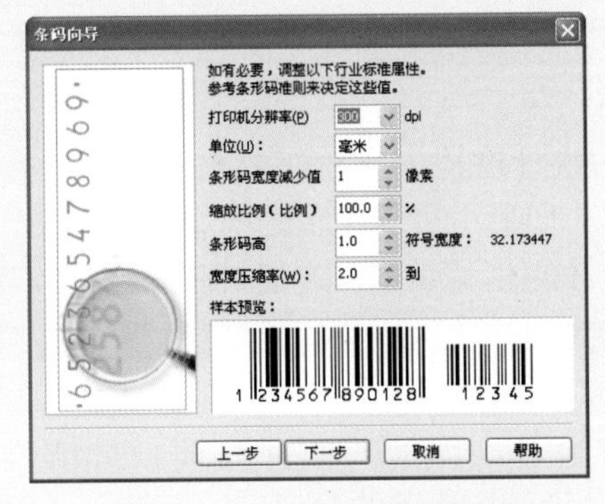

图18-34 设置条形码的参数

04 调整好条形码的属性，设置打印分辨率，单击“下一步”按钮，如图18-35所示。

图18−35　调整条形码中文字的属性

05 设定适当的显示方式，完毕后单击“完成”按钮，即可完成条形码的制作，将条形码放在封底的左下角，如图18-36所示。

图18−36　添加条形码

小结

封面设计是一个严谨的设计过程，它不仅要求设计师要有良好的绘画和构图的基本功底，还要考虑到后期装订、印刷中可能出现的问题，它需要设计师具备多方面的综合能力。本章首先介绍了封面设计的相关知识，包括封面的构成以及设计时的注意事项。然后通过为青少年书籍设计制作封面的实例，分析了创意思路、罗列了制作要点，通过详细的实例设计制作步骤，讲解了封面设计制作技巧和设计流程。

希望读者通过本章的学习，理解和掌握封面设计的理论知识，能够灵活运用CorelDRAW X4的强大功能，设计出优秀的封面设计作品。

第19章 包装设计

包装设计是一门综合多种学科、非常专业的艺术门类，它是艺术和技术的结合。一套优秀的包装设计，不仅能够起到美化、保护商品的作用，还能够起到提升产品形象、促进产品销售、宣传企业形象的作用。

本章内容

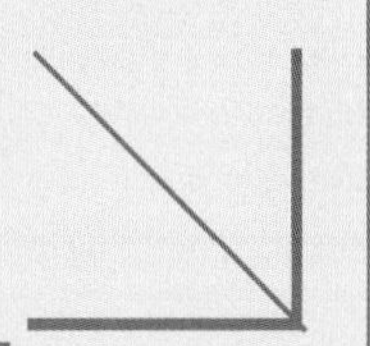

- 包装设计相关知识
- 包装设计概述
- 设计过程精解
- 小结

19.1 包装设计相关知识

商品的包装设计要考虑方便运输和储存，还要具备宣传和推销商品的作用。国家标准GB4122-33中确认：“包装（Package Packaging-Packing）是为在流通中保护产品，方便储运，促进销售，按一定技术方法而采用的容器、材料及辅助物等的总体名称。也指为了达到上述目的而采用的容器、材料和辅助物的过程中施加一定技术方法等的操作活动。”简单来说，为了保证商品的使用价值和价值的顺利实现而采取的相关设计措施，称之为包装设计。

19.1.1 包装的分类

根据产品包装设计造型的不同，可将包装大致划分为7种类型。瓶式包装、盒式包装、袋式包装、桶式包装、开放式包装、不规则型包装以及特殊材料包装。

- 瓶式包装：采用瓶式包装的多为食品、化妆品、化工、药品、工业类产品。多采用玻璃、塑料、金属、陶瓷等物品作为包装原材料，如图19-1所示效果。
- 盒式包装：该包装形式是大众最为常见的一种包装形态，它的形态各异，可根据产品的形

图19-1　瓶式包装

态，设计成各种所需的造型。该类型的包装一般采用纸作为包装的原材料。使这种包装形式在结构和造型的多样化、颜色、图案和文字的处理上，具有更为灵活的展现空间，如图19-2所示。

图19-2　盒式包装设计

- 袋式包装：这种造型在食品类的包装设计中使用最为广泛，造型变化较为简单，且多以矩形为主是这类包装的特点，如图19-3所示效果。

图19-3　袋式包装

- 桶式包装：采用该包装形式的产品多为液体和粉状物，这种包装造型在结构上较为坚固，如图19-4所示的桶式包装。在针对化学品设计包装时，应特别注意材料的耐腐蚀程度、温度、光线或外界的隔绝性，以确保商品、使用者和环境的安全。

图19-4　桶式包装

- 开放式包装：就是指在外包装的前面、前面和侧面以及前面和两侧面等位置开窗的一种包装形式，它能让消费者直观地观察到内部的商品状态，以利于刺激消费者的购买欲。如图19—5所示效果。
- 不规则型包装：该包装类型是所有造型中最具吸引力的一种，这种包装形式多是在包装的造型上加以变化。需要注意的是，这种包装类型由于在制作工艺上较为复杂，且成本较高，所以一般应用于礼品类的包装设计，而不适用于普通的商品包装。如图19—6所示包装设计效果。

图19—5 开放式包装

图19—6 不规则包装

- 特殊材料包装：主要由于包装的原材料与其他产品不同，而使其造型区别于常见的包装设计。较为常见的是吸塑成型材料的包装、木质材料的包装、编织材料的包装以及自然形态材料的包装设计，图19—7中的包装就是编织袋材料的包装效果。

图19—7 特殊材料包装

19.1.2 包装设计流程

包装设计是一个复杂的过程，具体可以分为以下几个步骤。

- 项目考察：接受客户业务咨询，经过初步沟通，了解项目的具体需求，并根据需求进行报价。
- 策略沟通：在具有初步合作意向的基础上，进行视觉策略沟通，深入分析客户相关资料和行业资料，探讨设计概念和设计思路。
- 设计执行：为客户进行视觉规划、设计创作，提供初步方案，并根据项目类型收取进度款。
- 沟通调整：合作双方针对设计方案进行局部沟通和细节调整，形成完案。
- 项目验收：根据双方沟通的修改或深化意见综合分析，进行项目完善后，提交完整作品。客户方进行验收确认，支付项目尾款。

19.1.3 包装设计的原则

包装设计需要注意以下几个原则问题。

- 醒目：包装要起到促销的作用，所以要能引起消费者的注意，只有引起消费者注意的商品才会有被购买的可能性。因此包装设计要尽量做到造型新颖、色彩和谐、图案美观，使消费者一看见就产生强烈的兴趣。

- 理解：优秀的包装设计，不仅要通过造型、色彩、图案、材质的使用，引起消费者对产品的关注与兴趣，还要使消费者通过包装了解产品，因为人们购买的是产品。准确传达产品信息的最有效的办法，是真实地传达产品形象，可以采取全透明包装、开窗展示、绘制产品图形或是添加文字说明等。
- 好感：包装的造型、色彩、图案、材质必须要引起人们喜爱的情感，因为只有消费者产生好感，才会有进一步了解该产品的想法，继而产生购买的行为。

19.2 包装设计概述

19.2.1 成品效果展示

图19-8是本章制作完成的相机包装设计效果图。

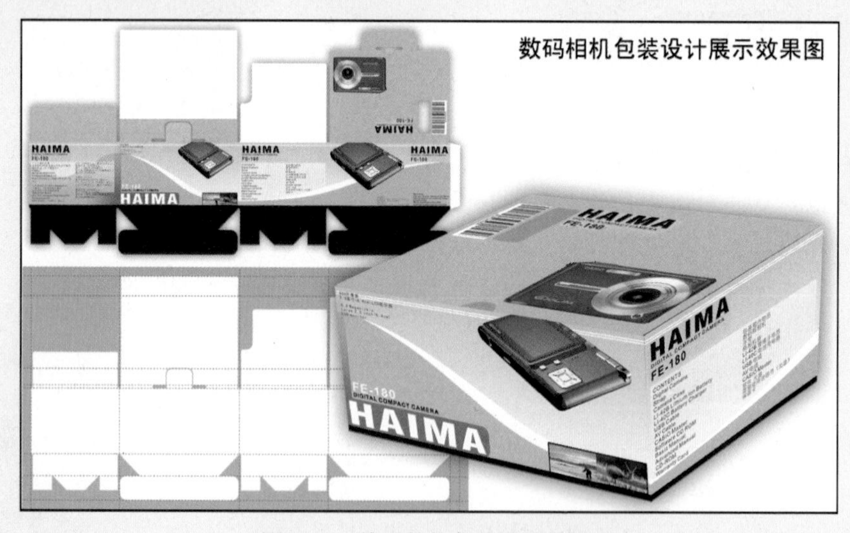

图19−8 数码相机包装设计效果

19.2.2 设计思路

本章要制作的是数码相机的外包装设计，目的是为了更好地保护商品，以避免商品在运输和存储的过程中受到损伤，并能够在包装上体现出商品的特点和相关型号参数。

该包装的整体画面定位为简约、时尚的风格。整个画面以桔黄色为底色，配以黑色的文字和一些流线形的图案作为装饰。画面以商品照片、商品说明文字、商品标志作为整个包装装潢的主体内容，力求使整个包装的画面显得时尚、别致，以符合数码产品的特点。

该包装设计的制作重点分为两部分。第一部分就是针对包装展开结构图的绘制，由于产品是贵重物品，所以包装的材料较厚，在盒盖的交叉处要切割出足够的空间用于交叠。包装底部采用锁状构造，加强了包装的牢固性。并且在防尘口盖的设计上采用了双层的构造，既保证了数码相机的防尘性，又可以将产品的附加部件放在夹层里，增强了包装内部空间的合理使用率，也使附加的部件和数码相机分开存放，保证了相机在包装内不受内部物件的碰撞。第二部分就是在包装上添加装饰图形，该部分主要包括绘制流线形装饰图形，并添加带渐变效果的底纹。

19.2.3 制作要点

01 使用辅助线来精确定位图形位置。

02 使用【矩形工具】创建矩形，并通过修剪创建包装结构图。

03 利用【交互式透明工具】创建出包装上渐变的线条变化。

04 使用图层功能管理包装结构图、装饰图形和文字信息。

19.3 设计过程精解

该包装设计在制作的过程中，首先要绘制出包装的展开结构图，然后为底纹添加颜色填充和装饰纹样，最后添加相关的文字信息。

19.3.1 绘制基本形状并添加辅助线

在绘制数码相机包装的过程中，首先使用【矩形工具】绘制包装的基本图形，然后为其添加辅助线，调整矩形的位置贴齐辅助线，完成数码相机包装的基本形状。

01 执行【文件】|【新建】命令，新建一个绘图文档。在属性栏的【纸张高度和宽度】文本框中分别输入800mm和450mm，并按Enter键确认。双击工具箱中的【矩形工具】，自动依照绘图页面尺寸绘制矩形。

02 为矩形填充颜色。首先选择绘图页面中的矩形，选择工具箱中的【填充工具】，并在弹出的工具展开条中选择【颜色】选项，打开【均匀填充】对话框，设置颜色为灰蓝色（R：150、G：174、B：190），如图19-9所示。

图19-9 为矩形填充颜色

03 选择工具箱中的【矩形工具】，在绘图页面中绘制矩形，并在属性栏中的【对象大小】文本框中输入140mm和100mm，按Enter键确认，如图19-10所示。

图19-10　绘制矩形

04 按照步骤 03 的方法依次绘制矩形，分别为：矩形1（140mm、100mm）、矩形2（190mm、100mm）、矩形3（140mm、100mm）、矩形4（15mm、100 mm）、矩形5（140mm、55mm）、矩形6（190mm、170mm）、矩形7（140mm、120mm）、矩形8（190mm、140mm）、矩形9（140mm、55mm）、矩形10（190mm、70mm）。并使用【挑选工具】调整其位置，如图19-11所示。

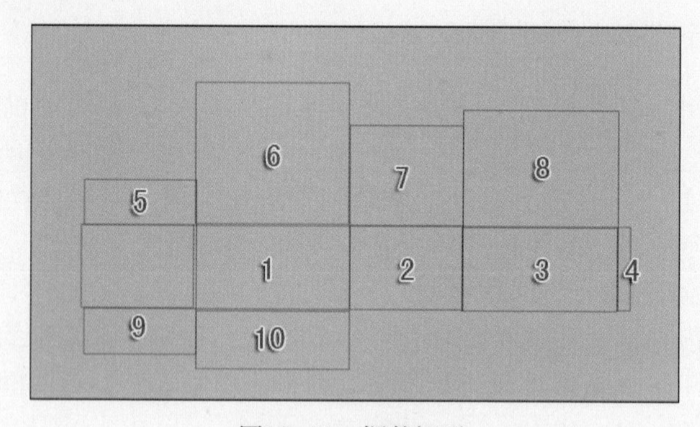

图19-11　调整矩形

05 在绘图页面左上角标尺相交处单击，并拖动鼠标到绘图页面左下角矩形的边角位置，如图19-12所示。

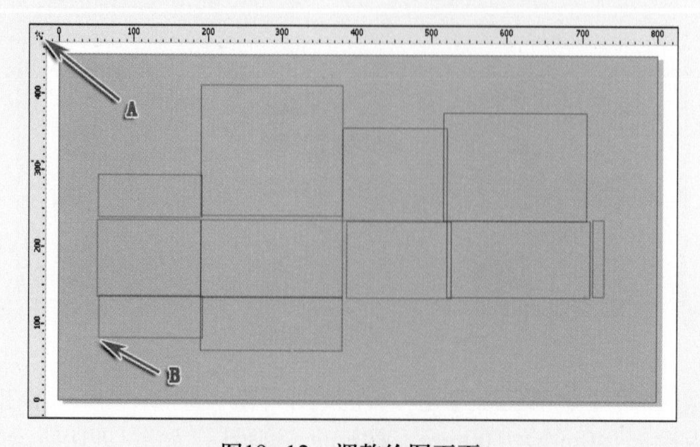

图19-12　调整绘图页面

06在绘图页面中双击标尺，打开【选项】对话框，选择【辅助线】|【水平】选项，在右侧水平选项区域的文本框中输入-15，设置单位为毫米，单击【添加】按钮完成第1条辅助线的添加，然后依次输入0、55、155、210、275、295、325添加辅助线，如图19-13所示。

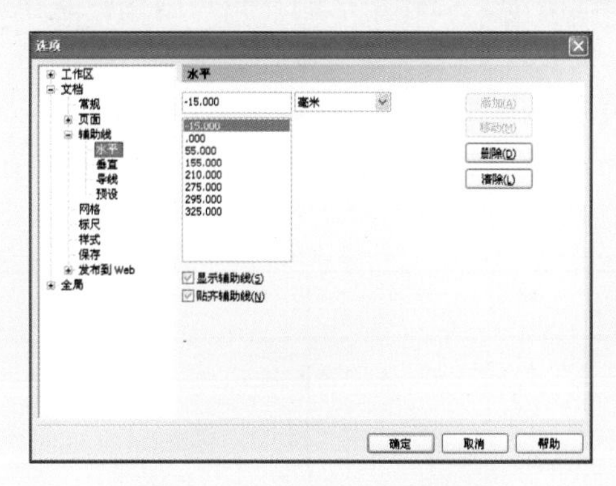

图19-13　添加水平辅助线

07同样在【选项】对话框中，为绘图页面添加【垂直】辅助线。同添加【水平】辅助线相似，先输入数据0单击【添加】按钮，然后分别输入140、330、470、660、675完成垂直辅助线的添加，如图19-14所示。设置完毕后单击【确定】按钮，完成辅助线的添加。

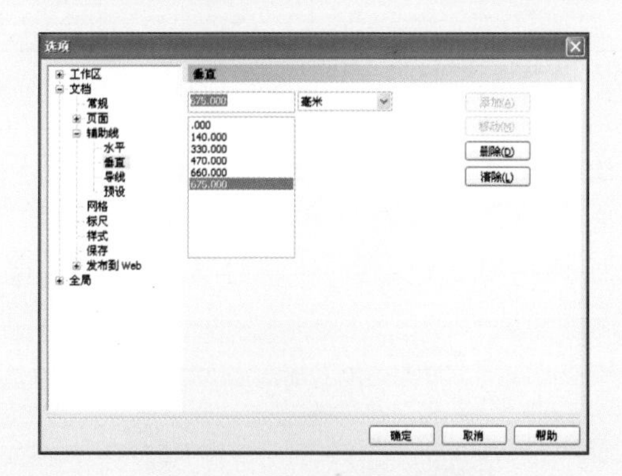

图19-14　添加垂直辅助线

08执行【视图】|【贴齐辅助线】命令，分别调整绘图页面中的矩形位置，使绘图页面中矩形的边角与辅助线贴齐，效果如图19-15所示。

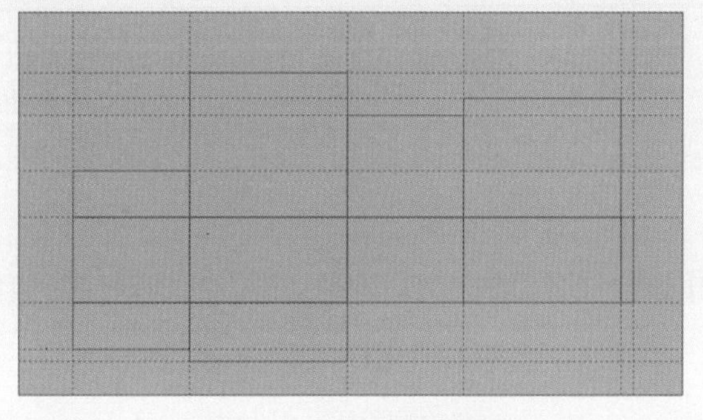

图19-15　贴齐辅助线

19.3.2 编辑包装结构

使用【矩形工具】绘制矩形，然后利用【形状工具】调整矩形的直角为圆角或在属性栏中更改矩形的边角圆滑度，调整矩形的直角为圆角。利用【排列】|【造形】命令修剪图形，最后使用【填充工具】为图形填充颜色。

01 从工具箱中选择【矩形工具】，在绘图页面中绘制一个【对象大小】为5mm、200mm的矩形，然后选择【形状工具】，单击矩形任意角的节点并拖动，使矩形的4个直角会变为圆角，如图19-16所示。

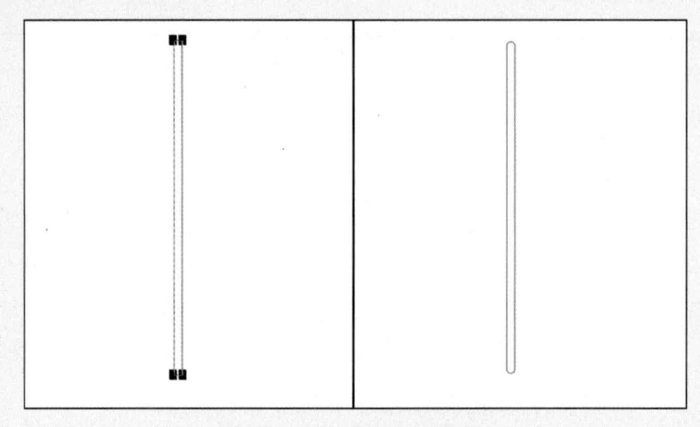

图19-16　手动调整圆角

02 选择圆角矩形，在向右拖动的过程中按下鼠标右键，然后先松开鼠标左键再松开鼠标右键，复制圆角矩形。调整圆角矩形的位置，使圆角矩形与矩形5底边的辅助线贴齐，如图19-17所示。选择圆角矩形和矩形5，执行【排列】|【造形】|【修剪】命令，修剪图形。

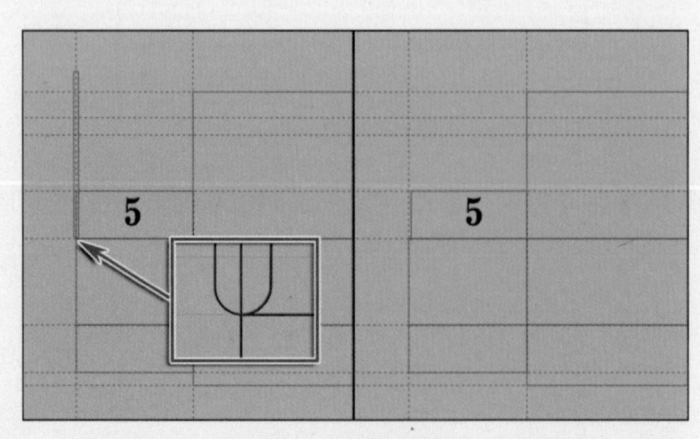

图19-17　修剪矩形

03 按照步骤02相同的方法，依次为矩形5、矩形6、矩形7、矩形8的两边作修剪，如图19-18所示。

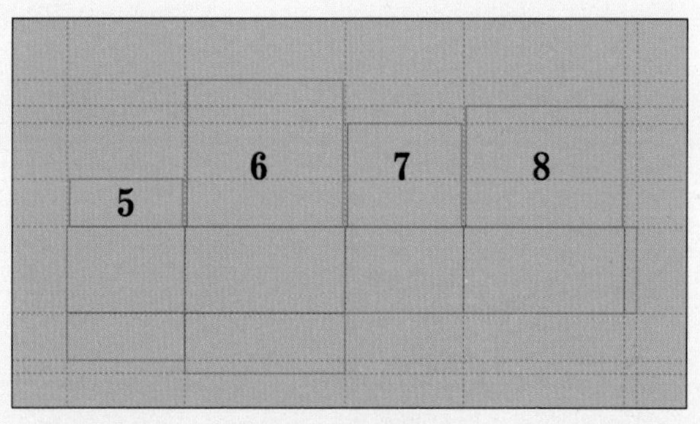

图19-18　修饰图形

04 使用【矩形工具】□在绘图页面中绘制矩形，并在属性栏中单击取消【全部圆角】，设置矩形右下角的【右边矩形的边角圆滑度】为45，如图19-19所示。选择该矩形和矩形7，执行【排列】|【造形】|【修剪】命令，修剪矩形。

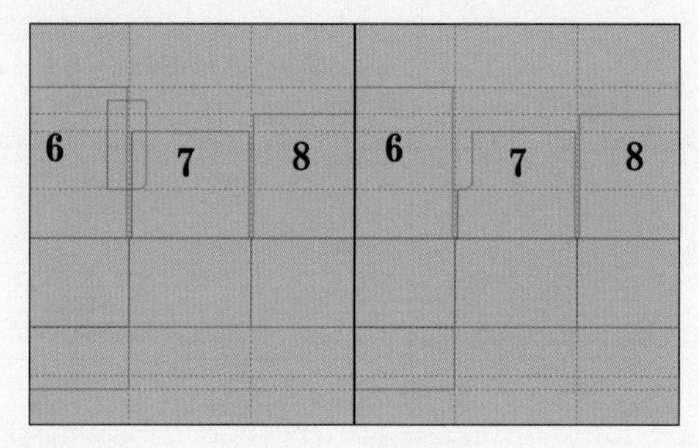

图19-19　修剪图形

05 在绘图页面中绘制矩形，在属性栏中单击选择【全部圆角】，设置边角圆滑度为36，然后调整圆角矩形的位置到矩形7的左上角，如图19-20所示。

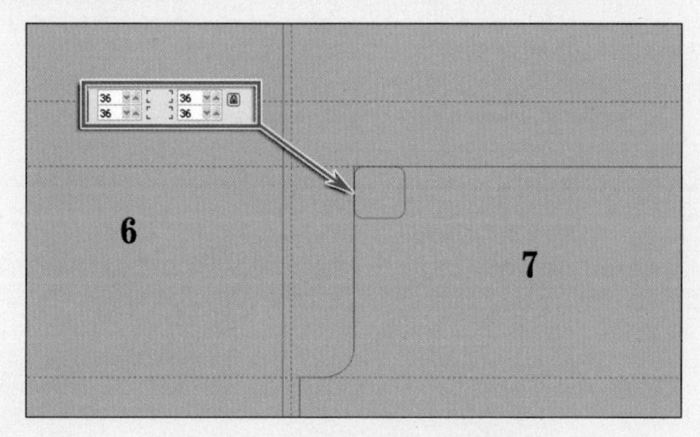

图19-20　为矩形设置边角圆滑度

06 在绘图页面中双击矩形7，则矩形的边框呈虚线显示，在矩形7左上角的节点两边分别双击增加节点，然后选择左上角的节点按Delete快捷键删除，如图19-21所示。

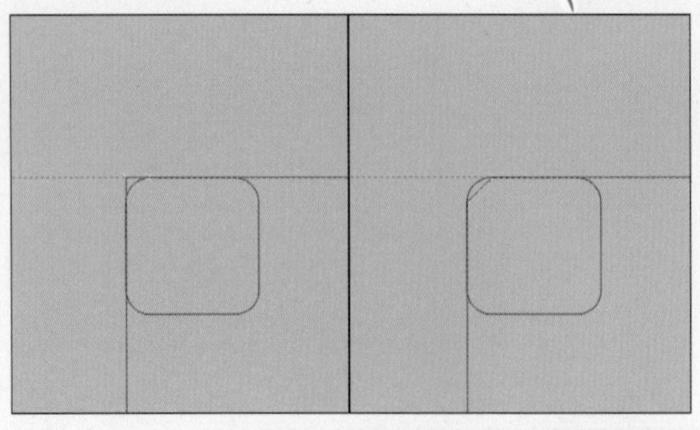

图19-21　修饰圆角

07 采取与步骤 06 相同的方法为矩形7的边角作修饰，如图19-22所示。然后选择矩形7和3个圆角矩形，按Ctrl+G快捷键执行【群组】命令，将图形群组。

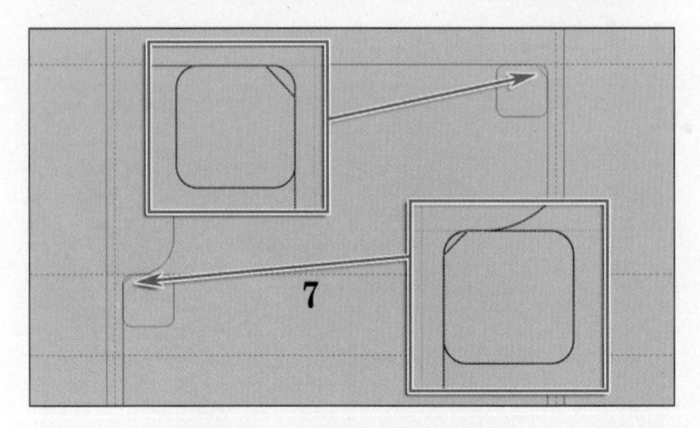

图19-22　修饰圆角并将其群组

08 在绘图页面中，双击标尺打开【选项】对话框，选择【辅助线】|【水平】选项。在【水平】选项区中分别输入数字160、185，单位为毫米，单击【添加】按钮添加水平辅助线。采取同样的方法在【辅助线】选项中选择【垂直】选项，在【垂直】选项中分别输入193、235、277，单击【添加】按钮完成垂直辅助线的添加，如图19-23所示。设置完毕后单击【确定】按钮，添加辅助线。

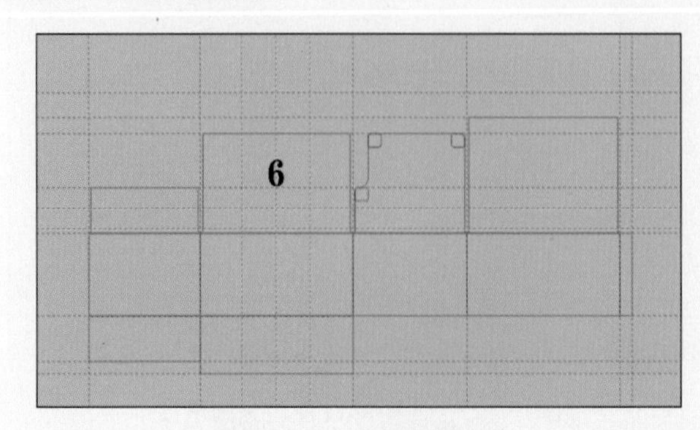

图19-23　添加辅助线

09 使用【矩形工具】在绘图页面中绘制矩形，并在属性栏中更改【对象大小】为40mm、30mm，在属性栏设置矩形的左上角和右上角的边角圆滑度为60，选择该圆角矩形

和矩形6，执行【排列】|【对齐和分布】|【水平居中对齐】命令。执行【排列】|【对齐和分布】|【底端对齐】命令，如图19-24所示。使圆角矩形位于矩形6底端的中间位置。

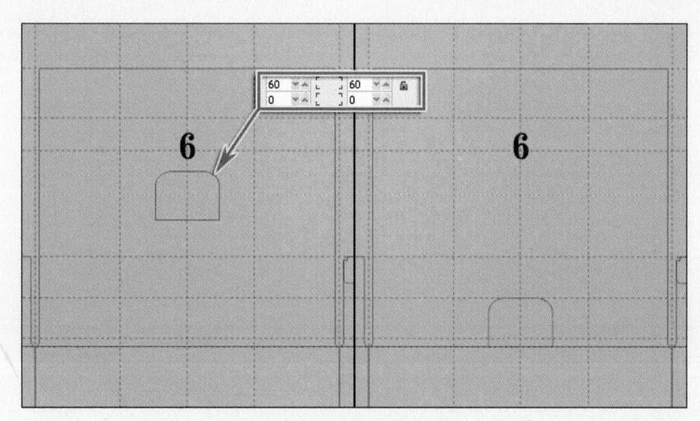

图19−24　将矩形对齐

10 选择圆角矩形，按小键盘上的+键，在原地复制圆角矩形，按住Shift键不放，拖动圆角矩形的角控制柄将其成比例缩放，如图19-25所示。

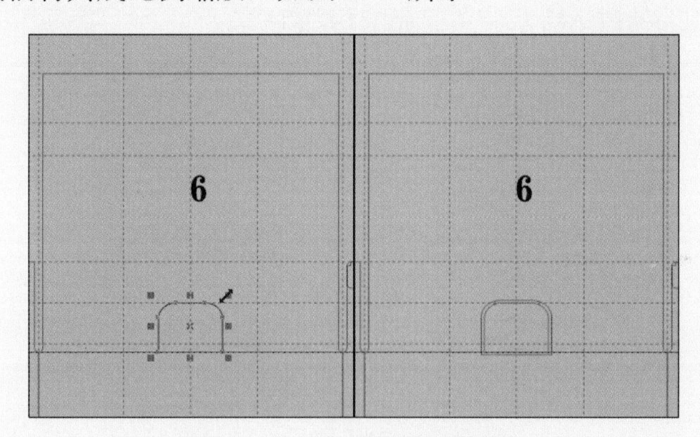

图19−25　成比例缩放圆角矩形

11 使用【矩形工具】□在绘图页面中贴齐辅助线绘制矩形，如图19-26所示。在属性栏中设置矩形的边角圆滑度为100。

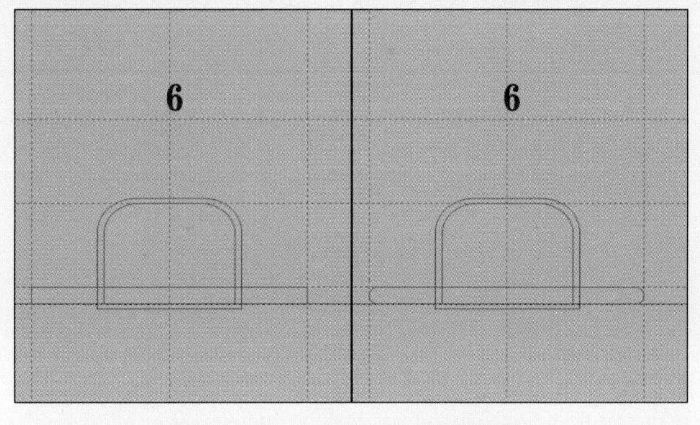

图19−26　绘制矩形并设置圆角

12 选择矩形6中底部缩放后的圆角矩形和底端的圆角矩形，执行【排列】|【造形】|【焊接】命令。然后选择该图形和矩形6，执行【排列】|【造形】|【修剪】命令，如图19-27所示。

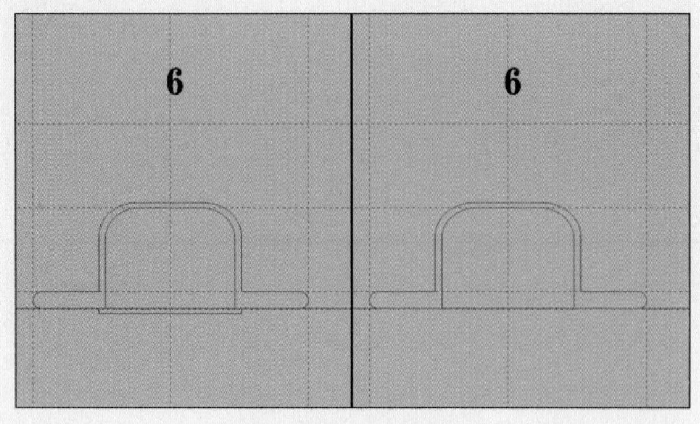

图19-27　修饰图形

13 使用【矩形工具】在绘图页面中绘制矩形，并设置矩形的边角圆滑度为36。调整该圆角矩形的位置于矩形6的左上角，如图19-28所示。

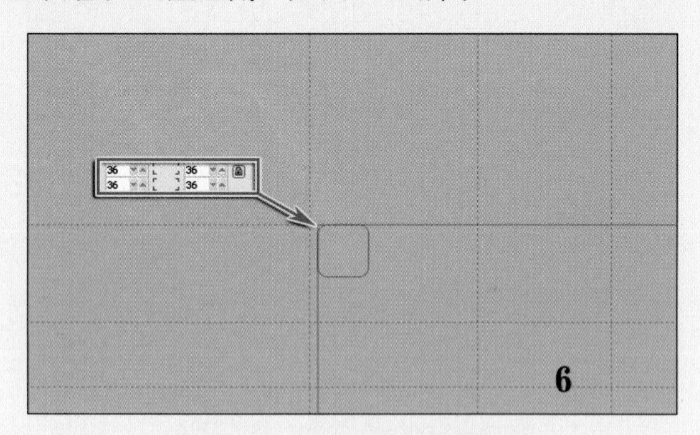

图19-28　绘制矩形并设置圆角

14 采取与步骤 06 相同的方法，修饰矩形6 的两个直角为圆角，如图19-29所示。选择矩形6和3个圆角矩形，按Ctrl+G快捷键执行【群组】命令，将选择的图形群组。

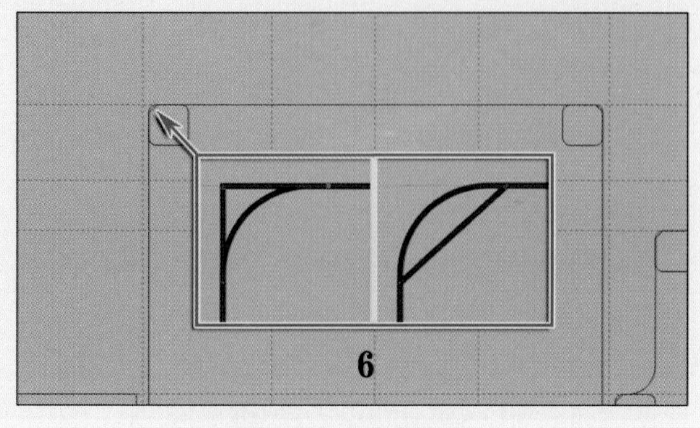

图19-29　修饰矩形

15 在绘图页面中，双击标尺打开【选项】对话框，选择【辅助线】|【垂直】选项，在【垂直】选项中输入数字56，单位为毫米，单击【添加】按钮添加垂直辅助线，如图19-30所示，设置完毕后单击【确定】按钮，完成辅助线的添加。

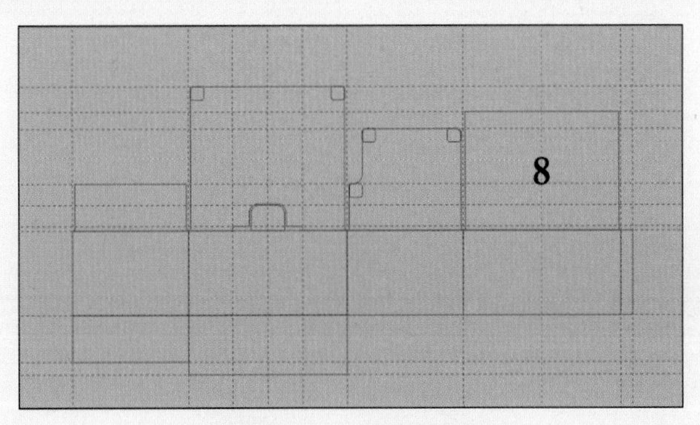

图19-30 添加辅助线

16 使用【矩形工具】在绘图页面中矩形8上方贴齐辅助线位置绘制一个【对象大小】为84mm、30mm的矩形。选择该矩形和矩形8，执行【排列】|【对齐和分布】|【垂直居中对齐】命令，这时该矩形位于矩形8上方中间位置，如图19-31所示。

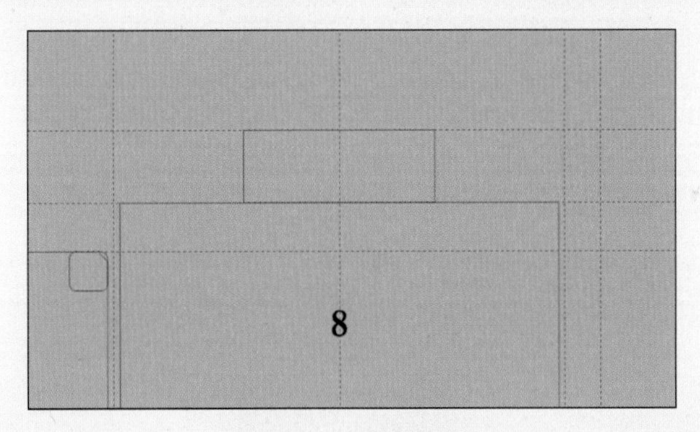

图19-31 绘制矩形

17 选择矩形8上方的矩形，在属性栏中设置矩形的左上角和右上角的边角圆滑度为77，如图19-32所示。

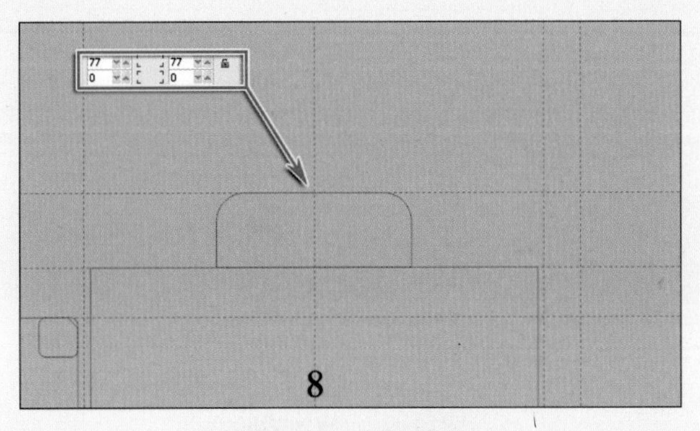

图19-32 设置圆角

18 使用【矩形工具】在绘图页面中绘制一个【对象大小】为40mm、5mm的矩形。选择【形状工具】，单击矩形任意角的节点并拖动，使矩形的4个直角变为圆角，如图19-33所示。

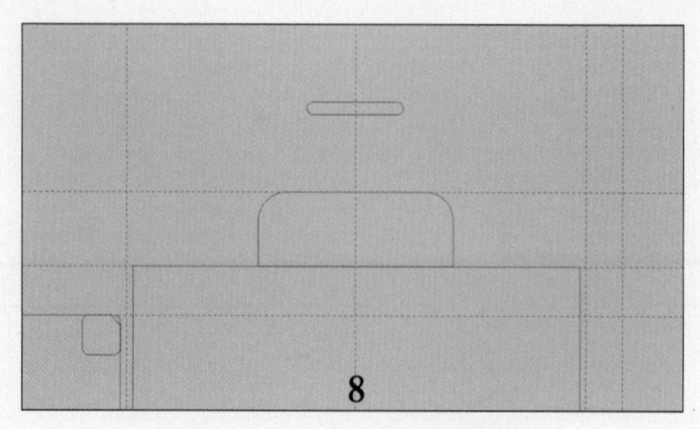

图19-33　绘制矩形并设置圆角

19 选择矩形8上方的两个圆角矩形，执行【排列】|【对齐和分布】|【水平居中对齐】命令。执行【排列】|【对齐和分布】|【底端对齐】命令，使圆角矩形位于底端的中间位置，然后单击属性栏中的【修剪】按钮，修剪图形如图19-34所示。

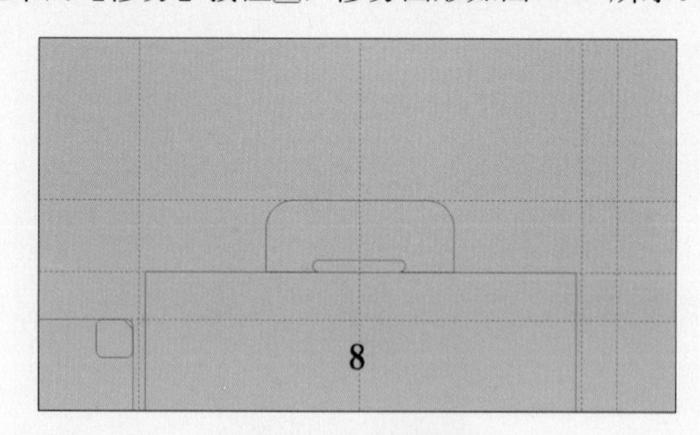

图19-34　修剪图形

20 选择工具箱中的【椭圆形工具】，按住Shift+Ctrl键的同时以矩形8顶端两条辅助线的交点为中心绘制一个半径为20的圆形，然后选择圆和矩形8，单击属性栏中的【修剪】按钮，修剪图形如图19-35所示。

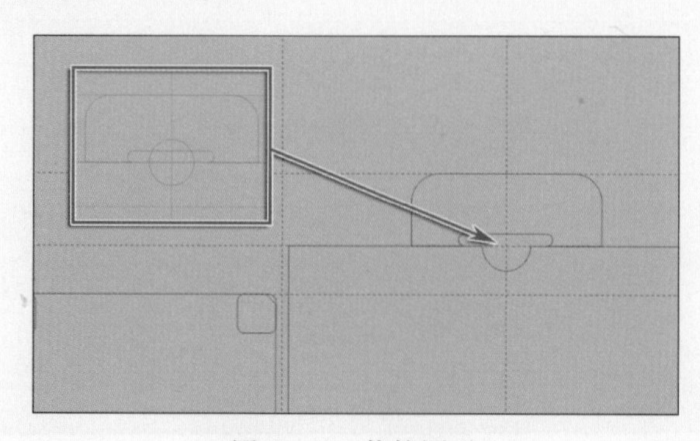
图19-35　修饰图形

21 在绘图页面中矩形8的右下角位置绘制一个【对象大小】为18mm、50mm的矩形，选择该矩形和矩形8，单击属性栏中的【修剪】按钮修剪矩形8，如图19-36所示。

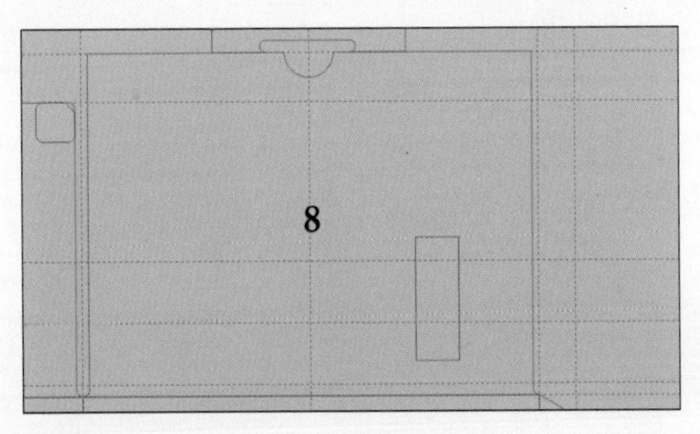

图19-36　绘制矩形并修剪

22 在绘图页面中选择矩形4，单击属性栏中的【转换为曲线】按钮，将矩形4转换为曲线。双击曲线并选择右上角的节点，沿辅助线垂直向下移动8mm，如图19-37所示。采取同样的方法调整曲线的右下角，选择曲线中的右下角节点，沿辅助线垂直向上移动8mm，使曲线右边的两个节点对称。

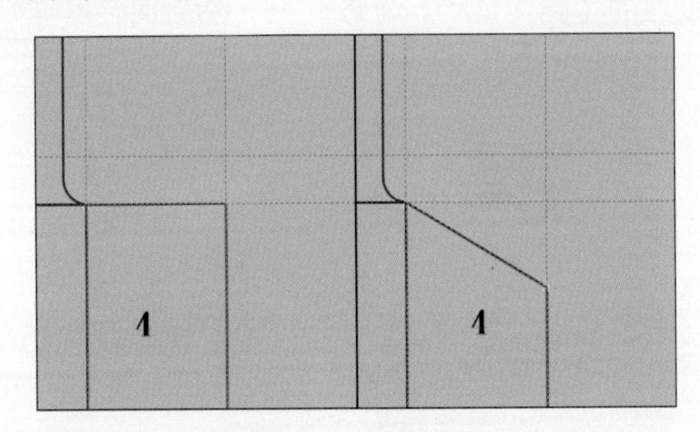

图19-37　调整节点

23 使用【矩形工具】在绘图页面中绘制一个【对象大小】为5mm、100mm的矩形。选择【形状工具】，单击矩形任意角的节点并拖动，使矩形的4个直角变为圆角。选择圆角矩形，在向右拖动的过程中按下鼠标右键，松开鼠标左键，复制圆角矩形，并调整圆角矩形的位置，如图19-38所示。

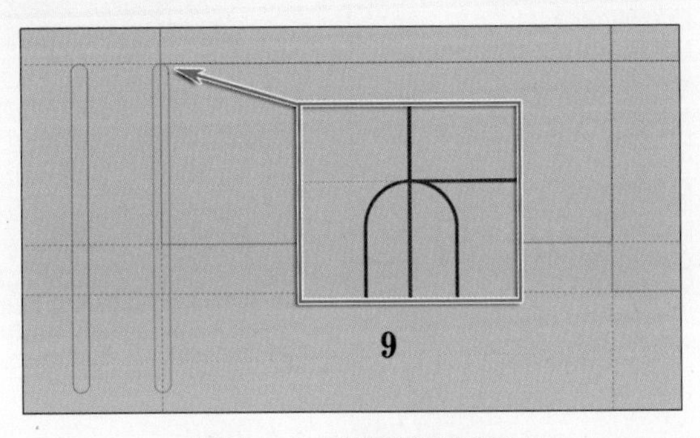

图19-38　复制圆角矩形

24选择圆角矩形和矩形9，单击属性栏中的【修剪】按钮，修剪矩形9，移动另一个圆角矩形到矩形9的右边位置并贴齐辅助线，选择圆角矩形和矩形9，单击属性栏中的【修剪】按钮，修饰图形如图19-39所示。

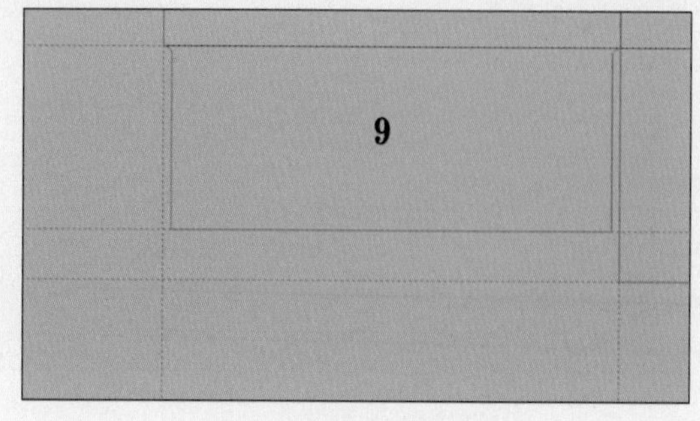

图19−39　修剪图形

25双击绘图页面中的标尺，打开【选项】对话框，选择【辅助线】|【水平】选项，在【水平】选项中输入22，设置单位为毫米，单击【添加】按钮添加水平辅助线，最后单击【确认】按钮完成辅助线的添加。在绘图页面中任意添加两条垂直辅助线，分别在属性栏中更改两条辅助线的【旋转角度】为45、-45，然后调整位置如图19-40所示。

图19−40　添加辅助线

26选择工具箱中的【矩形工具】，按住Ctrl键的同时在绘图页面中绘制一个【对象大小】为37mm、37mm的正方形。单击属性栏中的【转换为曲线】按钮，将矩形转换为曲线，然后双击曲线并选择右上角上的节点，按Delete键删除，如图19-41所示。

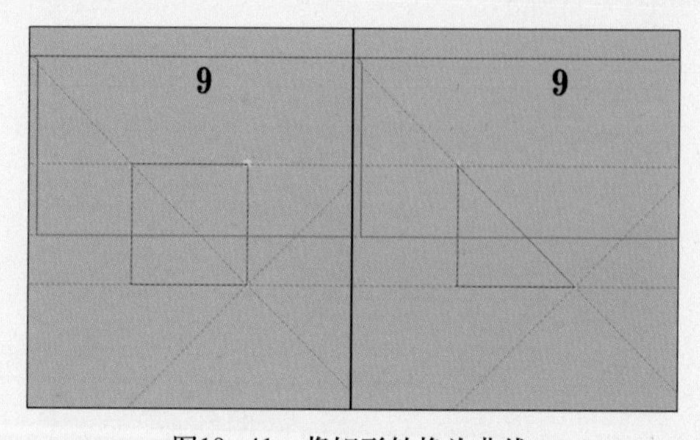

图19−41　将矩形转换为曲线

27选择矩形9中的三角形曲线，在向右拖动的过程中按下鼠标右键，然后松开鼠标复制曲线图形。单击属性栏中的【水平镜像】按钮，将曲线水平旋转。选择其中一个三角形曲线和矩形9，单击属性栏中的【修剪】按钮，修剪图形，采取同样的方法修饰另一个三角形曲线，如图19-42所示。

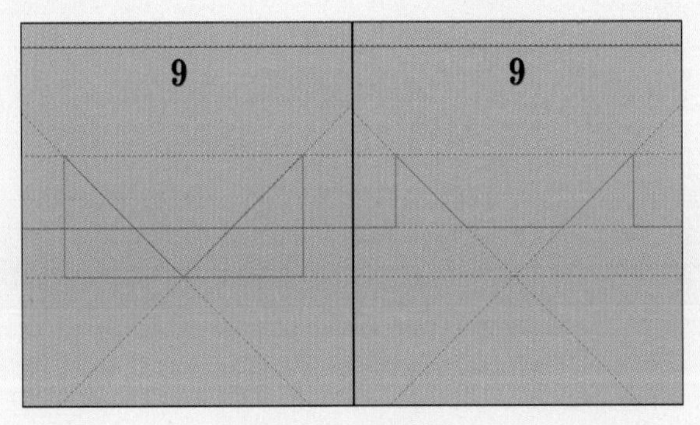

图19-42　修剪图形

28使用【形状工具】单击选择矩形9，调整图形节点如图19-43所示图形。

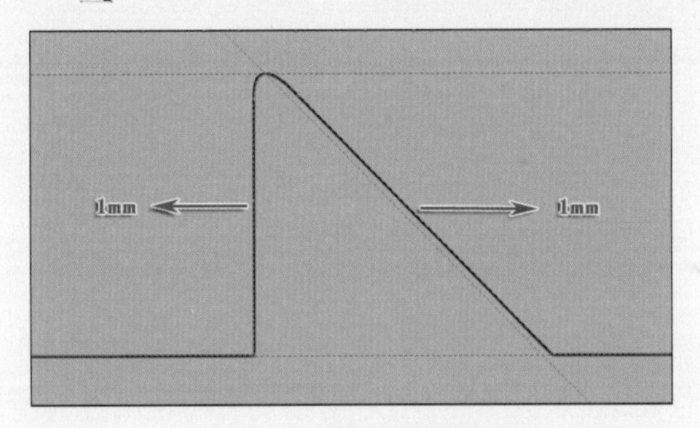

图19-43　移动并调整节点

29采取与步骤28相同的方法，调整矩形9中右边三角形的节点，如图19-44所示。

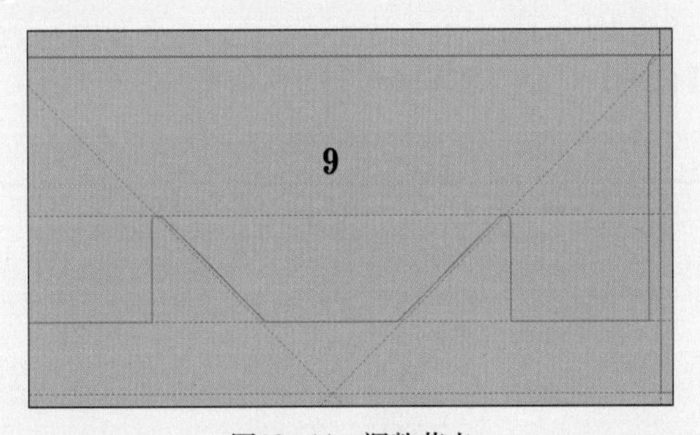

图19-44　调整节点

30采取与步骤26相同的方法，选择工具箱中的【矩形工具】，按住Ctrl键的同时在绘图页面中绘制一个【对象大小】为33mm、33mm的正方形。单击属性栏中的【转换为曲线】按钮，将矩形转换为曲线。双击曲线并选择右上角节点，按Delete键删除，如图19-45所示。然后复制三角形曲线将其水平旋转并调整位置贴齐辅助线。

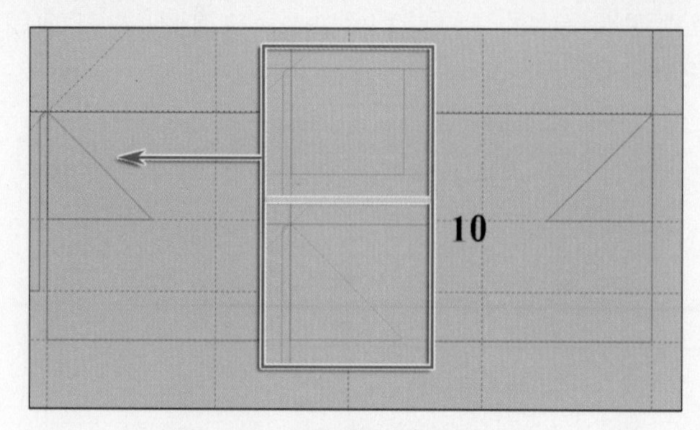

图19-45　复制图形并调整位置

31 选择其中一个三角形曲线和矩形10，单击属性栏中的【修剪】按钮，修饰图形如图19-46所示，采取同样的方法修剪另一个三角形曲线。

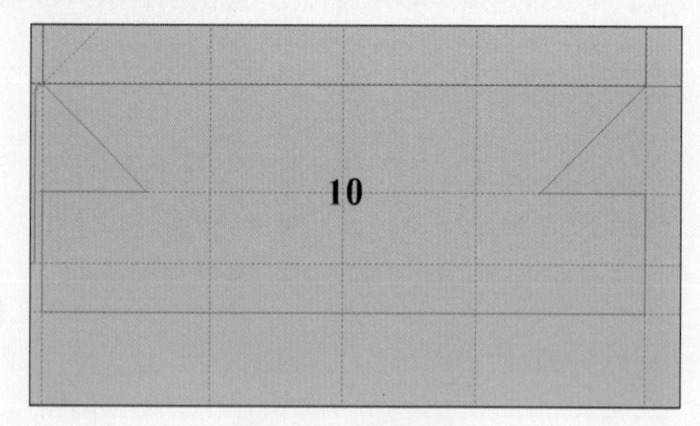

图19-46　修剪图形

32 在矩形10的左下角绘制一个【对象大小】为18mm、37mm的矩形，调整位置贴齐于辅助线。复制矩形到矩形10的右下角并贴齐辅助线。选择其中一个矩形和矩形10，执行【排列】|【造形】|【修剪】命令。采取同样的方法修剪另一个矩形，如图19-47所示。

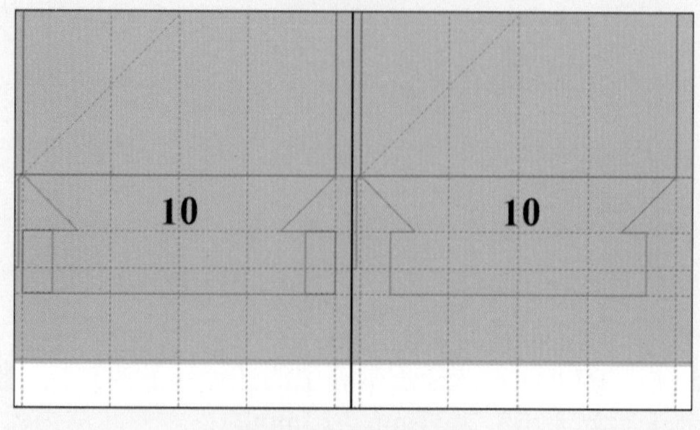

图19-47　绘制矩形

33在绘图页面上绘制矩形，在属性栏中设置矩形的边角圆滑度为65。调整圆角矩形的位置，复制圆角矩形于矩形10的右下角，使用【挑选工具】适当调整图形位置，如图19-48所示。

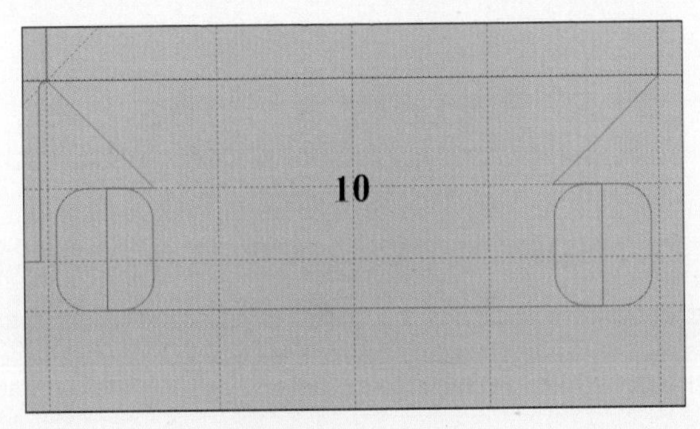

图19−48　设置圆角

34选择矩形10和两个圆角矩形，按Ctrl+G快捷键将其群组。选择矩形9和矩形10中的图形，水平向右拖动的过程中按下鼠标右键，然后松开鼠标复制图形。调整图形位置如图19-49所示。

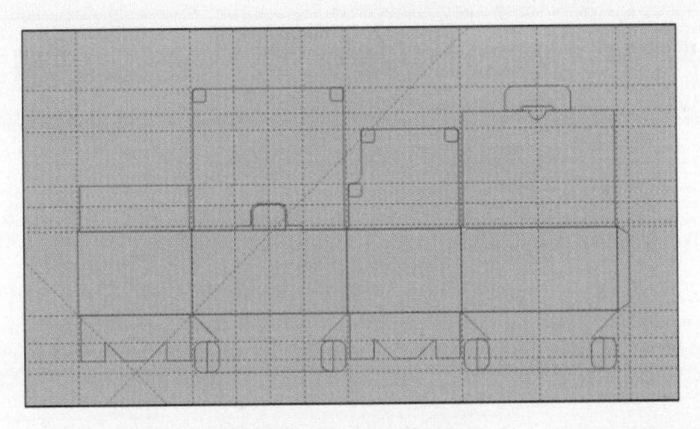

图19−49　复制图形

35为图形填充颜色。在工具箱中选择【填充工具】，在弹出的工具展开条中选择【颜色】选项，打开【均匀填充】对话框，分别为其填充颜色为深黄色（R：255、G：204、B：0）、白色、淡黄色（R：255、G：255、B：204）、黑色，如图19-50所示，然后选择所有图形，在调色板上的无填充按钮☒上右击，取消轮廓线的填充。

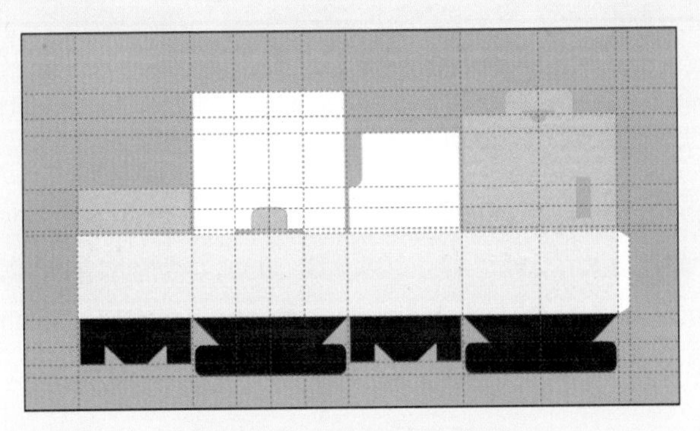

图19−50　为图形填充颜色

19.3.3 添加包装上的装饰图形

选择工具箱中的【交互式透明工具】，为矩形添加透明效果。使用【贝塞尔工具】绘制曲线，选择【填充工具】为图形填充颜色。选择【形状工具】为导入的素材添加节点并调整节点的位置，以隐藏白色背景。

01 单击【对象管理器】左下角的【添加图层】按钮，新建“图层2”。使用【矩形工具】在绘图页面中绘制【对象大小】为660mm、100mm的矩形，调整图形位置并贴齐辅助线。使用工具箱中的【填充工具】为矩形填充颜色为深黄色（R：255、G：204、B：0）如图19-51所示，在调色板上的无填充按钮☒上右击，取消轮廓线的填充。

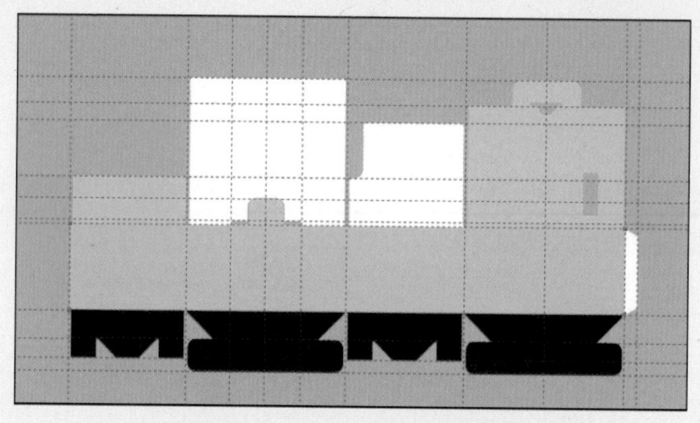

图19−51 绘制矩形并填充颜色

02 选择工具箱中的【交互式透明工具】，在属性栏中设置【透明度类型】为【线型】，为绘制的矩形添加透明度效果。拖动滑杆调整透明程度，如图19-52所示。

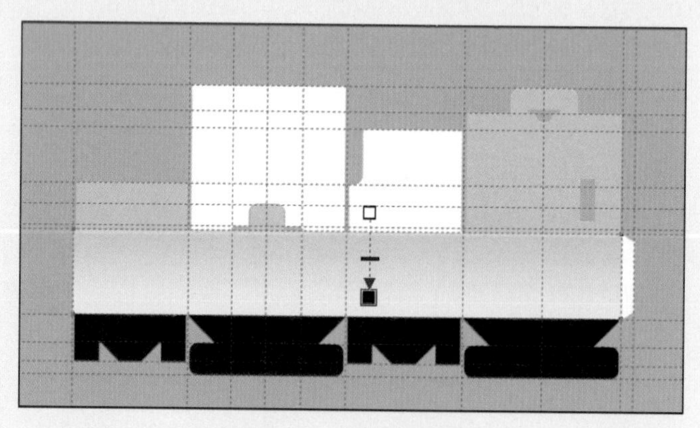

图19−52 添加透明效果

03 使用【贝塞尔工具】在绘图页面中绘制如图19-53所示的图形，并使用【填充工具】为图形填充深黄色（R：255、G：204、B：0），然后取消轮廓线填充。

04 在绘图页面中绘制【对象大小】为660mm、4mm的矩形，调整图形位置并贴齐辅助线。单击调色板中的黑色色块为矩形填充颜色，然后取消轮廓线的填充。如图19-54所示。

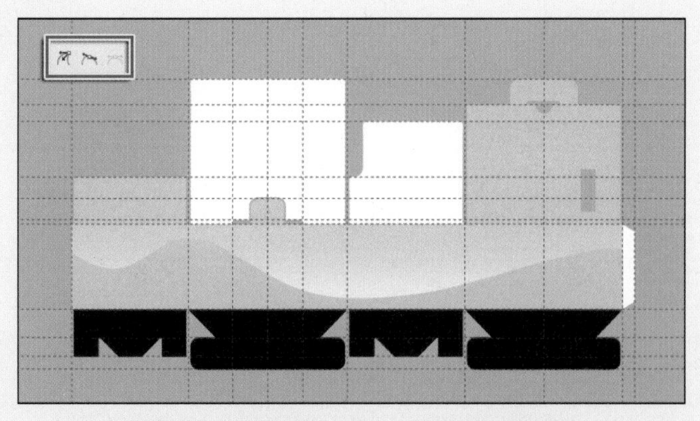

图19-53　使用【贝塞尔工具】绘制图形

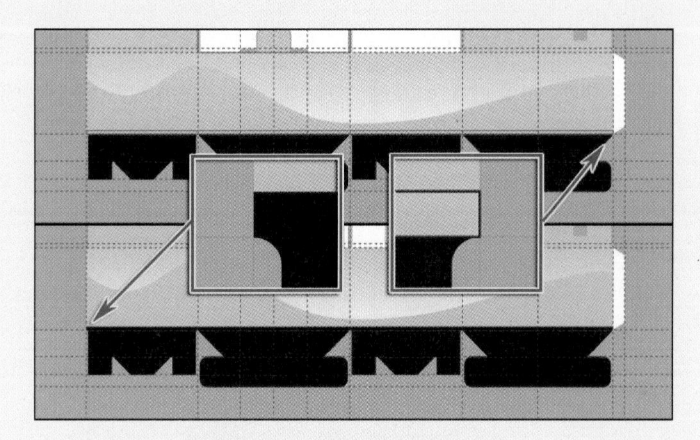

图19-54　绘制矩形并填充颜色

05 复制绘图页面中的矩形6为曲线6，并使用工具箱中的【矩形工具】在曲线6的左上角贴齐辅助线绘制一个【对象大小】为190mm、135mm的矩形。选择该矩形和曲线6，单击属性栏中的【修剪】按钮修饰图形，并为图形填充颜色为深黄色（R：255、G：204、B：0）。取消轮廓线的填充，如图19-55所示。

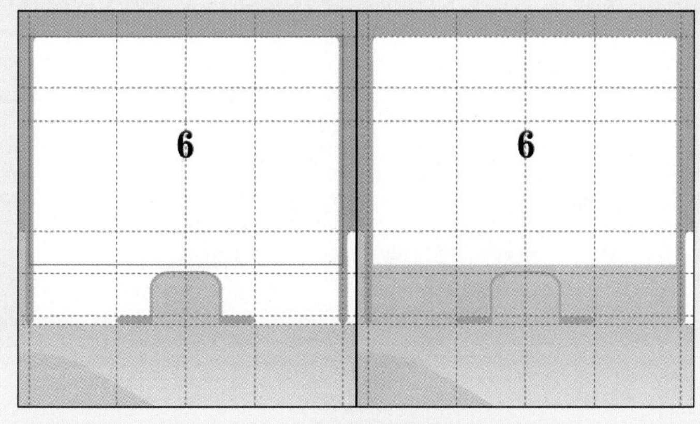

图19-55　为修剪后的图形填充颜色

06 选择工具箱中的【贝塞尔工具】，在绘图页面中绘制如图19-56所示的图形，并在调色板中单击白色色块为图形填充颜色，取消轮廓线的填充。

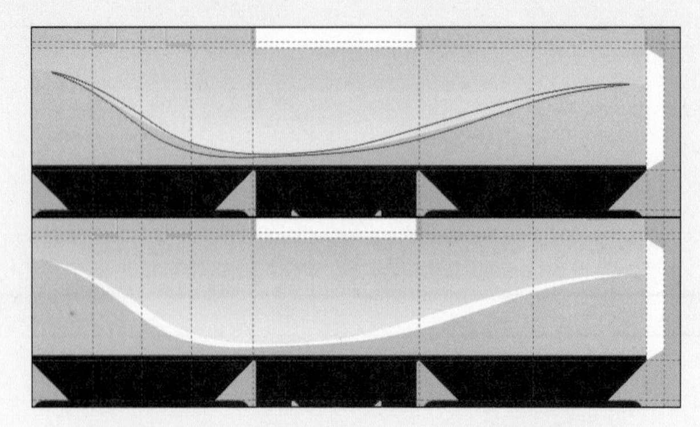

图19-56　使用【贝塞尔工具】绘制图形

07 在绘图页面中绘制两个【对象大小】为660mm、4mm的矩形，调整矩形的位置并贴齐辅助线，如图19-57所示。单击调色板中的白色色块为矩形填充颜色，并取消轮廓线的填充。

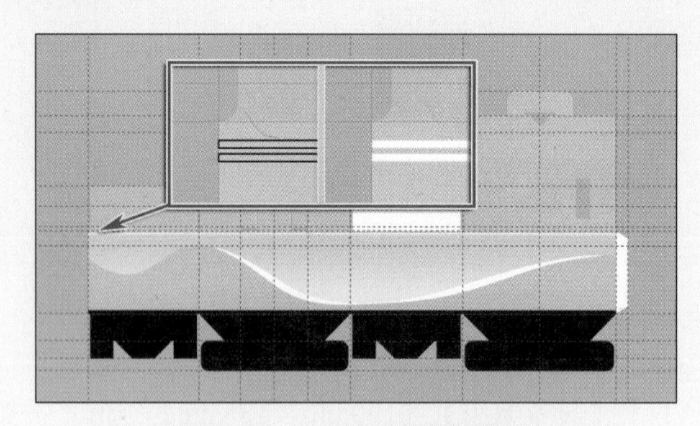

图19-57　绘制矩形并填充颜色

08 执行【文件】|【导入】命令，导入附带光盘中的“素材\第19章\数码相机01.tif”文件。选择工具箱中的【形状工具】并单击选择该素材，这时数码相机的边框呈虚线显示，如图19-58所示。

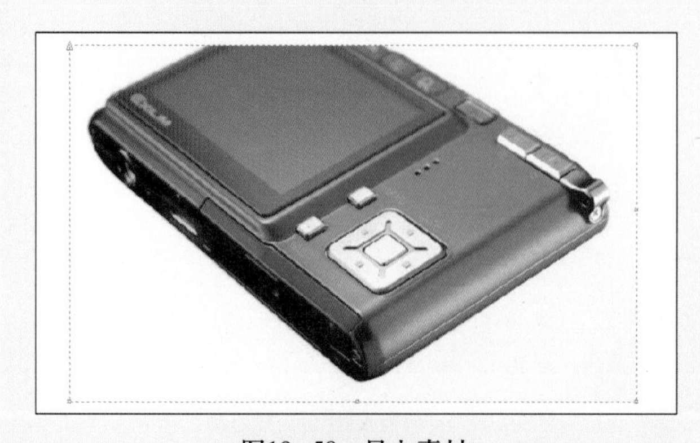

图19-58　导入素材

09 在虚线的边框上增加节点并调整位置，使边框的形状与数码相机边框相重合，以隐藏素材中的白色背景，如图19-59所示。

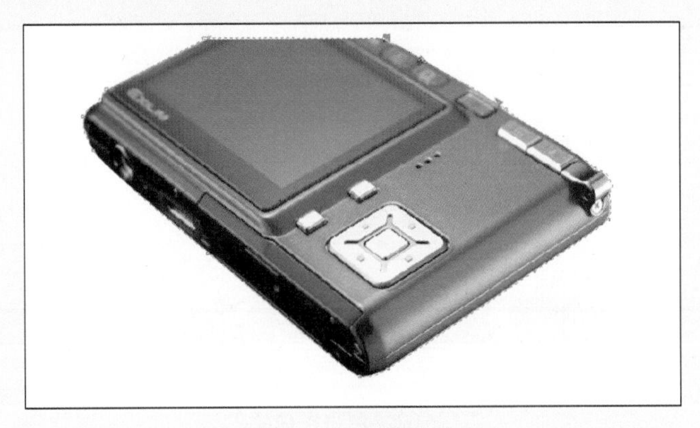

图19-59　调整节点

10 复制页面中的数码相机图案。按住Shift键并拖动边框的角控制柄，成比例缩放图像大小。调整图形位置如图19-60所示。

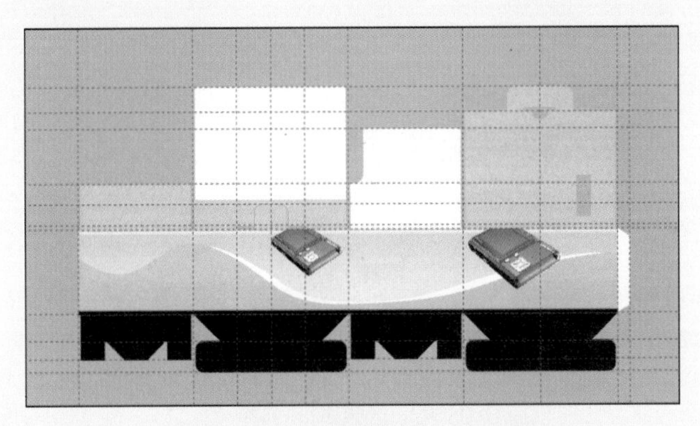

图19-60　调整图像大小及位置

11 执行【文件】|【导入】命令，导入附带光盘中的“素材\第19章\数码相机02.tif”文件。采取与步骤09相同的方法，为数码相机02增加节点并调整位置，如图19-61所示。

图19-61　为导入的素材编辑节点

⑫选择数码相机02图案，单击属性栏中的【水平镜像】按钮，同样在属性栏中单击【垂直镜像】按钮，将其图像水平垂直旋转，然后调整图像的位置，如图19-62所示。

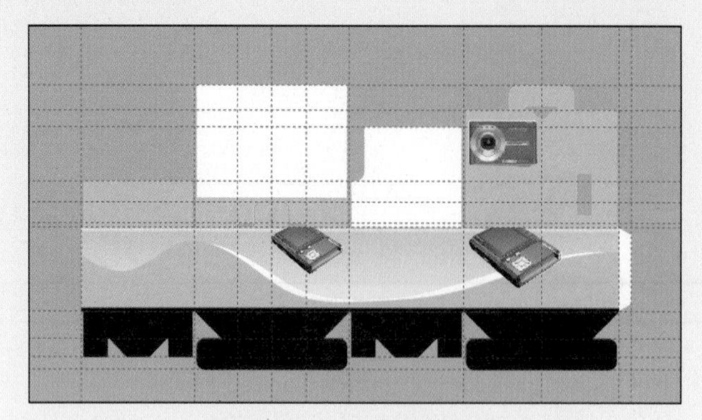

图19−62 调整图像位置

⑬使用【矩形工具】在绘图页面中绘制矩形并调整位置，如图19-63所示。在调色板中单击黑色色块为矩形填充颜色，然后取消轮廓线的填充。

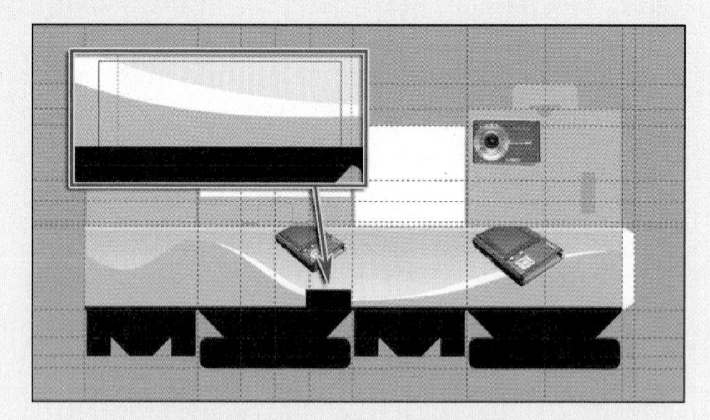

图19−63 为矩形填充颜色

⑭执行【文件】|【导入】命令，导入附带光盘中的“素材\第19章\晚霞.tif”和“素材\第19章\蜗牛.tif”文件。按住Shift键并拖动边框的角控制柄，将其成比例缩放，并调整图像位置，最后为图像添加文字装饰，如图19-64所示。

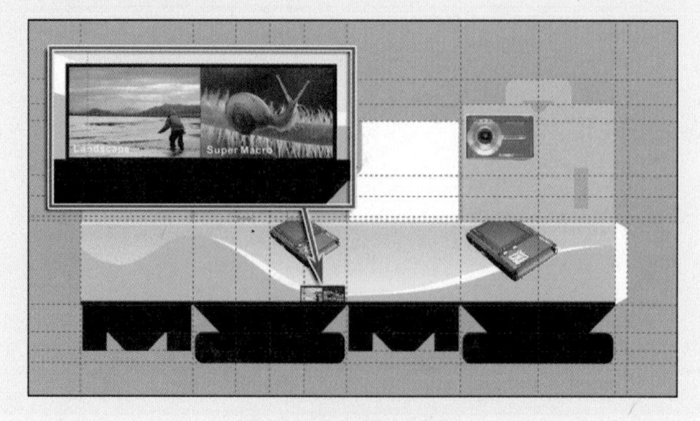

图19−64 导入素材

19.3.4 添加文本

使用【矩形工具】在绘图页面中绘制矩形并调整位置。为矩形填充颜色，并使用【交互式透明工具】为矩形添加透明效果。在包装上添加产品的有关文本内容。

01 单击【对象管理器】左下角的【添加图层】按钮，新建“图层3”。使用【矩形工具】在绘图页面中绘制矩形并调整矩形的位置，然后为矩形填充白色并取消轮廓线的填充。选择工具箱中的【交互式透明效果】，在属性栏中设置【透明度类型】为【线型】选项，为绘制的矩形添加透明度效果，拖动滑杆调整透明程度，如图19-65所示。

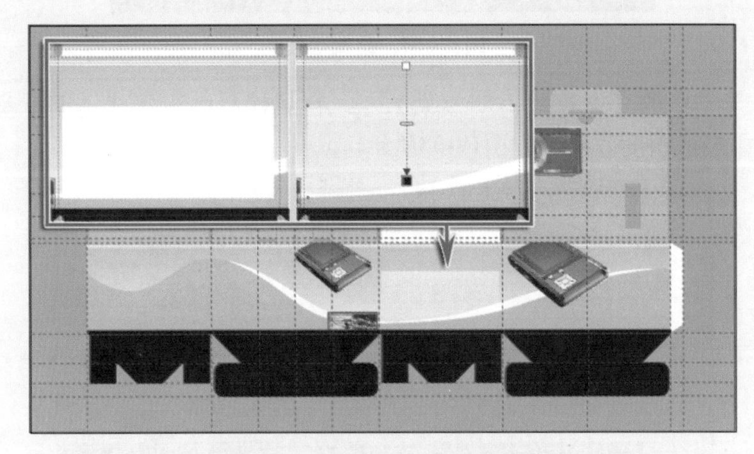

图19−65 为矩形添加透明效果

02 选择添加了透明度效果的矩形，向左拖动的过程中按下鼠标右键，然后先松开鼠标左键再松开鼠标右键，复制图形。在绘图页面中调整该图形的位置，如图19-66所示。

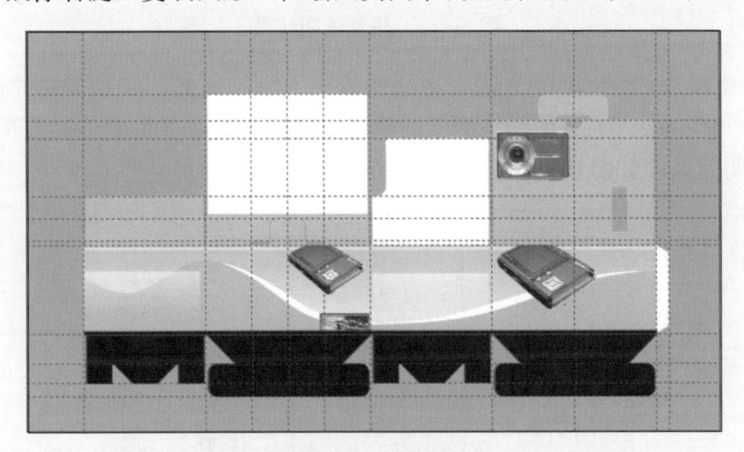

图19−66 复制图形

03 使用【矩形工具】在绘图页面中绘制矩形，并在属性栏中设置右上角和右下角的边角圆滑度为40。然后使用【填充工具】为矩形填充颜色为橘红色（R：255、G：102、B：0），取消轮廓线的填充，如图19-67所示。

图19-67　绘制矩形

04选择工具箱中的【交互式透明效果】，在属性栏中设置【透明度类型】为【线型】，为矩形添加透明度效果，如图19-68所示。

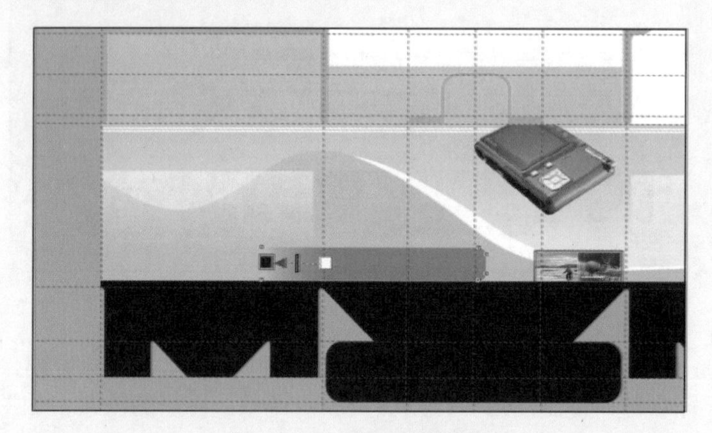

图19-68　添加透明效果

05采取与步骤03~04相同的方法，在绘图页面中绘制矩形，为矩形填充颜色为橘红色（R：255、G：102、B：0）并取消轮廓线的填充。选择工具箱中的【交互式透明效果】，为矩形添加透明效果，如图19-69所示。

图19-69　为矩形添加透明效果

06在该包装盒的正面添加产品的品牌、型号等说明字样，然后在左上角输入本产品数码相机的像素、显示器等相关内容，如图19-70所示。

图19-70　为包装正面添加文本

07 在包装盒背面的右上角添加产品的品牌、型号字样。在右下角简述产品的功能，如图19-71所示。

图19-71　为包装背面添加文本

08 在包装盒侧面的左上角添加产品的品牌、型号字样，侧面主要概述数码相机与计算机怎样应用，及内存、显示器等有关内容，如图19-72所示。

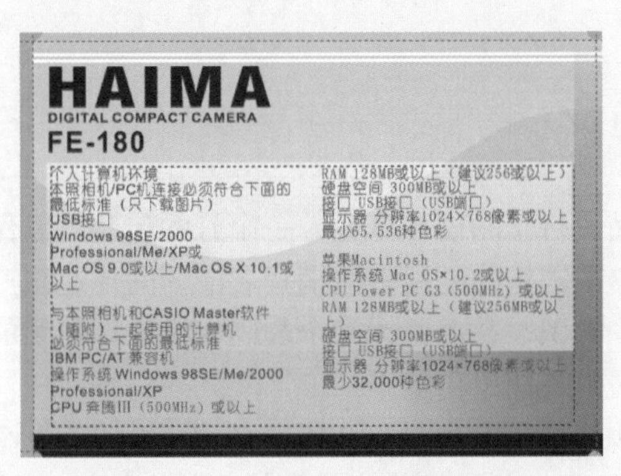

图19-72　为包装的侧面添加文本

09 在包装的另一个侧面，添加包装内所有东西的信息介绍，如数码相机、电池、充电器等，如图19-73所示。

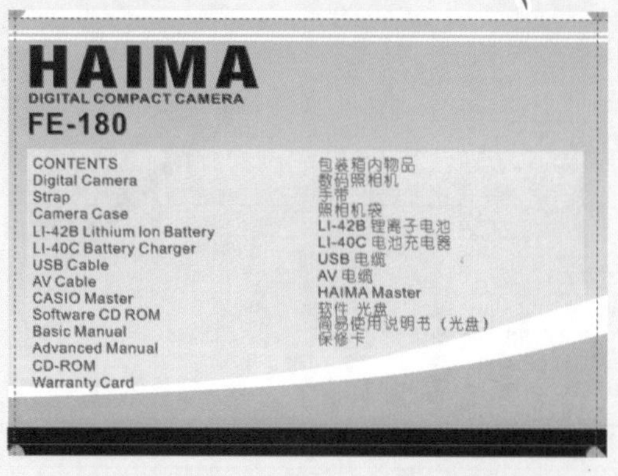

图19–73　为包装的另一个侧面添加文本

⑩执行【编辑】|【插入条形码】命令，根据产品的类别和相关信息，生成条形码并放在对应的位置，完成该产品包装盒的绘制，最终效果如图19-74所示。

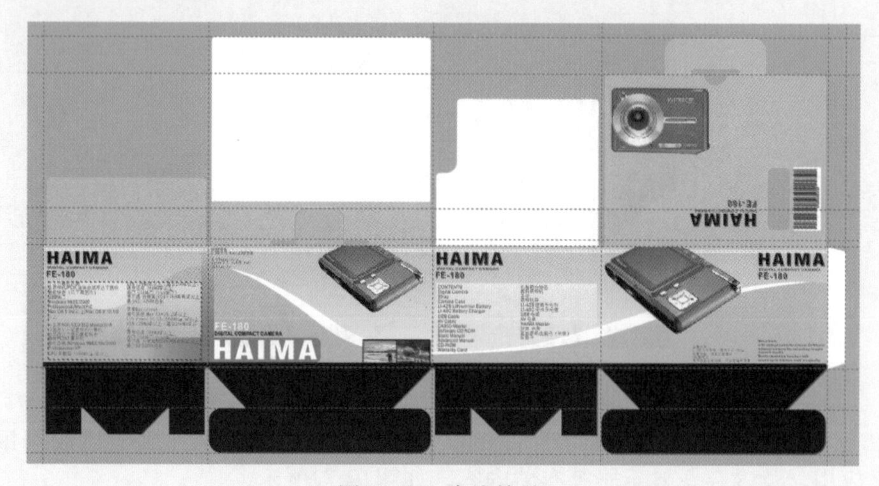

图19–74　完成效果

小结

包装设计是一门严谨、科学的设计专业，一个好的包装可以保护产品在运输和存储的过程中不受损伤，并能够在销售的过程中向消费者清晰的传递出产品的信息。本章带领读者了解了包装设计的一些常识，并通过为一个数码相机设计包装的具体操作过程，深入介绍了包装设计所涉及到的相关知识和操作。

希望读者通过本章的学习，理解和掌握包装设计的理论知识，能够灵活运用CorelDRAW X4的强大的功能，设计制作出优秀的包装作品。

JUMP

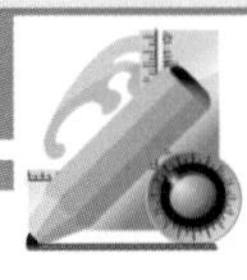

CoreIDRAW

操作答疑与设计技法跳跳跳

JUMP

第3跳　在线设计——独立创作

NO.3

第20章

在线测试1——啤酒户外广告设计

户外广告设计是广告设计中的一种，也是平面设计师日常接触比较多的一项设计工作。本章将带领读者一起进行一次啤酒户外广告设计，希望通过该实例的实际操作，使读者对如何使用CorelDRAW X4设计制作广告有更进一步的认识。

20.1 测试项目

【任务概述】：本案例要设计制作的是一幅啤酒的户外广告，如图20-1所示。

图20-1　效果图

【效果】：本案例的完成效果位于本书配套光盘的“效果图\第20章\啤酒.cdr”文件。

【基本信息及要求】：

1. 客户名称——KAISERRLRAL啤酒公司。
2. 尺寸要求——80（宽）cm×50（高）cm。
3. 画面内容——清晰、美观的啤酒产品图片，以及企业名称，画面要干净。
4. 有助于企业形象提升。

【评比标准】：

评比内容	分值
创意	20
构图	40
色彩	40
合计	100

20.2 启发性提示

- 在设计制作之前，应做充分的调查，了解其他类似广告，避免雷同。
- 可以借鉴和参考优秀的设计作品。
- 在制作的过程中要保持画面的干净，使整个画面体现一种清爽、别致的视觉效果。

20.3 关键步骤

首先使用【交互式网状填充工具】为背景添加网状填充效果，如图20-2所示。

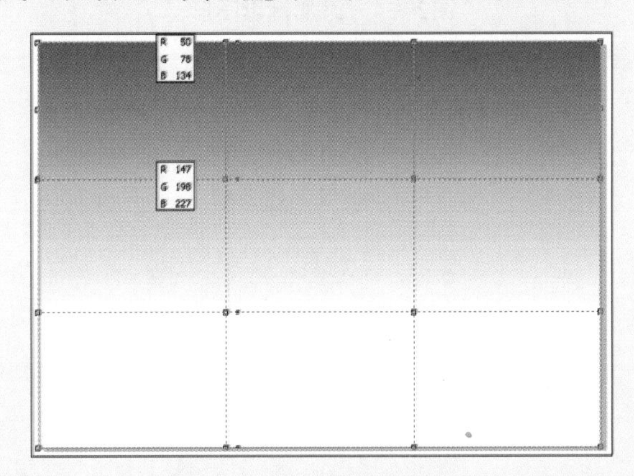

图20-2 添加网状填充背景

然后利用【贝塞尔工具】绘制啤酒瓶图形，并使用【文本工具】为图形添加文字信息，如图20-3所示效果。

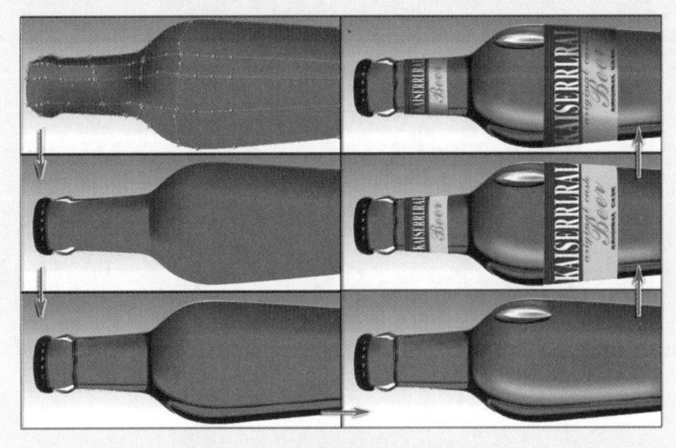

图20-3 绘制啤酒瓶图形

通过【转换为位图】和【模糊】命令，为绘制的倒影图形添加模糊效果，如图20-4所示。

图20-4　添加倒影图形

第21章 在线测试2——户外运动俱乐部标志设计

标志设计是VI设计中的核心内容，整个公司或机构的形象、特点和文化内涵，都将通过小小的标志来体现。本章将带领读者一起设计制作一个户外运动俱乐部的标志，希望读者通过该案例的设计制作，能够熟练地掌握使用CorelDRAW X4设计标志的方法和技巧。

21.1 测试项目

【任务概述】：本章要设计制作的是黑曼巴户外运动俱乐部的标志，如图21-1所示。

图21-1 效果图

【效果】：本案例的完成效果位于本书配套光盘的“效果图\第21章\俱乐部标志.cdr”文件。

【基本信息及要求】：

1. 客户信息——北京朝阳区黑曼巴户外运动俱乐部，英文全称为BLACK MAMBA OUTDOOR SPORTS CLUB。

2. 尺寸要求——提供A4纸稿件一份。

3. 画面内容——能够体现朝气蓬勃、积极向上的心态。画面可考虑使用翅膀、绿色、黄色等画面视觉语言。整个图形可考虑使用圆形。

4. 俱乐部开展的项目：徒步旅游、攀岩、漂流、车友会、爬山、羽毛球、篮球、足球等。

5. 该标志要体现出俱乐部健康、时尚、个性的特点，要求整个标志大气、有视觉冲击力，适合不同场合的宣传应用和佩戴。

【评比标准】：

评比内容	分值
创意	60
构图	20
色彩	20
合计	100

21.2 启发性提示

- 在设计制作之前，首先要了解该俱乐部的运营模式，俱乐部中包含了哪些活动项目，以及参加该俱乐部的消费人群，为后面的设计制作打好基础。
- 可从网络、书籍中收集素材。如相关的俱乐部标志或标徽形象，以及一些造型别致的图案，为最终的构思做好充足的准备。
- 在制作的过程中，应注意整体与局部的安排。

21.3 关键步骤

首先使用【椭圆形工具】绘制标志形状，并为其设置颜色。然后利用【贝塞尔工具】绘制装饰图形，通过运用【焊接】和【修剪】按钮为图形作修饰，如图21-2所示。

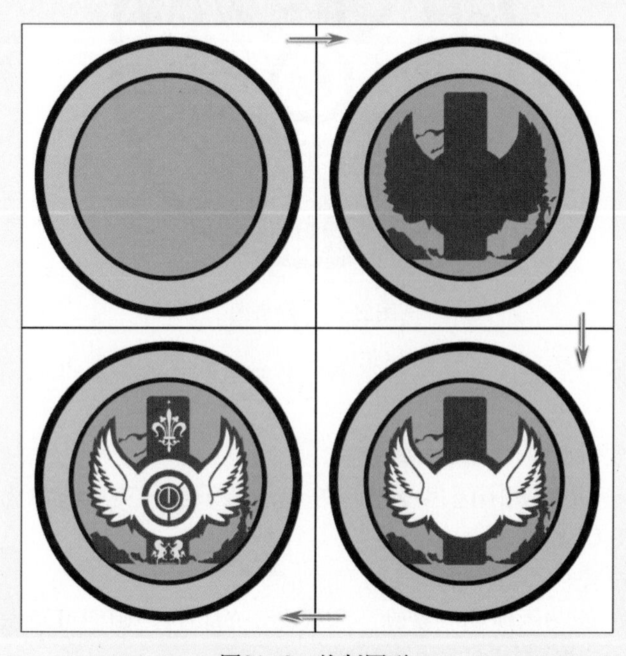

图21-2 绘制图形

使用【使文本适配路径】命令将文本适配路径，如图21-3所示效果，以完成该实例的绘制。

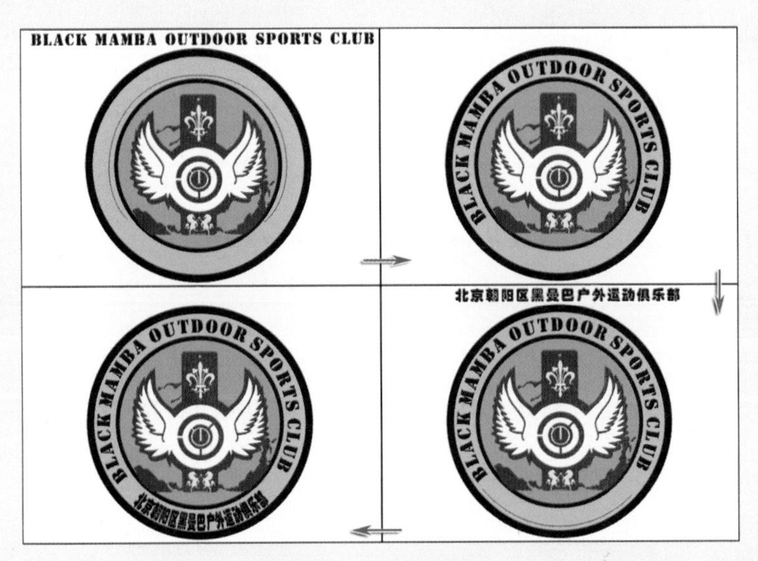

图21-3 添加文本

第22章

在线测试3——换骨贴外包装设计

包装设计作为一门严谨的设计学科，涉及的知识众多，在设计制作时，不仅要考虑到画面是否美观、信息的传达是否到位，还要考虑到后期裁切和印刷等因素。本章将带领读者一起制作换骨贴的外包装，希望通过该案例的操作，使读者更为了解包装设计的制作流程。

22.1 测试项目

【任务概述】：本章要设计制作的是换骨贴的外包装，效果如图22-1所示。

图22-1 效果图

【效果】：本案例的完成效果位于本书配套光盘的“效果图\第22章\包装设计.cdr”文件。

【基本信息及要求】：

1. 客户信息——河南环城制药厂，河南省安阳市环城路28号，电话0372-58888888。

2. 产品名称——换骨贴。

3. 包装规格——8cm×12cm×2cm。

4. 提供的文字——批准文号为豫安监械（准）字2009第1680088号。功能主治有，连续筋骨、骨折复位后的疼痛、肿胀。（1）骨质增生、骨折、颈椎病、腰椎病、腰椎间盘突出引发的疼痛。（2）股骨头坏死、骨坏死、老年性退行性关节痛引起的疼痛。（3）风湿性关节炎、类风湿性关节炎、肩周炎、坐骨神经引起的关节疼痛。（4）乳腺增生、痛经患者引起的疼痛。（5）脉管炎、静脉曲张、无名肿胀疼痛、肿瘤后期引起的疼痛。用法用量为，患处洗净晾干，将药贴贴于患处或相应穴位处。48小时换药一次，贴的次数依疼痛程度和部位酌情增加。病情好转后须再贴1-2贴。主要成分有蜈蚣、全蝎子乌蛇、天龙土元、制马钱子、乳香、没药、血竭等。

5. 画面要求大方、得体，能够体现出药品的特性和特点，并且包装应易于存储和运输，包装还要便于打开及使用。

【评比标准】：

评比内容	分值
创意	20
构图	30
色彩	50
合计	100

22.2 启发性提示

- 在设计制作之前，首先要了解企业的概况，与企业做好沟通，对所设计的产品特性要深入了解。
- 分析产品的特点，思考如何通过图形来表达。
- 对产品的外形做到心中有数。要根据产品的外形，定义出包装的尺寸，收集不同类型包装结构的图片，找出最适合该产品的包装结构。

22.3 关键步骤

首先使用【矩形工具】绘制包装的基本结构，效果如图22-2所示。

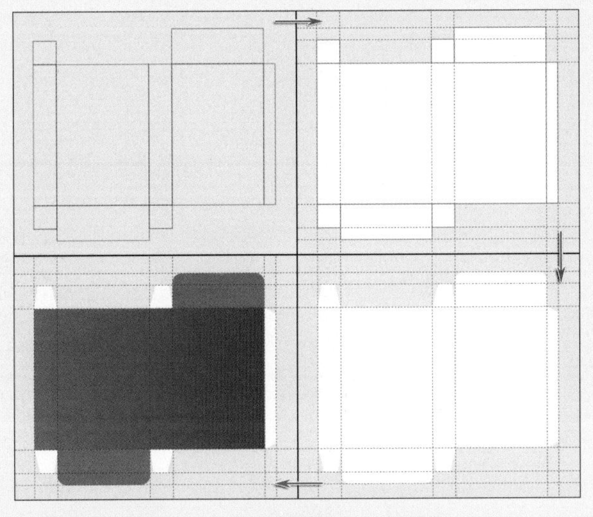

图22–2 绘制包装的基本结构

然后使用【贝塞尔工具】绘制装饰图形，通过【图框精确剪裁】命令约束图形显示的范围。最后利用【文本工具】为页面添加相关文字信息，完成该实例的绘制，效果如图22-3所示。

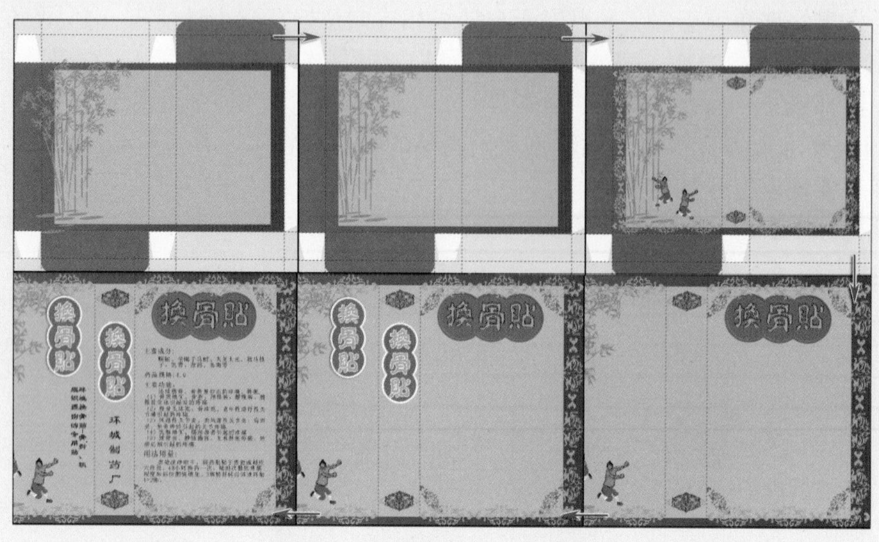

图22-3　绘制包装上的装饰图形

第23章 在线测试4——蛋糕房DM设计

DM设计是宣传页设计中的一种，它可以将要展示的产品或服务信息较为完整、全面地展示出来。本章将为读者虚拟一个DM设计的项目，使读者根据提供的各项要求自行完成设计制作。

23.1 测试项目

【任务概述】：本案例要制作的是蛋糕房DM宣传页，为即将到来的中秋节做宣传，将该店的相关活动信息准确地传达给消费者，如图23-1所示。

图23–1 效果图

【素材】：本案例所用素材如图23-2所示，位于本书配套光盘的“素材文件\第23章\素材.tif” 文件。

【效果】：本案例的完成效果位于本书配套光盘的“效果图\第23章\单页.cdr”文件。

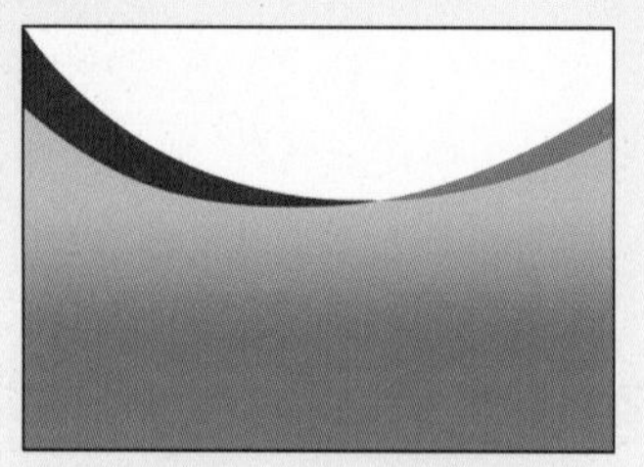

图23-2　素材图像

【基本信息及要求】：

1. 客户信息——花想花蛋糕房，电话2595986。
2. 活动内容——店内所有月饼在中秋节当天有优惠活动，并可进行团购。
3. 尺寸要求——210（宽）mm×297（高）mm。

【评比标准】：

评比内容	分值
创意	60
构图	30
色彩	10
合计	100

23.2　启发性提示

- 要注重画面的装饰性，合理应用颜色。在画面装饰中可使用一些鲜花的图片作为点缀，并且整个DM的背景也可考虑使用花朵图片。
- 颜色要亮丽、鲜明，整个画面要给人以活泼、健康、时尚的视觉效果。

23.3　关键步骤

首先使用【矩形工具】和【交互式网状填充工具】创建宣传页的背景图形，如图23-3所示。

图23-3　创建背景图形

然后使用【贝塞尔工具】添加主体图形，并添加位图以作装饰。之后通过执行【图框精确剪裁】命令将图形放入之前绘制的矩形中，如图23-4所示。

图23-4　添加各部分设计元素

最后使用【文本工具】为图形添加文字信息，完成该实例的绘制，如图23-5所示。

图23-5　添加文字信息

第24章

在线测试5——食品POP设计

POP广告灵活、多变，非常适合超市、商场作为促销活动的宣传媒介。本章虚拟一个POP设计的项目，使读者根据提供的各项要求自行完成设计制作，以增强对POP广告设计的实战能力。

24.1 测试项目

【任务概述】：为某超市新上架的熟食制作POP广告宣传设计，为该食品顺利进入市场，并被消费者接受，做好宣传工作，如图24-1所示。

图24–1 效果图

【效果】：本案例的完成效果位于本书配套光盘的“效果图\第24章\POP海报.cdr”文件。

【基本信息及要求】：

1. 食品名称——肠类、炸鸡、肉类。

2. 活动内容——实施先尝后买的优惠活动。

3. 尺寸要求——376mm×526mm。

4. 画面内容——标明食品价格、体现食品形象。

【评比标准】：

评比内容	分值
创意	30
构图	40
色彩	30
合计	100

24.2 启发性提示

- 在开始设计制作前，首先要确定整体色彩如何搭配，采用什么主体装饰物，以及如何安排食品图形的位置。
- 画面要美观、简洁。
- 主题文字要鲜明，具有吸引消费者的表现力。

24.3 关键步骤

首先在【选项】对话框中设置参考线，以在页面中体现出血范围，并使用【贝塞尔工具】绘制背景图形，如图24-2所示。

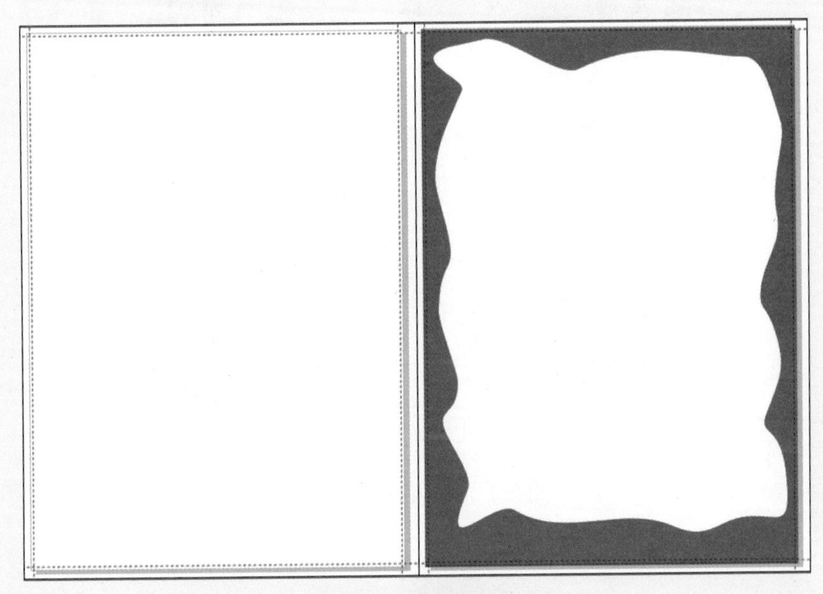

图24-2 创建背景图形

然后使用【贝塞尔工具】创建食品主体图形和主题文字，如图24-3所示。

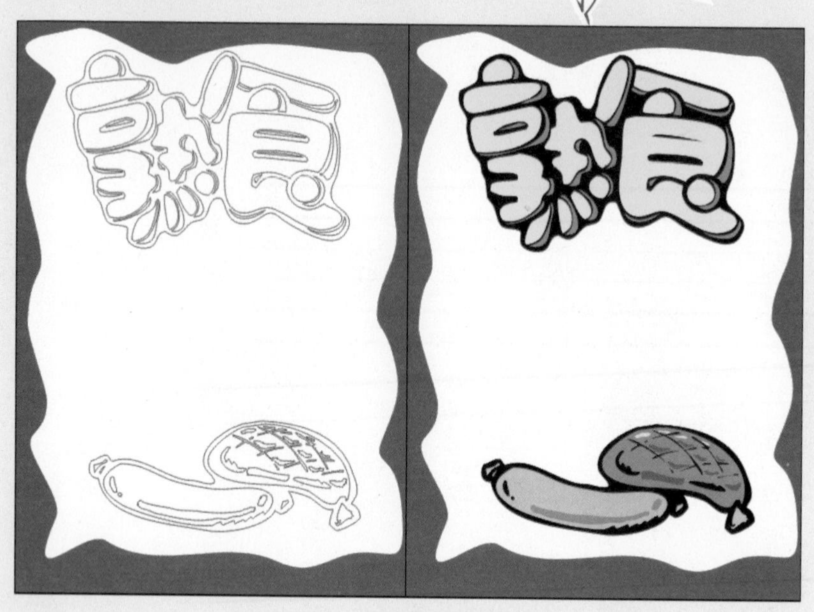

图24-3　添加主体设计元素

最后在页面中添加食品价格和装饰图形，完成该实例的制作，如图24-4所示。

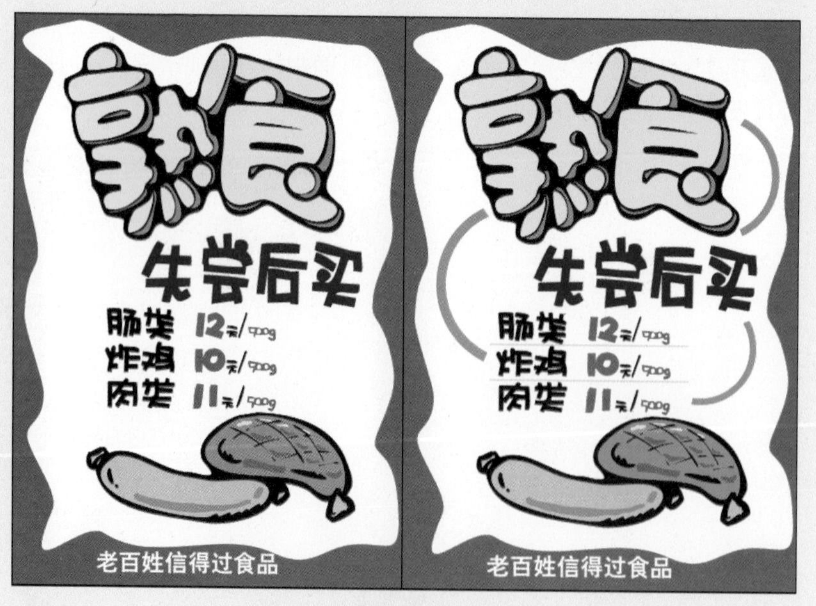

图24-4　添加价格文字信息

第25章

在线测试6——旅游画册封面设计

封面设计是一本书整个精神面貌的体现，其设计的成功与否直接影响到书籍的销售情况。本章将为读者虚拟一个封面设计的项目，使读者根据提供的各项要求自行完成设计制作，以增强对封面设计的实战能力。

25.1 测试项目

【任务概述】：为一本旅游画册设计制作封面，要求能够很好地体现旅行社的良好形象，并将重点推出的旅游项目表现出来。

【基本信息及要求】：

1. 客户信息——北京市青宇旅行社，北京市朝阳区国贸大厦B座51835号，电话010-8512135658。

2. 主要推广的旅游项目——澳大利亚海滨10日游。

3. 相关活动内容——从8月1日开始报名，前20名将享受8折优惠，并赠送澳大利亚特色旅游纪念品。

4. 尺寸要求——全彩色横开本，187mm×266mm。

5. 参考图片——挑选最具有代表性的图片作为装饰，如图25-1所示。

图25-1 参考图片

【评比标准】：

评比内容	分值
创意	40
构图	30
色彩	30
合计	100

25.2 启发性提示

1. 在设计该封面时，要结合旅游目的地的特点。画面可采用蓝色系作为主色调，使人们在看到该画册的时候，可产生信赖的心理感受。尽量不要添加太多的其他装饰图形，以旅游目的地风景的照片为主。将相关的、必须的文字信息，合理地安排在封一的重要位置，但要注意不能超过标题文字。标题文字可考虑采用文字图形化的变形方法，增强文字的可读性。可供参考的优秀作品，如图25-2所示。

图25-2　画册包装作品

2. 在具体制作时，还要注意出血线的设置，避免将重要的文字、图像信息放置在出血线以外。

3. 利用【贝塞尔工具】调整位图图像的外观，以使该图片与封面中的其他内容很好地结合在一起。

4. 利用【文本工具】字创建文本，将文本转化为曲线后，使用【贝塞尔工具】调整其形状，制作出图形化的标题文字图形。